21世纪自学·复习·考研系列丛书

机械工程系列

机械设计试题精选与答题技巧

（第6版）

姜洪源　主编

哈尔滨工业大学出版社

内 容 提 要

本书是为高等学校机械类各专业本科生课程复习和考研编写的学习应试指导书。

本书每一章内容包括：必备知识与考试要点、典型范例与答题技巧、精选习题与实战演练、精选习题答案四部分内容。附录中还给出了哈尔滨工业大学和其他重点院校近年来的研究生入学考试试题及参考答案。

本书主要是针对陈铁鸣等主编的《机械设计》(哈尔滨工业大学出版社2003年8月修订版)教材内容编写的，并涵盖了国内同类教材的重点内容。

本书既可作为高等学校机械类各专业本科生考研的辅导教材，也可作为高等学校机械类各专业本、专科学生课程复习的参考教材，还可供有关教师参考。

图书在版编目(CIP)数据

机械设计试题精选与答题技巧/姜洪源主编.6版.—哈尔滨：哈尔滨工业大学出版社,2013.10
ISBN 978 – 7 – 5603 – 1946 – 9

Ⅰ.机… Ⅱ.姜… Ⅲ.机械设计 – 高等学校 – 解题 Ⅳ.TH122 – 44

中国版本图书馆 CIP 数据核字(2009)第 206632 号

责任编辑　黄菊英
封面设计　卞秉利
出版发行　哈尔滨工业大学出版社
社　　址　哈尔滨市南岗区复华四道街10号　邮编150006
传　　真　0451 – 86414749
网　　址　http://hitpress.hit.edu.cn
印　　刷　哈尔滨工业大学印刷厂
开　　本　787×1092　1/16　印张 22.25　字数 537 千字
版　　次　2013年10月第6版　2013年10月第1次印刷
书　　号　ISBN 7 – 5603 – 1946 – 9
定　　价　38.00元

(如因印装质量问题影响阅读,我社负责调换)

第6版前言

本书先后于 2003 年 11 月、2005 年 10 月、2009 年 12 月和 2011 年 12 月、2012 年 10 月、2013 年 10 月出版了 5 版,受到了广大读者的一致好评,既为考研学生提供了自学、复习的备考资料,还为本、专科学生学习"机械设计"和"机械设计基础"课程提供了参考教材。本书是根据教育部有关"机械设计基础"课程的教学基本要求编写,结合近几年广大考生使用前 5 版的反馈意见修订而成。全书提纲挈领地介绍了机械设计的必备知识和考试重点难点,并配以典型范例与答题技巧、精选习题与实战演练,附录中附有研究生入学真题及答案,以供广大考生参考查阅。

在本版的修订过程中,编者从满足教学基本要求、贯彻少而精、注重深度适中的原则出发,力求做到精选内容、适当拓宽知识面,以期使本书保持简明、实用的特色。

在第 5 版的基础上,此次修订的主要内容如下:
(1)坚持了原来的编写指导思想;
(2)采用新的国家标准和规范;
(3)对原书的不足和疏漏进行修改和补充;
(4)应广大读者的要求,增加了近年来重点大学的考研真题,并附了参考答案(机械设计部分)。

参加本书修订再版工作的有:翟文杰(第一章)、闫辉(第二章、第八章)、任玉坤(第三章)、姜洪源(第四章)、王瑜(第五章)、宋宝玉(第六章)、于东(第七章、第九章、第十章),闫辉负责附录内容的修改与充实。全书由姜洪源担任主编,陈铁鸣担任主审。

本书在修订过程中,陈铁鸣悉心审阅了全部书稿,并提出了许多具体修改建议,编者表示诚挚的谢意;同时得到了哈尔滨工业大学机械设计系诸多老师的支持与帮助,编者在此表示由衷的感谢。

限于编者的能力和水平,本书可能存在缺点和错误,欢迎使用本书的读者提出宝贵意见。谢谢!

编 者
2013 年 10 月

目 录

第一章 机械零件设计概论
1.1 必备知识与考试要点 ……………………………………………………… (1)
1.2 典型范例与答题技巧 ……………………………………………………… (2)
1.3 精选习题与实战演练 ……………………………………………………… (4)
1.4 精选习题答案 ……………………………………………………………… (7)

第二章 螺纹连接(含螺旋传动)
2.1 必备知识与考试要点 ……………………………………………………… (10)
2.2 典型范例与答题技巧 ……………………………………………………… (13)
2.3 精选习题与实战演练 ……………………………………………………… (28)
2.4 精选习题答案 ……………………………………………………………… (37)

第三章 挠性件传动
3.1 必备知识与考试要点 ……………………………………………………… (45)
3.2 典型范例与答题技巧 ……………………………………………………… (49)
3.3 精选习题与实战演练 ……………………………………………………… (54)
3.4 精选习题答案 ……………………………………………………………… (59)

第四章 齿轮传动
4.1 必备知识与考试要点 ……………………………………………………… (67)
4.2 典型范例与答题技巧 ……………………………………………………… (74)
4.3 精选习题与实战演练 ……………………………………………………… (81)
4.4 精选习题答案 ……………………………………………………………… (89)

第五章 蜗杆传动
5.1 必备知识与考试要点 ……………………………………………………… (101)
5.2 典型范例与答题技巧 ……………………………………………………… (103)
5.3 精选习题与实战演练 ……………………………………………………… (112)
5.4 精选习题答案 ……………………………………………………………… (115)

第六章 轴及轴毂连接
6.1 必备知识与考试要点 ……………………………………………………… (119)
6.2 典型范例与答题技巧 ……………………………………………………… (122)
6.3 精选习题与实战演练 ……………………………………………………… (126)
6.4 精选习题答案 ……………………………………………………………… (131)

第七章 滚动轴承
7.1 必备知识与考试要点 ……………………………………………………… (136)
7.2 典型范例与答题技巧 ……………………………………………………… (140)
7.3 精选习题与实战演练 ……………………………………………………… (144)
7.4 精选习题答案 ……………………………………………………………… (151)

第八章 滑动轴承
- 8.1 必备知识与考试要点 …………………………………………………… (160)
- 8.2 典型范例与答题技巧 …………………………………………………… (161)
- 8.3 精选习题与实战演练 …………………………………………………… (166)
- 8.4 精选习题答案 …………………………………………………………… (167)

第九章 联轴器、离合器和制动器
- 9.1 必备知识与考试要点 …………………………………………………… (171)
- 9.2 典型范例与答题技巧 …………………………………………………… (171)
- 9.3 精选习题与实践演练 …………………………………………………… (172)
- 9.4 精选习题答案 …………………………………………………………… (173)

第十章 弹簧
- 10.1 必备知识与考试要点 …………………………………………………… (174)
- 10.2 典型范例与答题技巧 …………………………………………………… (174)
- 10.3 精选习题与实践演练 …………………………………………………… (175)
- 10.4 精选习题答案 …………………………………………………………… (176)

附录 2007～2013年重点高校硕士研究生入学机械设计基础考试题及其参考答案（答案仅为机械设计部分）

- 2007年硕士研究生入学考试试题1 ……………………………………… (178)
- 2007年硕士研究生入学考试试题1参考答案 …………………………… (181)
- 2007年硕士研究生入学考试试题2 ……………………………………… (183)
- 2007年硕士研究生入学考试试题2参考答案 …………………………… (186)
- 2007年硕士研究生入学考试试题3 ……………………………………… (187)
- 2007年硕士研究生入学考试试题3参考答案 …………………………… (191)
- 2007年硕士研究生入学考试试题4 ……………………………………… (193)
- 2007年硕士研究生入学考试试题4参考答案 …………………………… (196)
- 2007年硕士研究生入学考试试题5 ……………………………………… (198)
- 2007年硕士研究生入学考试试题5参考答案 …………………………… (202)
- 2007年硕士研究生入学考试试题6 ……………………………………… (205)
- 2007年硕士研究生入学考试试题6参考答案 …………………………… (210)
- 2007年硕士研究生入学考试试题7 ……………………………………… (212)
- 2007年硕士研究生入学考试试题7参考答案 …………………………… (215)
- 2008年硕士研究生入学考试试题1 ……………………………………… (216)
- 2008年硕士研究生入学考试试题1参考答案 …………………………… (218)
- 2008年硕士研究生入学考试试题2 ……………………………………… (219)
- 2008年硕士研究生入学考试试题2参考答案 …………………………… (223)
- 2008年硕士研究生入学考试试题3 ……………………………………… (226)
- 2008年硕士研究生入学考试试题3参考答案 …………………………… (229)
- 2009年硕士研究生入学考试试题1 ……………………………………… (231)
- 2009年硕士研究生入学考试试题1参考答案 …………………………… (233)

2009 年硕士研究生入学考试试题 2 ……………………………………………… (234)
2009 年硕士研究生入学考试试题 2 参考答案 ………………………………… (236)
2009 年硕士研究生入学考试试题 3 ……………………………………………… (237)
2009 年硕士研究生入学考试试题 3 参考答案 ………………………………… (241)
2009 年硕士研究生入学考试试题 4 ……………………………………………… (243)
2009 年硕士研究生入学考试试题 4 参考答案 ………………………………… (247)
2009 年硕士研究生入学考试试题 5 ……………………………………………… (250)
2009 年硕士研究生入学考试试题 5 参考答案 ………………………………… (254)
2010 年硕士研究生入学考试试题 1 ……………………………………………… (256)
2010 年硕士研究生入学考试试题 1 参考答案 ………………………………… (258)
2010 年硕士研究生入学考试试题 2 ……………………………………………… (260)
2010 年硕士研究生入学考试试题 2 参考答案 ………………………………… (262)
2010 年硕士研究生入学考试试题 3 ……………………………………………… (262)
2010 年硕士研究生入学考试试题 3 参考答案 ………………………………… (265)
2010 年硕士研究生入学考试试题 4 ……………………………………………… (266)
2010 年硕士研究生入学考试试题 4 参考答案 ………………………………… (268)
2010 年硕士研究生入学考试试题 5 ……………………………………………… (271)
2010 年硕士研究生入学考试试题 5 参考答案 ………………………………… (275)
2011 年硕士研究生入学考试试题 1 ……………………………………………… (278)
2011 年硕士研究生入学考试试题 1 参考答案 ………………………………… (281)
2011 年硕士研究生入学考试试题 2 ……………………………………………… (283)
2011 年硕士研究生入学考试试题 2 参考答案 ………………………………… (289)
2011 年硕士研究生入学考试试题 3 ……………………………………………… (292)
2011 年硕士研究生入学考试试题 3 参考答案 ………………………………… (297)
2011 年硕士研究生入学考试试题 4 ……………………………………………… (300)
2011 年硕士研究生入学考试试题 4 参考答案 ………………………………… (304)
2011 年硕士研究生入学考试试题 5 ……………………………………………… (306)
2011 年硕士研究生入学考试试题 5 参考答案 ………………………………… (310)
2012 年硕士研究生入学考试试题 1 ……………………………………………… (312)
2012 年硕士研究生入学考试试题 1 参考答案 ………………………………… (316)
2012 年硕士研究生入学考试试题 2 ……………………………………………… (321)
2012 年硕士研究生入学考试试题 2 参考答案 ………………………………… (326)
2012 年硕士研究生入学考试试题 3 ……………………………………………… (329)
2012 年硕士研究生入学考试试题 3 参考答案 ………………………………… (331)
2012 年硕士研究生入学考试试题 4 ……………………………………………… (333)
2012 年硕士研究生入学考试试题 4 参考答案 ………………………………… (336)
2013 年硕士研究生入学考试试题 ………………………………………………… (338)
2013 年硕士研究生入学考试试题参考答案 …………………………………… (343)
参考文献 ………………………………………………………………………………… (347)

第一章 机械零件设计概论

1.1 必备知识与考试要点

1.1.1 主要内容

(1) 机械零件常见失效形式和设计计算准则。
(2) 应力的种类性质及许用应力、安全系数的确定方法。
(3) 机械零件接触强度、摩擦磨损、极限与配合、表面结构的粗糙度和工艺性等基本知识,了解机械零件工艺性及标准化的意义。
(4) 机械制造中常用材料的种类、性能及选用方法。

1.1.2 重点与难点

1. 机械设计(又称机械零件)的主要任务
(1) 学习运用基本理论和基本知识解决一般零件的设计问题。
(2) 掌握通用机械零件的结构特点和工作原理,掌握零部件的选用或设计计算方法,掌握结构设计和使用维护知识,具有分析机械零件失效原因和提出改进措施的能力。
(3) 学会运用手册、标准和规范等有关资料,具有设计通用机械零件和简单传动装置的能力。

2. 机械零件的分析内容及步骤
(1) 工作原理。
(2) 失效形式。
(3) 常用材料。
(4) 承载能力计算。
(5) 参数选择。
(6) 结构设计。

3. 本章的重点内容
重点是机械零件的失效形式及设计计算准则、应力的种类与性质及极限应力的确定、安全系数的选取等。难点是确定变应力下零件的许用应力,以及合理选择制造机械零件的材料、极限与公差配合和表面结构的粗糙度。
(1) 判别机械零件的危险截面是否安全的基本依据是

$$工作应力 \leq 许用应力 = \frac{材料的极限应力}{许用安全系数}$$

材料的极限应力是根据工作应力的类型来选择的。工作应力是静应力时,脆性材料的极限应力为强度极限,塑性材料的极限应力为屈服极限。工作应力是变应力时,极限应力为材料的疲劳极限。上式也可用于机械零件的表面强度计算,如工作应力为接触应力时,极限应力为接触疲劳极限。

(2) 零件的应力类型与零件所受载荷的类型不是一回事,不可混淆。应特别注意,有些静载荷作用下的零件却产生变应力,例如,受径向力的回转轴的弯曲应力。

(3) 疲劳曲线是研究材料疲劳强度的基本曲线,该曲线分有限寿命区和无限寿命区。在有限寿命区,随着循环次数 N 的减小,疲劳极限增大。若 $N < 10^3$(或10^4),疲劳极限接近或超过屈服极限时,疲劳曲线就不适用了,此时应按静强度来处理。在无限寿命区,疲劳极限为常数,与循环次数无关。有限寿命区和无限寿命区的分界点处的循环次数为循环基数 N_0,其值与材料的品种、强度等因素有关。(对 HB ≤ 350 的钢材,$N_0 = 10^7$,HB > 350 的钢材,$N_0 = 25 \times 10^7$)。

因此,疲劳曲线方程式仅适用于 $N = 10^3$(或10^4) $\sim N_0$ 的范围。

(4) 摩擦、磨损和润滑统称为摩擦学,它是研究相对运动表面摩擦行为的一门科学。相互接触的两表面有相对运动或运动趋势时产生摩擦现象。磨损是摩擦所造成的后果,也是机械零件最常见的失效形式之一。润滑则是减小摩擦和降低磨损的主要技术措施。

本章内容为机械零件设计中的一些共性问题,初学时容易感到抽象,抓不住重点,不知道如何应用,在以后各章节的学习中,若注意复习本章的有关内容,可加深理解,提高学习效果。

1.2 典型范例与答题技巧

【例 1.1】 什么是零件的标准化?标准化的意义是什么?下列标准代号各代表什么意义?

GB　　GB/T　　JB　　YB　　ISO

【解】 设计机械时,必须考虑标准化问题。

根据国家标准 GB/T 3935.1—1996 的规定,"为在一定的范围内获得最佳秩序,对实际的或潜在的问题制定共同的和重复使用的规则的活动"被称为标准化,显然标准化是一个活动的过程,包括制订、贯彻、修订标准,循环往复,不断提高,其中贯彻标准是标准化的核心环节。

标准化的意义是:

(1) 减轻设计工作量,减少设计中的差错,把主要精力用在关键部件设计工作上。

(2) 标准化后,同型号零件加工数量大大增加,有利于采用先进工艺进行大规模生产或组织专业化生产,减少材料消耗,降低成本,提高产品质量。

(3) 缩短产品试制周期,加速新产品开发。

(4) 便于维修。

GB—— 国家标准;GB/T—— 国家标准的推荐性标准;JB—— 机械行业标准;YB——

黑色冶金行业标准;ISO——国际标准化组织标准。

【例1.2】 按运动和动力传递的路线对机械各部分功用进行分析,机械可由哪几个基本部分组成?试举例说明。

【解】 从功能上分析,机械由原动机、传动装置、工作机等基本部分组成,如例图1.1所示的带式运输机,电动机为原动机,输出运动和动力,带传动和齿轮减速器为传动装置,负责把电动机的运动和动力经变换后传送给带式运输机——工作机。

随着机械功能的增多,现在机械还应包括控制部分、辅助部分及支承和连接部分,各部分关系如例图1.2所示。

例图1.1 带式运输机
1—电动机;2—V带传动;3—齿轮传动;4—联轴器;
5—卷筒;6—输送带

例图1.2

【例1.3】 一受拉伸杆直径 $d = 17$ mm,长度 $l = 1\,000$ mm,拉伸载荷为 $F = 30\,000$ N。已知:45钢的 $\sigma_s = 355$ MPa, $\sigma_B = 600$ MPa;ZG 270-500的 $\sigma_s = 270$ MPa, $\sigma_B = 500$ MPa;HT300的 $\sigma_B = 300$ MPa。试分别判断用三种材料制成拉杆的强度。

【解】 杆的受拉应力为 $\sigma = 3\,000/(8.5^2\pi) = 132.17$ MPa。

(1) 45钢是塑性较好的塑性材料,应取屈服极限为极限应力,安全系数为 $S = 1.5 \sim 2.5$,由此可得, $[\sigma] = 142 \sim 236.67$ MPa,即 $\sigma < [\sigma]$,可用。

(2) ZG 270-500为塑性较差的塑性材料,极限应力也为屈服极限,安全系数为 $1.5 \sim 2.5$,可求得 $[\sigma] = 112 \sim 187$ MPa,可知 $\sigma < 187$ MPa, $\sigma > 112$ MPa,此时视具体情况而定。

(3) HT300为脆性材料,极限应力为强度极限,安全系数为 $3 \sim 4$,可求得 $[\sigma] = 75 \sim 100$ MPa,即 $\sigma > [\sigma]$,强度不够,不可用。

【例1.4】 已知某钢材在无限寿命区的对称循环的疲劳极限 $\sigma_{-1} = 260$ MPa,若此钢材的循环基数 $N_0 = 5 \times 10^5$,指数 $m = 9$,试求循环次数为 $30\,000$ 时的有限寿命疲劳极限。

【解】 $\sigma_{-1(30\,000)} = \sigma_{-1}\sqrt[9]{\dfrac{N_0}{N}} = 260 \times \sqrt[9]{\dfrac{5 \times 10^5}{3 \times 10^4}} = 355.41$ MPa

例图1.3

【例1.5】 如例图1.3所示,作用在转轴上的轴向力 $F_a = 2\,000$ N,径向力 $F_r = 6\,000$ N,两支点间距 $L = 300$ mm,轴为等截面轴,直径 $d = 45$ mm。求轴的危险截面上的应力 σ_{max}、σ_{min}、σ_m 及 σ_a 及 r 值,并画图表示。

【解】 轴的中间截面弯矩最大,是危险截面。

弯矩 $M_{max} = \dfrac{F_r}{2} \times \dfrac{L}{2} = \dfrac{6\,000}{2} \times \dfrac{300}{2} = 4.5 \times 10^5\,\text{N}\cdot\text{mm}$

抗弯截面系数 $W = \pi d^3/32 = \pi \times 45^3/32 = 8\,946.2\,\text{mm}^3$

弯曲应力 $\sigma_b = \dfrac{M_{max}}{W} = 4.5 \times 10^5/8\,946.2 = 50.25\,\text{MPa}$

轴向载荷产生的压应力

$\sigma = 4\,F_a/(\pi d^2) = 4 \times 2\,000/(\pi \times 45^2) = 1.26\,\text{MPa}$

$\sigma_{max} = -\sigma_b - \sigma = -50.25 - 1.26 = -51.51\,\text{MPa}$

$\sigma_{min} = -\sigma_b - \sigma = 50.25 - 1.26 = 48.99\,\text{MPa}$

$\sigma_m = (\sigma_{max} + \sigma_{min})/2 = (-51.51 - 48.99)/2 = -1.26\,\text{MPa}$

$\sigma_a = |(\sigma_{max} - \sigma_{min})|/2 = |(-51.51 - 48.99)|/2 = 50.25\,\text{MPa}$

$r = \sigma_{min}/\sigma_{max} = 48.99/(-51.51) = -0.951$

1.3 精选习题与实战演练

一、填空

【题1.1】 计算载荷 P_c、名义载荷 P 和载荷系数 K 的关系式为_____,强度计算时应用_____。

【题1.2】 稳定循环变应力的三种基本形式是_____、_____和_____循环变应力。

【题1.3】 当一零件受脉动循环变应力时,则其平均应力是其最大应力的_____。

【题1.4】 高副元件表面接触产生的应力是____应力。

【题1.5】 零件的许用应力与_____、_____和_____等因素有关。

【题1.6】 工作中,两零件接触表面因温度升高而粘结,并发生材料转移,这种现象称为_____磨损。

【题1.7】 随着表面结构的粗糙度增加,零件的实际接触面积_____。

【题1.8】 若使机械零件具有良好工艺性,除要求合理选择毛坯和结构简单合理外,还应规定适当的_____及_____。

【题1.9】 在静强度条件下,塑性材料的极限应力是_____,而脆性材料的极限应力是_____。在变应力作用下,塑性材料的极限应力为_____。

第一章 机械零件设计概论　　5

【题 1.10】 综合分析_____、_____和_____三方面因素来进行安全系数计算。

【题 1.11】 影响疲劳极限的主要因素有_____、_____、_____。

【题 1.12】 当载荷重复作用时，零件表层金属呈片状剥落，表面形成小坑，这种现象为_____磨损。

二、选择题

【题 1.13】 在应力变化中，如果周期、应力幅和平均应力有一个不同，则称为____。
A. 稳定变应力　　　　　　　　B. 非稳定变应力
C. 非对称循环变应力　　　　　D. 脉动循环应力

【题 1.14】 循环特性 $r=-1$ 的变应力是____应力。
A. 对称循环变　　　　　　　　B. 脉动循环变
C. 非对称循环变　　　　　　　D. 静

【题 1.15】 在静拉伸应力作用下，塑性材料的极限应力为____。
A. σ_B　　　　　　　　　　B. σ_s
C. σ_0　　　　　　　　　　D. σ_{-1}

【题 1.16】 在循环变应力作用下，影响疲劳强度的主要因素是____。
A. σ_{max}　　　　　　　　B. $\sigma_{平均}$
C. σ_{min}　　　　　　　　D. σ_a

【题 1.17】 零件表面结构的粗糙度增加，其疲劳强度____。
A. 降低　　　　　　　　　　　B. 提高
C. 不定　　　　　　　　　　　D. 不变

【题 1.18】 某零件受稳定的对称循环变应力，其塑性材料有限寿命 N 的疲劳极限应力 σ_{-1N}，是通过____求得的。
A. 疲劳曲线图　　　　　　　　B. 极限应力
C. 曼耐尔假说

三、判断题

【题 1.19】 选择安全系数时，尽量选择较大的安全系数。(　)

【题 1.20】 由于变应力作用下疲劳极限应力较小，选取安全系数时应比静应力时大得多。(　)

【题 1.21】 塑性材料在变应力作用下的主要失效形式是疲劳破坏。(　)

【题 1.22】 合金结构钢有良好机械性能，设计零件时应优先选用。(　)

【题 1.23】 由于钢材的热处理方法对其弹性模量影响甚小，采用热处理方法来提高零件的刚度并无实效。(　)

【题 1.24】 凡零件只要受静载荷，则都产生静应力。(　)

【题 1.25】 设计计算零件的工作安全系数 S，必须大于许用的最小安全系数 S_{min}，即 $S > S_{min}$，则零件工作才安全。(　)

【题1.26】 一般材料的疲劳极限 σ_{-1} 是在 N_0 和可靠 $R=0.9$ 下实验得到的。（　　）

【题1.27】 只有静载荷产生静强度破坏,只有变载荷产生疲劳损坏。（　　）

【题1.28】 机械零件的剖面形状一定,若剖面的绝对尺寸增大,则其材料的疲劳极限将增大。（　　）

【题1.29】 当零件尺寸由刚度条件决定时,为了提高零件刚度,应选用高强度合金钢制造。（　　）

四、重点思考题

【题1.30】 什么叫静载荷、变载荷?什么叫名义载荷、计算载荷?计算机械零件强度时,使用名义载荷还是计算载荷?

【题1.31】 什么叫静应力、变应力和稳定循环变应力?试举出三个零件,它们在工作中分别产生脉动循环变应力、对称循环变应力和非对称循环变应力。

【题1.32】 表示变应力的基本参数有哪些?它们之间的关系式是什么?

【题1.33】 什么叫极限应力、许用应力?许用应力和极限应力有何不同?试述选用安全系数的原则和方法。

【题1.34】 什么是疲劳极限?当 $N > N_0$ 时,σ_{-1N} 为何?影响零件疲劳极限的因素有哪些?在疲劳强度计算时,如何考虑这些因素的影响?

【题1.35】 什么是承载能力?机械零件的主要失效形式有哪些?防止机械零件发生失效的设计准则有哪些?

【题1.36】 设计机械零件应满足哪些基本要求?设计机械零件时应从哪几方面考虑其结构工艺性?

【题1.37】 机械设计中零件材料选用的一般原则是什么?指出下列符号各代表什么材料?

35　Q235　65Mn　ZG310-570　20CrMnTi　HT200　QT600-2

【题1.38】 摩擦有哪几种类型?

【题1.39】 边界摩擦、混合摩擦及液体摩擦各有什么特点?实现液体摩擦有几种方法?

【题1.40】 什么是磨损?按机理不同,损磨主要有哪几种形式?零件磨损过程分哪几个阶段?应注意什么问题?

【题1.41】 常用润滑剂有哪几类?

【题1.42】 润滑剂黏度的意义是什么?黏度单位有哪几种?动力黏度和运动黏度如何换算?黏度和温度、压力有何关系?

【题1.43】 润滑油和润滑脂的主要性能指标有哪些?

1.4 精选习题答案

一、填空

【题1.1】 $P_c = KP$，计算载荷

【题1.2】 对称循环变应力、脉动循环变应力和非对称循环变应力

【题1.3】 一半(1/2)

【题1.4】 表面接触应力

【题1.5】 共热

【题1.6】 粘着磨损

【题1.7】 减小

【题1.8】 精度和表面结构的粗糙度

【题1.9】 屈服极限，强度极限，疲劳极限

【题1.10】 计算精确性、材料均匀性和零件重要性

【题1.11】 影响零件疲劳极限的主要因素有应力集中、绝对尺寸和表面状态

【题1.12】 疲劳

二、选择题

【题1.13】 B 【题1.14】 A 【题1.15】 B 【题1.16】 D
【题1.17】 A 【题1.18】 A

三、判断题

【题1.19】 不对

【题1.20】 对

【题1.21】 对

【题1.22】 不对

【题1.23】 对

【题1.24】 不对

【题1.25】 对

【题1.26】 不对

【题1.27】 不对

【题1.28】 不对

【题1.29】 不对

四、重点思考题

【题1.30】 不随时间变化或变化缓慢的载荷称为静载荷；随时间变化的载荷称为变载荷。在理想平稳工作条件下由工作机或原动机的额定功率计算出的作用于机械零件上

的载荷称为名义载荷。设计计算时,计及冲击、振动或载荷分布不均匀等因素的影响而确定的使之趋于零件实际所受载荷的载荷,称为计算载荷。计算机械零件强度时,应使用计算载荷。

【题 1.31】 大小和方向不随时间变化或变化缓慢的应力称为静应力;大小和方向随时间变化的应力称为变应力。周期、应力幅和平均应力均不随时间变化的应力称为稳定循环变应力,仅受径向载荷作用的。减速器转轴的表面受对称循环弯曲变应力;滚动轴承不动圈滚道表面承受脉动循环变应力;既受径向载荷作用又受轴向载荷作用的减速器转轴的剖面上承受脉动循环变应力。

【题 1.32】 表示变应力的基本参数有最大应力、最小应力、平均应力、应力幅和应力循环特性数五个参数,知道其中任意两个参数,就可以得出其他参数。

$$\sigma_m = \frac{\sigma_{\max} + \sigma_{\min}}{2}$$

$$\sigma_a = \frac{\sigma_{\max} - \sigma_{\min}}{2}$$

$$r = \frac{\sigma_{\min}}{\sigma_{\max}}$$

【题 1.33】 按照强度准则设计零件时,根据材料性质及应力种类而采用的材料的某个应力极限值称为极限应力。设计零件时,计算应力允许达到的最大值称为许用应力。许用应力等于极限应力与安全系数的比值。选择安全系数的原则是:在保证工作安全可靠的前提下,尽可能 选择较小的安全系数。根据长期累计的设计实践经验,安全系数通常用表格法和经验数据法。

【题 1.34】 在一给定的循环特征下,应力循环达到规定的循环次数而不发生疲劳破坏的最大应力称为疲劳极限。疲劳极限分为无限寿命疲劳极限和有限寿命疲劳极限。$N > N_{0}$ 时,σ_{-1N} 取无限寿命对称循环疲劳极限 σ_{-1}。影响零件疲劳极限的主要因素有应力集中、绝对尺寸和表面状态。在计算疲劳强度时,分别用应力集中系数、绝对尺寸系数和表面状态系数考虑其对疲劳极限的影响。

【题 1.35】 承载能力指零件在工作时不发生失效的能力。机械零件的主要失效形式有包括断裂、塑性变形、过大的弹性变形等在内的整体失效;包括磨损、点蚀、胶合、塑性流动、腐蚀等的表面失效以及由打滑、共振等破坏正常工作条件引起的失效。防止机械零件发生失效的设计准则有强度准则、刚度准则、寿命准则、振动稳定性准则以及可靠性准则等。

【题 1.36】 设计的机械零件应满足的基本要求有:工作可靠要求、结构工艺性要求和经济性要求。设计机械零件时,应注意零件的结构与生产条件、批量及尺寸大小相适应。应从毛坯制造、切削加工、热处理和装拆等几方面来考虑。

【题 1.37】 机械设计中零件材料选用一般依据要求、尺寸、批量、来源等综合考虑使用性、工艺性、经济性原则。材料 35 是碳的质量分数为 0.35% 的优质碳素结构钢;Q235 是屈服极限为 235 MPa 的碳素结构钢;65Mn 是碳的质量分数为 0.65% 的较高含锰量优质碳素钢;ZG310 - 570 是屈服极限和强度极限分别为 310 MPa、570 MPa 的铸钢;20CrMnTi 是一种低碳(碳的质量分数为 0.20%)合金结构钢;HT200 为强度极限在 200 MPa 的灰铸铁;QT600-2 为强度极限在 600 MPa 的球墨铸铁,延伸率2%。

【题 1.38】 摩擦有干摩擦、边界摩擦、液体摩擦和混合摩擦等类型。

【题 1.39】 边界摩擦的特点决定于有润滑剂和固体在摩擦接触表面形成的边界膜,即材料的物理化学性质影响边界膜的性质和摩擦行为。通常形成的物理吸附膜强度不高,载荷、温度增高时易破坏,化学反应膜高温下性能较好。液体摩擦下,固体不直接接触,因此可避免固体的磨损。此时摩擦是发生在润滑剂流体间的内摩擦,该摩擦阻力大小取决于黏度。混合摩擦是干摩擦、边界摩擦和液体摩擦同时存在的现象,不能避免磨损。

实现液体摩擦的方法有依据自身工作条件形成的流体动压润滑、弹性流体动压润滑和借助外供液压源提供压力的流体静压润滑。

【题 1.40】 运动副表面材料不断损失的现象称为磨损。按机理不同,磨损分为粘着磨损、磨粒磨损、疲劳磨损、腐蚀磨损等。零件磨损过程分跑合磨损、稳定磨损和剧烈磨损几个阶段。使用机器时,应力求缩短跑合期、延长稳定磨损期,以保证及其具有一定的使用寿命。进入剧烈磨损阶段时,应及时更换零件,以免造成事故。

【题 1.41】 常用润滑剂可分为润滑油、润滑脂和固体润滑剂三大类。

【题 1.42】 润滑油黏度是平行板间单位速度梯度下流体层间产生的剪切应力,反映润滑油在外力作用下抵抗剪切变形的能力,因而是内摩擦力大小的标志。

黏度单位有动力黏度、运动黏度和相对黏度。流体的动力黏度与同温度下的密度的比值即为运动黏度。一般地,润滑油的黏度随温度升高而降低,符合指数关系;而润滑油的黏度随压力升高而增大,这近似地表示为幂函数关系。

【题 1.43】 润滑油的主要性能指标有黏度、粘温指数和粘压指数,还有有油性、闪点和燃点、凝点、极压性和酸值等;润滑脂的性能指标主要有针入度、滴点、析油量、机械杂质、灰分水分等。

第二章 螺纹连接(含螺旋传动)

2.1 必备知识与考试要点

2.1.1 主要内容

1. 螺纹的基本知识

螺纹的基本参数,常用螺纹的种类、特性(主要指牙根强度、效率与自锁)及其应用。

2. 螺纹连接的基本知识

(1) 螺纹连接的基本类型、结构特点及其应用场合。

(2) 螺纹连接件的类型、结构特点、应用场合、常用材料及强度级别。

(3) 螺纹连接的预紧与防松。

3. 螺栓组连接设计的基本内容、基本理论和基本方法

(1) 螺栓组连接的结构设计原则,包括:确定接合面的形状、连接结构类型及防松方法、螺栓数目及其在接合面上的布置、提高螺栓连接强度的结构措施等。

(2) 螺栓组连接的受力分析,包括:

① 螺栓组连接受力分析的目的及其简化假设条件。

② 螺栓组连接四种典型受力状态(轴向力、横向力、旋转力矩和倾覆力矩)下的受力分析。

③ 螺栓组连接复杂受力状态下的受力分析。

(3) 单个螺栓连接的强度计算理论与方法。

① 螺栓连接的主要失效形式和设计计算准则。

② 受拉螺栓连接的强度计算理论与方法,特别要记住:受预紧力和轴向工作载荷的**紧螺栓连接的受力-变形图**、螺栓所受总拉力的确定及紧螺栓连接强度计算公式中系数1.3的物理意义。

③ 受剪螺栓连接的强度计算理论与方法。

④ 螺栓连接的许用应力$[\sigma]$、$[\tau]$和$[\sigma]_p$的确定。

4. 提高螺栓连接强度的措施

改善螺纹牙上载荷分布不均匀现象的装置,减小螺栓受力、降低影响螺栓疲劳强度的应力幅度和应力集中,避免螺栓受附加弯曲应力作用的结构等措施。

5. 滑动螺旋传动的设计

滑动螺旋传动的主要失效形式、设计准则及常用设计或校核计算公式等。

2.1.2 重点与难点

从考研辅导角度出发,根据近几年各校考题内容范围,本章的重点内容主要有:

1. 螺纹的基本知识

螺纹的基本参数,常用螺纹的牙型、特性及其应用,螺纹副的受力分析,影响螺纹副效率和自锁性的主要参数。

2. 螺纹连接的基本知识

螺纹连接的类型、特点、应用,防松的原理,防松装置。

3. 螺栓组连接的受力分析

复杂受力状态下的受力分析。

4. 单个螺栓连接的强度计算

紧螺栓连接的强度计算。

5. 螺栓组连接的综合计算

(1) 校核螺栓组连接螺栓的强度。

(2) 设计螺栓组连接螺栓所需的直径尺寸。

(3) 确定螺栓组连接所能承受的最大载荷。

本章的难点主要有:

1. 螺纹连接的结构设计与表达

这个问题成为本章的难点,绝不是因为它有高深的理论使学生难以理解,而在于很多学生不重视它,一旦考题中有这方面的内容就显得束手无策,既不会选择连接类型,也不能正确地绘制出其连接结构图,或找不出连接结构图中的错误。因此对于考生来说,必须把这部分内容当成重点和难点来对待,要多看实物,多看连接结构图,多问为什么,多练习绘制。

2. 复杂受力状态下的螺栓组连接受力分析

由于复杂受力状态下的螺栓组连接,其螺栓受力既可能是预紧力或轴向工作载荷,也可能是预紧力和轴向工作载荷,也可能是横向载荷。而这既与螺栓组连接的受力情况有关,又与螺栓连接的类型有关。许多学生遇到此类问题时,不知如何着手解题,或者考虑问题不全面,得不出正确答案。对于这类问题,首先要把外载荷转移到接合面螺栓组的形心上,并利用静力分析方法将复杂的受力状态简化成四种简单受力状态,即轴向载荷、横向载荷、旋转力矩和倾覆力矩,然后根据螺栓组连接的受力情况和螺栓连接的类型,确定单个螺栓连接的受力。当螺栓组连接受横向载荷或旋转力矩,或横向载荷与旋转力矩联合作用时,对于普通螺栓连接,则需要确定的是螺栓所受的预紧力,而对于铰制孔用螺栓连接,则需要确定的是螺栓所受的横向载荷;当螺栓组连接受轴向载荷或倾覆力矩,或轴向载荷与倾覆力矩联合作用时(这时只能采用普通螺栓连接),则需要确定的是螺栓所受的轴向工作载荷。应该注意,当螺栓组连接既受横向载荷或旋转力矩,或横向载荷与旋转力矩联合作用,又受轴向载荷作用时,在确定螺栓所需受的预紧力时,一定要考虑轴向载荷的影响,因为此时接合面间的压紧力不再是预紧力,而是剩余预紧力了。只要分别计算出螺栓组连接在这些简单受力状态下每个螺栓的工作载荷,然后将同类工作载荷矢量叠加,便可得到每个螺栓的总的工作载荷——预紧力或轴向工作载荷。若螺栓组连接中各个螺栓既受预紧力作用,又受轴向工作载荷作用,则最后要求出受力最大时螺栓所受的总拉力。

3. 受倾覆力矩作用的螺栓组连接受力分析

对这种受力状态进行受力分析时,首先要了解假设条件,如图 2.1 所示,认为机座底板是刚体,而地基与螺栓为弹性体,受倾覆力矩 M 作用机座欲倾覆时,底板不变形,接合面仍然为一平面,底板有绕对称轴 $O-O$ 倾覆的趋势,使对称轴一侧的螺栓被拉紧,而对称轴另一侧的螺栓被放松,但其接合面间压力则增加。根据受 M 作用后对称轴线两侧接合面间变形对称的条件,以底板为分离体,可以判定对称轴一侧被拉紧的螺栓对底板的作用和对称轴另一侧地基对底板的支反力作用是相等的,因此可以把地基对底板的支反力(分布载荷)简化为数个集中力作用于螺栓所在位置,然后根据静力平衡条件和螺栓变形协调条件,求出受力最大时螺栓所受的轴向工作载荷。

要注意,对于受倾覆力矩作用的螺栓组连接进行受力分析和强度计算时,一定要考虑受压最大处不被压溃,而受压最小处不出现缝隙或保持某个压力的要求。

4. 受预紧力和轴向工作载荷作用时,单个紧螺栓连接的螺栓总拉力的确定

关键是转变解题思维方式,要由解静定问题转到解静不定问题上来。要从分析螺栓及被连接件的受力-变形关系入手,充分理解变形协调条件,深入掌握螺栓与被连接件的受力-变形关系图(图 2.2),从而得出以下几个重要结论:

图 2.1

图 2.2 螺栓连接受力-变形图

(1) 螺栓所受的总拉力 F_0 不等于螺栓的预紧力 F' 和轴向工作载荷 F 之和,即 $F_0 \neq F' + F$。

(2) 轴向工作载荷 F 的一部分 ΔF_b 用以使螺栓进一步伸长,而另一部分 ΔF_m 则用以恢复被连接件的部分压缩变形。因此:

① 螺栓所受的总拉力 F_0 等于螺栓的预紧力 F' 和轴向工作载荷的一部分 ΔF_b 之和,即 $F_0 = F' + \Delta F_b$。

② 接合面间剩余预紧力 F'' 等于预紧力 F' 减去轴向工作载荷的另一部分 ΔF_m,即 $F'' = F' - \Delta F_m$。为保证连接的刚度、紧密性,F'' 应大于或等于某一数值,因此确定 F' 与

F 时要充分考虑连接对 F'' 的要求。

③ 螺栓所受的总拉力 F_0 等于剩余预紧力 F'' 和螺栓的轴向工作载荷 F 之和,即 $F_0 = F'' + F$。

(3) 使螺栓进一步伸长的 ΔF_b 大小与螺栓刚度 C_b 及被连接件刚度 C_m 有关,$\Delta F_b = \dfrac{C_b}{C_b + C_m} F$,显然 C_b 愈小,C_m 愈大,则 ΔF_b 愈小,反之亦然。在螺栓组连接设计中采用细长螺栓就是为了减小 C_b,在接合面间不加垫片或采用刚性大的垫片就是为了增大 C_m,从而减小 ΔF_b。

2.2 典型范例与答题技巧

【例 2.1】 厚度 $\delta = 12$ mm 的钢板用 4 个螺栓固连在厚度 $\delta_1 = 30$ mm 的铸铁支架上,螺栓的布置有例图 2.1(a)、(b) 所示的两种方案。

例图 2.1

已知螺栓材料为 Q235,$[\sigma] = 95$ MPa,$[\tau] = 96$ MPa,钢板 $[\sigma]_p = 320$ MPa,铸铁 $[\sigma]_{p1} = 180$ MPa,接合面间摩擦系数 $f = 0.15$,可靠性系数 $K_s = 1.2$,载荷 $F_\Sigma = 12\,000$ N,尺寸 $l = 400$ mm,$a = 100$ mm。

(1) 试比较哪种螺栓布置方案合理?

(2) 按照螺栓布置合理方案,分别确定采用普通螺栓连接和铰制孔用螺栓连接时的螺栓直径。

【分析】 本题是螺栓组连接受横向载荷和旋转力矩共同作用的典型例子。解题时首先要将作用于钢板上的外载荷 F_Σ 向螺栓组连接的接合面形心简化,得出该螺栓组连接受横向载荷 F_Σ 和旋转力矩 T 两种简单载荷作用的结论。然后将这两种简单载荷分配给各个螺栓,找出受力最大的螺栓,并把该螺栓承受的横向载荷用矢量叠加原理求出合成载荷。在外载荷与螺栓数目一定的条件下,不同的螺栓布置方案,受力最大的螺栓所承受的载荷是不同的,显然使受力最大的螺栓承受较小的载荷是比较合理的螺栓布置方案。若螺栓组采用铰制孔用螺栓连接,则靠螺栓光杆部分受剪切和配合面间受挤压来传递横向载荷,其设计准则是保证螺栓的剪切强度和连接的挤压强度,可按相应的强度条件式,计算受力最大螺栓危险剖面的直径。若螺栓组采用普通螺栓连接,则靠拧紧螺母使被连接件接合面间产生足够的摩擦力来传递横向载荷,因此设计时,应先按受力最大螺栓承受的横向载荷求出螺栓所需的预紧力,然后用只受预紧力作用的紧螺栓连接受拉强度条件式计算螺栓危险剖面直径 d_1,最后根据 d_1 查标准,选取螺栓直径,并根据被连接件厚度、螺母及垫圈厚度确定螺栓的标准长度。

【解】

1. 螺栓组连接受力分析

(1) 将载荷 F_Σ 向螺栓组连接的接合面形心点 O 简化,得一横向载荷 $F_\Sigma = 12\,000$ N 和一旋转力矩 $T = F_\Sigma \cdot l = 12\,000 \times 0.4 = 4\,800$ N·m,如例图 2.2 所示。

例图 2.2

(2) 确定各个螺栓所受的横向载荷。在横向力 F_Σ 作用下,各个螺栓所受的横向载荷 F_{S1} 大小相同,方向同 F_Σ。

$$F_{S1} = \frac{F_\Sigma}{4} = \frac{12\,000}{4} = 3\,000 \text{ N}$$

而在旋转力矩 T 作用下,由于各个螺栓中心至形心点 O 的距离相等,所以各个螺栓所受的横向载荷 F_{S2} 大小也相同,但方向各垂直于螺栓中心与形心 O 的连线(例图 2.3)。

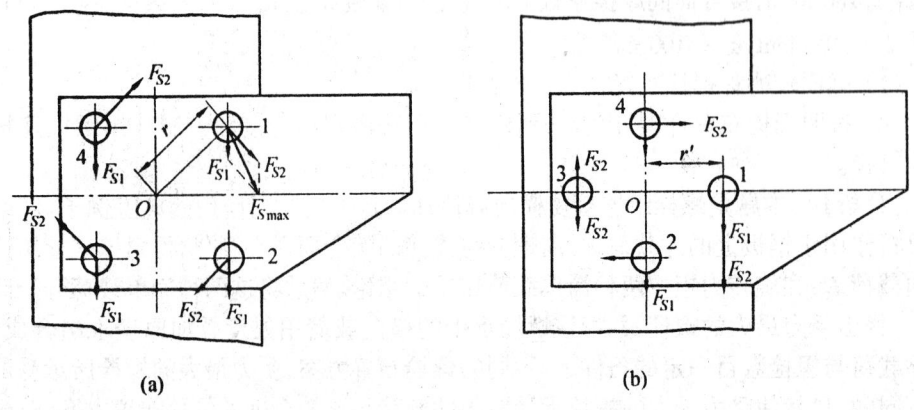

例图 2.3

对于方案(a)，各螺栓中心至形心点 O 的距离为

$$r = \sqrt{a^2 + a^2} = \sqrt{100^2 + 100^2} = 141.4 \text{ mm}$$

所以

$$F_{S2} = \frac{T}{4r} = \frac{4\ 800}{4 \times 0.141\ 4} = 8\ 487 \text{ N}$$

由图 2.3(a) 可知，螺栓 1 和 2 所受两力夹角 α 最小，故螺栓 1 和 2 所受横向载荷最大，即

$$F_{S\max} = \sqrt{F_{S1}^2 + F_{S2}^2 + 2F_{S1} \cdot F_{S2}\cos \alpha} =$$

$$\sqrt{3\ 000^2 + 8\ 487^2 + 2 \times 3\ 000 \times 8\ 487 \times \cos 45°} = 10\ 820 \text{ N}$$

对于方案(b)，各螺栓中心至形心点 O 的距离为

$$r' = a = 100 \text{ mm}$$

所以

$$F_{S2} = \frac{T}{4r'} = \frac{4\ 800}{4 \times 0.1} = 12\ 000 \text{ N}$$

由图 2.3(b) 可知，螺栓 1 所受横向载荷最大，则

$$F_{S\max} = F_{S1} + F_{S2} = 3\ 000 + 12\ 000 = 15\ 000 \text{ N}$$

(3) **两种方案比较**：在螺栓布置方案(a) 中，受力最大的螺栓 1 所受的总横向载荷 $F_{S\max} = 10\ 820$ N，而在螺栓布置方案(b) 中，受力最大的螺栓 1 所受的总横向载荷 $F_{S\max} = 15\ 000$ N，方案(a) 比较合理。

2. 按螺栓布置方案(a) 确定螺栓直径

(1) **采用铰制孔用螺栓连接。**

① 因为铰制孔用螺栓连接是靠螺栓光杆受剪切和配合面间受挤压传递横向载荷，因此按剪切强度设计螺栓光杆部分直径 d_s。

$$d_s \geq \sqrt{\frac{4F_S}{\pi[\tau]}} = \sqrt{\frac{4 \times 10\ 820}{\pi \times 96}} = 11.98 \text{ mm}$$

查 GB/T 27—1988，取 M12 × 60($d_s = 13$ mm > 11.98 mm)。

例图2.4

② 校核配合面挤压强度。如例图 2.4 所示配合面尺寸，螺栓光杆与钢板孔间

$$\sigma_p = \frac{F_S}{d_s h} = \frac{10\ 820}{13 \times 8} = 104 \text{ MPa} < [\sigma]_p = 320 \text{ MPa}$$

螺栓光杆与铸铁支架孔间

$$\sigma_{p1} = \frac{F_S}{d_s h_1} = \frac{10\ 820}{13 \times 30} = 27.7 \text{ MPa} < [\sigma]_{p1} = 180 \text{ MPa}$$

故配合面挤压强度足够。

(2) **采用普通螺栓连接。** 因为普通螺栓连接，是靠预紧螺栓在被连接件的接合面间产生的摩擦力来传递横向载荷，因此，首先要求出螺栓所需的预紧力 F'。

由 $fF' = K_s F_S$ 得

$$F' = \frac{K_s F_S}{f} = \frac{1.2 \times 10\ 820}{0.15} = 86\ 560 \text{ N}$$

根据强度条件式,可得螺栓小径 d_1,即

$$d_1 \geqslant \sqrt{\frac{4 \times 1.3 F'}{\pi [\sigma]}} = \sqrt{\frac{4 \times 1.3 \times 86\,560}{\pi \times 95}} = 38.84 \text{ mm}$$

查 GB/T 196—2003,取 M45($d_1 = 40.129$ mm > 38.84 mm)。

【例 2.2】 有一轴承托架用 4 个普通螺栓固连于钢立柱上,托架材料为 HT150,许用挤压应力$[\sigma]_p = 60$ MPa,螺栓材料强度级别 6.6 级,许用安全系数$[S] = 3$,接合面间摩擦系数 $f = 0.15$,可靠性系数 $K_s = 1.2$,螺栓相对刚度 $\frac{C_b}{C_b + C_m} = 0.2$,载荷 $F_P = 6\,000$ N,尺寸如例图 2.5 所示,设计此螺栓组连接。

例图 2.5 托架螺栓组连接

【分析】 本题是螺栓组连接受横向载荷、轴向载荷和倾覆力矩共同作用的典型例子。解题时,首先要将作用于托架上的载荷 F_P 分解成水平方向和铅垂方向的两个分力,并向螺栓组连接的接合面形心点 O 处简化,得出该螺栓组连接受横向载荷、轴向载荷和倾覆力矩三种简单载荷作用的结论。然后分析该螺栓组连接在这三种简单载荷作用下可能发生的失效,即:① 在横向载荷作用下,托架产生下滑;② 在轴向载荷和倾覆力矩的作用下,接合面上部发生分离;③ 在轴向载荷和倾覆力矩的作用下,托架下部或立柱被压溃;④ 受力最大的螺栓被拉断(或塑性变形)。由上述失效分析可知,为防止分离和下滑的发生,应保证有足够的预紧力,而为避免托架或立柱被压溃,又要求把预紧力控制在一定范围。因此在本题中预紧力的确定不能仅考虑在横向载荷作用下接合面不产生相对滑移这一条件,还应考虑接合面上部不分离和托架下部或立柱不被压溃的条件,同时要特别注意,此时在接合面间产生足够大的摩擦力来平衡横向载荷的不是预紧力 F',而是剩余预紧力 F''。螺栓所受的轴向工作载荷是由螺栓组连接所受的轴向载荷和倾覆力矩来确定的,显然对上边两个螺栓来说,由螺栓组连接所受的轴向载荷和倾覆力矩所产生的轴向工作载荷方向相同,矢量叠加后数值最大,是受力最大的螺栓。最后就以受力最大的螺栓的轴向工作载荷和预紧力确定螺栓所受的总拉力 F_0,根据螺栓的总拉力 F_0,计算螺栓的直径尺寸,以满足螺栓的强度。

【解】

1.螺栓组受力分析

如例图 2.5 所示,载荷 F_P 可分解为:

横向载荷 $F_{Py} = F_P \cos 30° = 6\,000 \cos 30° = 5\,196$ N （铅垂向下）
轴向载荷 $F_{Px} = F_P \sin 30° = 6\,000 \sin 30° = 3\,000$ N （水平向右）
倾覆力矩 $M = F_{Px} \times 180 + F_{Py} \times 420 = 3\,000 \times 180 + 5\,196 \times 420 = 2.722 \times 10^6$ N·mm

显然该螺栓组连接受横向载荷 F_{Py}、轴向载荷 F_{Px} 和倾覆力矩 M 三种简单载荷的共同作用。

(1) 确定受力最大螺栓的轴向工作载荷。首先确定在轴向载荷 F_{Px} 作用下，每个螺栓受到的轴向工作载荷

$$F_F = \frac{F_{Px}}{4} = \frac{3\,000}{4} = 750 \text{ N}$$

然后确定在倾覆力矩 M 的作用下，每个螺栓受到的轴向工作载荷为

$$F_M = \frac{ML_{\max}}{\sum_{i=1}^{4} L_L^2} = \frac{2.722 \times 10^6 \times 210}{4 \times 210^2} = 3\,240 \text{ N}$$

显然，上部螺栓受力最大，其轴向工作载荷为

$$F = F_F + F_M = 750 + 3\,240 = 3\,990 \text{ N}$$

(2) 确定螺栓的预紧力 F'。

① 由托架不下滑条件计算预紧力 F'。该螺栓组连接预紧后，受轴向载荷 P_x 作用时，其接合面间压紧力为剩余预紧力 F''，而受倾覆力矩 M 作用时，其接合面上部压紧力减小，下部压紧力增大，故 M 对接合面间压紧力的影响可以不考虑。因此，托架不下滑的条件式为

$$4fF'' = K_s F_{Py}$$

而

$$F'' = F' - \Delta F_m = F' - (1 - \frac{C_b}{C_b + C_m})F_F$$

所以

$$4f[F' - (1 - \frac{C_b}{C_b + C_m})F_F] = K_s P_{Py}$$

$$F' = \frac{K_s F_{Py}}{4f} + (1 - \frac{C_b}{C_b + C_m})F_F$$

式中　F_{Py}——横向载荷，$F_{Py} = 5\,196$ N；

F_F——螺栓所受的由 F_{Px} 引起的轴向工作载荷，$F_F = 750$ N；

f——接合面间摩擦系数，$f = 0.15$；

K_s——可靠性系数，$K_s = 1.2$；

$\frac{C_b}{C_b + C_m}$——螺栓的相对刚度，$\frac{C_b}{C_b + C_m} = 0.2$。

所以

$$F' = \frac{1.2 \times 5\,196}{4 \times 0.15} + (1 - 0.2) \times 750 = 10\,992 \text{ N}$$

② 由接合面不分离条件计算预紧力 F'。

由 $\sigma_{p\min} = \frac{zF'}{A} - (1 - \frac{C_b}{C_b + C_m})\frac{F_{Px}}{A} - (1 - \frac{C_b}{C_b + C_m})\frac{M}{W} \geq 0$ 得

$$F' \geq \frac{1}{z}(1 - \frac{C_b}{C_b + C_m})(F_{Px} + \frac{M}{W} \cdot A)$$

式中 A——接合面面积，$A = 280 \times (500 - 280) = 61\,600 \text{ mm}^2$；

W——接合面抗弯截面系数，$W = \frac{280 \times 500^2}{6}[1 - (\frac{280}{500})^3] = 9.618 \times 10^6 \text{ mm}^3$

z——螺栓数目，$z = 4$；

F_{Px}——轴向载荷，$F_{Px} = 3\,000$ N；

M——倾覆力矩，$M = 2.722 \times 10^6$ N·mm；

$\frac{C_b}{C_b + C_m}$——螺栓的相对刚度，$\frac{C_b}{C_b + C_m} = 0.2$。

所以 $F' \geq \frac{1}{4}(1 - 0.2)(3\,000 + \frac{2.722 \times 10^6}{9.618 \times 10^6} \times 61\,600) = 4\,086.7$ N

③ 由托架下部不被压溃条件计算预紧力（钢立柱抗挤压强度高于铸铁托架）

由 $\sigma_{p\,\max} = \frac{zF'}{A}(1 - \frac{C_b}{C_b + C_m})\frac{F_{Px}}{A} + (1 - \frac{C_b}{C_b + C_m})\frac{M}{W} \leq [\sigma]_p$ 得

$$F' \leq \frac{1}{z}[\sigma]_p A + (1 - \frac{C_b}{C_b + C_m})(F_{Px} - \frac{M}{W} \cdot A)$$

式中 $[\sigma]_p$——托架材料的许用挤压应力，$[\sigma]_p = 60$ MPa；

其他参数同前。

所以 $F' \leq [60 \times 61\,600 + (1 - 0.2)(3\,000 - \frac{2.722 \times 10^6}{9.618 \times 10^6} \times 61\,600)] = 921\,113.3$ N

综合以上三方面计算，取 $F' = 11\,000$ N。

2. 计算螺栓的总拉力 F

这是受预紧力 F' 作用后又受轴向工作载荷 F 作用的紧螺栓连接，故螺栓的总拉力 F_0 为

$$F_0 = F' + \frac{c_b}{c_b + c_m}F = 11\,000 + 0.2 \times 3\,990 = 11\,798 \text{ N}$$

3. 确定螺栓直径

$$d_1 \geq \sqrt{\frac{4 \times 1.3 F_0}{\pi[\sigma]}}$$

式中 $[\sigma]$——螺栓材料的许用拉伸应力。

由题给条件知，强度级别为6.6级，得 $\sigma_s = 360$ MPa，$[S] = 3$，所以

$$[\sigma] = \frac{\sigma_s}{[S]} = \frac{360}{3} = 120 \text{ MPa}$$

所以 $d_1 \geq \sqrt{\frac{4 \times 1.3 \times 11\,798}{\pi \times 120}} = 12.757$ mm

查 GB/T 196—1981，取 M16（$d_1 = 13.835$ mm > 12.757 mm）。

【说明】 该题也可先按托架不下滑条件确定预紧力 F'，然后校核托架上部不分离和托架下部不压溃的情况。

【例2.3】 有一气缸盖与缸体凸缘采用普通螺栓连接，如例图2.6所示。已知气缸中

的压力 p 在 $0 \sim 2$ MPa 之间变化，气缸内径 $D = 500$ mm，螺栓分布圆周直径 $D_0 = 650$ mm，为保证气密性要求，剩余预紧力 $F'' = 1.8 F$（F 为螺栓的轴向工作载荷），螺栓间距 $t \leq 4.5 d$（d 为螺栓的大径），螺栓材料的许用拉伸应力 $[\sigma] = 120$ MPa，许用应力幅 $[\sigma]_a = 20$ MPa，选用铜皮石棉垫片，螺栓相对刚度 $\dfrac{C_b}{C_b + C_m} = 0.8$。试设计此螺栓组连接。

例图 2.6 气缸盖螺栓组连接

【分析】 本题是典型的仅受轴向载荷作用的螺栓组连接。但是螺栓所受载荷是变化的，因此应先按静强度计算螺栓直径，然后校核其疲劳强度。此外，为保证连接的气密性，不仅要保证足够大的剩余预紧力，而且要选择适当的螺栓数目，保证螺栓间间距不致过大。

【解】
1. 初选螺栓数目 z

因为螺栓分布圆周直径较大，为保证螺栓间间距不致过大，所以应选用较多的螺栓，取 $z = 24$。

2. 计算螺栓的轴向工作载荷 F

(1) 螺栓组连接的最大轴向载荷 F_Q

$$F_Q = \frac{\pi D^2}{4} p = \frac{\pi \times 500^2}{4} \times 2 = 3.927 \times 10^5 \text{ N}$$

(2) 螺栓的最大轴向工作载荷 F

$$F = \frac{F_Q}{z} = \frac{3.927 \times 10^5}{24} = 16\,362.5 \text{ N}$$

3. 计算螺栓的总拉力 F_0

$$F_0 = F'' + F = 0.8 F + F = 2.8 F = 2.8 \times 16\,362.5 = 45\,815 \text{ N}$$

4. 计算螺栓直径

$$d_1 \geq \sqrt{\frac{4 \times 1.3 F_0}{\pi [\sigma]}} = \sqrt{\frac{4 \times 1.3 \times 45\,815}{\pi \times 120}} = 25.139 \text{ mm}$$

查 GB/T 196—2003，取 M30（$d_1 = 26.211$ mm > 25.139 mm）。

5. 校核螺栓疲劳强度

$$\sigma_a = \frac{C_b}{C_b + C_m} \cdot \frac{2F}{\pi d_1^2} = 0.8 \times \frac{2 \times 16\,362.5}{\pi \times 26.211^2} = 12.13 \text{ MPa} < [\sigma]_a = 20 \text{ MPa}$$

故螺栓满足疲劳强度。

6. 校核螺栓间距

实际螺栓间距 $t = \dfrac{\pi D_0}{z} = \dfrac{\pi \times 650}{24} = 85.1\ \text{mm} < 4.5\,d = 4.5 \times 30 = 135\ \text{mm}$

故螺栓间距满足连接的气密性要求。

【例 2.4】 起重卷筒与大齿轮用八个普通螺栓连接在一起,如例图 2.7 所示。已知卷筒直径 $D = 400\ \text{mm}$,螺栓分布图直径 $D_0 = 500\ \text{mm}$,接合面间摩擦系数 $f = 0.12$,可靠性系数 $K_s = 1.2$,起重钢索拉力 $F_Q = 50\,000\ \text{N}$,螺栓材料的许用拉伸应力 $[\sigma] = 100\ \text{MPa}$,试设计该螺栓组的螺栓直径。

例图 2.7

【分析】 本题是典型的仅受旋转力矩作用的螺栓组连接。由于本题是采用普通螺栓连接,是靠接合面间的摩擦力矩来平衡外载荷(旋转力矩),因此本题的关键是计算出螺栓所需要的预紧力 F',而本题中的螺栓仅受预紧力 F' 作用,故可按预紧力 F' 来确定螺栓的直径。

【解】

1. 计算旋转力矩 T

$$T = F_Q \cdot \dfrac{D}{2} = 50\,000 \times \dfrac{400}{2} = 10^7\ \text{N}\cdot\text{mm}$$

2. 计算螺栓所需要的预紧力 F'

由 $zfF'\dfrac{D_0}{2} = K_s T$ 得

$$F' = \dfrac{2K_s T}{zfD_0}$$

式中　T——旋转力矩,$T = 10^7\ \text{N}\cdot\text{mm}$;

　　　K_s——可靠性系数,$K_s = 1.2$;

　　　z——螺栓数目,$z = 8$;

　　　f——接合面间摩擦系数,$f = 0.12$;

　　　D_0——螺栓分布圆周直径,$D_0 = 500\ \text{mm}$。

所以

$$F' = \dfrac{2 \times 1.2 \times 10^7}{8 \times 0.12 \times 500} = 5\,000\ \text{N}$$

3.确定螺栓直径

$$d_1 \geqslant \sqrt{\frac{4 \times 1.3\, F'}{\pi[\sigma]}}$$

式中 $[\sigma]$——螺栓材料的许用拉伸应力,$[\sigma] = 100$ MPa。

$$d_1 \geqslant \sqrt{\frac{4 \times 1.3 \times 5\,000}{\pi \times 100}} = 28.768 \text{ mm}$$

查 GB/T 196—2003,取 M30($d_1 = 31.670$ mm > 28.768 mm)。

【讨论】

(1) 此题也可改为校核计算题,已知螺栓直径,校核其强度,其解题步骤仍是先求 F',然后验算 $\sigma_{ca} = \dfrac{1.3\, F'}{\dfrac{\pi d_1^2}{4}} \leqslant [\sigma]$。

(2) 此题也可改为计算起重钢索拉力 F_Q。已知螺栓直径,计算该螺栓所能承受的预紧力 F',然后按接合面间摩擦力矩与作用于螺栓组连接上的旋转力矩相平衡的条件,求出拉力 F_Q,即由 $zfF'\dfrac{D_0}{2} = K_s F_Q \dfrac{D}{2}$ 得

$$F_Q = \frac{zfF'D_0}{K_s D}$$

【例 2.5】 例图 2.8 所示为两种夹紧螺栓连接,例图 2.8(a) 用一个螺栓连接,例图 2.8(b) 用两个螺栓连接。若 F_Q、L、d、f、K_s 皆相同,试计算例图 2.8(a)、(b) 的螺栓预紧力各等于多少?

例图 2.8 夹紧螺栓连接

【分析】 夹紧连接是借助于螺栓拧紧后,毂与轴之间产生的摩擦力矩来平衡外载荷 F_Q 对轴中心产生的转矩,是螺栓组连接受旋转力矩作用的一种变异。因为螺栓组连接后产生的摩擦力矩要由毂与轴之间的正压力 N 来计算,当然该正压力 N 的大小与螺栓的预紧力 F' 大小有关,但若仍按照一般情况来计算,则会出现错误。在确定预紧力 F' 与正压力 N 的关系时,对于例图 2.8(a),可将毂上点 K 处视为铰链,取一部分为分离体;而对于例图 2.8(b),可取左半毂为分离体。

【解】

1.计算例图 2.8(a) 的螺栓预紧力 F'

将毂上的点 K 视为铰链,轴对毂的正压力为 N,在正压力 N 处产生的摩擦力为 fN,如例图 2.9(a) 所示。

对点 K 取矩,则有

例图 2.9

$$F'\left(l + \frac{d}{2}\right) = N \cdot \frac{d}{2}$$

所以
$$F' = N\frac{d}{2l + d}$$

根据轴与毂之间不相对滑动的条件,则有

$$2fN \cdot \frac{d}{2} = K_s F_Q L$$

所以
$$N = \frac{K_s F_Q L}{fd}$$

$$F' = \frac{K_s F_Q L}{fd} \cdot \frac{d}{2l + d} = \frac{K_s F_Q L}{f(2l + d)}$$

2.计算例图 2.8(b) 的螺栓预紧力 F'

取左半毂为分离体,作用于其上的载荷如例图 2.9(b) 所示,显然 $F' = \frac{N}{2}$。

根据轴与毂之间不相对滑动的条件,则有

$$2fN \cdot \frac{d}{2} = K_s F_Q L$$

所以
$$N = \frac{K_s F_Q L}{fd}$$

$$F' = \frac{K_s F_Q L}{2fd}$$

【讨论】 由题给条件可知,$2l > d$,$2l + d > 2d$,因此,例图 2.8(a) 螺栓的预紧力小于例图 2.8(b) 螺栓的预紧力 F'。

【例 2.6】 例图 2.10 所示弓形夹钳用 Tr 28 × 5 螺杆夹紧工件,已知压力 $F = 40\ 000$ N,螺杆末端部直径 $d_0 = 20$ mm,螺纹副和螺杆末端与工件间的摩擦系数 $f = 0.15$。

(1) 试分析该螺纹副是否能自锁。
(2) 试计算拧紧力矩 $T = ?$

【解】
(1) 由 GB/T 5796.3—2005 查得,Tr 28 × 5 梯形螺纹大径 $d = 28$ mm;中径 $d_2 = 25.5$ mm,螺距 $P = 5$ mm。

又知该螺纹为单线,即线数 $n = 1$,所以

例图 2.10 弓形夹钳

螺纹升角 $\psi = \arctan\dfrac{nP}{\pi d_2} = \arctan\dfrac{1\times 5}{\pi\times 25.5} = 3.571° = 3°24'17''$

当量摩擦角 $\rho' = \arctan f' = \arctan\dfrac{f}{\cos\beta}$

已知式中 $f = 0.15, \beta = \dfrac{\alpha}{2} = 15°$，所以

$$\rho' = \arctan\dfrac{0.15}{\cos 15°} = 8.827° = 8°49'37''$$

显然，$\psi < \rho'$，故该螺纹副能自锁。

(2) 因为拧紧螺杆既要克服螺纹副间的摩擦力矩 T_1，又要克服螺杆末端与工件间的摩擦力矩 T_2，故拧紧力矩 $T = T_1 + T_2$。而

$$T_1 = F\tan(\psi + \rho')\cdot\dfrac{d_2}{2}$$

式中
$F = 40\,000$ N
$d_2 = 25.5$ mm
$\psi = 3.571°$
$\rho' = 8.827°$

所以 $T_1 = 40\,000\times\tan(3.571° + 8.827°)\times\dfrac{25.5}{2} = 112\,112$ N·mm

螺杆末端与工件间的摩擦相当于止推轴颈的摩擦，其摩擦力矩为

$$T_2 = \dfrac{1}{3}fFd_0$$

式中
$F = 40\,000$ N
$f = 0.15$
$d_0 = 20$ mm

所以 $T_2 = \dfrac{1}{3}\times 0.15\times 40\,000\times 20 = 40\,000$ N·mm

$T = T_1 + T_2 = 112\,112 + 40\,000 = 152\,002$ N·mm

【例 2.7】 例图 2.11 所示为一螺旋拉紧装置，旋转中间零件，可使两端螺杆 A 及 B 向中央移近，从而将两零件拉紧。已知螺杆 A 及 B 的螺纹为 M16($d_1 = 13.835$ mm)，单线，螺杆 A 及 B 材料的许用拉伸应力$[\sigma] = 80$ MPa，螺纹副间摩擦系数 $f = 0.15$。试计算允许施加于中间零件上的最大转矩 $T_{max} = ?$ 并计算旋紧时螺旋的效率 $\eta = ?$

例图 2.11 螺旋拉紧装置

【分析】 由题给条件可知，旋转中间零件可使两端螺杆受到拉伸，施加于中间零件上的转矩 T 愈大，两端螺杆受到的轴向拉力 F 愈大，而螺杆尺寸一定，所能承受的最大轴

向拉力 F_{max} 就受强度条件的限制。因此,该题求解时首先按强度条件式 $\sigma_{ca} = \dfrac{1.3F}{\dfrac{\pi d_1^2}{4}} \leq [\sigma]$ 计算出 F_{max};然后由 F_{max} 计算螺纹副间的摩擦力矩 $T_{1\,max}$,最后求出允许旋转中间零件的最大转矩 T_{max}。效率可按定义或公式计算。

【解】

1. 计算螺杆所能承受的最大轴向拉力 F_{max}

由 $$\sigma_{ca} = \frac{1.3\,F}{\dfrac{\pi d_1^2}{4}} \leq [\sigma]$$

得 $$F \leq \frac{\pi d_1^2}{4 \times 1.3}[\sigma]$$

所以 $$F_{max} = \frac{\pi d_1^2}{4 \times 1.3}[\sigma]$$

式中 $$d_1 = 13.835 \text{ mm}$$
$$[\sigma] = 80 \text{ MPa}$$

所以 $$F_{max} = \frac{\pi \times 13.835^2}{4 \times 1.3} \times 80 = 9\,251.1 \text{ N}$$

2. 计算螺纹副间的摩擦力矩 $T_{1\,max}$

由 GB/T 196—2003 查得,M16 螺纹的大径 $d = 16$ mm;中径 $d_2 = 14.701$ mm;螺距 $P = 2$ mm;单线,即线数 $n = 1$。所以

螺纹升角为 $$\psi = \arctan\frac{nP}{\pi d_2} = \arctan\frac{1 \times 2}{\pi \times 14.701} = 2.480°$$

而当量摩擦角为 $$\rho' = \arctan f' = \arctan\frac{f}{\cos\beta}$$

式中 $$f = 0.15;\ \beta = \frac{\alpha}{2} = 30°$$

所以 $$\rho' = \arctan\frac{0.15}{\cos 30°} = 9.826°$$

螺纹副间的最大摩擦力矩为 $$T_{max} = F_{max}\tan(\psi + \rho')\frac{d_2}{2}$$

所以 $$T_{1\,max} = 9\,251.1 \times \tan(2.480° + 9.826°) \times \frac{14.701}{2} = 14\,833.9 \text{ N·mm}$$

3. 计算允许施加于中间零件上的最大转矩 T_{max}

因为施加于中间零件上的转矩要克服螺杆 A、B 两处螺纹副间的摩擦力矩,故有
$$T_{max} = 2T_{1\,max} = 2 \times 14\,833.9 = 29\,667.8 \text{ N·mm}$$

4. 计算旋紧时螺旋的效率 η

因为旋紧中间零件转一周,做功为 $T_{max} \cdot 2\pi$,而此时螺杆 A、B 各移动 1 个导程(即 $S = nP = 1 \times 2 = 2$ mm),做有用功为 $2F_{max} \cdot S$,故此时螺旋的效率 η 为

$$\eta = \frac{2F_{max} \cdot S}{T_{max} \cdot 2\pi} = \frac{2 \times 9\,251.1 \times 2}{29\,667.8 \times 2 \times \pi} = 0.199 = 19.9\%$$

或按公式 $$\eta = \frac{\tan\psi}{\tan(\psi + \rho')} = \frac{\tan 2.48°}{\tan(2.48° + 9.826°)} = 0.199 = 19.9\%$$

【例 2.8】 有一升降装置如例图 2.12 所示,螺旋副采用梯形螺纹,大径 $d = 50$ mm,中径 $d_2 = 46$ mm,螺距 $P = 8$ mm,线数 $n = 4$,支承面采用推力球轴承。升降台的上下移动处采用导向滚轮,摩擦阻力可忽略不计。设承受载荷 $F_Q = 50\ 000$ N。试计算:

(1) 升降台稳定上升时的效率 η,已知螺旋副间摩擦系数 $f = 0.1$。

(2) 稳定上升时施加于螺杆上的力矩(设轴承效率 $\eta_{轴承} = 1$)。

(3) 若升降台以 640 mm/min 上升,螺杆所需转速和功率。

(4) 欲使升降台在载荷 F_Q 作用下等速下降,是否需要制动装置?若需要,则加于螺杆上的制动力矩是多少?

例图 2.12　升降装置

【解】

1.计算升降台稳定上升时的效率 η

该螺纹的螺纹升角 ψ 为

$$\psi = \arctan \frac{nP}{\pi d_2}$$

式中　　　　　　　　$P = 8$ mm

$n = 4$

$d_2 = 46$ mm

所以　　　　　　　$\psi = \arctan \frac{4 \times 8}{\pi \times 46} = 12.486°$

螺旋副的当量摩擦角 ρ' 为

$$\rho' = \arctan f' = \arctan \frac{f}{\cos \beta}$$

式中　　　　　　　　$f = 0.1$

$\beta = \frac{\alpha}{2} = 15°$

$\rho' = \arctan \frac{0.1}{\cos 15°} = 5.911°$

效率　　$\eta = \frac{\tan \lambda}{\tan(\psi + \rho')} = \frac{\tan 12.486°}{\tan(5.911° + 12.486°)} = 65.8\%$

2.计算稳定上升时施加于螺杆上的力矩 T

因为轴承效率 $\eta_{轴承} = 1$,故施加于螺杆上的力矩就等于螺旋副间的摩擦力矩,所以

$$T = Q\tan(\psi + \rho') \frac{d_2}{2}$$

式中　　　　　　　　$F_Q = 50\ 000$ N

$d_2 = 46$ mm

$\psi = 12.486°$

$$\rho' = 5.911°$$

$$T = 50\,000 \times \tan(12.486° + 5.911°) \times \frac{46}{2} = 382\,487.2 \text{ N·mm}$$

3. 计算螺杆所需转速 n 和功率 P

按题给条件，螺杆转一周，升降台上升一个导程(即 $S = nP = 4 \times 8 = 32$ mm)，故若升降台以 640 mm/min 的速度上升，则螺杆所需转速 n 为

$$n = 640 \text{ mm/min} \div 32 \text{ mm/r} = 20 \text{ r/min}$$

螺杆线速度

$$v = \frac{\pi d_2 n}{60 \times 1\,000} = \frac{\pi \times 46 \times 20}{60 \times 1\,000} = 0.048\,2 \text{ m/s}$$

螺杆所受圆周力

$$F_t = F_Q \tan(\psi + \rho') = 50\,000 \times \tan(12.486° + 5.911°) = 16\,629.88 \text{ N}$$

螺杆所需功率 P 为

$$P = \frac{F_t v}{1\,000} = \frac{16\,629.88 \times 0.048\,2}{1\,000} = 0.8 \text{ kW}$$

或按同一轴上功率与转矩、转速的关系式，求得

$$P = \frac{Tn}{9.55 \times 10^6} = \frac{382\,487.2 \times 20}{9.55 \times 10^6} = 0.8 \text{ kW}$$

或根据升降台的输出功率及螺旋副的传动效率 η 来求得螺杆所需功率。

升降台的上升速度 $\quad v' = \frac{640}{60 \times 1\,000} = 0.010\,7$ m/s

升降台承受载荷 $\quad F_Q = 50\,000$ N

升降台的输出功率 P' 为

$$P' = \frac{F_Q v'}{1\,000} = \frac{50\,000 \times 0.010\,7}{1\,000} = 0.535 \text{ kW}$$

由于不计升降台与导向轮间的摩擦阻力，轴承效率 $\eta_{轴承} = 1$，因此该传动链的总效率等于螺旋副的传动效率 η，所以螺杆所需功率 P 为

$$P = \frac{P'}{\eta} = \frac{0.535}{0.658} \approx 0.8 \text{ kW}$$

4. 判断在平稳工作情况下是否需要制动装置，计算制动力矩 T'

因为 $\quad \psi = 12.486° \quad \rho' = 5.911°$

即 $\psi > \rho'$，螺旋副不自锁，故欲使升降台在载荷 F_Q 作用下等速下降，则必须有制动装置。施加于螺杆上的制动力矩 T' 为

$$T' = F_Q \tan(\psi - \rho') \frac{d_2}{2} = 50\,000 \times \tan(12.486° - 5.911°) \times \frac{46}{2} = 132\,554.1 \text{ N·mm}$$

【例 2.9】 试找出例图 2.13 中螺纹连接结构的错误，说明原因，并就图改正。已知被连接件材料均为 Q235，连接件均为标准件。例图 2.13(a) 为普通螺栓连接、(b) 为螺钉连接、(c) 为双头螺栓连接、(d) 为紧定螺钉连接。

【解】

1. 普通螺栓连接(例图 2.13(a))

主要错误有：

例图 2.13 螺纹连接结构

(1) 螺栓安装方向不对,装不进去,应掉过头来安装。

(2) 普通螺栓连接的被连接件孔要大于螺栓大径,而下部被连接件孔与螺栓杆间无间隙。

(3) 被连接件表面没加工,应做出沉头座孔,以保证螺栓头及螺母支承面平整且垂直于螺栓轴线,避免产生附加弯曲应力。

(4) 一般连接,不应采用扁螺母。

(5) 弹簧垫圈尺寸不对,缺口方向亦不对。

(6) 螺栓长度不标准,应取标准长 $l = 60$。

(7) 螺栓中螺纹部分长度短了,应取长 30。

改正后的结构见例图 2.14(a)。

2. 螺钉连接(例图 2.13(b))

主要错误有:

(1) 采用螺钉连接时,被连接件之一应有大于螺栓大径的光孔,而另一被连接件上应有与螺钉相旋合的螺纹孔。而图中上边被连接件没有做成大于螺栓大径的光孔,下边被连接件的螺纹孔又过大,与螺钉尺寸不等,而且螺纹孔画法不对,小径不应为细实线,剖面线应打到小径,而大径应为细实线。螺栓小径应为细实线。

(2) 若上边被连接件是铸件,则少沉头座孔,表面也没加工。

(3) 由于被连接件较薄,应采用螺栓连接。

改正后的结构见例图 2.14(b1)、(b2)。

3. 双头螺柱连接(图 2.13(c))

主要错误有:

(1) 双头螺柱的光杆部分不能拧进被连接的螺纹孔内,M12 不能标注在光杆部分,剖面线应打到小径。

(2) 锥孔角度应为 120°,而且应从螺纹孔的小径处(粗实线处)画锥孔角的两边。

(3) 若上边被连接件是铸件,则少沉头座孔,表面也没加工。

例图 2.14　改正后的螺纹连接结构

(4) 弹簧垫圈厚度尺寸不对。

(5) 上被连接件光孔与螺柱应有间隙。

改正后的结构见例图 2.14(c)。

4. 紧定螺钉连接(例图 2.13(d))

主要错误有：

(1) 轮毂上没有做出 M6 的螺纹孔，现在是一个 φ6 的光孔，没法使紧定螺钉顶紧轴。

(2) 轴上不应做螺纹孔，即使有螺纹孔，螺钉能拧入，画法也不对，而且需做局部剖视才能看得见。

改正后的结构见例图 2.14(d)。

2.3　精选习题与实战演练

一、单项选择题(从给出的 A、B、C、D 答案中选一)

【题 2.1】　当螺纹公称直径、牙型角、螺纹线数相同时，细牙螺纹的自锁性能比粗牙螺纹的自锁性能(　　)。

A.好　　　　　　　B.差　　　　　　　C.相同

【题2.2】 用于连接的螺纹牙型为三角形,这最主要是因为普通(三角形)螺纹( )。

A.牙根强度高,自锁性能好　　B.传动效率高;　　C.防振性能好

【题2.3】 若螺纹的直径和螺旋副的摩擦因数一定,则拧紧螺母时的效率取决于螺纹的( )。

A.螺距和牙型角　　　　　　B.螺纹升角和头数
C.导程和牙型斜角　　　　　D.螺距和螺纹升角

【题2.4】 对于连接用螺纹,主要要求连接可靠,自锁性能好,故常选用( )。

A.螺纹升角小,单线普通(三角形)螺纹
B.螺纹升角大,双线普通(三角形)螺纹
C.螺纹升角小,单线梯形螺纹　　D.螺纹升角大,双线矩形螺纹

【题2.5】 用于薄壁零件连接的螺纹,应采用( )。

A.普通(三角形)细牙螺纹　　B.梯形螺纹
C.锯齿形螺纹　　　　　　　D.多线的普通(三角形)粗牙螺纹

【题2.6】 当螺栓组连接承受横向载荷或旋转力矩时,该螺栓组中的螺栓( )。

A.必受剪切力作用　　　　　B.必受拉力作用
C.既可能受剪切作用,也可能受拉伸作用
D.同时受到剪切与拉伸作用

【题2.7】 计算采用普通(三角形)螺纹的紧螺栓连接的拉伸强度时,考虑到拉伸与扭转的复合作用,应将拉伸载荷增加到原来的( )倍。

A.1.1　　　　　　　　　　B.1.3
C.1.25　　　　　　　　　　D.0.3

【题2.8】 采用普通螺栓连接的凸缘连轴器,在传递转矩时,( )。

A.螺栓的横截面受剪切　　　B.螺栓与螺栓孔配合面受挤压
C.螺栓同时受剪切与挤压　　D.螺栓受拉伸与扭转作用

【题2.9】 在下列四种具有相同公称直径和螺距,并采用相同配对材料的传动螺旋副中,传动效率最高的是( )。

A.单线矩形螺旋副　　　　　B.单线梯形螺旋副
C.双线矩形螺旋副　　　　　D.双线梯形螺旋副

【题2.10】 在螺栓连接中,往往在一个螺栓上采用双螺母,其目的是( )。

A.提高强度　　　　　　　　B.提高刚度
C.防松　　　　　　　　　　D.减小每圈螺纹牙上的受力

【题2.11】 在同一螺栓组中,螺栓的材料、直径和长度均应相同,这是为了( )。

A.受力均匀　　　　　　　　B.便于装配
C.外形美观　　　　　　　　D.降低成本

【题2.12】 螺栓的材料性能等级标成6.8级,其数字6.8代表( )。

A.对螺栓材料的强度要求　　　　　B.对螺栓的制造精度要求

C.对螺栓强度和制造精度的要求

【题2.13】 螺栓强度等级为6.8级,则该螺栓材料的最小屈服极限近似为(　　)。

A.480 MPa　　　　　　　　　　B.6 MPa

C.8 MPa　　　　　　　　　　　D.0.8 MPa

【题2.14】 不控制预紧力时,螺栓的安全系数选择与其直径有关,是因为(　　)。

A.直径小,易过载　　　　　　　B.直径小,不易控制预紧力

C.直径大,材料缺陷多

【题2.15】 工作时仅受预紧力 F' 作用的紧螺栓连接,其强度校核公式为 $\sigma_{ca} = \dfrac{1.3F'}{\dfrac{\pi d_1^2}{4}} \leq$ $[\sigma]$,式中的系数1.3是考虑(　　)。

A.可靠性系数　　　　　　　　　B.安全系数

C.螺栓在拧紧时,同时受拉伸与扭转联合作用的影响

【题2.16】 紧螺栓连接在按拉伸强度计算时,应将拉伸载荷增加到原来的1.3倍,这是考虑(　　)的影响。

A.螺纹的应力集中　　　　　　　B.扭转切应力

C.安全因素　　　　　　　　　　D.载荷变化与冲击

【题2.17】 预紧力为 F' 的单个紧螺栓连接,受到轴向工作载荷 F 作用后,螺栓受到的总拉力 F_0(　　)$F' + F$。

A.大于　　　　　　B.等于　　　　　　C.小于

【题2.18】 一紧螺栓连接的螺栓受到轴向变载荷作用,已知 $F_{min} = 0$,$F_{max} = F$,螺栓的危险截面面积为 A_c,螺栓的相对刚度为 K_c,则该螺栓的应力幅为(　　)。

A.$\sigma_a = (1 - K_c)F/A_c$　　　　B.$\sigma_a = K_c F/A_c$

C.$\sigma_a = K_c F/2A_c$　　　　　　D.$\sigma_a = (1 - K_c)F/2A_c$

【题2.19】 在受轴向变载荷作用的紧螺栓连接中,为提高螺栓的疲劳强度,可采取的措施是(　　)。

A.增大螺栓刚度 C_b,减小被连接件刚度 C_m

B.减小 C_b,增大 C_m　　　　　　C.增大 C_b 和 C_m

D.减小 C_b 和 C_m

【题2.20】 若要提高受轴向变载荷作用的紧螺栓的疲劳强度,则可(　　)。

A.在被连接件间加橡胶垫片　　　B.增大螺栓长度

C.采用精制螺栓　　　　　　　　D.加防松装置

【题2.21】 有一单个紧螺栓连接,要求被连接件接合面不分离,已知螺栓与被连接件的刚度相同,螺栓的预紧力为 F',当对连接施加轴向载荷,使螺栓的轴向工作载荷 F 与预紧力 F' 相等时,则(　　)。

A.被连接件发生分离,连接失效

B.被连接件即将发生分离,连接不可靠

C.连接可靠,但不能再继续加载

D.连接可靠,只要螺栓强度足够,可继续加载,直到轴向工作载荷 F 接近但小于预紧力 F' 的 2 倍

【题 2.22】 对于受轴向变载荷作用的紧螺栓连接,若轴向工作载荷 F 在 0~1 000 N 之间循环变化,则该连接螺栓所受拉应力的类型为( )。

　　A.非对称循变应力　　　　　　B.脉动循环变应力

　　C.对称循环变应力　　　　　　D.非稳定循环变应力

【题 2.23】 对于紧螺栓连接,当螺栓的总拉力 F_0 和剩余预紧力 F'' 不变时,若将螺栓由实心变成空心,则螺栓的应力幅 σ_a 与预紧力 F' 会发生变化,( )。

　　A.σ_a 增大,F' 应适当减小　　　B.σ_a 增大,F' 应适当增大

　　C.σ_a 减小,F' 应适当减小　　　D.σ_a 减小,F' 应适当增大

【题 2.24】 在螺栓连接设计中,若被连接件为铸件,则往往在螺栓孔处做沉头座孔,其目的是( )。

　　A.避免螺栓受附加弯曲应力作用　　B.便于安装

　　C.为安置防松装置

二、填空题

【题 2.25】 普通(三角形)螺纹的牙型角 α = _____,适用于_____,而梯形螺纹的牙型角 α = _____,适用于_____。

【题 2.26】 螺旋副的自锁条件是_____。

【题 2.27】 常用螺纹的类型主要有_____、_____、_____和_____。

【题 2.28】 传动用螺纹(如梯形螺纹)的牙型斜角(牙侧角)β 比连接用螺纹(如普通(三角形螺纹))的牙型斜角(牙侧角)小,这主要是为了_____。

【题 2.29】 若螺纹的直径和螺旋副的摩擦因数一定,则拧紧螺母时的效率取决于螺纹的_____和_____。

【题 2.30】 螺纹连接的拧紧力矩等于_____和_____之和。

【题 2.31】 螺纹连接防松的实质是_____。

【题 2.32】 普通紧螺栓连接受横向载荷作用,则螺栓中受_____应力和_____应力作用。

【题 2.33】 被连接件受横向载荷作用时,若采用普通螺栓连接时,则螺栓受_____及_____载荷作用,可能发生的失效形式为_____。

【题2.34】 有一单个紧螺栓连接,已知所受预紧力为 F',轴向工作载荷为 F,螺栓的相对刚度为 $\dfrac{C_b}{C_b+C_m}$,则螺栓所受的总拉力 $F_0 =$ _____,而剩余预紧力 $F'' =$ _____。若螺栓的螺纹小径为 d_1,螺栓材料的许用拉伸应力为 $[\sigma]$,则其危险剖面的拉伸强度条件式为_____。

【题2.35】 受轴向工作载荷 F 的紧螺栓连接,螺栓所受的总拉力 F_0 等于_____与_____之和。

【题2.36】 对受轴向工作载荷作用的紧螺栓连接,当预紧力 F' 和轴向工作载荷 F 一定时,为减小螺栓所受的总拉力 F_0,通常采用的方法是减小_____的刚度或增大_____的刚度。

【题2.37】 采用凸台或沉头座孔作为螺栓头或螺母的支承面是为了_____。

【题2.38】 在螺纹连接中采用悬置螺母或环槽螺母的目的是_____。

【题2.39】 在螺栓连接中,当螺栓轴线与被连接件支承面不垂直时,螺栓中将产生附加_____应力。

【题2.40】 螺纹连接防松,按其防松原理可分为_____防松、_____防松和_____防松。

三、问答题

【题2.41】 常用螺纹按牙型分为哪几种?各有何特点?各适用于什么场合?

【题2.42】 拧紧螺母与松退螺母时的螺纹副效率如何计算?哪些螺纹参数影响螺纹副的效率?

【题2.43】 题图2.1为螺旋拉紧装置,若按图上箭头方向旋转中间零件,能使两端螺杆A、B向中央移动,从而将两零件拉紧。试判断该装置中A、B螺杆上的螺纹旋向。

题图2.1

【题2.44】 螺纹连接有哪些基本类型?各有何特点?各适用于什么场合?

【题2.45】 为什么螺纹连接常需要防松?按防松原理,螺纹连接的防松方法可分为哪几类?试举例说明之。

【题2.46】 螺栓组连接受力分析的目的是什么?在进行受力分析时,通常要做哪些假设条件?

【题2.47】 题图2.2为受轴向工作载荷的紧螺栓连接工作时力与变形的关系图。图中 F' 为螺栓预紧力,F 为轴向工作载荷,F'' 为剩余预紧力,F_0 为螺栓总拉力,C_b 为螺栓刚度，C_m 为被连接件刚度，$\Delta F_b = \dfrac{C_b}{C_b + C_m}$。试分析：

(1) 在 F 和 F'' 不变的情况下如何提高螺栓的疲劳强度？

(2) 若 $F = 800$ N，当 $C_b \gg$ 时，$F_0 = ?$ 当 $C_b \ll C_m$ 时，$F_0 = ?$

题图 2.2

【题 2.48】 有一刚性凸缘联轴器用材料为 Q235 的普通螺栓连接以传递转矩 T。现欲提高其传递的转矩，但限于结构，不能增加螺栓的直径和数目，试提出三种能提高该联轴器传递的转矩的方法。

【题 2.49】 提高螺栓连接强度的措施有哪些？这些措施中哪些主要是针对静强度？哪些主要是针对疲劳强度？

【题 2.50】 为了防止螺旋千斤顶发生失效，设计时应对螺杆和螺母进行哪些验算？

【题 2.51】 对于受轴向变载荷作用的螺栓，可以采取哪些措施来减小螺栓的应力幅 σ_a？

【题 2.52】 为什么对于重要的螺栓连接要控制螺栓的预紧力 F'？控制预紧力的方法有哪几种？

四、计算题

【题 2.53】 有一受预紧力 F' 和轴向工作载荷作用的紧螺栓连接，已知预紧力 $F' = 1\,000$ N，螺栓的刚度 c_b 与连接件的刚度 c_m 相等，轴向工作载荷 $F = 1\,000$ N，试计算该螺栓所受的总拉力 $F_0 = ?$ 剩余预紧力 $F'' = ?$ 在预紧力 F' 不变的条件下，若保证被连接件间不出现缝隙，该螺栓的最大轴向工作载荷 F_{max} 为多少？

【题 2.54】 题图 2.3 为一圆盘锯，锯片直径 $D = 500$ mm，用螺母将其夹紧在压板中间，已知锯片外圆上的工作阻力 $F_t = 400$ N，压板和锯片间的摩擦因数 $f = 0.15$，压板的平均直径 $D_0 = 150$ mm，可靠性系数 $K_s = 1.2$，轴材料的许用拉伸应力 $[\sigma] = 60$ MPa，试计算轴端所需的螺纹直径。

由 GB/T 196—2003 查得：

M10: $d_1 = 8.376$ mm；M12: $d_1 = 10.106$ mm；M16: $d_1 = 13.835$ mm；M20: $d_1 = 17.294$ mm。

【题 2.55】 题图 2.4 为一支架与机座用 4 个普通螺栓连接，所受外载荷分别为横向载荷 $F_R = 5\,000$ N，轴向载荷 $F_Q = 16\,000$ N，已知螺栓的相对刚度 $\dfrac{C_b}{C_b + C_m} = 0.25$，接合面间摩擦系数 $f = 0.15$，可靠性系数 $K_s = 1.2$，螺栓材料的机械性能级别为 8.8 级，安全系数 $S = 2$，试计算该螺栓小径 d_1 的计算值。

题图 2.3　　　　　　　　　　　　　题图 2.4

【题 2.56】 题图 2.5 为夹紧连接采用两个普通螺栓,已知连接柄端受力 $F_R = 240$ N,连接柄长 $l = 420$ mm,轴的直径 $d = 65$ mm,夹紧接合面摩擦因数 $f = 0.15$,可靠性系数 $K_s = 1.2$,螺栓材料的许用拉伸应力 $[\sigma] = 80$ MPa,试计算螺栓小径 d_1 的计算值。

【题 2.57】 一牵曳钩用 2 个 M10($d_1 = 8.376$ mm)的普通螺栓固定于机体上,如题图 2.6 所示,已知接合面间摩擦因数 $f = 0.15$,可靠性系数 $K_s = 1.2$,螺栓材料强度级别为 6.6 级,安全系数 $S = 3$,试计算该螺栓组连接允许的最大牵引力 $F_{R\max} = ?$

题图 2.5　　　　　　　　　　　　　题图 2.6

【题 2.58】 题图 2.7 为一钢板用 4 个普通螺栓与立柱连接。钢板悬壁端作用一载荷 $F_P = 20\,000$ N,接合面间摩擦因数 $f = 0.16$,螺栓材料的许用拉伸应力 $[\sigma] = 120$ MPa,试计算该螺栓组螺栓的小径 d_1。

【题 2.59】 题图 2.8 为一压力容器盖螺栓组连接,已知容器内径 $D = 250$ mm,内装具有一定压强的液体,沿凸缘圆周均匀分布 12 个 M16($d_1 = 13.835$ mm)普通螺栓,螺栓材料的许用拉伸应力 $[\sigma] = 80$ MPa,螺栓的相对刚度 $\dfrac{C_b}{C_b + C_m} = 0.5$,按紧密性要求,剩余预紧力 $F'' = 1.8\,F$,F 为螺栓的轴向工作载荷。试计算该螺栓组连接允许的容器内液体的最大压强 $p_{\max} = ?$ 此时螺栓所需的预紧力 $F' = ?$

题图 2.7　　　　　　　　　　　　　题图 2.8

【题 2.60】 题图 2.9 为一凸缘联轴器，用 6 个 M10 的铰制孔用螺栓连接，结构尺寸如题图 2.9 所示。两半联轴器材料为 HT200，其许用挤压应力 $[\sigma]_{p1}$ = 100 MPa。螺栓材料的许用剪应力 $[\tau]$ = 92 MPa，许用挤压应力 $[\sigma]_{p2}$ = 300 MPa，许用拉伸应力 $[\sigma]$ = 120 MPa。试计算该螺栓组连接允许传递的最大转矩 T_{max}。若传递的最大转矩 T_{max} 不变，改用普通螺栓连接，试计算螺栓小径 d_1 的计算值（设两半联轴器间的摩擦因数 f = 0.16，可靠性系数 K_s = 1.2）。

题图 2.9

【题 2.61】 题图 2.10 为螺栓组连接的三种方案，其外载荷为 F_R，尺寸 a、L 均相同，a = 60 mm，L = 300 mm。试分析计算各方案中受力最大螺栓所受横向载荷 F_S = ？并分析比较哪个方案好？

题图 2.10

【题 2.62】 题图 2.11 为方形盖板用四个螺栓与箱体连接，盖板中心点 O 的吊环受拉力 F_Q = 20 000 N，尺寸如题图 2.11 所示，设剩余预紧力 F'' = 0.6 F，F 为螺栓所受的轴向工作载荷。试求：

(1) 螺栓所受的总拉力 F_0，并计算确定螺栓直径。（螺栓材料的许用拉伸应力 $[\sigma]$ = 180 MPa）

(2) 如因制造误差,吊环由点 O 移到点 O',且 $\overline{OO'} = 5\sqrt{2}$ mm,求受力最大螺栓所受的总拉力 F_0,并校核(1)中确定的螺栓的强度。(螺栓材料的许用拉伸应力 $[\sigma] = 180$ MPa)

由 GB 196—2003 查得:

M10:$d_1 = 8.376$;M12:$d_1 = 10.106$;M16:$d_1 = 13.835$。

【题 2.63】 有一提升装置如题图 2.12 所示。

题图 2.11　　　　　　　　　　题图 2.12

(1) 卷筒用 6 个 M8($d_1 = 6.647$ mm) 的普通螺栓固连在蜗轮上,已知卷筒直径 $D = 150$ mm,螺栓均布于直径 $D_0 = 180$ mm 的圆周上,接合面间摩擦因数 $f = 0.15$,可靠性系数 $K_s = 1.2$,螺栓材料的许用拉伸应力 $[\sigma] = 120$ MPa,试求该螺栓组连接允许的最大提升载荷 $F_{W\max} = ?$

(2) 若已知 $F_{W\max} = 6\,000$ N,其他条件同(1),但 d_1 未知,试确定螺栓直径。

由 GB 196—2003 查得:

M8:$d_1 = 6.647$ mm;M10:$d_1 = 8.376$ mm;M12:$d_1 = 10.106$ mm;M16:$d_1 = 13.835$ mm。

五、结构题

【题 2.64】 试画出普通螺栓连接结构图。

已知条件:(1) 两被连接件是铸件,厚度各约为 15 mm 和 20 mm。

(2) 采用 M12 普通螺栓。

(3) 采用弹簧垫圈防松。

要求按大约 1∶1 的比例画。

【题 2.65】 试画出铰制孔用螺栓连接结构图。

已知条件:(1) 两被连接是厚度均约为 20 mm 的钢板。

(2) 采用 M10 铰制孔用螺栓(光杆部分 $d_s = 11$ mm)。

要求按大约 1∶1 的比例画。

【题 2.66】 试画出轴与轴端挡圈的螺钉连接结构图。

已知条件:(1) 轴端、轮毂及轴端挡圈尺寸如题图 2.13 所示。

(2) 采用 M6 × 16 六角头螺栓。

题图 2.13

【题 2.67】 有一箱体通过螺纹连接固连于机座上,如题图 14 所示。试选择螺纹连接类型,并画出其结构图。

【题 2.68】 试找出题图 2.15 螺纹连接结构中的错误,并就图改正。

题图 2.14   题图 2.15

2.4 精选习题答案

一、单项选择题

【题 2.1】 A	【题 2.2】 A	【题 2.3】 C	【题 2.4】 A	【题 2.5】 A
【题 2.6】 C	【题 2.7】 B	【题 2.8】 D	【题 2.9】 C	【题 2.10】 C
【题 2.11】 B	【题 2.12】 A	【题 2.13】 A	【题 2.14】 A	【题 2.15】 C
【题 2.16】 B	【题 2.17】 C	【题 2.18】 C	【题 2.19】 B	【题 2.20】 B
【题 2.21】 D	【题 2.22】 A	【题 2.23】 D	【题 2.24】 A	

二、填空题

【题 2.25】 $\alpha = 60°$,连接;$\alpha = 30°$,传动。

【题 2.26】 螺纹升角 ψ 小于当量摩擦角 ρ'。

【题 2.27】 普通(三角)螺纹、管螺纹、矩形螺纹、梯形螺纹和锯齿形螺纹。

【题 2.28】 提高传动效率。

【题 2.29】 导程和牙型斜角(牙侧角)。

【题 2.30】 螺纹副间摩擦力矩和螺母(或螺栓头)端面与被连接件支承面间摩擦力矩之和。

【题 2.31】 防止螺杆与螺母(或被连接件螺纹孔)间发生相对转动,或填防止螺纹副间相对转动。

【题 2.32】 拉伸,扭剪。

【题 2.33】 拉伸(或填轴向)及扭剪,螺栓发生塑性变形或断裂。

【题 2.34】 $F' + \dfrac{C_b}{C_b + C_m} F$,$F' - (1 - \dfrac{C_b}{C_b + C_m})F$,$\sigma_{ca} = \dfrac{1.3 F_0}{\dfrac{\pi d_1^2}{4}} \leqslant [\sigma]$。

【题 2.35】 预紧力 F',部分轴向工作载荷 ΔF_b。或剩余预紧力 F'',轴向工作载荷 F。

【题 2.36】 螺栓,被连接件。

【题 2.37】 避免螺栓受附加弯曲应力作用。

【题 2.38】 均匀各旋合圈螺纹牙上的载荷。

【题 2.39】 弯曲。

【题 2.40】 摩擦,机械,永久性

三、问答题

【题 2.41 ~ 2.52】 可参看教科书。

四、分析计算题

【题 2.53】【解】

$$F_0 = F' + \dfrac{C_b}{C_b + C_m} F = 1\,000 + 0.5 \times 1\,000 = 1\,500 \text{ N}$$

$$F'' = F' - (1 - \dfrac{C_b}{C_b + C_m})F = 1\,000 - 0.5 \times 1\,000 = 500 \text{ N}$$

或 $\quad F'' = F_0 - F = 1\,500 - 1\,000 = 500 \text{ N}$

为保证被连接件间不出现缝隙,则 $F'' \geqslant 0$。

由 $F'' = F' - (1 - \dfrac{C_b}{C_b + C_m})F \geqslant 0$ 得

$$F \leqslant \dfrac{F'}{1 - \dfrac{C_b}{C_b + C_m}} = \dfrac{1\,000}{1 - 0.5} = 2\,000 \text{ N}$$

所以 $\quad F_{max} = 2\,000 \text{ N}$

【题 2.54】【解】

1. 计算压板压紧力 F'

由 $2fF' \cdot \dfrac{D_0}{2} = K_s F_t \cdot \dfrac{D_0}{2}$ 得

$$F' = \dfrac{K_s F_t D}{2 f D_0} = \dfrac{1.2 \times 400 \times 500}{2 \times 0.15 \times 150} = 5\,333.3 \text{ N}$$

第二章 螺纹连接(含螺旋传动)   39

注意:此题中有 2 个接合面。
而压板的压紧力就是轴端螺纹连接的预紧力。
2. 确定轴端螺纹直径

$$d_1 \geqslant \sqrt{\frac{4 \times 1.3 F'}{\pi [\sigma]}} = \sqrt{\frac{4 \times 1.3 \times 5\,333.3}{\pi \times 60}} = 12.130 \text{ mm}$$

查 GB/T 196—2003,取 M16($d_1 = 13.835$ mm > 12.130 mm)

【题 2.55】【解】
1. 螺栓组连接的受力分析
这是螺栓组连接受横向载荷 F_R 和轴向载荷 F_Q 连合作用的情况,故可按接合面不滑移计算螺栓所需的预紧力 F',按连接的轴向载荷计算单个螺栓的轴向工作载荷 F,然后求螺栓的总拉力 F_0。

(1) 计算螺栓的轴向工作载荷 F。根据题给条件,各个螺栓所受轴向工作载荷相等,故有

$$F = \frac{F_Q}{4} = \frac{16\,000}{4} = 4\,000 \text{ N}$$

(2) 计算螺栓的预紧力 F'。由于有轴向载荷的作用,接合面间的压紧力为剩余预紧力 F'',故有

$$4 f F'' = K_s F_R$$

而

$$F'' = F' - \left(1 - \frac{C_b}{C_b + C_m}\right) F$$

联立解上述两式,则得

$$F' = \frac{K_s F_R}{4 f} + \left(1 - \frac{C_b}{C_b + C_m}\right) F = $$
$$\frac{1.2 \times 5\,000}{4 \times 0.15} + (1 - 0.25) \times 4\,000 = 13\,000 \text{ N}$$

2. 计算螺栓的小径 d_1
螺栓材料的机械性能级别为 8.8 级,其最小屈服极限 $\sigma_{s\,min} = 640$ MPa,安全系数 $S = 2$,故其许用拉伸应力 $[\sigma]$ 为

$$[\sigma] = \frac{\sigma_{smin}}{S} = \frac{640}{2} = 320 \text{ MPa}$$

所以

$$d_1 \geqslant \sqrt{\frac{4 \times 1.3 F_0}{\pi [\sigma]}} = \sqrt{\frac{4 \times 1.3 \times 14\,000}{\pi \times 320}} = 8.510 \text{ mm}$$

【题 2.56】【解】
1. 计算夹紧连接螺栓的预紧力 F'
假设在螺栓预紧力 F' 作用下,轴和毂之间在与螺栓轴线平行的直径方向作用有正压力 N,根据轴与毂之间不相对滑移条件,则有

$$2 f N \cdot \frac{d}{2} = K_s F_R L$$

所以

$$N = \frac{K_s F_R L}{f d} = \frac{1.2 \times 240 \times 420}{0.15 \times 65} = 12\,406.2 \text{ N}$$

而 $$N = 2F'$$

所以 $$F' = \frac{N}{2} = \frac{12\,406.2}{2} = 6\,203.1 \text{ N}$$

2.计算螺栓小径 d_1

$$d_1 \geqslant \sqrt{\frac{4 \times 1.3 F'}{\pi [\sigma]}} = \sqrt{\frac{4 \times 1.3 \times 6\,203.1}{\pi \times 80}} = 11.329 \text{ mm}$$

【题 2.57】【解】

1.计算螺栓允许的最大预紧力 F'_{max}

由 $\sigma_{ca} \leqslant \dfrac{1.3 F'}{\dfrac{\pi d_1^2}{4}} \leqslant [\sigma]$ 得

$$F'_{max} = \frac{[\sigma] \pi d_1^2}{4 \times 1.3}$$

而题给条件式中 $$[\sigma] = \frac{\sigma_s}{[S]} = \frac{360}{3} = 120 \text{ MPa}$$

$$F'_{max} = \frac{120 \times \pi \times 8.376^2}{4 \times 1.3} = 5\,086.3 \text{ N}$$

2.计算连接允许的最大牵引力 F_{Rmax}

由 $2f F'_{max} = K_s F_{Rmax}$ 得

$$F_{Rmax} = \frac{2f F'_{max}}{K_s} = \frac{2 \times 0.15 \times 5\,086.3}{1.2} = 1\,271.6 \text{ N}$$

【题 2.58】【解】

1.螺栓组受力分析

将载荷 F_P 向螺栓组连接的接合面形心点 O 简化,则得

横向载荷 $$F_P = 2\,000 \text{ N}$$

旋转力矩 $$T = F_P l = 20\,000 \times 300 = 6\,000\,000 \text{ N} \cdot \text{mm}$$

(1)计算受力最大螺栓的横向载荷 F_S。在横向载荷 F_P 作用下,各螺栓受的横向载荷 F_{SP} 大小相等,方向同 F_P,即

$$F_{SP1} = F_{SP2} = F_{SP3} = F_{SP4} = \frac{F_P}{4} = \frac{20\,000}{4} = 5\,000 \text{ N}$$

在旋转力矩 T 作用下,因为各螺栓中心至形心点 O 距离相等,各螺栓受的横向载荷 F_{ST} 大小亦相等,方向各垂直于螺栓中心与形心点 O 的连心线。

螺栓中心至形心点 O 距离 r 为

$$r = \sqrt{75^2 + 75^2} = 106.1 \text{ mm}$$

故 $$F_{ST1} = F_{ST2} = F_{ST3} = F_{ST4} = \frac{T}{4r} = \frac{6\,000\,000}{4 \times 106.1} = 14\,137.6 \text{ N}$$

各螺栓上所受的横向载荷 F_{SP} 和 F_{ST} 的方向如题图 2.7 所示。由图中可以看出螺栓 1 和 2 所受两力夹角 α 最小($\alpha = 45°$),故螺栓 1 和 2 受力最大,所受总的横向载荷为

$$F_{S\,max} = F_{S1} = F_{S2} = \sqrt{F_{SP1}^2 + F_{ST1}^2 + 2F_{SP1} \cdot F_{ST1} \cdot \cos \alpha} =$$

$$\sqrt{5\,000^2 + 141\,37.6^2 + 2 \times 5\,000 \times 14\,137.6 \times \cos 45°} = 18\,023.3 \text{ N}$$

题图 2.7

(2) 计算螺栓所需预紧力 F'。按一个螺栓受的横向力与接合面间的摩擦力相平衡的条件可得

$$fF' = K_s F_{S\,\max}$$

所以
$$F' = \frac{K_s F_{S\max}}{f} = \frac{1.2 \times 18\,023.3}{0.16} = 135\,174.8 \text{ N}$$

(3) 计算螺栓小径 d_1

$$d_1 \geqslant \sqrt{\frac{4 \times 1.3\,F'}{\pi[\sigma]}} = \sqrt{\frac{4 \times 1.3 \times 135\,174.8}{\pi \times 120}} = 43.180 \text{ mm}$$

【题 2.59】【解】
1. 计算螺栓允许的最大总拉力 F_0

由 $\sigma_{ca} = \dfrac{1.3 F_0}{\dfrac{\pi d_1^2}{4}} \leqslant [\sigma]$ 得

$$F_0 = \frac{[\sigma]\pi d_1^2}{4 \times 1.3} = \frac{180 \times \pi \times 13.835^2}{4 \times 1.3} = 20\,815 \text{ N}$$

2. 计算容器内液体的最大压强 $p_{\max}$

由 $F_0 = F'' + F$ 及 $F'' = 1.8\,F$ 可得

$$F_0 = 2.8\,F$$

所以
$$F = \frac{F_0}{2.8} = \frac{20\,815}{2.8} = 7\,434 \text{ N}$$

而
$$F = \frac{\dfrac{\pi D^2}{4} \cdot p_{\max}}{12}$$

所以
$$p_{\max} = \frac{12F}{\dfrac{\pi D^2}{4}} = \frac{12 \times 7\,434}{\dfrac{\pi \times 250^2}{4}} = 1.82 \text{ MPa}$$

3. 计算液体压强为 $p_{\max}$ 时螺栓所需的预紧力

当液体压强为 $p_{\max}$ 时,螺栓的总拉力为 F_0,轴向工作载荷为 F。

由 $F_0 = F' + \dfrac{C_b}{C_b + C_m}F$ 得

$$F' = F_0 - \frac{C_b}{C_b + C_m}F = 20\,815 - 0.5 \times 7\,434 = 17\,098 \text{ N}$$

【题 2.60】【解】

1. 计算螺栓组连接允许传递的最大转矩 T_{max}

该铰制孔用螺栓连接所能传递的转矩大小受到螺栓剪切强度和配合面挤压强度的制约。因此可按螺栓剪切强度条件来计算 T_{max}，然后校核配合面挤压强度，也可按螺栓剪切强度和配合面挤压强度分别求出 T_{max}，取其值小者。本解按第一种方法计算。

由 $\tau = \dfrac{2T}{6D \dfrac{\pi d_s^2}{4}} \leqslant [\tau]$ 得

$$T_{max} = \frac{3D\pi d_s^2 [\tau]}{4} = \frac{3 \times 340 \times \pi \times 11^2 \times 92}{4} = 8\,917\,913 \text{ N·mm}$$

校核螺栓与孔壁配合面间的挤压强度

$$\sigma_p = \frac{2T_{max}}{6D d_s h_{min}} \leqslant [\sigma]_p$$

式中　　d_s——螺杆直径，$d_s = 11$ mm；

　　　　h_{min}——配合面最小接触高度，$h_{min} = 60 - 35 = 25$ mm；

　　　　$[\sigma]_p$——配合面材料的许用挤压应力，因螺栓材料的 $[\sigma]_{p2}$ 大于半联轴器材料的 $[\sigma]_{p1}$，故取 $[\sigma]_p = [\sigma]_{p1} = 100$ MPa，所以

所以　　$\sigma_p = \dfrac{2 \times 8\,917\,913}{6 \times 340 \times 11 \times 25} = 31.8$ MPa $< [\sigma]_p = 100$ MPa

满足挤压强度。故该螺栓组连接允许传递的最大转矩 $T_{max} = 8\,917\,913$ N·mm。

2. 改为普通螺栓连接，计算螺栓小径 d_1

(1) 计算螺栓所需的预紧力 F'。按合面间不发生相对滑移的条件，则有

$$6fF' \cdot \frac{D}{2} = K_s T_{max}$$

所以　　$F' = \dfrac{K_s T_{max}}{3fD} = \dfrac{1.2 \times 8\,917\,913.4}{3 \times 0.16 \times 340} = 65\,572.9$ N

(2) 计算螺栓小径 d_1

$$d_1 \geqslant \sqrt{\frac{4 \times 1.3 F'}{\pi [\sigma]}} = \sqrt{\frac{4 \times 1.3 \times 65\,572.9}{\pi \times 120}} = 30.074 \text{ mm}$$

【题 2.61】【解】 把外载荷 F_R 向螺栓组连接的接合面形心简化，则该螺栓组连接受有横向载荷 F_R 和旋转力矩 $T = F_R L$ 的作用。在解图 2.1 所示的三个方案中，横向载荷 F_R 使螺栓组中的每个螺栓受到的横向载荷 F_{SR} 相等，都等于 $\dfrac{F_R}{3}$，且具有相同的方向；但由于螺栓布置方式不同，旋转力矩 T 使三个方案中受力最大螺栓所受的横向载荷是不同的。

1. 方案一

由图可知，螺栓 3 受力最大，所受横向载荷为

$$F_{S3} = F_{SR3} + F_{ST3} = \frac{F_R}{3} + \frac{F_R L}{2a} =$$

$$\left(\frac{1}{3} + \frac{L}{2a}\right) F_R = \left(\frac{1}{3} + \frac{300}{2 \times 60}\right) F_R = 2.833\, F_R$$

2.方案二

由图可知,螺栓 4 和 6 受力最大,所受横向载荷为

$$F_{S4} = F_{S6} = \sqrt{F_{SR4}^2 + F_{ST4}^2} = \sqrt{(\frac{F_R}{3})^2 + (\frac{F_R L}{2a})^2} = \sqrt{(\frac{1}{3})^2 + (\frac{L}{2a})^2} \cdot F_R =$$

$$\sqrt{\frac{1}{9} + (\frac{300}{2 \times 60})^2} \cdot F_R = 2.522\, F_R$$

3.方案三

由图可知,螺栓 8 受力最大,所受横向载荷为

$$F_{S8} = \sqrt{F_{SR8}^2 + F_{ST8}^2 + 2 F_{SR8}^2 \cdot F_{ST8}^2 \cdot \cos\alpha} =$$

$$\sqrt{(\frac{F_R}{3})^2 + (\frac{F_R L}{3a})^2 + 2 \cdot \frac{F_R}{3} \cdot \frac{F_R L}{3a} \cos 30°} =$$

$$\sqrt{(\frac{1}{3})^2 + (\frac{L}{3a})^2 + \frac{2L}{3a})^2 + \frac{2L}{9a}\cos 30°} \cdot F_R =$$

$$\sqrt{\frac{1}{9} + (\frac{300}{3 \times 60})^2 + \frac{2 \times 300}{9 \times 60} \times \cos 30°} \cdot F_R = 1.962\, F_R$$

比较三个方案中受力最大的螺栓受力情况,显然方案三中受力最大的螺栓受力最小,而且从受力分析图中可以看出,方案三中的三个螺栓受力较均衡,因此方案三较好。

解图 2.1

【题 2.62】【解】

1.吊环中心在点 O 时

此螺栓的受力属于既受预紧力 F' 作用,又受轴向工作载荷 F 作用的情况,根据题给条件,可求出螺栓的总拉力 F_0

$$F_0 = F'' + F = 0.6F + F = 1.6F$$

而轴向工作载荷 F 是由轴向载荷 F_Q 引起的,故有

$$F = \frac{F_Q}{4} = \frac{20\,000}{4} = 5\,000\text{ N}$$

所以

$$F_0 = 1.6 \times 5\,000 = 8\,000$$

$$d_1 \geq \sqrt{\frac{4 \times 1.3 F_0}{\pi [\sigma]}} = \sqrt{\frac{4 \times 1.3 \times 8\,000}{\pi \times 180}} = 8.577\text{ mm}$$

查 GB 196—2003,取 M12($d_1 = 10.106$ mm > 8.577 mm)。

2. 吊环中心移至点 O' 时

首先将载荷 F_Q 向点 O 简化,得一轴向载荷 F_Q 和一倾覆力矩 M,M 使盖板有绕螺栓 1 和 3 中心连线倾覆的趋势, $M = F_Q \cdot \overline{OO'} = 20\,000 \times 5\sqrt{2} = 141\,421.4$ N·mm。

显然螺栓 4 受力最大,其轴向工作载荷 F 为

$$F = F_Q + F_M = \frac{F_Q}{4} + \frac{M}{2r} = \frac{20\,000}{4} + \frac{141\,421.4}{2\sqrt{100^2 + 100^2}} = 5\,500 \text{ N}$$

所以 $\qquad F_0 = 1.6F = 1.6 \times 5\,500 = 8\,800$ N

$$\sigma_{ca} = \frac{1.3 F_0}{\frac{\pi d_1^2}{4}} = \frac{1.3 \times 8\,800}{\frac{\pi \times 10.106^2}{4}} = 142.6 \text{ MPa} < [\sigma] = 180 \text{ MPa}$$

故吊环中心偏移至点 O' 后螺栓强度仍足够。

【题 2.63】【解】

1. 计算允许最大提升载荷 $F_{W\max}$

此螺栓组的螺栓仅受预紧力 F' 作用,螺栓所能承受的最大预紧力 $F'_{\max}$ 为

$$F'_{\max} = \frac{[\sigma] \cdot \pi d_1^2}{4 \times 1.3} = \frac{120 \times \pi \times 6.647^2}{4 \times 1.3} = 3\,203.2 \text{ N}$$

则根据接合面间不发生相对滑动条件可得

$$6 f F'_{\max} \cdot \frac{D_0}{2} = K_s F_{W\max} \cdot \frac{D}{2}$$

所以 $\qquad F_{W\max} = \frac{6 f F'_{\max} D_0}{K_s D} = \frac{6 \times 15 \times 3\,203.2 \times 180}{1.2 \times 150} = 2\,882.9$ N

2. 确定螺栓直径

由接合面间不发生相对滑动条件可得

$$6 f F' \cdot \frac{D_0}{2} = K_s F_{W\max} \cdot \frac{D}{2}$$

所以 $\qquad F' = \frac{K_s F_{W\max} D_0}{6 f D_0} = \frac{1.2 \times 6\,000 \times 150}{6 \times 0.15 \times 180} = 6\,666.7$ N

$$d_1 \geq \sqrt{\frac{4 \times 1.3 F'}{\pi [\sigma]}} = \sqrt{\frac{4 \times 1.3 \times 6\,666.7}{\pi \times 120}} = 9.589 \text{ mm}$$

查 GB 196—2003,取 M12($d_1 = 10.106$ mm > 9.589 mm)。

五、结构题

【题 2.64 ~ 2.68】 参看教材有关内容。

提示:【2.64】 (1)要做沉头座孔;(2)弹簧垫圈的尺寸与画法要正确。

【题 2.65】 不需做沉头座孔。

【题 2.67】 (1)采用双头螺柱连接;(2)要做沉头座孔。

第三章 挠性件传动

3.1 必备知识与考试要点

3.1.1 主要内容

挠性件传动包括带传动和链传动。
带传动部分的主要内容有：
(1) 带传动的工作原理、特点、应用范围以及主要类型。
(2) 带传动中的力和应力分析，带的弹性滑动与打滑。
(3) 带传动的失效形式和设计准则。
(4) 普通 V 带的规格和普通 V 带传动的设计计算。
(5) 带传动的张紧和普通 V 带带轮结构设计。
链传动部分的主要学习内容有：
(1) 链传动的工作原理、特点和应用。
(2) 链的主要类型，滚子链的结构和规格，滚子链链轮的材料和结构。
(3) 链传动的运动分析(链速不均匀性和动载荷)和受力分析。
(4) 滚子链传动的失效形式和设计准则。
(5) 滚子链传动的设计计算。
(6) 链传动的布置和润滑。

3.1.2 重点与难点

带传动部分的重点学习内容有：带传动的工作原理、力和应力分析、弹性滑动和打滑、失效形式和设计准则及普通 V 带传动设计计算。

带传动部分的难点是带传动的受力分析和弹性滑动现象。

链传动部分的重点学习内容有：链传动的运动分析、受力分析、失效形式和设计准则、主要参数及其选择。

链传动部分的难点是链传动的运动不均匀性。

对于摩擦类带传动的工作原理，要求明确：带传动是由一根(组)有弹性的挠性传动带紧套在两个带轮上，靠带和带轮接触面之间的摩擦力进行传动的，是摩擦传动。并由此对该类带传动的特点和应用范围有所了解，以便正确选用。

带传动的工作情况分析是本章的理论基础。带在带轮上打滑和带的疲劳破坏，是限制工作能力的主要因素，因此，进行受力分析以确定不打滑条件，进行应力分析以确定工作中传动带承受变应力和其最大应力 σ_{max} 的大小及位置，并得出强度条件，并在此基础上，推导出带和单根普通 V 带所能传递功率的公式。带传动的受力分析和应力分析应重点掌握。

带的受力分析中有三个基本公式

$$F = F_1 - F_2 \tag{3.1}$$

$$F_1 + F_2 = 2F_0 \tag{3.2}$$

$$F_1 = F_2 e^{f\alpha_1} \tag{3.3}$$

其中,F 为有效圆周力,其值为紧边拉力 F_1 和松边拉力 F_2 的差,它是带在带轮接触弧上各点摩擦力的总和,所以在一定的张紧条件下它有一个极限值,超过该值就出现打滑,传动失效,所以有效圆周力不可能通过不断提高松、紧边拉力差来无限增大。

式(3.3)(欧拉公式)是挠性体摩擦(包括带传动、绳传动、带式制动器等)的理论基础,应重点掌握。它是带在即将打滑而尚未打滑的临界状态时紧边拉力与松边拉力间的关系,通过它就能找出带所能传动的最大圆周力。学习中应掌握欧拉公式的几种基本形式,包括公式中各符号的意义和单位,应很好地理解公式的物理意义及其应用。

带的应力分析是带的疲劳强度计算的依据,这里主要掌握带在工作时所受的三种应力:由紧边、松边拉力产生的拉应力;为平衡离心力在带内引起的离心拉力和其相应的离心拉应力;绕过带轮时产生的弯曲应力。应能正确画出应力分布图(图3.1),并根据此图说明带疲劳破坏的原因——受循环变应力作用,并找出最大应力发生处——紧边绕入小带轮处,最大应力值为紧边拉应力、离心拉应力与带绕经小带轮引起的弯曲应力之和,即

图 3.1 带的应力分布

$\sigma_{\max} = \sigma_1 + \sigma_c + \sigma_{b1}$。

带传动的主要失效形式是打滑和带的疲劳破坏,因此带传动的设计准则应是在保证传动不打滑的前提下,使传动带具有一定的疲劳强度和寿命。而要不打滑则应满足欧拉公式;要不发生疲劳破坏就要使变应力的最大值小于许用值,即设计的强度条件:$\sigma_{\max} = \sigma_1 + \sigma_{b1} + \sigma_c \leq [\sigma]$[①]。综合考虑两个方面并将其转换成功率形式,就能推导出带传动的许用功率公式

$$P_0 = ([\sigma] - \sigma_{b1} - \sigma_c)(1 - \frac{1}{e^{f\alpha_1}}) \frac{Av}{1\,000} \text{ kW} \tag{3.4}$$

带的失效形式、设计准则及其公式形式(式 3.4)也应重点掌握,还要求能利用该公式并结合应力公式分析影响带传动所能传递功率大小的主要因素。

式(3.4)在具体计算中很麻烦,在普通 V 带传动中,单根 V 带所能传递的功率(或许用功率)又转换成($P_0 + \Delta P_0$),式中,P_0 为单根普通 V 带在载荷平稳、包角 $\alpha = 180°$(即 $i = 1$)、带长为特定带长条件下所能传递的基本额定功率,其值常由表格示出;ΔP_0 是当 $i \neq 1$ 时,由于带在大轮处弯曲应力减小而相应增大的功率增量;K_α、K_L 为小轮包角不为 $180°$、带长不为特定带长时的包角修正系数和带长修正系数。

---

① 带的疲劳强度除限制最大应力的大小外,还有应力变化的频率,它在带的疲劳许用应力 $[\sigma]$ 内。带在单位时间内绕过带轮的次数 $u = 2v/L$,式中 L 为带长。L 越长,u 越小,带的寿命增加。在计算许用功率公式中这一影响用长度系数 K_L 来考虑,L 越大,K_L 越大,相对寿命越长;如寿命一定,则能传动的功率越大。

带传动中的弹性滑动是带传动正常工作时的固有特性,传动带是个弹性体,而且只要工作传递载荷,就必然出现松边、紧边的拉力差,随之两边所产生弹性伸长量不同,所以是不可避免的。它是局部带在带轮局部接触弧面上发生的相对滑动,它使带传动中从动轮圆周速度低于主动轮圆周速度(即"丢转"),并降低传动效率和引起传动带磨损,还使带传动不能保证准确的传动比。需精确计算 n_2 或 d_2 时,应计入弹性滑动引起的滑动率 ε。

相对应带传动中另一种滑动现象为打滑。打滑是带所传递的外载荷超过带与带轮间的极限摩擦力(即最大有效圆周力),即由于过载引起的。它是整个带在带轮的全部接触弧上发生显著的相对滑动,打滑使带严重磨损并使传动处于极不稳定状态,丧失传动效能,所以它是一种失效,传动中必须避免,避免过载就可避免打滑。

普通V带是应用最广的传动带,普通V带传动设计也是带传动部分的重点。这里首先应了解平带和V带的传动特点,普通V带的型号、规格以及传动的几何计算。平带截面是矩形,它的内周表面是工作面,V带截面是梯形,它的工作面是带的两侧面,由图3.2可见,由于V带的楔形效应,在同样张紧力的作用下,V带工作表面(两侧面)上的正压力 N 为平带正压力的 $\dfrac{1}{2\sin\dfrac{\varphi_0}{2}}$

图3.2 平带和V带传动受力比较

倍;若将其效果转换成当量摩擦系数,则V带的当量摩擦系数 $f' = \dfrac{f}{\sin\dfrac{\varphi_0}{2}}$,式中 f 为带和带轮材料间的摩擦系数,φ_0 为带轮的轮槽角。所以同样张紧力下,V带传动能传递更大的功率,或是传递同样功率下V带传动尺寸更紧凑所需,所需张紧力也小。

普通V带传动的设计计算。由于普通V带是标准零件,其尺寸(剖面尺寸、长度)均为标准值,因此属选择计算。对该部分要求能正确地按照设计步骤完成计算,设计过程中能合理地选择设计参数。主要选择的参数中有小带轮直径 d_1,它应大于或等于该型号的最小带轮直径 $d_{\min}$,以免带的弯曲应力过大。当要求结构紧凑,则可选较小带轮,如传动尺寸不受限制,则在合理带速范围内,可选较大直径的带轮。但当带速超过最大带速(Z、A、B、C型 $v_{\max} = 25$ m/s,D、E型 $v_{\max} = 30$ m/s),则离心力过大,从公式中可见,若离心应力 σ_c 占 $\sigma_{\max}$ 中的比例过大,使有效工作应力所占比例减小,传递功率大大减少,这时应减小带轮直径,以降低带速。其他参数的选择见教材。

链传动部分首先应掌握链传动的特点和应用,应对链传动和带传动、齿轮传动作一比较,以明确各自适用于何种场合。

链是由刚性链节用销轴铰接而成,所以链传动可看成是将链绕在两个多边形轮子上,该多边形边长为链节距 p,边数为链轮齿数 z。链的平均链速及平均传动比为常数,但即使

---

① 打滑也可以说是由于松边、紧边拉力之比超过了一定限度 $\dfrac{F_1}{F_2} = e^{f\alpha_1}$ 而引起的;使 $\dfrac{F_1}{F_2} \leqslant e^{f\alpha_1}$,就可以避免打滑,这两种说法实质相同。

主动轮的角速度为常数,瞬时链速和瞬时传动比都是周期性变化的,瞬时链速 $v = \frac{d_1}{2}\omega_1\cos\beta$,瞬时传动比 $i_i = \frac{d_2\cos\gamma}{d_1\cos\beta}$,$\gamma$ 及 β 随时间变化;从动轮的角速度 ω_2 也随之周期性变化。由于这种多边形效应造成链传动的运动不均匀性。

产生链传动动载荷的主要原因有:链速不均匀及从动轮的角速度变化;同时,链节和链轮齿啮合瞬间的相对速度也引起冲击和动载荷;另外,链速的垂直分量周期性变化也将引起冲击和动载荷。由于链速的不均匀性和存在动载荷,将增加功率损耗、产生噪声、降低寿命。

学习链传动运动分析(链速不均匀性、动载荷)要求能正确理解以上性质的产生,其重要之处是为合理选择链传动的主要参数和解释链传动不能用于高速提供了理论依据。如选择较多的链轮齿数和使紧边链长为链节距的整数倍,可提高传动平稳性,通过减小链节距、链轮转速、拖动质量、增加链轮齿数可减少冲击和动载荷。

链传动的受力分析和带传动类似,也有紧边和松边,紧边拉力 F_1 为工作拉力 F、由链的离心力所产生的离心拉力 F_c 及由链条下垂而产生的悬垂拉力 F_f 之和,即

$$F_1 = F + F_c + F_f \text{ N} \tag{3.5}$$

而松边拉力

$$F_2 = F_c + F_f \text{ N} \tag{3.6}$$

松、紧边拉力差就是工作拉力 F,而传动功率

$$P = Fv/1\ 000 \text{ kW} \tag{3.7}$$

链传动与带传动受力上的主要区别是链传动靠啮合传动,它需要的张紧力较带传动小得多。张紧力主要使链的松边不要过于下垂而影响工作和产生跳齿、振动等,它可以就靠保持适当的悬垂拉力来达到,也由于此,链作用在轴上的压轴力也不大。

滚子链传动的失效形式主要有链板和套筒滚子的疲劳破坏、链条铰链的磨损和胶合、链的过载拉断等。

因为链有多种失效形式,每种失效的形式均可导出一个所能传递功率 P_0 的表达式,给设计带来麻烦。为了清楚起见,综合考虑各种失效的影响,用实验的方法得到链在特定条件下各种失效形式限定的极限功率曲线,在各极限功率曲线的范围内再作适当修正,便得到链的额定功率曲线(图 3.3 中曲线 5),将各型号链条的额定功率曲线画在一起,便得到滚子链的额定功率曲线图,它是链传动设计的基本依据。当设计的链传动

图 3.3 链的极限功率曲线

与实验规定的条件不同时,则引入相应的小链轮齿数系数 K_z、多排链系数 K_p 和工作情况系数 K_A 等进行修正,由修正后的计算功率在图中选择链的型号。

注:按照 2006 年国家标准,滚子链传动的计算公式为

$$P_c \geq f_1 f_2 P$$

式中　　P——链传动传递的功率(kW);

　　　　f_1——应用系数,主要考虑由链传动的工作条件和主、从动机械特性引起的附加载荷的影响;

f_2——齿数系数,主要考虑小链轮齿数变化对由链板疲劳破坏限定的额定功率的影响。

然后由 P_c 及 n_1 查额定功率曲线图,选出链条的型号。

额定功率曲线是在推荐润滑方式条件下(见教材"润滑方式选择图")试验得到的,当工作中达不到该图推荐的润滑条件而使润滑不良时,链的磨损加剧,额定功率 P_0 要有一定幅度下降,甚至不能正常工作。

因为链是标准零件,在一般情况下,链传动的结构尺寸、材料均已标准化,所以链传动的计算主要是选择计算,即根据实际工作情况对传动的主要参数(链轮齿数、链节距排数、链轮转速、链节数和中心距)进行选择计算,有些参数(如链速等)要进行相应的验算。其中重点应掌握主要参数选择的原则,简述如下:

1. 传动比的选择

链传动的传动比一般小于7,推荐 $i = 2 \sim 3.5$,以免链在小链轮上的包角过小,同时啮合齿数太少,当链速较低、载荷平稳和传动尺寸允许时,$i_{max} = 10$。

2. 链轮齿数的选择

由运动分析可知,小链轮齿数 z_1 应选得多一些,以使多边形效应减小,动载荷减小,有利于传动。一般根据链速选择,$z_1 = 17 \sim 31$。当链速很低时,小链轮齿数最小可到9。小链轮齿数多些好,但大链轮齿数 z_2 也不宜超过120,以免过早出现掉链,同时也避免链传动的尺寸和质量过大。

3. 链节距 p 和排数的选择

链传动承载能力与链节距 p 的大小和排数的多少有关,节距 p 越大,排数越多,承载能力越高;但 p 大时,运动不均匀性增加,附加动载荷增加,链轮尺寸也大。因此,在承载能力满足的条件下,尽量选较小节距的单排链;高速重载时可选小节距多排链,以使小链轮有一定的啮合齿数;当中心距大、传动比小的低速重载传动时,从经济考虑可选大节距的单排链。

4. 中心距 a 的选择

传动比不变情况下,中心距过小,使链在小链轮上的包角减小,轮齿上受力增大,同时,在一定链速下,单位时间链条绕过链轮的次数增多,加剧链条的疲劳和磨损。中心距过大,链条松边下垂量大,使链易上下颤振。设计时,常初选中心距 $a_0 = (30 \sim 50)p$,最大可取 $a_{max} = 80p$。

3.2 典型范例与答题技巧

【例3.1】 带式运输机的驱动如例图3.1所示,已知小带轮直径 $d_1 = 140$ mm,大带轮直径 $d_2 = 400$ mm,运输带速度 $v = 0.3$ m/s。为提高生产率,拟在运输机载荷不变(即拉力 F 不变)的条件下,将运输带速度提高到0.42 m/s。有人建议把大带轮直径减少到280 mm来实现这一要求,其余均不改变,减速器承载能力足够。这个建议是否合理?

【分析】 传动要同时满足传递运动和动力两方面,这类题就应从能否传递动力(功率)入手。

【解】 (1) 运输机拉力 F 不变,将大带轮直径 d_2 由 400 mm 降至 280 mm,其余不变,从速度来看,运输带速度可以提高到 0.42 m/s。但随之负载功率($P = Fv/1\,000$ kW)也相应提高 1.4 倍。减速器强度足够,但电机和各传动件传递的功率也应提高。

(2) 从带传动看,小带轮直径和转速不变,单根带所能传递功率 P_0 不变,但负载功率提高 1.4 倍。由胶带根数公式 $Z = \dfrac{P_d}{(P_0 + \Delta P_0)K_a K_L}$ 来看,大带轮直径 d_2 减小,传动比 i 减小,能使小带轮包角 α_1 增加,K_α 增加,功率增量 ΔP_0 也可能增加,但其影响较小(在 4% 以内),可忽略。而所传递的负荷 P_d 增大到原来的 1.4 倍,致使胶带根数也应相应增加或需选截面更大的带型,才能满足要求。另外还应重新校核键、轴承、联轴器等传动件和电机功率。

例图 3.1

(3) 另一种方法是大带轮直径不变,将小带轮直径增加到 196 mm。只要带速小于 25 m/s,由于弯曲应力减少和小轮包角的加大,胶带所能传递的功率也能增大 1.4 倍甚至更多,就可保持原来的带型和根数。但这仍要重新校核电机及键、轴承、联轴器等传动件。

【例 3.2】 一单根普通 V 带传动,已知小带轮转速 $n_1 = 1\,440$ r/min, $d_{d1} = 160$ mm, $d_{d2} = 450$ mm, $a = 860$ mm,传动功率 $P = 5$ kW,带与轮的当量摩擦系数 $f' = 0.5$。

(1) 求小带轮包角 α_1,并用弧度表示之。
(2) 求 V 带的基准长度 L_d。
(3) 求大带轮的转速 n_2 和考虑滑动率 $\varepsilon = 0.02$ 时的实际转速 n_2'。
(4) 紧边拉力 F_1、松边拉力 F_2 和有效圆周力 F。
(5) 初拉力 F_0 和压轴力 F_Q。

【分析】 本题主要是基本公式训练。

【解】 (1) $\alpha_1 = 180° - \dfrac{d_2 - d_1}{a} \times 57.3° = 180° - \dfrac{450 - 160}{860} \times 57.3° = 160.68° = 2.80$ rad

(2) $L_d = 2a + \dfrac{\pi}{2}(d_1 + d_2) + \dfrac{(d_2 - d_1)^2}{4a} =$
$2 \times 860 + \dfrac{\pi}{2}(450 + 160) + \dfrac{(450 - 160)^2}{4 \times 860} = 2\,702.6$ mm

选取标准带长 $L_d = 2\,800$ mm。

(3) $n_2 = n_1 \times \dfrac{d_1}{d_2} = 1\,400 \times \dfrac{160}{450} = 512$ r/min

当 $\varepsilon = 0.02$ 时

$n_2' = n_2 \times (1 - \varepsilon) = 512 \times (1 - 0.02) = 501.8$ r/min

(4) $P = Fv/1\,000 = F_1(1 - \dfrac{1}{e^{f\alpha_1}})v/1\,000$

$$v = \frac{\pi d_1 n_1}{60 \times 1000} = \frac{\pi \times 160 \times 1440}{60 \times 1000} = 12 \text{ m/s}$$

$$F_1 = \frac{1000P}{(1-\frac{1}{e^{f\alpha_1}})v} = \frac{5 \times 1000}{(1-\frac{1}{e^{0.5 \times 2.8}}) \times 12} = 553 \text{ N}$$

$$F = 1000\frac{P}{v} = \frac{5 \times 1000}{12} = 417 \text{ N}$$

$$F_2 = F_1 - F = 553 - 417 = 136 \text{ N}$$

(5)
$$F_0 = \frac{1}{2}(F_1 + F_2) = \frac{1}{2}(553 + 136) = 344.5 \text{ N}$$

$$F_Q = 2F_0 \sin\frac{\alpha_1}{2} = 2 \times 344.5 \times \sin\frac{160.68°}{2} = 685.6 \text{ N}$$

【例 3.3】 试从传动带所能传递功率的基本公式来分析影响普通 V 带传动能力的因素。

【解】 传动带所能传递功率的基本公式为

$$P_0 = ([\sigma] - \sigma_{b1} - \sigma_c)(1 - \frac{1}{e^{f\alpha_1}})\frac{Av}{1000} \text{ kW}$$

由此可见：① 影响 $[\sigma]$ 的有带长 L 和带的型号、材质（包括结构、材料、工艺水平等）及要求的寿命 t；② 影响 σ_b 的有小带轮直径 d_1、带的型号（y_0）、带的材质（E_b）和传动比 i；③ 影响 σ_c 的有每米胶带质量 m 和带速；④ 影响 P_0 的其他因素还有带和带轮间摩擦系数 f、槽角 φ_0、小带轮包角 α_1、带速 v 和带的截面尺寸 A。

若从单根普通 V 带所能传递功率公式

$$P_0 = 10^{-3}\left[11.1\sqrt{\frac{CL}{7200t}}v^{-0.09} - \frac{2E_b y_0}{d_e} - \frac{mv^2}{A}\right]A(1-\frac{1}{e^{f\alpha_1}})v \text{ kW}$$

对应来分析，则更清楚。

【讨论】 本题也可固定胶带本身的一些参数，简单地从公式 $(P_0 + \Delta P_0)K_\alpha K_L$ 来分析，这样普通 V 带传动能力就受带的型号、小带轮直径 d_1、小带轮转数 n_1、传动比 i、小带轮包角 α_1、带长 L 和强力层材质的影响。

【例 3.4】 例图 3.2 所示为一带式制动器，已知制动轮直径 $D = 100$ mm，制动轮转矩 $T = 60$ N·m，制动杠杆长 $l = 250$ mm，制动带和轮间的摩擦因数 $f = 0.4$。试求：

(1) 制动力 F_Q。

(2) 分别计算当包角 $\alpha = 210°$、$240°$ 和 $270°$ 时所要求的制动力。

例图 3.2

(3) 当制动轮转矩 T 的方向改变而 $\alpha = 180°$ 时，制动力 Q 应为多少？

【分析】 带式制动器与带传动工作原理相同，但应用于制动，其力的关系相同。

【解】 (1) 求制动力 F_Q。

制动轮上圆周力为

$$F = \frac{T}{D/2} = \frac{2\,000 \times 60}{100} = 1\,200 \text{ N}$$

因为 $\quad F = F_1 - F_2 \quad$ 和 $\quad \dfrac{F_1}{F_2} = e^{f\alpha}$

所以 $\quad F_2 = \dfrac{F}{e^{f\alpha} - 1} = \dfrac{1\,200}{e^{0.4\pi} - 1} = 477.4 \text{ N}$

式中 $\alpha = \pi$ rad,制动力为

$$F_Q = F_2 \cdot \frac{D}{l} = 477.4 \times \frac{100}{250} = 191 \text{ N}$$

(2) 求当 $\alpha = 210°$、$240°$、$270°$ 时的制动力 F_Q。

当 $\alpha = 210° = 1.17\pi$ rad 时

$$F_2 = \frac{F}{e^{f\alpha} - 1} = \frac{1\,200}{e^{0.4 \times 1.17\pi} - 1} = 360 \text{ N}$$

$$F_Q = F_2 \cdot \frac{D}{l} = 360 \times \frac{100}{250} = 144 \text{ N}$$

当 $\alpha = 240° = 1.33\pi$ rad 时

$$F_2 = \frac{F}{e^{f\alpha} - 1} = \frac{1\,200}{e^{0.4 \times 1.33\pi} - 1} = 276 \text{ N}$$

$$F_Q = F_2 \cdot \frac{D}{l} = 276 \times \frac{100}{250} = 110 \text{ N}$$

当 $\alpha = 270° = 1.5\pi$ rad 时

$$F_2 = \frac{F}{e^{f\alpha} - 1} = \frac{1\,200}{e^{0.4 \times 1.5\pi} - 1} = 215 \text{ N}$$

$$F_Q = F_2 \cdot \frac{D}{l} = 215 \times \frac{100}{250} = 86 \text{ N}$$

由此可见,增大包角,可增大带和制动轮间的摩擦力,可有效减小制动力。

(3) 若制动轮转矩 T 改变方向,这时 $F = F_2 - F_1$,$F_2/F_1 = e^{f\alpha}$,则当 $\alpha = \pi$ rad 时,带活铰端拉力 F_2(紧边)为

$$F_2 = \frac{Fe^{f\alpha}}{e^{f\alpha} - 1} = \frac{1\,200 \times e^{0.4 \times \pi}}{e^{0.4 \times \pi} - 1} = 1\,677 \text{ N}$$

制动力 $\quad F_Q = F_2 \times \dfrac{D}{l} = 1\,677 \times \dfrac{100}{250} = 671 \text{ N}$

【讨论】 改变转矩方向后,制动力 F_Q 是原有制动力的 $e^{f\alpha}$ 倍,不理想,所以原设计不宜用于双向制动。双向制动可采用例图 3.3 所示装置。

例图 3.3

【例 3.5】 已知一滚子链传动,$p = 25.4$ mm,$z_1 = 21$,$n_1 = 730$ r/min,试求平均链速 v、最大链速 v_{max} 和最小链速 v_{min},并画图表示链速的变化规律。

【解】 (1) 平均速度 $\quad v = \dfrac{n_1 z_1 p}{60 \times 1\,000} = \dfrac{730 \times 21 \times 25.4}{60 \times 1\,000} =$

$$\frac{730 \times 21 \times 25.4}{60 \times 1\,000} = 649 \text{ m/s}$$

(2) 链轮直径　　$d_1 = p/\sin\dfrac{180°}{z_1} = 25.4/\sin\dfrac{180°}{21} = 170.42$ mm

主动链轮上一个节距所对应的中心角为 φ_1

$$\varphi_1 = \frac{360°}{Z_1} = \frac{360°}{21} = 17.14°$$

$$v_{\max} = v_1 \times \cos 0° = \frac{d_1}{2}\omega_1 \times \cos 0° =$$

$$\frac{170.4 \times 730 \times 2\pi}{2 \times 60 \times 1\,000} \times \cos 0° = 6.51 \text{ m/s}$$

$$v_{\min} = v_1 \times \cos\frac{17.14°}{2} = 6.43 \text{ m/s}$$

链速变化规律如例图 3.4 所示。

【例 3.6】　在标准条件下,选用 08 A 单列链,额定功率 $P_0 = 5$ kW 情况下,功率曲线上对应得两个转速 n_1(1 100 r/min 和 2 450 r/min),若润滑良好,输出功率衡定,试分析下面三种转速情况下,使用该链条将有什么结果:① $n_1 <$ 1 100 r/min;② $n_1 =$ 1 100 ~ 2 450 r/min;③ $n_1 >$ 2 450 r/min。

【解】　标准条件下的额定功率曲线图如例图 3.5 所示,从图上功率曲线内区域中的 P_0 和 n_1 组合的点在润滑良好条件下,均能在规定寿命期限内正常工作。由此可见,n_1 在 1 100 ~ 2 450 r/min 范围内能正常工作,而 $n_1 <$ 1 100 r/min 和 $n_1 <$ 2 450 r/min 均不能在规定寿命内正常工作,前者会提前出现链板的疲劳拉断,后者会出现铰链的胶合破坏。]

例图 3.4　链速的变化

例图 3.5

【例 3.7】　链传动的传动比写成 $i_{12} = \dfrac{z_2}{z_1} = \dfrac{n_1}{n_2} = \dfrac{d_2}{d_1}$ 是否可以?如有错误,错在何处?

【解】　链传动的平均传动比 $i_{12} = \dfrac{n_1}{n_2} = \dfrac{z_2}{z_1}$,但不等于 d_2/d_1。因为链是按一多边形分布在链轮上的,当主动链轮转过一个齿,链便移动一个链节,从动轮也就相应地转过一个齿,所以链传动的平均传动比可以看成主、从链轮两多边形周长的比,而同一边长、不同边数多边形周长的比不等于其外切圆半径之比。这可从链轮分度圆直径公式看,链轮分度圆

$$d = p/\sin\frac{180°}{z}$$

$$\frac{d_2}{d_1} = \frac{p/\sin\frac{180°}{z_2}}{P/\sin\frac{180°}{z_1}} = \frac{\sin\frac{180°}{z_1}}{\sin\frac{180°}{z_2}} \neq \frac{z_2}{z_1}$$

【例 3.8】 链传动瞬时速度变化给传动带来什么影响？如何减轻这种影响？

【解】 由于链传动的多边形效应使链的瞬时运动速度变化；同时使从动链轮瞬时角速度变化，$\omega_2 = \frac{2v_1\cos\beta}{d_2\cos\gamma}$，从动轮角速度受 γ、β 变化而变化；特别是它拖动的后链质量亦作变速运动，这些都给传动产生很大的动载荷和冲击。

为减轻这种影响，可采取下述两种措施：

(1) 由于 β 在 $\pm\varphi_1/2$ 和 γ 在 $\pm\varphi_2/2$ 范围内变化，一个节距对应的中心角 $\varphi_1 = 360°/z_1$、$\varphi_2 = 360°/z_2$，所以增加两链轮齿数 z_1、z_2，能使 β、γ 减小，链速变化减小。

(2) 使紧边链长 L_B 为链节距 p 的整数倍，使 β、γ 的变化均处在相同相位，变化趋势相同，$\frac{\cos\beta}{\cos\gamma}$ 的变化范围减小，动载荷减小。

3.3 精选习题与实战演练

一、单项选择题

【题 3.1】 摩擦型带传动是依靠____来传递运动和动力的。
　　A. 带和带轮接触面之间的正压力　　B. 带与带轮之间的摩擦力
　　C. 带的紧边拉力

【题 3.2】 带张紧的目的是____。
　　A. 减轻带的弹性滑动　　B. 提高带的寿命
　　C. 使带具有一定的初拉力

【题 3.3】 与同样传动尺寸的平带传动相比，V 带传动的优点是____。
　　A. 传动效率高　　B. 带的寿命长
　　C. 带的价格便宜　　D. 承载能力大

【题 3.4】 选取 V 带型号，主要取决于____。
　　A. 带的线速度　　B. 带的紧边拉力
　　C. 带的有效拉力　　D. 带的设计功率和小带轮转速

【题 3.5】 普通 V 带两侧面的夹角为 40°，所以带轮轮槽角 φ_0 ____。
　　A. > 40°　　B. = 40°
　　C. < 40°

【题 3.6】 与链传动相比较，带传动的优点是____。
　　A. 传动效率高　　B. 承载能力大
　　C. 工作平稳，噪声小　　D. 使用寿命长

【题 3.7】 带传动正常工作时，紧边拉力 F_1 和松边拉力 F_2 满足关系____。

A. $F_1 = F_2$ B. $F_1 - F_2 = F$
C. $F_1/F_2 = e^{f\alpha}$ D. $F_1 + F_2 = F_0$

【题 3.8】 即将打滑时,传动带所能传递的最大有效拉力 F_{max} 和初拉力 F_0 之间的关系为____。

A. $F_{max} = 2F_0 e^{f\alpha_1}/(e^{f\alpha_1} - 1)$ B. $F_{max} = 2F_0(e^{f\alpha_1} + 1)/(e^{f\alpha_1} - 1)$
C. $F_{max} = 2F_0(e^{f\alpha_1} - 1)/(e^{f\alpha_1} + 1)$ D. $F_{max} = 2F_0(e^{f\alpha_1} - 1)/e^{f\alpha_1} - 1$

【题 3.9】 带传动在工作中产生打滑的原因是____。
A. 带的弹性较大
B. 传递的外载荷超过带和带轮间的极限摩擦力
C. 带和带轮间摩擦系数较小
D. 带传动中心距过大

【题 3.10】 带传动在工作中产生弹性滑动的原因是____。
A. 带与带轮间摩擦因数较小 B. 所带的外载荷过大
C. 带的弹性与紧边和松边有拉力差 D. 初拉力过小

【题 3.11】 带传动不能保证准确传动比,是因为____。
A. 带在带轮上出现打滑 B. 带出现了磨损
C. 带传动工作时发生弹性滑动 D. 带的松弛

【题 3.12】 与 V 带传动比,同步带传动最突出的优点是____。
A. 传递功率大 B. 传动比准确
C. 传动效率高 D. 制造成本低

【题 3.13】 与齿轮传动相比,链传动的优点是____。
A. 传动效率高 B. 承载能力大
C. 主、从动轴间的中心距大

【题 3.14】 在一定转速下,要减轻链传动的运动不均匀性和动载荷,应____。
A. 增大链节距和链轮齿数 B. 增大链节距,减小链轮齿数
C. 减小链节距,增加链轮齿数 D. 减小链节距和链轮齿数

【题 3.15】 若只考虑链条铰链磨损,掉链通常发生在____上。
A. 小链轮 B. 大链轮
C. 说不定

【题 3.16】 滚子链中,滚子的作用主要是____。
A. 缓冲吸振 B. 减轻套筒与轮齿间的摩擦磨损
C. 提高链的承载能力 D. 保证链节与轮齿间良好的啮合

【题 3.17】 链条的节数宜采用____。
A. 奇数 B. 偶数
C. 质数

【题 3.18】 链条在小链轮上包角过小的缺点是____。
A. 链在小链轮上容易出现掉链 B. 传动不均匀性增大
C. 啮合齿数少,链和轮齿的磨损快 D. 链易被拉断,承载能力低

【题 3.19】 链条的磨损主要发生在____的接触面上。
　　A. 滚子和轮齿　　　　　　　　B. 滚子和套筒
　　C. 套筒和销轴　　　　　　　　D. 内链板与轮齿

【题 3.20】 在润滑良好、中等速度的链传动中,其承载能力主要取决于____。
　　A. 链条铰链的胶合　　　　　　B. 链条的疲劳破坏
　　C. 链条铰链的磨损

二、填充题

【题 3.21】 带传动在工作过程中,带内所受的应力有_____、_____和_____,最大应力 σ_{max} = _____,发生在_____。

【题 3.22】 带传动的主要失效形式是_____。设计准则是_____。

【题 3.23】 带传动不发生打滑的条件是 $F \leq$ _____,为保证带传动具有一定的疲劳寿命,应将带中的最大应力 $\sigma_{max} \leq$ _____。

【题 3.24】 带传动中,即将打滑时带的紧边拉力与松边拉力之关系式为_____。

【题 3.25】 V带截面形状做成梯形是为了_____；根据结构分,V带有_____和_____两种；普通V带的基准带长指的是带截面_____处的周长。

【题 3.26】 V带、齿轮、链条用于多级传动中,带传动一般用于_____,而链传动一般用于_____。

【题 3.27】 滚子链是由滚子、套筒、销轴、内外链板所组成,其_____与_____之间,_____与_____之间分别用过盈配合连接；而_____与_____之间、_____与_____之间分别为间隙配合。

【题 3.28】 链传动的失效形式主要有_____、_____、_____和_____四种。

【题 3.29】 链传动中小链轮齿数太少,则会使传动的_____和_____增加,同时加速铰链_____。而大链轮齿数太多,容易发生_____。

【题 3.30】 链传动设计时,链条节数应选_____数(奇数、偶数)。链轮齿数应选_____数；速度较高时,链节距应选_____些。

三、问答题

【题 3.31】 摩擦型带传动有何特点?在什么情况下宜采用带传动?同步带传动和一般带传动的主要区别是什么?

【题 3.32】 根据欧拉公式来分析用什么措施可使带传动能力提高?

【题 3.33】 带传动中,当外载荷大小改变时,其紧边拉力、松边拉力、有效圆周力是如何随之改变的?

【题 3.34】 在V带传动设计中,为什么要限制 $d_{d1} \geq d_{min}$, $v \leq v_{max}$?

【题 3.35】 带传动弹性滑动是如何产生的?它和打滑有什么区别?能否通过正确设

计来消除弹性滑动?它们各自对传动产生什么影响?打滑首先发生在哪个带轮上?为什么?

【题 3.36】 带与带轮间的摩擦系数对带传动有什么影响?为增加承载能力,将带轮的工作面加工得粗糙些,以增大摩擦系数,这样做合理吗?为什么?

【题 3.37】 带传动中小轮包角的大小对传动有何影响?如何增大小轮包角?

【题 3.38】 影响带的疲劳强度和寿命的因素是什么?如何保证带具有足够的疲劳强度和寿命?

【题 3.39】 试分析带传动中心距 a、初拉力 F_0 及带的根数 Z 的大小对带传动工作能力有何影响?

【题 3.40】 如题图 3.1 所示为一塔轮二级变速装置,如果输出轴 2 上的功率不变,应该按哪一种转速来设计带传动?为什么?

题图 3.1

【题 3.41】 某一带传动在使用中发现丢转较多,请分析其产生原因并指出解决的办法。

【题 3.42】 设计普通 V 带传动时,如发现带速过低或过高;或小带轮包角过小;或应力循环次数过多;或根数太多,应如何解决?

【题 3.43】 一般带轮采用什么材料?带轮的结构形式有哪些?根据什么来选带轮的结构形式?

【题 3.44】 带传动为何要有张紧装置?常用张紧装置有哪些?具有张紧轮的带传动,张紧轮最好放在什么位置?为什么?

【题 3.45】 与带传动及齿轮传动相比,链传动有哪些优缺点?为什么自行车中一般都采用链传动?

【题 3.46】 影响链传动速度不均匀性的主要参数是什么?为什么一般情况下链传动的瞬时传动比不是恒定的?在什么条件下是恒定的?

【题 3.47】 链速 v 一定时,链轮齿数 z 的多少和链节距 p 的大小对链传动的动载荷有何影响?

【题 3.48】 试分析链传动的节距和中心距过大或过小时对传动有何影响?

【题 3.49】 链传动的额定功率曲线是在什么条件下得到的,在实际使用中常要进行哪些项目的修正?

【题 3.50】 什么工作条件下按额定功率曲线选择传动链?什么工作条件下要求校核链的静强度安全系数?

四、分析计算题

【题 3.51】 普通 V 带传动所能传递的最大有效圆周力如何计算?

【题 3.52】 在题图 3.2 中,图(a)为减速带传动,图(b)为增速带传动。这两传动装置中,带轮的基准直径 $d_1 = d_4$, $d_2 = d_3$,且传动中各带轮材料相同,传动的中心距 a 及带的材料、尺寸和张紧力均相同,两传动装置分别以带轮 1 和带轮 3 为主动轮,其转速均为 n,不考虑离心力的影响,试分析:哪个装置传递的最大有效拉力大?为什么?传递的最大功率呢?

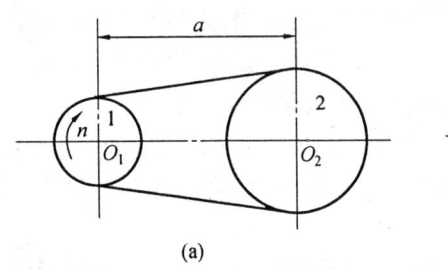

题图 3.2

【题 3.53】 题图 3.3 所示,带传动中,带外表面点 A 的应力循环特性 r 应为什么?

【题 3.54】 设带所能传递的最大功率 $P = 3$ kW,已知主动轮直径 $d_1 = 140$ mm,转速 $n_1 = 1\,420$ r/min,小轮包角 $\alpha_1 = 160°$,带与带轮间的当量摩擦系数 $f' = 0.5$,求最大有效圆周力 F 和紧边拉力 F_1。

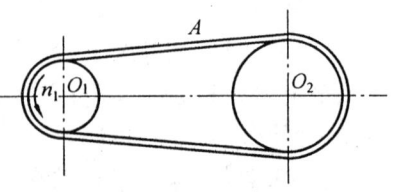

题图 3.3

【题 3.55】 一 V 带传动中,初拉应力 $\sigma_0 = F_0/A = 1.2$ MPa,传递的圆周力为 750 N,若不考虑带的离心力,求工作时松、紧边拉力 F_2、F_1 ($A = 4.76$ cm^2)。

【题 3.56】 题图 3.4 为两级变速装置,如变速过程中,轴 2 上的功率不变,则应按哪一种转速计算胶带根数?如分别按两种转速计算,得出的胶带根数(型号相同)是否相差 3 倍?为什么?试用公式进行分析。

题图 3.4

【题 3.57】 一链传动,$z_1 = 25, z_2 = 75, n_1 = 960$ r/min,现由于工作需要,拟将从动轮转速降到 $n_2 = 220$ r/min 左右(相对误差小于 3%),若不考虑中心距变化的影响,试问:

(1) 若从动轮齿数及其他条件不变,应将主动轮齿数减小到多少?此时链条所能传递的功率将是原来的多少倍?(用符号表示)

(2) 若主动轮齿数及其他条件不变,应将从动轮齿数增大到多少?

(3) 上述两种方案中,哪种方案比较合适?为什么?

【题 3.58】 一双排滚子链传动,已知链节距 $p = 19.05$ mm,单排链的额定功率 $P_0 = 3.5$ kW,小链轮齿数 $z_1 = 21$,大链轮齿数 $z_2 = 67$,中心距约为 700 mm,小链轮转速 $n_1 = 350$ r/min,载荷平稳,小链轮齿数系数 $K_z = 0.9$,多排链系数 $K_p = 1.7$,工作情况系数 $K_A = 1.0$,试计算:

(1) 该链传动能传递的最大功率。

(2) 链条的长度。

五、结构题

【题 3.59】 V 带轮轮槽与带的安装情况如题图 3.5 所示,其中哪种情况是正确的?为什么?

题图 3.5

【题 3.60】 题图 3.6 所示为 V 带传动的张紧方案,试分析其不合理处,并改正。

【题 3.61】 请指出题图 3.7 结构中的错误,并改正。

题图 3.6　　　　　　　　　　题图 3.7

【题 3.62】 如题图 3.8 所示链传动,大链轮为从动轮,主动小链轮按什么方向旋转较合理?用箭头在图中标出主动轮的旋转方向(中心距约为 $30\ p \sim 50\ p$)。

题图 3.8

3.4　精选习题答案

一、单项选择题

【题 3.1】 B	【题 3.2】 C	【题 3.3】 D	【题 3.4】 D
【题 3.5】 C	【题 3.6】 C	【题 3.7】 C	【题 3.8】 C
【题 3.9】 B	【题 3.10】 C	【题 3.11】 C	【题 3.12】 B
【题 3.13】 C	【题 3.14】 C	【题 3.15】 B	【题 3.16】 B
【题 3.17】 B	【题 3.18】 C	【题 3.19】 C	【题 3.20】 B

二、填充题

【题 3.21】 由松紧边拉力产生的拉应力；由离心力产生的拉应力；带绕过带轮时的弯曲应力，$\sigma_1 + \sigma_{b1} + \sigma_c$；紧边进入小带轮处。

【题 3.22】 打滑和传动带的疲劳破坏；在保证工作时不出现打滑的条件下；传动带具有一定的疲劳强度和寿命

【题 3.23】 $2F_0 \dfrac{e^{f\alpha_1}-1}{e^{f\alpha_1}+1}$；$[\sigma]$。

【题 3.24】 $F_1/F_2 = e^{f\alpha_1}$。

【题 3.25】 利用 V 带和轮槽间摩擦的楔形效应，同样张紧力下能产生更大的摩擦力；包边 V 带，切边 V 带；基准宽度 b_p。

【题 3.26】 高速级；低速级。

【题 3.27】 销轴；外链板；套筒；内链板；滚子；套筒；套筒；销轴。

【题 3.28】 链的疲劳破坏；链的铰链磨损；链的铰链胶合；静强度破断。

【题 3.29】 运动不均匀性；动载荷；磨损；掉链。

【题 3.30】 偶；奇；小。

三、问答题

【题 3.31】 摩擦型带传动的特点：
(1) 传动带具有弹性和挠性，可吸收振动和缓和冲击，使传动平稳、噪音小。
(2) 当过载时，打滑可起过载保护的作用。
(3) 适用于主、从动轮中心距较大的场合。
(4) 结构简单，制造、安装和维护较方便。
(5) 由于有弹性滑动的存在，故不能保证准确的传动比。
(6) 结构尺寸较大、效率较低、寿命较短。
(7) 由于需施加张紧力，所以会产生较大的压轴力，使轴和轴承受较大的力。
(8) 由于靠摩擦传动，传动带又由有机材料制成，所以一般不宜用于易燃易爆、高温及酸碱油等环境下工作。

带传动适用于中小功率的动力传递，多用于中心距较大的场合。

同步带传动与一般带传动的主要区别：同步带传动靠带齿和轮齿的啮合传动，能得到准确的传动比，而一般带传动不能。

【题 3.32】 由 $F_{\max} = 2F_0 \dfrac{1-\dfrac{1}{e^{f\alpha_1}}}{1+\dfrac{1}{e^{f\alpha_1}}}$ 可知，增大 f、α_1 和 F_0，均可使带传动能力得到提高。

【题 3.33】 因为 $\begin{cases} F = F_1 - F_2 \\ 2F_0 = F_1 + F_2 \end{cases} \Rightarrow \begin{cases} F_1 = F_0 + \dfrac{F}{2} \\ F_2 = F_0 - \dfrac{F}{2} \end{cases}$

显然 F_1、F_2 与 F_0、F 有关，而 $P = \dfrac{Fv}{1\,000}$，显然 $F \propto P$(外载荷)，在 F_0 不变的情况下，当外载荷增大时，F 增大，F_1 增大，F_2 减小；当外载荷减小时，F 减小，F_1 减小，F_2 增大。

【题 3.34】 在 V 带传动设计中，限制 $d_{d1} \geqslant d_{min}$ 是因为：d_{d1} 若太小，由 $\sigma_{b1} = \dfrac{2E_b Y_a}{d_{d1}}$ 可知，小带轮上带的弯曲应力 σ_{b1} 就太大，则带就容易发生疲劳破坏，因此要限制 $d_{d1} \geqslant d_{min}$。

限制 $v \leqslant v_{max}$ 主要是因为：v 超过 v_{max} 后，离心力 $F_c = mv^2$ 急剧增大，带对带轮的正压力减小，传递功率骤降。从 $\sigma_{max} = \sigma_1 + \sigma_{b1} + \sigma_c \leqslant [\sigma]$ 可以看出，带可承受的最大应力中，因 σ_c 占的比例比增大，使有效工作应力所占比例减小，传递功率大大减小。

【题 3.35】 胶带具有弹性，受拉后将产生弹性伸长，且带的变形量 $\varepsilon \propto F$，因为 $F_1 > F_2$，所以 $\varepsilon_1 > \varepsilon_2$，带绕过主动轮时，伸长量将逐渐减小并沿轮面滑动，而使带的速度落后于主动轮的圆周速度。绕过从动轮时，带将逐渐伸长，也会沿轮面滑动，不过在这里是带速超前于从动轮的圆周速度。这种由于材料的弹性变形而产生的滑动称为弹性滑动。

弹性滑动是由带的松、紧边拉力差造成弹性伸长量变化产生的带与轮之间的相对滑动，而打滑却是由于过载而产生带与轮之间的相对滑动。

只要传递载荷，就有松、紧力拉力差，所以弹性滑动是带传动正常工作时固有的特性，不可避免。

弹性滑动对传动的影响：① 从动轮的圆周速度总是落后于主动轮的圆周速度，传动比不准确；② 损失一部分能量。

打滑的影响：打滑造成带的严重磨损，并使带的运动处于不稳定状态，使传动失效。

因为带在大轮上的包角大于小轮上的包角，所以一般来说，打滑总是在小轮上先开始。

【题 3.36】 由 $F = 2F_0 \dfrac{1 - \dfrac{1}{e^{f\alpha_1}}}{1 + \dfrac{1}{e^{f\alpha_1}}}$ 可知，增大带与带轮间的 f，则带的传动能力增强，但为增加承载能力，将带轮的工作面加工得粗糙些，以增大摩擦系数，这种做法是不合理的，因为带轮粗糙，会使带的磨损加剧，其寿命大大降低。

【题 3.37】 由 $F = 2F_0 \dfrac{1 - \dfrac{1}{e^{f\alpha_1}}}{1 + \dfrac{1}{e^{f\alpha_1}}}$ 可知，增大 α_1，可使 F 增大，即传动能力增大。

增大 α_1 的方法：① 增大中心距；② 在带的松边外侧加张紧轮。

【题 3.38】 影响带的疲劳寿命的因素为 σ_{max}、$[\sigma]$ 和应力循环次数，因为 $\sigma_{max} = \sigma_1 + \sigma_{b1} + \sigma_c$，所以带的疲劳寿命与 σ_1、σ_{b1}、σ_c、$[\sigma]$ 及应力循环次数有关。

保证带具有足够寿命的措施：

(1) 限制 σ_{max} 的大小。

① $\sigma_1 = \dfrac{F_1}{A} = \dfrac{F_0 + \dfrac{F}{2}}{A}$。

F_0 为初拉力,过小将产生打滑,过大会降低带的寿命。

F 为所传递的圆周力,V 带在指定情况下,只允许传递一定的 F,若过载使用,会出现打滑,使寿命显著降低。在不打滑情况下,F 大,σ_1 大,带的寿命较 F 小的要短,但能达到额定寿命。

② $\sigma_{b1} = \dfrac{2E_b Y_a}{d_{d1}}$,为使 σ_{b1} 不致过大,$d_{d1} \geq d_{min}$。

③ $\sigma_c = \dfrac{mv^2}{A}$,$v$ 过大,σ_c 就过大了,所占的比例大,就使对传动有用的 σ_1 所占的比例减小,降低了传动能力,因此普通 V 带 $v \leq 25 \sim 30$ m/s。

(2) 限制应力循环次数 u。$u = \dfrac{2v}{L}$,带长(或中心距)和带速影响带的循环次数。

(3) 影响 $[\sigma]$ 的因素有带长 L、带的型号和材质(包括结构、材料、工艺水平等)。

【题 3.39】 (1) a 小,结构紧凑,但若 a 太小,L_d 太小,则带在单位时间绕过带轮的次数增加,降低了带的寿命,增加了带的磨损;同时 i 和 d_{d1} 一定时,a 小,α_1 小,传动能力降低。a 大,外形尺寸大,单位时间带绕过带轮的次数减小,增加了带的寿命,同时 d_{d1} 和 i 一定时,a 大,α_1 大,传动能力增加。

(2) F_0 过小,易出现打滑,传动能力不能充分发挥;F_0 过大,带的寿命降低,且轴和轴承的受力增加。

(3) 带的根数多,带的传动能力强;但带的根数越多,其受力越不易均匀,设计时应限制根数,一般 $Z < 10$。

【题 3.40】 应该按 $n_2 = 500$ r/min 进行带传动设计,因为 $P = \dfrac{Fv}{1\ 000}$ kW,而 $v = \dfrac{\pi d_2 n_2}{60 \times 1\ 000}$,$P$ 一定,n_2 小时,所需传递的圆周力大。

【题 3.41】 丢转太多的原因是弹性滑动太大。

改进措施:控制负载和选用弹性模量大的传动带,另外设计带轮时预先考虑滑动率影响。

【题 3.42】 ① 带速过高或过低,$v = \dfrac{\pi dn}{60 \times 1\ 000}$,应通过调整 dn 的乘积来改进;② 小带轮包角过小,可以加大中心距或松边外侧加张紧轮;③ 应力循环次数过多,增加带长(即增大中心距);④ 根数太多,应增大带的型号或增大带轮直径。

【题 3.43】 带轮的常用材料为铸铁,转速高时可用铸钢或用钢板冲压后焊接而成;小功率可用铸铝或非金属材料,高转速用带轮需进行动平衡试验。

带轮的结构形式有实心轮、腹板轮、孔板轮、椭圆轮辐轮。

主要根据带轮直径大小选择带轮的结构形式。

【题 3.44】 传动带不是完全的弹性体,经过一段时间运转后,会因伸长而松弛,从而初拉力 F_0 降低,使传动能力下降甚至丧失。为保持传动能力,必须对带进行张紧,常用张紧装置有定期张紧装置、张紧轮张紧装置、自动张紧装置。

张紧轮置于松边,最好在带的内侧靠近大带轮处,因置于紧边需要的张紧力大,且张紧轮也容易产生跳动。靠近大轮是为了避免小带轮包角减小较多。

第三章　挠性件传动　　63

【题 3.45】　与带传动相比，链传动是啮合传动，能保持准确的平均传动比；需要的张紧力小，作用在轴上的压力也小，可减少轴和轴承的受力；结构紧凑；能在温度较高、有油污等恶劣环境下工作。

与齿轮传动相比，链传动的制造和安装精度要求较低，当中心距较大时，其传动结构简单，成本低。

链传动的主要缺点是：瞬时链速和瞬时传动比不是常数，因此传动平稳性较差，工作中有一定的冲击和噪音，不能用于高速。

自行车中采用链传动的原因：① 中心距较大，采用链传动结构紧凑简单；② 链传动没有弹性滑动和打滑；③ 链传动能在较差的环境下工作。

【题 3.46】　影响链传动速度不均匀性的主要参数是小链轮齿数 z_1、节距 p 及紧边链长。

通常瞬时传动比 $i_i = \dfrac{\omega_1}{\omega_2} = \dfrac{d_2 \cos \gamma}{d_1 \cos \beta}$，而 γ、β 随时间而变化，其最大值为 $\pm \dfrac{\varphi_1}{2}$、$\pm \dfrac{\varphi_2}{2}$，φ_1、φ_2 是一个节距在主、从动轮上所对的圆心角，与齿数 z_1、z_2 有关。即使主动轮角速度 ω_1 是常数，ω_2 也随 γ、β 而变化，所以 i_i 也随时间而变化，故瞬时传动比不是恒定的。

只有当 $z_1 = z_2$，并且紧边链长为链节距的整数倍的特殊情况下，才能保证瞬时传动比 i_i 为常数。

【题 3.47】　链速一定时，链节距 p 越大，链轮齿数 z 越小，则冲击越强烈，引起的动载荷越大。

【题 3.48】　在一定条件下，链的节距越大，承载能力越高；但多边形效应增加，传动不平稳，动载荷和噪音越严重，传动尺寸也大。

当 $i \neq 1$，链轮中心距又过小时，链在小链轮上的包角小，与小链轮同时啮合的链节数亦少，啮合链节受力就大。同时因总链节数减少，当链速一定时，在单位时间内同一链节受到的应力变化次数和屈伸次数增加，使链的寿命降低。但中心距过大，除结构不紧凑外，还会使链的松边上、下颤动，使运行不平稳。

【题 3.49】　链传动的额定功率曲线是在 $z_1 = 25$、$L_p = 120$、单排链、载荷平稳、传动比 $i = 3$、按照推荐的润滑方式、工作寿命为 15 000 h、温度在 $-5 \sim 70℃$ 之间的条件下得到，实际使用时因实际情况与实验条件不同，常须乘以一系列修正系数：小链轮齿轮系数 K_z，多排链系数 K_p，工作情况系数 K_A，且当润滑达不到要求时，额定功率值应降低。

【题 3.50】　当链速 $v \geq 0.6$ m/s 的滚子链传动情况下按额定功率曲线选传动链，并根据实际情况修正。

对于链速 $v < 0.6$ m/s 的传动，属低速链，其失效形式是过载拉断，应进行静强度计算。

四、分析计算题

【题 3.51】【解】　　　　　　　$F = F_1 - F_2$
即将打滑、传递最大圆周力时

$$\frac{F_1}{F_2} = e^{f\alpha_1}, \quad F_2 = \frac{F_1}{e^{f\alpha_1}}$$

$$F_{\max} = F_1\left(1 - \frac{1}{e^{f\alpha_1}}\right) = \sigma_1 A\left(1 - \frac{1}{e^{f\alpha_1}}\right) = ([\sigma] - \sigma_b - \sigma_c)A\left(1 - \frac{1}{e^{f\alpha_1}}\right)$$

【题 3.52】【解】 两种传动装置能传递的最大有效拉力一样大。

当带传动即将打滑时,带在带轮上的摩擦力总和达到极限值,此时能传递的有效拉力为

$$F = 2F_0 \frac{e^{f\alpha_1} - 1}{e^{f\alpha_1} + 1}$$

依题意,$d_1 = d_4, d_2 = d_3$,中心距 a 相等,则两传动装置的小轮包角 α 相等,已知带轮材料、带的材质、尺寸及张紧力均相同,不考虑离心力的影响,故他们的摩擦系数和初拉力 F_0 均相同,因此他们所能传递的最大有效拉力相同。

传递的功率为圆周力和带速的乘积,两装置主动轮直径不同,转速相同,则带速不同。因不考虑离心力的影响,带速大的增速传动能传递的功率成正比增大。

【题 3.53】 由式

$$\sigma_{\min} = \sigma_2 + \sigma_c$$

$$\sigma_{\max} = \sigma_1 + \sigma_c + \sigma_{b1}$$

所以

$$r = \frac{\sigma_{\min}}{\sigma_{\max}} = \frac{\sigma_2 + \sigma_c}{\sigma_1 + \sigma_c + \sigma_{b1}}$$

为非对称循环变应力。

【题 3.54】【解】

因为 $$v_1 = \frac{\pi d_1 n_1}{60 \times 1\,000} = \frac{\pi \times 140 \times 1\,420}{60 \times 1\,000} = 10.41 \text{ m/s}$$

又由 $$P = \frac{F \cdot v}{1\,000} \Rightarrow F = \frac{1\,000 P}{v} = \frac{1\,000 \times 3}{10.41} = 288.46 \text{ N}$$

$$\frac{F_1}{F_2} = e^{f\alpha_1} \tag{1}$$

$$F_1 - F_2 = F \tag{2}$$

联立式(1)、(2),可解得

$$F_1 = \frac{F}{1 - \frac{1}{e^{f'\alpha_1}}} = \frac{288.46}{1 - \frac{1}{e^{0.5 \times \frac{160}{180}\pi}}} = 383.35 \text{ N}$$

即带传递的最大有效圆周力 F 为 288.46 N,这时紧边拉力 F_1 为 383.35 N。

【题 3.55】【解】

$$\begin{cases} F_1 + F_2 = 2F_0 \\ F_1 - F_2 = F \end{cases} \Rightarrow \begin{cases} F_1 = \frac{2F_0 + F}{2} \\ F_2 = \frac{2F_0 - F}{2} \end{cases} \tag{3}$$

因为 $$\sigma_0 = \frac{F_0}{A} = 1.2 \text{ MPa} \quad A = 4.76 \text{ cm}^2 = 476 \text{ mm}^2$$

所以 $\quad F_0 = \sigma_0 A = 1.2 \times 476 = 571.2 \text{ N}$

而 $\quad F = 750 \text{ N}$

代入式(5),得

$$F_1 = \frac{2F_0 + F}{2} = \frac{2 \times 571.2 + 750}{2} = 946.2 \text{ N}$$

$$F_2 = \frac{2F_0 + F}{2} = \frac{2 \times 571.2 + 750}{2} = 196.2 \text{ N}$$

【题 3.56】 【解】 应按 $n_2 = 500 \text{ r/min}$ 进行设计,因该 n_2 小,需传递的有效圆周力 F 大。

$$Z = \frac{P_c}{(P_0 + \Delta P) K_a K_e}$$

$$P_0 = ([\sigma] - \sigma_{b1} - \sigma_c)(1 - \frac{1}{e^{f' \alpha_1}}) \frac{Av}{1\,000}$$

$P_0 \propto v, v \propto dn$,若 d 不变,$v \propto n$。

ΔP 也与 n 成正比,但 P_0 中的 σ_c 随 n 的增大成平方增大,所以 $(P_0 + \Delta P_0)$ 不到 3 倍, 计算出根数也不到 3 倍。所以得出的胶带根数不应相差 3 倍。

【题 3.57】 【解】 (1) 改变 z_1 的方案。为使 $n_2' = 220 \text{ r/min}, z_2 = 75, n_1 = 960 \text{ r/min}$,则

$$z_1' = z_2 n'_2 / n_1 = 75 \times 220/960 = 17.19 \text{ 齿}$$

选 $z_1' = 17$ 齿,相对误差 $1.1\% < 3\%$,允许。

链所能传递的功率 $P = \frac{K_p P_0}{K_A K_z}$,由于两种情况变化的仅是主动轮齿数 z_1,所以传递的功率将是原来的 K_z / K_z'。K_z 为 $z_1 = 25$ 的小链轮齿数系数,K_z' 为 $z_1 = 17$ 的小链轮齿数系数。

(2) 改变 z_2 方案。通过增大从动轮齿数来满足 n'_2,则

$$z_2' = z_1 n'_1 / n_2 = 75 \times 960/220 = 109.1 \text{ 齿}$$

取 $z_2' = 109$ 齿,相对误差 $0.1\% < 3\%$,允许。

从前述链所能传递的功率公式看没有改变的参数,所以链条所传递的功率不变。

(3) 比较上述两种方案,若传动空间允许时,增大从动轮齿数有利,因为减小主动轮的齿数,将使传动功率下降。

【题 3.58】 (1) 链传动能传递的最大功率

$$P = \frac{K_p P_0}{K_A K_z} = \frac{1.7 \times 3.5}{1.0 \times 0.9} = 6.61 \text{ kW}$$

(2) 链节数

$$L_p = \frac{2a_0}{p} + \frac{z_1 + z_2}{2} + \frac{P}{a_0}\left(\frac{z_2 - z_1}{2\pi}\right)^2 = 118.9 \text{ 节}$$

取 $L_p = 118$ 节。

链长 $\quad L = L_p \times p = 118.9 \times 19.05 = 2\,265.05 \text{ mm}$

五、结构题

【题 3.59】 (a) 正确。首先 V 带的两侧面为工作面,底面不为工作面,应留有间隙,故 (b) 错误;另外,为保证带有足够的工作面面积,带应装在轮槽内,故(c) 错。

【题 3.60】 张紧轮应置于松边内侧,且靠近大带轮处。现置于紧边内侧并靠近小带轮,使小带轮包角减少较大,并易引起振动。

【题 3.61】 现齿侧凸缘最大直径 d_H 与齿根圆直径 d_f 相同,链条要被垫起,不能正确啮合

$$d_H = p(\cot \frac{180°}{z} - 1) - 0.80$$

$$d_f = \frac{P}{\sin \frac{180°}{z}} - d_r$$

式中 d_r—— 滚子直径。

【题 3.62】 (a) 逆时针;(b) 逆时针;(c) 逆时针。

第四章 齿轮传动

4.1 必备知识与考试要点

4.1.1 主要内容

1. 齿轮传动的特点、分类

重点掌握齿轮传动的主要特点、按工作条件和齿面硬度的分类方法、精度等级的划分方法及常用精度等级。

2. 齿轮传动的失效形式及设计准则

掌握失效的机理、失效部位、影响因素及防止失效的措施(参见表4.1),要掌握不同工作条件和不同齿面硬度下的设计准则。

3. 常用齿轮材料及热处理方式

了解齿轮常用材料的特性,掌握获得齿面硬度差的常用热处理方法。

4. 计算载荷及轮齿受力分析

熟练掌握各载荷系数的名称、物理意义及影响因素(参见表4.2)。

5. 齿轮传动的强度计算

以标准直齿圆柱齿轮传动为基础,对斜齿圆柱齿轮传动、直齿圆锥齿轮传动,主要掌握其强度计算特点,熟练掌握:

(1) 强度计算的目的及条件式。

(2) 工作应力计算时的力学模型、基本理论公式、力作用点、计算点、危险截面的位置。

(3) 公式中各个系数的名称、物理意义、影响因素(参见表4.3)。

(4) 齿轮传动的受力分析及判定方法。

(5) 许用应力的确定及其主要影响因素。

(6) 强度计算公式的应用及主要参数的选择原则。

6. 齿轮的结构设计

掌握齿轮结构的基本类型,影响齿轮结构的主要因素(如尺寸、材料、毛坯加工方法等),并能正确绘制齿轮结构图。

7. 齿轮传动的润滑

充分认识齿轮传动润滑的重要性,熟悉常用润滑方式,了解润滑剂的选择原则。

表 4.1 齿轮传动的失效形式

失效形式	原 因	部 位	现 象	对传动的影响	改 进 方 法	工 况
1. 轮齿的折断（疲劳、过载）	应力集中和弯曲应力的重复作用	齿根处	直齿轮：全齿折断；斜齿轮：局部齿折断	最严重的失效形式，必须避免	减少应力集中，提高加工精度，表面处理等	超寿命工作或突然过载严重，多见于硬齿面闭式传动
2. 齿面疲劳点蚀	脉动变化的接触应力的重复作用	节线附近齿根处	齿面有麻点状凹坑	振动、噪音，甚至不能正常工作	提高齿面硬度，降低表面粗糙度，合理选择润滑油	软齿面闭式传动的主要失效形式
3. 齿面磨损	齿面间有相对滑动，同时齿面间有杂物或齿面有硬微峰	齿顶和齿根处	齿廓形状发生变化	振动、噪音、折齿	变开式为闭式，改善密封和润滑，提高硬度	开式齿轮传动的主要失效形式
4. 齿面胶合	齿面局部受力大，摩擦速度大，瞬时摩擦热高，瞬间粘连	在齿顶或齿根处	齿面有条状伤痕且温升高	振动、噪音	降低滑动系数，提高硬度，降低粗糙度，加入极压添加剂	高速重载齿轮传动的主要失效形式
5. 轮齿塑性变形（齿体、齿面）	齿体：瞬间过载；齿面：摩擦力过大，使表层材料滑移	全齿体节线处	全齿体歪斜，从动轮凸起，主动轮凹沟	破坏了啮合位置和齿廓形状	提高齿面硬度和润滑油粘度	低速重载齿轮传动的主要失效形式

形状的几何参数($z,x,\alpha,h_a^*,\rho_{a0}$等),但与模数 m 无关(因为 h_F 和 S_F 总可以简化成模数 m 的倍数)。由图 4.1 可以看出,随着齿数 z 的增加或变位系数 x 的增大或分度圆压力角 α 的增大,均可使齿根增厚,Y_F 和 σ_F 减小,而模数变化时,齿廓随之放大或缩小,但形状不变,故 Y_F 值不变。

图 4.1 影响齿廓形状的参数

4. 齿轮受力方向的判别

圆周力 F_t:主动轮 → 与转动方向相反
　　　　　从动轮 → 与转动方向相同

径向力 F_r:各自指向轮心

轴向力 F_a:锥齿轮 → 从小端指向大端
　　　　　圆柱齿轮:主动轮 → 应用左(右)手定则,拇指方向即为轴向力方向
　　　　　　　　　从动轮 → 与主动轮的轴向力相反

5. 根据给定工况,正确设计齿轮传动

熟悉不同工况下可能产生的主要失效形式(轮齿的折断、齿面疲劳点蚀、齿面磨损、齿面胶合、轮齿塑性变形等,参见表 4.1),正确确定设计准则,结合工况需求选择材料、热处理方式及加工精度,在强度计算中,合理地选择各相关参数,掌握参数选择原则,正确解释设计过程。

6. 载荷系数引入的目的及主要影响因素

载荷系数 $K(K = K_A K_V K_\beta K_\alpha)$ 综合考虑了齿轮由于工作特性、制造及安装误差、齿轮及其支承变形等因素引起的外部及内部附加动载荷、偏载及载荷分配不均等因素对轮齿受力及应力的影响,利用计算载荷对齿轮进行强度计算,可以使所设计的齿轮更安全、更符合实际工况需求。关于各系数引入的意义、主要影响因素及改进措施等可参见表 4.2。

7. 熟练分析齿轮主要参数的选择原则

(1) 模数 m 和齿数 z_1 的选择。因为 $d_1 = m z_1, a = \frac{1}{2} m(z_1 + z_2)$,当 d_1 或 a 一定时,齿轮的接触应力与 m 和 z 的组合无关,因此软齿面闭式传动时,在满足齿根弯曲强度条件的基础上,m 尽可能取小值,而 z 尽可能取大值,常取 $z \geq 18 \sim 30$(但要注意传递动力时 $m \geq 1.5 \sim 2$ mm,因为齿数 z 多,可增大重合度 ε_α,使传动平稳,m 小,可减小滑动速度,增加耐磨和抗胶合性能。$z_1 \geq z_{\min}$ 且 z_1 与 z_2 应互质为好。在硬齿面闭式传动中,按齿根弯曲强度条件,$z_1 = 17 \sim 20$,以免传动尺寸过大。在开式传动中,由弯曲强度求得 m 后应再

增大 10% ~ 15%,以考虑轮齿磨薄断齿的影响。

(2) 齿宽系数 ϕ_d 和 ϕ_a 的选择。$\phi_d = \frac{b}{d_1}$,$\phi_a = \frac{b}{a}$,当 d_1 和 a 一定时,$\phi_d(\phi_a)$ 与齿宽 b 成正比,轮齿过宽,不利于载荷沿齿宽的均匀分布,因此通常闭式传动 $\phi_a = 0.3 \sim 0.6$,开式传动 $\phi_a = 0.1 \sim 0.3$,采用斜齿轮或轴的刚度较大时,宜取大值,反之易取小值。由强度计算求得的齿宽 b 应等于大齿轮宽度(即 $b = b_2$),而小齿轮宽度 $b_1 = b_2 + (5 \sim 10)$ mm,以考虑齿轮装配时轴向窜动的影响。

(3) 分度圆压力 α 角的选择。分度圆压力 α 角的增大,有利于齿根弯曲强度的提高(因为齿根厚度增大)和齿面接触强度的提高(因为曲率半径增大),不利因素是径向力 $F_r(F_r = F_t \tan \alpha)$ 亦同时增大,从而增加了轴承的载荷,所以无特殊要求的齿轮,通常取标准压力角 $\alpha = 20°$,航空航天等特种工况下的齿轮可取 $\alpha = 25°$,以提高其齿根弯曲强度和齿面接触强度。

(4) 齿数比 u 的选择。齿数比 $u = \frac{z_2}{z_1} \geq 1$,在减速传动中,齿数比等于传动比,在增速传动中,齿数比与传动比互为倒数。齿数比的选择是否合理,不仅影响传动的总体尺寸的大小,而且也直接影响到两齿轮是否容易设计成近似等强度,因此一般取单级齿数比 $u \leq 7$。

(5) 螺旋角 β 的选择。β 选得太小,斜齿轮传动平稳及承载能力提高的优越性不明显;若 β 选得过大,则轴向力 $F_a(F_a = F_t \tan \beta)$ 增大,影响轴承部件结构,因此,一般取 $\beta = 8° \sim 20°$。对于人字齿轮,因轴向力可以相互抵消,可取 $\beta = 25° \sim 30°$。

8. 掌握不同工况下齿轮传动的设计准则

(1) 软齿面闭式传动,常因齿面点蚀而失效,故设计准则是通常按齿面接触疲劳强度设计,然后校核齿根弯曲疲劳强度。

(2) 硬齿面闭式传动,由于齿面接触承载能力较高,常因齿根疲劳折断而失效,故按齿根弯曲疲劳强度设计,然后校核齿面接触疲劳强度;或同时按齿面接触疲劳强度和齿根弯曲疲劳强度进行设计,然后取设计参数的较大值。

(3) 开式齿轮传动,由于可能出现的主要失效形式是齿面磨损,轮齿磨薄后常易发生轮齿折断,而齿面磨损的产生影响因素很多,目前尚无精确公式进行计算,故通常按齿根弯曲疲劳强度设计,然后适当增大模数,以考虑磨损的影响。

9. 掌握齿轮传动许用应力的计算方法及主要影响因素

许用接触应力的计算公式 $[\sigma]_H = \dfrac{\sigma_{H \lim} Z_N}{S_H}$ MPa

许用弯曲应力的计算公式 $[\sigma]_F = \dfrac{\sigma_{F \lim} Y_N}{S_F}$ MPa

式中　$\sigma_{H \lim}$ 和 $\sigma_{F \lim}$ ——齿轮齿面接触疲劳极限应力和齿根弯曲疲劳极限应力,在一定试验条件下,由标准试验齿轮经过大量试验获得,主要影响因素为所选齿轮材料的类型、硬度及热处理方式;对 $\sigma_{F \lim}$ 还要考虑应力循环特性的影响。

S_H 和 S_F ——接触强度寿命系数和弯曲强度寿命系数,其值由下式计算

第四章 齿轮传动　　73

$$Z_N = \sqrt[m]{\frac{N_0}{N}} \qquad Y_N = \sqrt[m']{\frac{N_0}{N}}$$

式中　m 和 m'——疲劳曲线指数，与材料及热处理方法有关；
　　　N_0——应力循环基数，与材料及热处理方法有关；
　　　N——所设计齿轮在工作寿命时间内实际的应力循环次数，由下式计算

$$N = 60\,naL_h$$

式中　n——齿轮转速（r/min）；
　　　L_h——齿轮工作寿命（h 为小时）；
　　　a——齿轮转一周，同一侧齿面啮合的次数。

10. 齿轮传动强度计算公式推导中力学模型的简化及修正方法

(1) 直齿圆柱齿轮传动齿面接触疲劳强度计算式力学模型的建立。齿面接触疲劳强度的条件为 $\sigma_{H\,max} \leq [\sigma]_H$，最大接触应力 $\sigma_{H\,max}$ 的计算是以赫兹接触应力公式为基础，代入最大应力啮合点的相应参数。

理论分析表明，齿轮在由齿顶至齿根的啮合过程中，在不同的接触点，其接触应力的大小是不同的，最大接触应力啮合点应为单齿啮合下界点，因为该点的综合曲率是单齿啮合区各点综合曲率的最大值，但该点的位置与重合度大小有关，随重合度的变化而变化，因此为使计算简化，使公式更具有通用性，在强度计算中取节点处的参数代替单齿啮合下界点的参数，所引起的误差用重合度系数 N_ε 进行修正。

(2) 直齿圆柱齿轮传动齿根弯曲疲劳强度计算式力学模型的建立。齿根弯曲疲劳强度的条件式为 $\sigma_{F\,max} \leq [\sigma]_F$，由于齿轮轮缘的刚度较大，因此可以将轮齿看做是宽度为 b 的悬臂梁。求解最大弯曲应力 $\sigma_{F\,max}$，需确定齿根危险截面位置和在齿根处产生最大弯矩时的载荷作用点。理论分析表明，齿根危险截面的位置可以采用 30° 切线法确定，单齿啮合上界点是齿根产生最大弯矩时的载荷作用点，但由于该点在齿面上的位置与重合度有关，受齿轮齿数的影响，难以确定，因此为使齿轮弯曲疲劳强度计算式更具有通用性，故在公式推导中按全部载荷作用于齿顶啮合点处进行计算，并引入小于 1 的重合度系数 Y_ε 进行修正。

11. 齿轮常用材料和精度

根据齿轮传递运动和动力时的工作特点以及齿轮可能产生的主要失效形式，要求齿轮材料的齿面硬度要高、齿芯韧性要好。对于一般中、小功率的软齿面齿轮传动，经正火或调质处理可采用中碳钢或中碳合金钢。对于重要的齿轮传动，采用经渗碳淬火的低碳合金钢或采用经表面淬火处理的中碳钢、中碳合金钢。对于结构尺寸较大的齿轮，可采用铸钢，而对于低速、轻载、无冲击的开式齿轮传动，也可采用铸铁。对高速、轻载及精度不高的齿轮传动，还可以采用工程塑料。

国家标准（GB/T 10095.1～2—2001）规定齿轮有 13 个精度等级，按精度高低依次为 0～12 级，常用的是 6～9 级。它考虑到传动准确性、传动平稳性、载荷分布均匀性和齿轮副侧隙的合理性。齿轮精度等级根据齿轮类型、传动用途、使用条件、圆周速度等决定。

12. 齿轮几何参数的圆整

齿轮及其传动的几何参数中，有些尺寸是可以圆整的，例如，圆柱齿轮的宽度 b、齿数

z、轮毂及腹板结构尺寸等。而必须严格保证几何关系的尺寸和参数不得任意圆整,例如,分度圆直径 d、中心距 a(若 a 要圆整,则必须保证各参数与它的几何关系,即 $a = m_n(z_1 + z_2)/(2\cos\beta)$)、螺旋角 β、顶圆直径 d_a、根圆直径 d_f、锥距 R、分度圆锥角 δ、齿顶角 θ_a、齿根角 θ_f、顶锥角 δ_a、根锥角 δ_f、齿高 h、基圆齿距 p_b、分度圆齿距 p 等。有的参数必须取为标准值,例如,模数 m、分度圆上法向压力角 α_n、齿顶高系数 h_a^*、顶隙系数 c^* 等。

4.2 典型范例与答题技巧

【例 4.1】 绘图说明当齿轮在轴上非对称布置时,为什么最好使齿轮远离输入端或输出端?

【分析】 重点说明齿轮在轴上非对称布置时易出现载荷沿齿宽分布不均,而齿轮远离输入端或输出端时,有利于减缓载荷的分布不均。

【解】 如例图 4.1 所示,当齿轮在轴上非对称布置时,由于轴受载后产生弯曲而使齿轮位置发生偏斜,从而引起齿轮沿齿宽受力不均。此外,当扭矩自轴端输入和输出时,齿轮和轴的扭转变形也会使载荷沿齿宽分布不均,而且离转矩输入端越近,轴的扭角越大,轮齿变形大,受载也大,正好与该情况因弯曲造成的偏载情况相反。所以,将齿轮布置在远离转矩输入端或输出端的位置,利用轴的弯曲和扭转变形的综合作用,也可使载荷分布不均的状况得到改善。

例图 4.1

【例 4.2】 利用齿轮齿面接触应力计算公式,说明在相同情况下斜齿轮比直齿轮具有更高的接触疲劳强度。

【分析】 首先应剖析直齿轮及斜齿轮齿面接触应力计算式和接触疲劳强度关系式,通过比较,找出斜齿轮计算式中受螺旋角影响的相关参数,分析参数的变化规律,说明斜齿轮具有更高接触疲劳强度的依据。

【解】 齿轮齿面接触应力的计算式为

直齿轮
$$\sigma_H = Z_E Z_H Z_\varepsilon \sqrt{\frac{KF_t}{bd_1} \cdot \frac{u \pm 1}{u}}$$

斜齿轮
$$\sigma_H = Z_E Z_H Z_\varepsilon Z_\beta \sqrt{\frac{KF_t}{bd_1} \cdot \frac{u \pm 1}{u}}$$

接触疲劳强度条件
$$\sigma_H \leq [\sigma]_H$$

从直齿轮和斜齿轮齿面接触应力计算式的比较可以看出,斜齿轮计算式中增加了一个螺旋角系数 Z_β,以考虑螺旋角的增加对接触应力的影响,螺旋角系数是一个小于1的系数,所以在其他情况相同时,斜齿轮的接触应力 σ_H' 将小于直齿轮的接触应力 σ_H。

另外,斜齿轮的综合曲率半径 $\rho'_\Sigma > \rho_\Sigma$(直齿轮的综合曲率半径),使斜齿轮的节点区

域系数 Z'_H < Z_H(直齿轮的节点区域系数);由于斜齿轮重合度中增加了轴向重合度 ε_β,斜齿轮的重合度系数 Z'_ε < Z_ε(直齿轮的重合度系数);另外,斜齿轮传动的齿是逐渐进入和退出啮合,传动平稳,K_V 小,载荷系数 K 减小。

综上所述,相同情况下,斜齿轮具有更高的接触疲劳强度。

【例 4.3】 例图 4.2 所示为直齿圆锥齿轮和斜齿圆柱齿轮组成的二级减速装置,已知小圆锥齿轮 1 为主动轮,其转动方向如图。直齿圆锥齿轮的齿数比 $u = 2.5$,压力角 $\alpha = 20°$,齿宽中点分度圆的圆周力 $F_{t1} = F_{t2} = 5\,600$ N;斜齿圆柱齿轮分度圆螺旋角 $\beta = 11°36'$,螺旋角 β 的方向如图,分度圆的圆周力 $F_{t3} = 9\,500$ N。

试求:

(1) 轴 Ⅱ 上总的轴向力 $F_Ⅱ$ 的大小和方向。

(2) 在图上标出圆锥齿轮 2 和斜齿轮 3 所受各力的方向。

【分析】 该题主要考核齿轮轴向力的计算方法及受力方向的判定方法。圆锥齿轮的轴向力方向永远从小端指向大端,斜齿轮的轴向力方向应用左右手定则来判定,左右手定则只适用于主动轮。

【解】 (1) 计算轴 Ⅱ 上轴向力 $F_Ⅱ$ 的大小。设轴 Ⅱ 上圆锥齿轮的轴向力为 F_{a2};轴 Ⅱ 上斜齿轮轴向力为 F_{a3}。并按法则可判断出两轴向力方向相反,如例图 4.3 所示。

因为 $\qquad\qquad\qquad \tan \delta_2 = u = 2.5$

即 $\qquad\qquad\qquad \delta_2 = 68°11'55''$

所以 $\qquad F_{a2} = F_{t2} \tan \alpha \sin \delta_2 = 5\,600 \times \tan 20° \times \sin 68°11'55'' = 1\,892$ N

$\qquad\qquad F_{a3} = F_{t3} \times \tan \beta = 9\,500 \times \tan 11°36' = 1\,950$ N

则轴 Ⅱ 上总的轴向力 $F_Ⅱ$ 为

$$F_Ⅱ = F_{a3} - F_{a2} = 1\,950 - 1\,892 = 58 \text{ N}$$

轴向力 $F_Ⅱ$ 的方向与 F_{a3} 同向,如例图 4.3 所示。

(2) 圆锥齿轮 2 和斜齿轮 3 所受各力方向如例图 4.3 所示。

例图 4.2 　　　　　　　　　　例图 4.3

【例 4.4】 一对标准直齿圆柱齿轮传动,小齿轮齿数 $z_1 = 20$,$[\sigma]_{F1} = 420$ MPa;大齿轮齿数 $z_2 = 60$,$[\sigma]_{F2} = 380$ MPa,试分析哪个齿轮的弯曲强度高?

【分析】 由齿轮弯曲应力计算式和弯曲疲劳强度条件可知,比较两齿轮弯曲强度的高低,只需比较两齿轮的 $\dfrac{Y_{F1}Y_{S1}}{[\sigma]_{F1}}$ 与 $\dfrac{Y_{F2}Y_{S2}}{[\sigma]_{F2}}$,比值小的齿轮其弯曲疲劳强度高。

【解】

小齿轮 $z_1 = 20$,查表得 $Y_{F1} = 2.8, Y_{S1} = 1.56$,则

$$\frac{Y_{F1}Y_{S1}}{[\sigma]_{F1}} = \frac{2.8 \times 1.56}{420} = 0.010\ 4$$

大齿轮 $z_2 = 60$,查表得 $Y_{F2} = 2.28, Y_{S2} = 1.73$,则

$$\frac{Y_{F2}Y_{S2}}{[\sigma]_{F2}} = \frac{2.28 \times 1.73}{380} = 0.010\ 38$$

由于 $\frac{Y_{F1}Y_{S1}}{[\sigma]_{F1}} > \frac{Y_{F2}Y_{S2}}{[\sigma]_{F2}}$,所以大齿轮具有较高的抗弯强度。

【例 4.5】 两对斜齿圆柱齿轮传动,其参数分别为 $m_n = 5$ mm,$z_1 = 40, z_2 = 158$,$b_2 = 40$ mm,$\beta = 8°06'34''$ 及 $m'_n = 10$ mm,$z'_1 = 20, z'_2 = 79, \beta' = 8°06'34'', b'_2 = 40$ mm。其他条件(如材料、硬度等)均为主动轮与主动轮、从动轮与从动轮对应相同。试问:

(1) 两对齿轮接触疲劳强度的承载能力和弯曲疲劳强度的承载能力是否相等?

(2) 若传动速度低、短时过载大时,用哪一对齿轮合适?若传动速度高时,用哪一对齿轮合适?

【分析】 依据斜齿轮传动接触应力、弯曲应力计算式和强度条件关系式,分析比较在给定条件下两对齿轮的相同因素和不同因素,通过计算不相同参数,比较其大小对齿轮承载能力的影响,回答相应问题。

【解】 (1) 接触疲劳强度承载能力的比较。

因为

$$\sigma_H = Z_E Z_H Z_\varepsilon Z_\beta \sqrt{\frac{KF_t}{bd_1} \cdot \frac{u \pm 1}{u}} \leq [\sigma]_H$$

则

$$F_t \leq \left(\frac{[\sigma_H]}{Z_E Z_H Z_\beta}\right)^2 \cdot \frac{bd_1}{K} \cdot \frac{1}{Z_\varepsilon^2} \cdot \frac{u}{u \pm 1}$$

按题意 Z_E、Z_H、Z_β、u、d_1 均相等,故只需比较 $\frac{1}{Z_\varepsilon^2}$ 即可。

对于第 1 对齿轮

$$\varepsilon_\alpha = \left[1.88 - 3.2\left(\frac{1}{z_1} + \frac{1}{z_2}\right)\right] \times \cos\beta = \left[1.88 - 3.2\left(\frac{1}{40} + \frac{1}{158}\right)\right] \times \cos 8°6'34'' = 1.762$$

由 $b_2 = 40$ mm,则 $\varepsilon_\beta = \frac{b_2 \sin\beta}{\pi m_n} = 0.35$,查表得 $Z_{\varepsilon 1} = 0.84$,得 $\frac{1}{Z_{\varepsilon 1}^2} = 1.417$。

对于第 2 对齿轮

$$\varepsilon_\alpha' = \left[1.88 - 3.2\left(\frac{1}{z_1} + \frac{1}{z_2}\right)\right] \times \cos\beta = \left[1.88 - 3.2\left(\frac{1}{20} + \frac{1}{79}\right)\right] \times \cos 8°6'34'' = 1.662\ 7$$

由 $b'_2 = 40$ mm 得 $\varepsilon_\beta' = \frac{b'_2 \sin\beta'}{\pi m'_n} = 0.179\ 6$,查表得 $Z_{\varepsilon 2}' = 0.87$,则 $\frac{1}{Z_{\varepsilon 2}^{'2}} = 1.321$。

显然,两对齿轮接触疲劳强度的承载能力是不相等的,齿数多的第一对齿轮接触疲劳强度的承载能力较高。

弯曲疲劳强度承载能力的比较:

因为

$$\sigma_F = \frac{KF_t}{bm_n} Y_F Y_S Y_\varepsilon Y_\beta \leq [\sigma]_F$$

即
$$F_t \leq \frac{[\sigma]_F \cdot b}{KY_\beta} \cdot \frac{m_n}{Y_F Y_S Y_\varepsilon}$$

由题意知 K、b、Y_β、$[\sigma]_F$ 相等,故只需比较 $\frac{m_n}{Y_F Y_S Y_\varepsilon}$ 即可。

对于第 1 对齿轮

$$Y_\varepsilon = 0.25 + \frac{0.75}{\varepsilon_\alpha} = 0.25 + \frac{0.75}{1.762} = 0.677\,56$$

$$Y_{S1} = 1.67 \qquad Y_{S2} = 1.84 \qquad Y_{F1} = 2.4 \qquad Y_{F2} = 2.17$$

取 F_t 的小值时 $\quad \dfrac{m_n}{Y_F Y_S Y_\varepsilon} = \dfrac{5}{2.4 \times 1.67 \times 0.675\,6} = 1.846\,5$

对于第 2 对齿轮

$$Y_\varepsilon' = 0.25 + \frac{0.75}{\varepsilon_\alpha'} = 0.25 + \frac{0.75}{1.662\,7} = 0.701\,07$$

$$Y_{S1}' = 1.56 \qquad Y_{S2}' = 1.75 \qquad Y_{F1}' = 2.8 \qquad Y_{F2}' = 2.25$$

$$\frac{m_n'}{Y_F' Y_S' Y_\varepsilon'} = \frac{10}{2.8 \times 1.56 \times 0.701\,07} = 3.265\,5$$

显然第 2 对齿轮弯曲疲劳强度的承载能力较强。

(2) 若传动速度低,短时过载,用第 2 对齿轮合适,若传动速度高,用第 1 对齿轮合适。

【例 4.6】 试设计物料搅拌机传动装置用一级斜齿圆柱齿轮减速器中的齿轮传动。已知:电动机功率 $P = 22$ kW,转速 $n = 970$ r/min,用联轴器与减速器高速级齿轮连接,减速器传动比为 4.6;单向传动,单班制工作,预期寿命 10 年。

【分析】 考虑此减速器的传递功率较大,所以大、小齿轮均采用硬齿面,齿轮强度计算按齿根弯曲强度设计,按齿面接触疲劳强度校核。

【解】 1. 选择齿轮材料、精度等级及有关参数

(1) 大、小齿轮用 40Cr 调质后表面淬火,取小齿轮齿面硬度为 50~55 HRC,计算时取 52 HRC;大齿轮齿面硬度为 48~52 HRC,计算时取 50 HRC。

(2) 取 7 级精度等级。

(3) 确定小齿轮齿数 $z_1 = 23$,则 $z_2 = iz_1 = 4.6 \times 23 = 105.8$,取 $z_2 = 106$。

(4) 初选螺旋角 $\beta = 13°$。

2. 硬齿面齿轮弯曲强度设计

设计公式为

$$m_n \geq \sqrt[3]{\frac{2KT_1\cos^3\beta}{\phi_d z_1^2} \frac{Y_F Y_S}{[\sigma]_F} Y_\varepsilon Y_\beta}$$

(1) 初取 $K = 1.8$。

(2) 小齿轮传递的转矩

$$T_1 = 9.55 \times 10^6 P_1/n_1 = 9.55 \times 10^6 \times 22/970 = 216\,600 \text{ N} \cdot \text{mm}$$

(3) 按照对称布置,取齿宽系数 $\phi_d = 0.8$。

(4) 计算当量齿数

$$z_{v1} = z_1/\cos^3\beta = 23/\cos^3 13° = 24.86$$
$$z_{v2} = z_2/\cos^3\beta = 106/\cos^3 13° = 114.60$$

(5) 查表得齿形系数
$$Y_{F1} = 2.62, Y_{F2} = 2.17$$

(6) 查表得应力修正系数
$$Y_{S1} = 1.59, Y_{S2} = 1.80$$

(7) 总重合度 $\varepsilon_\gamma = \varepsilon_\alpha + \varepsilon_\beta$

$$\varepsilon_\alpha = \left[1.88 - 3.2\left(\frac{1}{z_1} + \frac{1}{z_2}\right)\right]\cos\beta = \left[1.88 - 3.2\left(\frac{1}{23} + \frac{1}{106}\right)\right]\cos 13° = 1.67$$

$$\varepsilon_\beta = b\sin\beta/\pi m_n = 0.318\phi_d z_1 \tan\beta = 0.318 \times 0.8 \times 23 \times \tan 13° = 1.35$$

$$\varepsilon_\gamma = \varepsilon_\alpha + \varepsilon_\beta = 1.67 + 1.35 = 3.02$$

(8) 重合度系数
$$Y_\varepsilon = 0.25 + 0.75/\varepsilon_\alpha = 0.25 + 0.75/1.67 = 0.70$$

(9) 查表得螺旋角系数 $Y_\beta = 0.89$。

(10) 确定许用弯曲应力 $[\sigma]_{F1}$、$[\sigma]_{F2}$。

① 查图得弯曲疲劳强度极限
$$\sigma_{F\lim 1} = 730 \text{ MPa}, \sigma_{F\lim 2} = 730 \text{ MPa}$$

② 计算应力循环次数
$$N_1 = 60 n_1 j L_h = 60 \times 970 \times 1 \times (8 \times 300 \times 10) = 1.4 \times 10^9$$
$$N_2 = N_1/i = 3.04 \times 10^8$$

③ 查图得寿命系数
$$Y_{N1} = Y_{N2} = 1$$

④ 查表得安全系数
$$S_F = 1.25$$

则
$$[\sigma]_{F1} = \sigma_{F\lim 1} Y_{N1}/S_F = 730/1.25 = 584 \text{ MPa}$$
$$[\sigma]_{F2} = \sigma_{F\lim 2} Y_{N2}/S_F = 730/1.25 = 584 \text{ MPa}$$

(11) 计算大小齿轮的 $Y_F Y_S/[\sigma]_F$，并加以比较
$$Y_{F1} Y_{S1}/[\sigma]_{F1} = 2.62 \times 1.59/584 = 0.007$$
$$Y_{F2} Y_{S2}/[\sigma]_{F2} = 2.17 \times 1.80/584 = 0.006\,9$$

小齿轮数值大，将 $Y_{F1} Y_{S1}/[\sigma]_{F1}$ 代入公式中计算。

(12) 设计计算
$$m_n \geq \sqrt[3]{\frac{2 \times 1.8 \times 216\,600 \times \cos^2 13°}{0.8 \times 23^2 \times 584} \times 2.63 \times 1.59 \times 0.7 \times 0.89} = 1.98 \text{ mm}$$

取标准模数 $m_n = 2.5$ mm。

3. 计算几何尺寸
(1) 计算中心距

$$a = \frac{m_n}{2\cos\beta}(z_1 + z_2) = \frac{2.5}{2 \times \cos 13°} \times (23 + 106) = 165.5 \text{ mm}$$

圆整取中心距 $a = 165$ mm。

(2) 修正螺旋角

$$\beta = \arccos\frac{(z_1 + z_2)m_n}{2a} = \arccos\frac{(23 + 106) \times 2.5}{2 \times 165} = 12.239°$$

(3) 计算大、小齿轮分度圆直径

$$d_1 = \frac{z_1 m_n}{\cos\beta} = \frac{23 \times 2.5}{\cos 12.239°} = 58.84 \text{ mm}; \quad d_2 = \frac{z_2 m_n}{\cos\beta} = \frac{106 \times 2.5}{\cos 12.239°} = 271.16 \text{ mm}$$

(4) 确定齿宽

$$b = \phi_d \times d_1 = 0.8 \times 58.84 = 47.1 \text{ mm}$$

圆整取 $b_2 = 48$ mm, $b_1 = 48$ mm $+ 6$ mm $= 54$ mm。

4. 修正载荷系数 K

$$v = \frac{\pi d_1 n_1}{60 \times 1000} = \frac{\pi \times 271.16 \times 970}{60 \times 1000} = 13.85 \text{ m/s}$$

查表得
$$K_V = 1.21$$
$$K_A = 1.25$$
$$K_\beta = 1.08$$
$$K_\alpha = 1.1$$

则
$$K = K_V K_A K_\beta K_\alpha = 1.797$$

与初选 $K = 1.8$ 相近,故不再修正。

5. 按齿面接触疲劳强度校核

校核公式为

$$\sigma_H = Z_E Z_H Z_\varepsilon Z_\beta \sqrt{\frac{2KT_1}{bd_1} \cdot \frac{u \pm 1}{u}} \leqslant [\sigma]_H$$

(1) 许用接触应力 $[\sigma]_H$

① 查图得极限应力

$$\sigma_{H\lim 1} = 1500 \text{ MPa}, \sigma_{H\lim 2} = 1500 \text{ MPa}$$

② 查图得寿命系数

$$Z_{N1} = Z_{N2} = 1$$

③ 安全系数 $S_H = 1$,则

$$[\sigma]_{H1} = \sigma_{H\lim 1} Z_{N1}/S_H = 1500 \text{ MPa}$$
$$[\sigma]_{H2} = \sigma_{H\lim 2} Z_{N2}/S_H = 1500 \text{ MPa}$$

取
$$[\sigma]_H = 1500$$

(2) 查表得材料弹性系数

$$Z_E = 189.8 \sqrt{\text{MPa}}$$

(3) 查图得节点区域系数
$$Z_H = 2.44$$
(4) 因 β 变化不大，ε_α 不再修正。综合考虑 ε_α、ε_β，由图查得重合度系数
$$Z_\varepsilon = 0.78$$
(5) 螺旋角系数
$$Z_\beta = \sqrt{\cos\beta} = \sqrt{\cos 12.24°} = 0.988$$
则 $\sigma_H = 189.8 \times 2.44 \times 0.78 \times 0.988 \times \sqrt{\dfrac{2 \times 1.8 \times 216\,600}{47 \times 58.84^2} \times \dfrac{4.6+1}{4.6}} =$
851 MPa $\leq [\sigma]_H$

满足强度要求。

6. 结构设计(略)

【例 4.7】 在例图 4.4 所示传动系统中，1、5 为蜗杆，2、6 为蜗轮，3、4 为斜齿圆柱齿轮，7、8 为直齿圆锥齿轮。已知：蜗杆 1 主动，圆锥齿轮 8 转动方向如图。为使各中间轴上齿轮的轴向力能相互抵消一部分，要求：

(1) 标出蜗杆 1 的转动方向。
(2) 标出斜齿圆柱齿轮 3、4 和蜗轮 2、6 的螺旋线方向。

【分析】 进行传动件的受力分析应掌握如下几点：
① 左右手定则只适合于主动轮。
② 蜗杆和蜗轮螺旋线方向相同，两啮合齿轮的螺旋线方向相反。
③ 圆锥齿轮的轴向力方向永远是由小端指向大端。
④ 同一轴上两传动件的螺旋线方向相同时，有利于轴向力的相互抵消。
⑤ 主动轮的转动方向与圆周力方向相反，从动轮的转动方向与圆周力方向相同。

【解】
(1) 蜗杆 1 的转动方向为顺时针，如例图 4.5 所示。
(2) 蜗轮 2 和斜齿轮 3 的螺旋线方向为左旋；斜齿轮 4 和蜗轮 6 的螺旋线方向为右旋。如例图 4.5 所示。

例图 4.4　　　　　　　　例图 4.5

【例 4.8】 如例图 4.6 所示，一起重装置由电动机和齿轮减速器驱动，已知电动机功率为 P kW，转速为 n r/min，最大起重量为 F_Q N，起升速度为 v m/s。电动机及齿轮减速器的承载能力刚好满足要求。试问：

(1) 若 v 不变，而起重量提高到 $2F_Q$ N，电动机是否要换？齿轮是否能用？
(2) 若将最大速度提高到 $2v$，最大起重量降为 $F_Q/2$，电动机是否要换？齿轮是否能

用?

(3) 若仅将传动比 i 下降为 $i/2$,电动机和齿轮是否能用?

【解】 (1) 若起升速度不变,则 $P = F_Q v/\eta$,当 v 不变而 F_Q 提高到 $2F_Q$ 时,功率 P 随之也要提高 $2P$。此时电动机功率不够,需要更换电动机。

由 $T = 9.55 \times 10^6 \times P \times n$ 可知,当 P 提高到 $2P$ 后,转矩 T 也增至 $2T$,齿轮强度不够,也不能用。

例图 4.6

(2) 若齿轮传动比不变,当最大起升速度提高到 $2v$ 时,电动机转速也随之提高,需要更换电动机,但齿轮仍可使用。

(3) 若将传动比下降 1 倍为 $i/2$,电动机的转速不变,工作机转速将提高,所需功率增大,电动机将不能使用。而且齿轮由于 i 下降 1 倍,速度变了,传动比也变了,使其主动轮所受转矩增大也不能使用。

4.3 精选习题与实战演练

一、单项选择题(从给出的 A、B、C、D 答案中选一)

【题 4.1】 软齿面闭式齿轮传动的主要失效形式是_____。
  A.齿面胶合   B.齿面疲劳点蚀
  C.齿面磨损   D.轮齿折断

【题 4.2】 高速重载齿轮传动,最可能出现的失效形式是_____。
  A.齿面胶合   B.齿面疲劳点蚀
  C.齿面磨损   D.轮齿塑性变形

【题 4.3】 对于标准齿轮传动,影响齿形系数 Y_F 的主要几何参数是_____。
  A.齿轮的模数   B.齿轮的分度圆
  C.齿轮的齿数   D.齿轮的齿高

【题 4.4】 在闭式软齿面减速齿轮传动中,若小齿轮采用 45 钢调质处理,大齿轮采用 45 钢正火处理,则它们的齿面接触应力_____。
  A.$\sigma_{H1} > \sigma_{H2}$ B.$\sigma_{H1} < \sigma_{H2}$
  C.$\sigma_{H1} \approx \sigma_{H2}$ D.$\sigma_{H1} = \sigma_{H2}$

【题 4.5】 在开式齿轮传动中,齿轮模数 m 应依据____条件确定,再考虑磨损适当增大。
  A.齿根弯曲疲劳强度 B.齿面接触疲劳强度
  C.齿面胶合强度   D.齿轮工作环境

【题 4.6】 依据渐开线齿轮正确啮合条件,一对标准渐开线圆柱齿轮实现正确啮合,它们的_____必须相等。
  A.模数 m B.齿数 z C.分度圆直径 d D.轮齿宽度 b

【题 4.7】 轮齿疲劳点蚀通常首先出现在齿廓的_____部位。
A.齿顶附近 B.齿根附近 C.节线上 D.节线靠近齿根处

【题 4.8】 齿轮传动中,动载系数 K_V 主要是考虑_____因素对齿轮传动的影响。
A.齿轮自身制造精度引起的误差 B.载荷沿齿宽分布不均
C.双齿啮合时的载荷分配不均 D.齿轮以外的其他

【题 4.9】 在设计直齿圆柱齿轮和斜齿圆柱齿轮时,通常取小齿轮齿宽 b_1 大于大齿轮齿宽 b_2,其主要目的在于_____。
A.节省材料 B.考虑装配时的轴向窜动
C.提高承载能力 D.使两齿轮接近等强度

【题 4.10】 下列_____传动属平面相交轴传动。
A.直齿锥齿轮 B.直齿圆柱齿轮外啮合
C.直齿圆柱齿轮内啮合 D.蜗杆传动

【题 4.11】 齿轮传动与蜗杆传动、带传动及链传动相比,其最主要优点在于_____。
A.适用于大中心距传递 B.单级传动比大
C.传动效率高 D.瞬时传动比准确

【题 4.12】 下列措施中,_____不利于提高轮齿抗疲劳折断能力。
A.减小齿根圆角半径 B.减小齿面粗糙度
C.减轻加工损伤 D.表面强化处理

【题 4.13】 斜齿轮不产生根切的最少齿数为_____。
A.大于 17 B.小于 17 C.等于 17 D.没有限制

【题 4.14】 齿轮设计中,采用负变位的主要目的之一在于_____。
A.提高齿轮抗弯曲强度 B.配凑中心距
C.避免根切 D.减少啮合干涉

【题 4.15】 一斜齿圆柱齿轮传动,已知法向模数 $m_n = 4$ mm,齿数 $z_1 = 20$,螺旋角 $\beta = 14°32'2''$,齿宽 $b_1 = 80$ mm,$b_2 = 75$ mm,则该传动的齿宽系数 ϕ_d 等于_____。
A.0.852 B.0.88 C.0.8 D.0.907

【题 4.16】 直齿锥齿轮的标准模数是_____。
A.小端模数 B.大端模数
C.齿宽中点法向模数 D.齿宽中点的平均模数

【题 4.17】 设计开式齿轮传动时,在保证不根切的情况下,宜取较少齿数,其目的是_____。
A.增大重合度,提高传动平稳性 B.减少齿面发生胶合的可能性
C.增大模数,提高轮齿的抗弯强度 D.提高齿面接触强度

【题 4.18】 齿轮接触强度计算中的材料弹性系数 Z_E 反映了_____对齿面接触应力的影响。
A.齿轮副材料的弹性模量和泊松比 B.齿轮副材料的弹性极限
C.齿轮副材料的强度极限 D.齿轮副材料的硬度

【题 4.19】 因发生全齿折断而失效的齿轮,通常是_____。

第四章 齿轮传动

  A.人字齿轮   B.齿宽较大、齿向受载不均的直齿圆柱齿轮
  C.齿宽较小的直齿圆柱齿轮 D.斜齿圆柱齿轮

【题 4.20】 下列措施中,不利于减轻和防止齿轮磨粒磨损的是_____。
  A.降低滑动系数   B.减少齿面粗糙度值
  C.经常更换润滑油   D.降低齿面硬度

【题 4.21】 在齿轮热处理加工中,轮齿材料达到_____状态时,将有利于提高齿轮抗疲劳强度和抗冲击载荷作用的能力。
  A.齿面硬、齿芯脆   B.齿面软、齿芯脆
  C.齿面软、齿芯韧   D.齿面硬、齿芯韧

【题 4.22】 材料为 20Cr 的齿轮要达到硬齿面,适宜的热处理方法是_____。
  A.整体淬火   B.表面淬火
  C.渗碳淬火   D.调质

【题 4.23】 除了调质以外,软齿面齿轮常用的热处理方法还有_____。
  A.渗碳淬火   B.正火
  C.渗氮   D.碳氮共渗

【题 4.24】 齿轮计算载荷中的使用系数 K_A 不包含_____对齿轮实际承受载荷的影响。
  A.齿轮制造及装配误差   B.工作机性能
  C.原动机性能   D.载荷变动情况

【题 4.25】 齿轮计算载荷中的齿向载荷分布系数 K_β 与_____无关。
  A.齿轮的宽度   B.工作机性能
  C.齿轮所在轴的刚度   D.齿轮在轴上的位置

【题 4.26】 齿轮接触疲劳强度计算中的节点区域系数 Z_H 与_____无关。
  A.分度圆齿形角   B.分度圆螺旋角
  C.变位系数   D.齿数

【题 4.27】 有三个齿轮,齿轮 1 为标准齿轮,齿轮 2 为正变位齿轮,齿轮 3 为负变位齿轮,它们的模数、齿数和压力角均相同,则它们的齿形系数关系为_____。
  A.$Y_{F1} > Y_{F2} > Y_{F3}$ B.$Y_{F1} > Y_{F3} > Y_{F2}$
  C.$Y_{F3} > Y_{F1} > Y_{F2}$ D.$Y_{F2} > Y_{F1} > Y_{F3}$

【题 4.28】 提高齿轮的抗点蚀能力,可以采取_____的方法。
  A.减小传动的中心距   B.采用闭式传动
  C.减少齿轮的齿数,增大齿轮的模数 D.提高齿面的硬度

【题 4.29】 通常在一对变速齿轮传动中,两轮齿面接触应力 σ_{H1}、σ_{H2} 和两轮齿弯曲应力 σ_{F1}、σ_{F2} 的关系为_____。
  A.$\sigma_{H1} = \sigma_{H2}, \sigma_{F1} \neq \sigma_{F2}$ B.$\sigma_{H1} = \sigma_{H2}, \sigma_{F1} = \sigma_{F2}$
  C.$\sigma_{H1} \neq \sigma_{H2}, \sigma_{F1} = \sigma_{F2}$ D.$\sigma_{H1} \neq \sigma_{H2}, \sigma_{F1} \neq \sigma_{F2}$

【题 4.30】 斜齿圆柱齿轮的齿数 z 与模数 m_n 不变,若增大螺旋角 β,则分度圆直径

d_1 _____。

A.不变　　B.增大　　C.减少　　D.不一定增大或减少

二、填空题

【题 4.31】 与其他传动形式相比,齿轮传动的主要优点是_____、_____、_____和_____。

【题 4.32】 按轴线的相互关系,齿轮传动分为_____、_____和_____;按工作形式,齿轮传动分为_____和_____;按齿面硬度,齿轮传动分为_____和_____。

【题 4.33】 齿轮传动的主要失效形式有_____、_____、_____和_____。

【题 4.34】 在齿轮强度计算中,载荷系数 K 主要由_____、_____、_____和_____相乘获得。

【题 4.35】 在齿轮加工中,获得软齿面的常用热处理方法有_____、_____;获得硬齿面的常用热处理方法有_____、_____和_____。

【题 4.36】 根据齿轮设计准则,软齿面闭式齿轮传动一般按_____设计,按_____校核;硬齿面闭式齿轮传动一般按_____设计,按_____校核。

【题 4.37】 在齿轮设计计算中,影响使用系数 K_A 的主要因素有_____、_____和_____。

【题 4.38】 在齿轮弯曲强度计算中,影响齿形系数 Y_F 的主要几何参数是_____、_____和_____。

【题 4.39】 在齿轮设计计算中,影响载荷分布系数 K_β 的主要因素有_____、_____和_____。

【题 4.40】 高度变位齿轮传动的主要优点是_____、_____和_____。

【题 4.41】 在软齿面闭式传动中,齿面疲劳点蚀经常首先出现在_____处,其原因是该处_____、_____及_____。

【题 4.42】 在变速齿轮传动中,若大、小齿轮材料相同,但硬度不同,则两齿轮工作中产生的齿面接触应力_____,材料的许用接触应力_____,工作中产生的齿根弯曲应力_____,材料的许用弯曲应力_____。

【题 4.43】 一对外啮合斜齿圆柱齿轮的正确啮合条件是_____、_____和_____。

【题 4.44】 在齿轮传动的载荷系数中,反映齿轮系统内部因素引起的动载荷对轮齿实际所受载荷大小影响的系数被称为_____,影响该系数的主要因素是_____、_____和_____。

【题 4.45】 按齿轮结构尺寸的大小不同,齿轮的结构形式主要有_____、_____、_____和_____。

【题 4.46】 根据轮齿折断产生的原因不同,齿轮轮齿折断分为_____

第四章 齿轮传动

和_____;直齿轮轮齿的折断一般是_____,斜齿轮和人字齿轮轮齿的折断一般是_____。

【题4.47】 在齿轮强度计算中,影响齿面接触应力最主要的几何参数是_____,影响齿根弯曲应力最主要的几何参数是_____。一对标准直齿轮传动,若中心距、传动比等其他条件保持不变,仅增加齿数 z_1,而减少模数 m,则齿轮的齿面接触疲劳强度_____。

【题4.48】 增速齿轮传动的强度计算中,转矩 T_1 是指_____齿轮的转矩,齿数比 u 等于_____齿轮的齿数与_____齿轮的齿数之比。

【题4.49】 在判定斜齿圆柱齿轮所受轴向力 F_a 的方向时,左右手定则仅适用于_____轮,使用左手还是右手,依据_____的方向而定。用手握住轴线,四指为_____方向,拇指为_____方向。

【题4.50】 为了提高齿轮抗各种齿面失效和齿根折断的能力,对齿轮材料的基本要求是轮齿表面尽量要_____,轮齿芯部尽量要_____。

【题4.51】 当直齿圆柱齿轮、斜齿圆柱齿轮和直齿圆锥齿轮的材料、热处理方式及几何参数均相同时,承载能力最高的是_____传动,承载能力最低的是_____传动。

【题4.52】 在直齿圆柱齿轮强度计算中,当齿面接触强度已足够,而齿根弯曲强度不足时,可采取措施_____、_____和_____来提高弯曲强度。

【题4.53】 在斜齿圆柱齿轮传动中,螺旋角 β 既不宜过小,也不宜过大,因为 β 过小,会使得_____,而 β 过大又会使得_____。因此,在设计计算中,β 的取值应为_____,_____可以通过调整 β 来进行圆整。

【题4.54】 在齿轮传动中,轮齿折断一般发生在_____部位,因为该处_____,为防止轮齿折断,应进行_____强度计算。

【题4.55】 当其他条件不变,作用于齿轮上的载荷增加1倍时,其弯曲应力增加_____倍;接触应力增加_____倍。

【题4.56】 在齿轮传动设计中,影响齿面接触应力的主要几何参数是_____和_____;而影响极限接触应力 $\sigma_{H\lim}$ 的主要因素是_____和_____。

【题4.57】 在设计齿轮传动时,由强度条件确定的齿轮宽度 b 是_____齿轮宽度,另一齿轮宽度为_____,原因是_____。

【题4.58】 软齿面闭式齿轮传动设计时,通常两齿轮的硬度关系是_____,其目的在于_____。

【题4.59】 由齿轮传动、V 带传动、链传动组成的三级传动装置,宜将链传动布置在_____级;带传动布置在_____级;齿轮传动布置在_____级。

【题4.60】 齿轮传动总效率主要由_____、_____和_____组成。

三、问答题

【题4.61】 与带传动、链传动和蜗杆传动相比,齿轮传动有哪些主要优缺点?

【题4.62】 试述闭式齿轮传动和开式齿轮传动的设计准则,说明原因。

【题 4.63】 为什么闭式齿轮传动的最主要失效形式是疲劳点蚀?一般情况下点蚀首先出现在齿廓的什么部位,为什么?提高齿轮抗点蚀的措施主要有哪些?

【题 4.64】 齿轮在什么情况下发生胶合?提高齿轮抗胶合能力的主要措施有哪些?

【题 4.65】 为什么开式齿轮传动按弯曲强度进行设计计算,提高齿轮抗弯曲疲劳强度的主要措施有哪些?

【题 4.66】 为什么要用计算载荷设计齿轮传动?计算载荷与名义载荷的关系?载荷系数主要考虑了哪些因素?

【题 4.67】 轮齿折断一般起始于轮齿的哪一侧?全齿折断和局部齿折断通常在什么情况下发生?轮齿疲劳折断和过载折断的特征如何?

【题 4.68】 齿轮的主要结构类型有哪些?为什么齿轮和轴往往分开制造?什么情况下加工成齿轮轴?

【题 4.69】 试述直齿圆柱齿轮齿面接触应力计算式推导中力学模型是如何建立的?

【题 4.70】 试述直齿圆柱齿轮齿根弯曲应力计算式推导中力学模型是如何建立的?

【题 4.71】 在闭式齿轮传动设计中,先按接触强度进行设计,若校核时发现弯曲疲劳强度不够,应如何进行改进?

【题 4.72】 在设计软齿面齿轮传动时,为什么常使小齿轮的齿面硬度高于大齿轮齿面硬度(即硬度差 = 30～50HBS)?

【题 4.73】 试述齿宽系数 ψ_d 的定义及选择原则?

【题 4.74】 试说明齿面磨损产生的原因、后果及减轻或防止磨损的主要方法?

【题 4.75】 试说明在齿轮接触应力计算式和弯曲应力计算式中是如何考虑变位系数对齿轮强度影响的?

【题 4.76】 在确定齿轮传动的许用应力时,获得极限应力 $\sigma_{H\lim}$ 和 $\sigma_{F\lim}$ 的试验条件是什么?

【题 4.77】 一对圆柱齿轮传动,大、小齿轮的齿面接触应力是否相等?大、小齿轮的接触强度是否相等?两齿轮接触强度相等的条件是什么?

【题 4.78】 一般变速传动中,一对圆柱齿轮传动,大、小齿轮齿根弯曲应力是否相等?大、小齿轮的弯曲强度是否相等?两齿轮弯曲强度相等的条件是什么?

【题 4.79】 齿轮计算中为什么要引入齿间载荷分配系数 K_α,其影响因素主要有哪些?

【题 4.80】 齿轮设计计算中,确定齿数 z 和模数 m 时,应注意哪些问题?

【题 4.81】 斜齿轮传动有何特点?螺旋角 β 应如何确定?

【题 4.82】 一对齿轮传动,如何判断大、小齿轮中哪个齿面不易产生疲劳点蚀?哪个轮齿不易产生弯曲疲劳折断?

【题 4.83】 在展开式二级斜齿圆柱齿轮减速器中,已知:中间轴上高速级大齿轮的螺旋线方向为左旋,齿数 $z_1 = 51$,螺旋角 $\beta_1 = 15°$,法面模数 $m_n = 3$;中间轴上低速级小齿轮的螺旋线的方向也为左旋,其齿数 $z_2 = 17$,法面模数 $m_n = 5$。试问:低速级小齿轮的螺旋角 β_2 应为多少时,才能使中间轴上两齿轮的轴向力相互抵消?

【题 4.84】 在两级圆柱齿轮传动中,如其中有一级用斜齿圆柱齿轮传动,它一般被用在高速级还是低速级?为什么?

【题 4.85】 试述齿形系数 Y_F 的物理意义,并说明齿形系数与哪些因素有关?为什么齿形系数 Y_F 与模数 m 无关?同一齿数的直齿圆柱齿轮、斜齿圆柱齿轮和直齿圆锥齿轮的 Y_F 值是否相同?

【题 4.86】 试述寿命系数 Z_N、Y_N 在齿轮强度计算中的意义,其值与哪些因素有关?

【题 4.87】 试说明接触最小安全系数 $S_{H\min}$ 可以使用小于 1 数值的道理。

【题 4.88】 试述齿轮传动中,减少齿向载荷分布系数 K_β 的措施。

【题 4.89】 直齿圆柱齿轮、斜齿圆柱齿轮、直齿圆锥齿轮各取什么位置的模数为标准值?

【题 4.90】 什么叫齿廓修形?正确的齿廓修形对载荷系数中的哪个系数有影响?

四、受力分析和计算题

【题 4.91】 试图 1 所示为一蜗杆 – 圆柱斜齿轮 – 直齿圆锥齿轮三级传动,已知蜗杆为主动,且按图示方向转动。试在图中绘出:
(1) 各轮转向。
(2) 使 Ⅱ、Ⅲ 轴轴承所受轴向力较小时的斜齿轮轮齿的旋向。
(3) 斜齿轮 3 在啮合点所受各分力 F_{t3}、F_{r3}、F_{a3} 的方向。

【题 4.92】 如试图 2 所示为斜齿轮 – 圆锥齿轮 – 蜗杆传动机构,试回答问题:
(1) 合理确定斜齿轮 1、2 和蜗杆 5、蜗轮 6 的螺旋方向。
(2) 画出斜齿轮 2、锥齿轮 3 及蜗轮 6 的受力情况。
(3) 标出各传动件的回转方向。

试图 1　　　　　　试图 2

【题 4.93】 试图 3 所示为一卷扬机的传动装置,试计算卷扬机能够提升的最大重力 F_W。已知电动机功率 $P = 3$ kW,减速器输入转速 $n_1 = 960$ r/min,卷筒直径 $D = 200$ mm,齿轮齿数 $z_1 = z_3 = 22$,$z_2 = z_4 = 110$,齿轮模数 $m = 4$ mm,齿轮材料为 45 钢,调质,其许用应力值为 $[\sigma]_{H1} = [\sigma]_{H3} = 550$ MPa,$[\sigma]_{H2} = [\sigma]_{H4} = 500$ MPa,$[\sigma]_{F1} = [\sigma]_{F3} = 250$ MPa,$[\sigma]_{F2} = [\sigma]_{F4} = 200$ MPa,齿轮宽度 $b_1 = b_3 = 75$ mm,$b_2 = b_4 = 70$ mm。

齿轮强度计算公式

$$\sigma_H = 21\,000\sqrt{\frac{KT_1}{bd_1^2} \cdot \frac{u \pm 1}{u}} \leqslant [\sigma]_H$$

$$\sigma_F = \frac{2\,000\,KT_1}{bd_1 m} Y_F \leqslant [\sigma]_F$$

式中,$Y_{F1} = Y_{F3} = 2.72$,$Y_{F2} = Y_{F4} = 2.18$;$K = 1.3$。

注:T_1 的单位为 N·m。(忽略传动系统的摩擦损失)

【题 4.94】 试图 4 所示为一行星轮系,轮 1 主动,已知 $P_1 = 2$ kW,$n_1 = 955$ r/min,齿轮模数 $m = 2$ mm,要求寿命 $L_h = 10\,000$ h,设机械效率为 90%。

(1) 求系杆 H 输出扭矩 T_H。

(2) 轮 2 在 A、B、C 三点所受圆周力的大小及方向。

(3) 分析轮 1、2 和 3 弯曲应力和接触应力的循环特性。

(4) 轮 1、2 和 3 弯曲应力的循环次数 N_1、N_2、N_3。

(5) 如果三个齿轮的材料和热处理相同,则三个齿轮的轮齿弯曲强度哪个最薄弱?哪个最好?

【题 4.95】 试计算单级斜齿圆柱齿轮传动的主要参数。已知:输入功率 $P_1 = 5.5$ kW,转速 $n_1 = 480$ r/min,$n_2 = 150$ r/min,初选参数 $z_1 = 28$,$\beta = 12°$,齿宽系数 $\psi_d = 1.1$,按齿面接触疲劳强度计算得小齿轮分度圆直径 $d_1 = 70.13$ mm。试求法面模数 m_n,中心距 a、螺旋角 β、小齿轮齿宽 b_1 和大齿轮齿宽 b_2。

【题 4.96】 有一齿轮传动如试图 5 所示,已知:$z_1 = 28$,$z_2 = 70$,$z_3 = 126$,模数 $m_n = 4$ mm,压力角 $\alpha = 20°$,中心距 $a_1 = 200$ mm,$a_2 = 400$ mm,输入轴功率 $P_1 = 10$ kW,转速 $n_1 = 1\,000$ r/min,不计摩擦。

(1) 计算各轴所受的转矩。

(2) 分析并计算中间齿轮所受各力的大小。

试图 4   试图 5

【题 4.97】 有一对直齿圆锥齿轮传动,已知:$z_1 = 28$,$z_2 = 48$,$m = 4$ mm,$b = 30$ mm,$P = 3$ kW,$n_1 = 960$ r/min,$\alpha = 20°$。试计算啮合点各力的大小。(忽略摩擦损失)

【题 4.98】 一传动装置,输入转矩为 T_1,输出转矩为 T_2,传动比为 i,总效率为 η,试

第四章　齿轮传动　　89

证明 $T_2 = T_1 \cdot i \cdot \eta$。

【题 4.99】 由两对材料、热处理方法、加工精度等级和齿宽均对应相等的直齿圆柱齿轮,已知:第一对齿轮 $m = 4$ mm, $z_1 = 20, z_2 = 40$;第二对齿轮 $m' = 3$ mm, $z'_1 = 40$, $z'_2 = 80$。若不考虑重合度的影响,试计算其在相同条件下工作时,两对齿轮接触应力的比值 σ_H/σ_H' 和弯曲应力的比值 σ_F/σ_F'。

【题 4.100】 有两对标准直齿圆柱齿轮传动,已知:第一对齿轮的 $z_1 = 20, z_2 = 40$, $m_1 = 4$ mm, 齿宽 $b_1 = 75$ mm;第二对齿轮的 $z'_1 = 40, z'_2 = 100, m_2 = 2$ mm, 齿宽 $b_2 = 70$ mm。已知两对齿轮的材料、热处理硬度相同,齿轮的加工精度、齿面粗糙度均相同,工况也一样,按无限寿命计算并忽略 $Y_F \cdot Y_S$ 的乘积及重合度的影响。

(1) 按接触疲劳强度求该两对齿轮传递的转矩的比值 T_1/T_1'。
(2) 按弯曲疲劳强度求该两对齿轮传递的转矩的比值 T_1/T_1'。

4.4　精选习题答案

一、单项选择题

【题 4.1】 B	【题 4.2】 A	【题 4.3】 C	【题 4.4】 D
【题 4.5】 A	【题 4.6】 A	【题 4.7】 D	【题 4.8】 A
【题 4.9】 B	【题 4.10】 A	【题 4.11】 C	【题 4.12】 A
【题 4.13】 B	【题 4.14】 B	【题 4.15】 D	【题 4.16】 B
【题 4.17】 C	【题 4.18】 A	【题 4.19】 C	【题 4.20】 D
【题 4.21】 D	【题 4.22】 C	【题 4.23】 B	【题 4.24】 A
【题 4.25】 B	【题 4.26】 D	【题 4.27】 C	【题 4.28】 D
【题 4.29】 A	【题 4.30】 B		

二、填空题

【题 4.31】 传动效率高、传动比准确、传递功率大、结构紧凑。

【题 4.32】 平行轴齿轮传动、相交轴齿轮传动、交错轴齿轮传动;闭式齿轮传动、开式齿轮传动;软齿面齿轮传动、硬齿面齿轮传动。

【题 4.33】 轮齿折断、齿面疲劳点蚀、齿面磨损、齿面胶合、轮齿塑性变形。

【题 4.34】 使用系数 K_A、动载系数 K_V、载荷分配系数 K_α、载荷分布系数 K_β。

【题 4.35】 正火、调质;整体淬火、表面淬火、渗碳(氮)淬火。

【题 4.36】 接触强度、弯曲强度;弯曲强度、接触强度。

【题 4.37】 原动机性能、工作机性能、载荷特性。

【题 4.38】 齿数 z、压力角 α、变位系数 x。

【题 4.39】 齿轮的宽度、齿轮相对于轴承的位置、支承轴的刚度。

【题 4.40】 避免根切,使结构紧凑、提高抗弯曲疲劳强度、配凑中心距。

【题 4.41】 齿面节线附近的齿根部分;单对齿啮合接触应力 σ_H 大;相对滑动速度低,

不易形成油膜;油挤入裂纹使裂纹受力扩张。

【题 4.42】 相等、不相等、不相等、不相等。

【题 4.43】 法面(端面)模数相等、法面(端面)压力角相等、两齿轮螺旋角相等、两齿轮螺旋线方向相反。

【题 4.44】 动载系数、传动误差、节线速度、轮齿啮合刚度。

【题 4.45】 齿轮轴、实心式齿轮、腹板(孔板)式齿轮、轮辐式齿轮。

【题 4.46】 疲劳折断、过载折断、全齿折断、局部齿折断。

【题 4.47】 分度圆直径 d、模数 m、不变。

【题 4.48】 主动、大(主动)、小(从动)。

【题 4.49】 主动轮、螺旋线、主动轮转动、轴向力。

【题 4.50】 硬、韧。

【题 4.51】 斜齿圆柱齿轮、直齿圆锥齿轮。

【题 4.52】 采用正变位、增大压力角、保持中心距不变而增大模数、减小齿数。

【题 4.53】 斜齿轮的特性难于体现、轴向力过大、$\beta = 8° \sim 20°$、中心距。

【题 4.54】 齿根、所受弯矩较大,且有应力集中、抗弯曲。

【题 4.55】 $1\sqrt{2}$。

【题 4.56】 分度圆直径 d_1、齿宽 b、齿轮材料的种类、热处理方式。

【题 4.57】 大、$b + (5 \sim 10)$mm、有利于齿轮装配时的轴向窜动。

【题 4.58】 小齿轮硬度 = 大齿轮硬度 + $(30 \sim 50)$、使两齿轮更接近于等强度。

【题 4.59】 低速、高速、中间。

【题 4.60】 啮合效率、搅油效率、轴承效率。

三、问答题

【题 4.61】【答】 优点:瞬时传动比恒定;传动效率高;传递功率大;使用寿命长;结构紧凑;工作可靠;适用范围广。

缺点:不宜用于轴间距离过大的传动;精度低时传动噪音较大。

【题 4.62】【答】 软齿面闭式齿轮传动中,由于其主要失效形式是脉动接触应力作用下引起的疲劳点蚀,因此,设计计算中一般按接触强度设计,按弯曲强度校核。

硬齿面闭式齿轮传动中,由于齿面硬度的提高,使齿轮具有了较高抗点蚀能力,齿轮将以轮齿疲劳折断为主要失效形式,因此,设计计算中一般应按齿轮弯曲强度设计,然后故虑磨损适当增大模数。

开式齿轮传动中,其主要失效形式是磨损和轮齿折断,因此,设计计算中一般应按轮齿弯曲强度设计,然后考虑磨损适当增大模数。

【题 4.63】【答】 因为闭式齿轮传动的齿轮具有良好的工作环境,载荷平稳且润滑条件良好时,齿轮不易发生磨损、胶合及轮齿折断等失效,而齿轮正常工作时,齿面所受脉动循环变化的接触应力,随着载荷作用次数的增加,将在齿面表层以下产生微裂纹,裂纹进一步扩展便形成疲劳点蚀。

疲劳点蚀一般首先出现在齿轮节线附近靠近齿根处。因为① 该处是单齿啮合区,轮齿承受载荷较大;② 该处接近节线,摩擦力大,不宜形成油膜;③ 该处轮齿的相对运动有助于将润滑油带入裂缝中,形成高压油,加速点蚀的形成。

提高齿面硬度、降低齿面粗糙度、合理选择润滑油黏度等,都将有利于提高齿面的抗点蚀能力。

【题 4.64】【答】 高速重载齿轮传动,当润滑不良时,易产生胶合失效。

减小模数、降低齿高、降低滑动系数、提高齿面硬度、降低齿面粗糙度、采用抗胶合润滑油等措施都将有助于提高齿轮抗胶合的能力。

【题 4.65】【答】 因为在开式齿轮传动中,齿轮的主要失效形式是磨损和轮齿折断,轮齿折断主要由脉动循环变化的弯曲应力的重复作用或瞬间过大载荷而产生,而且磨损使齿厚变薄,对轮齿折断起促进作用。所以,设计计算中应按弯曲强度进行设计。

适当增大齿根圆角半径,以减小应力集中、提高制造和安装精度、对齿根部进行强化处理、适当增大模数、采用正变位传动等都有利于齿轮抗弯强度的提高。

【题 4.66】【答】 齿轮在工作中,其承载能力和使用寿命将受到原动机、工作机、加工及装配精度等多种因素的影响,而依据理论计算获得的名义载荷并没有考虑这些影响因素,计算载荷是以名义载荷为基础,同时考虑其他因素对齿轮传动影响的当量载荷,利用计算载荷进行齿轮传动设计,其计算结果更符合实际工况。

$$计算载荷 = 载荷系数 \times 名义载荷$$
$$载荷系数\ K = K_A K_V K_\alpha K_\beta$$

式中 使用系数 K_A——考虑原动机性能、工作机性能、载荷特性等齿轮外部因素对齿轮传动的影响;

动载系数 K_V——考虑制造精度、运转速度等轮齿内部因素引起的附加动载荷对齿轮传动的影响;

齿间载荷分配系数 K_α——考虑同时啮合的各对轮齿间载荷分配不均匀对轮齿应力的影响;

齿向载荷分布系数 K_β——考虑沿齿宽方向载荷分布不均匀对轮齿应力的影响。

【题 4.67】【答】 由于轮齿材料对拉应力敏感,故疲劳裂纹往往从齿根受拉侧开始发生,所以,轮齿折断通常起始于轮齿的拉应力一侧。

直齿轮易发生全齿折断,斜齿轮和人字齿轮易发生局部齿折断。

疲劳折断其断口由光滑区和粗糙区两部分组成,而过载折断其断口只有粗糙区。

【题 4.68】【答】 齿轮的主要结构形式有齿轮轴、实心式齿轮、腹板式齿轮、孔板式齿轮、轮辐式齿轮等。

齿轮与轴分开制造的主要原因有:① 分开制造节省材料;② 分开制造有利于根据不同需要,采取不同的热处理方法;③ 齿轮的失效多发生在轮齿,齿轮失效时,分开制造可以降低损失;④ 齿轮与轴分开制造,有利于各零件的选材。

当齿轮孔键槽底面与齿根圆之间的径向厚度小于等于 2.5 倍的模数时,一定要加工成齿轮轴,否则齿轮与轴将分开制造。

【题 4.69】【答】 齿轮传动是通过轮齿之间的相互啮合传递运动和动力的,相互啮合的轮齿构成高副接触,接触线所受法向力使接触区域产生接触应力。由渐开线成形原理可知,渐开线上任意一点的曲率半径都是不同的,但以任何一点的曲率半径都可以等效成一个圆柱体。由弹性力学可知,两圆柱体在法向载荷作用下在接触区内产生的接触应力,可以通过赫兹接触应力公式来表示,因此,将齿轮轮齿啮合过程中所受接触应力最大点的相应参数代入赫兹公式中,即得齿轮接触应力计算式。但综合考虑轮齿受力大小和曲率半径对接触应力的影响,齿廓啮合过程中,产生接触应力的最大点应该是单齿啮合下届点,但该点的位置与重合度和齿轮加工精度等有关。为使推导出的接触应力计算式更具通用性,所以,利用分度圆节点处的几何参数代替接触应力最大点处的几何参数,同时,引入重合度系数 Z_ε,以考虑重合度对齿面接触应力的影响,推导出目前应用的齿轮接触应力计算式。

【题4.70】【答】 齿轮在传递运动和动力过程中,接触点所受法向力对轮齿根部产生弯矩和弯曲应力,在弯曲应力计算时,将轮齿简化成悬臂梁,危险截面的位置利用30°切线法确定(过法向力与齿廓对称线的焦点,作与齿廓对称线成30°角的斜线,左右斜线与齿根圆弧相切点之间的距离,即为危险截面的宽度)。若考虑重合度的影响,对齿根产生最大弯曲应力的法向力作用点应为单齿啮合上届点,但该点的位置受重合度和加工精度的影响,难于精确计算,为使计算简化,假设载荷作用齿顶时对齿根产生的弯矩最大,同时,引入重合度系数 Y_ε,以考虑载荷作用位置不同时对齿根弯曲应力的影响。利用材料力学相关理论,便推导出了目前应用的齿轮弯曲应力计算式。

【题4.71】【答】
方法1:在保证中心距不变和不产生根切的情况下,减少齿数,增大模数。
方法2:进行高度变位。即小齿轮正变位,大齿轮负变位。
方法3:适当增大齿根圆角半径,减少应力集中,提高制造和安装精度。

【题4.72】【答】 因为无论是减速传动还是增速传动,小齿轮轮齿单位时间内所受变应力次数都多于大齿轮,提高齿面硬度,有利于提高抵抗各种形式失效发生的能力,使大小齿轮更加接近于等强度。

【题4.73】【答】 齿宽系数 ϕ_d 等于齿轮宽度 b 与齿轮分度圆直径 d_1 之比。即 $\phi_d = b/d_1$。

载荷一定时,增大齿轮宽度,可使齿轮直径和中心距减小,使结构紧凑;但齿轮宽度过大,将使载荷沿齿向分布更加不均。所以,应根据工作情况及齿轮在轴上的布置等合理选择齿宽系数。

【题4.74】【答】 原因:
① 开式齿轮传动中,防护不利,外界的灰尘和颗粒进入齿轮啮合区引起磨损。
② 闭式齿轮传动中,润滑油不清洁,其中的杂质进入啮合区引起磨损。
③ 齿轮表面加工光洁度不高,啮合过程中,研下的金属粉末掺杂在润滑油中,构成研磨剂,若润滑油更换不及时,便引起磨损。
后果:轻度磨损将破坏齿廓形状,引起振动和噪声;磨损的累积将使齿厚减薄,降低轮齿抗弯强度,引起轮齿折断;重载高速工况下,过度磨损易引起胶合。
防止方法:① 变开始传动为闭式传动,改善齿轮工作环境;② 及时更换润滑油;③ 提高齿轮加工精度,降低齿轮表面粗糙度;④ 提高齿轮表面硬度。

第四章 齿轮传动

【题 4.75】【答】 在齿轮接触应力计算式中是通过节点区域系数 Z_H 来考虑变位系数 x 对齿面接触强度的影响的;而在齿轮弯曲应力计算式中是通过齿形系数 Y_F 和应力修正系数 Y_S 来考虑变位系数对齿轮弯曲强度的影响的。

【题 4.76】【答】 试验条件是:$m = 3 \sim 5 \text{ mm}, \alpha = 20°, b = 10 \sim 50 \text{ mm}$,齿面粗糙度 $Rz = 3 \text{ μm}$,齿根过渡表面粗糙度 $Rz = 10 \text{ μm}$,节线速度 $v = 10 \text{ m/s}$,矿物油润滑,失效概率为 1%。

【题 4.77】【答】 在齿轮传动中,大小齿轮的实际接触应力是相等的,即 $\sigma_{H1} = \sigma_{H2}$。但大小齿轮的许用接触应力通常是不相等的,即 $[\sigma]_{H1} \neq [\sigma]_{H2}$。因为许用接触应力不仅与极限接触应力 $\sigma_{H\lim}$ 有关,而且还与寿命系数 Z_N 有关,而 Z_N 又与每个齿轮工作中所受应力的循环次数 N 有关。当大小齿轮的材料、热处理方式不相同及应力循环次数不相等时,两齿轮的接触强度通常是不相等的。只有当一对齿轮的 $[\sigma]_{H1} = [\sigma]_{H2}$ 时,这对齿轮才具有相等的接触强度。

【题 4.78】【答】 在各种齿轮传动中,大小齿轮实际所受弯曲应力是不相等的,即 $\sigma_{F1} \neq \sigma_{F2}$;大小齿轮的许用弯曲应力通常也是不相等的,即 $[\sigma]_{F1} \neq [\sigma]_{F2}$。因为齿轮工作时所受弯曲应力大小与齿形系数 Y_F 成正比,而 Y_F 又与齿轮齿数 z 有关,z 越小,Y_F 越大。同时,许用弯曲应力不仅与极限弯曲应力 $\sigma_{F\lim}$ 有关,而且还与寿命系数 Y_N 有关,而 Y_N 又与每个齿轮工作中所受应力的循环次数 N 有关。当大小齿轮的材料、热处理方式及应力循环次数不相等时,两齿轮的弯曲强度通常是不相等的。只有当一对齿轮的 $[\sigma]_{F1}/Y_{F1}Y_{S1} = [\sigma]_{F2}/Y_{F2}Y_{S2}$ 时,这对齿轮才具有相等的弯曲强度。

【题 4.79】【答】 在齿轮设计计算中,引入齿间载荷分配系数 K_α 是考虑同时啮合的各对轮齿间载荷分配不均对齿轮承载能力的影响。

影响 K_α 的主要因素有:① 齿轮在啮合线上不同啮合位置,轮齿的弹性变形及刚度大小变化的影响;② 齿轮制造误差,尤其是基节误差,使载荷在齿间分布不均匀;③ 重合度、齿顶修形也影响齿间载荷分布不均匀。

【题 4.80】【答】 齿数 z 的确定:① $z_{\min} \geq 17$,以避免根切;② 相互啮合齿轮的齿数尽可能互质,以提高轮齿受载的均匀性;③ 软齿面闭式传动时,在满足弯曲强度的情况下,齿数 z 尽可能多些,以有利于提高传动的平稳性,降低传动的振动和噪声;硬齿面闭式传动和开式传动中,在满足接触疲劳强度的情况下,齿数 z 不易取得过多,一般 $z \geq 17$ 即可。以便当分度圆直径 d 不变时,通过增大模数 m 来提高齿轮的抗弯曲疲劳强度。

模数 m 的确定:软齿面闭式传动中,在满足弯曲强度的情况下尽量取小值,以减小齿轮质量和切削量,节省工时和费用;硬齿面闭式传动和开式传动中,模数 m 应由弯曲强度条件确定。模数 m 一定要取标准值。

【题 4.81】【答】 特点:传动平稳,冲击和噪声小,适合于高速传动、不产生根切的最少齿数小,可使结构紧凑、承载能力高。

增大螺旋角 β,有利于提高传动的平稳性和承载能力。但 β 过大,轴向力将随之增大,使轴承装置更加复杂。若 β 过小,则斜齿轮的优点不明显。因此,一般情况下取 $\beta = 10° \sim 25°$。

【题 4.82】【答】 一对齿轮传动,其大小齿轮实际所受的接触应力是相等的,即

$\sigma_{H1} = \sigma_{H2}$。但当两齿轮的材料、热处理硬度及所受应力循环次数不同时,大小齿轮的许用接触应力通常是不相等的,即$[\sigma]_{H1} \neq [\sigma]_{H2}$,所以许用接触应力较小者,将首先出现疲劳点蚀,而许用应力较大者,则不易出现疲劳破坏。

一对齿轮传动,其齿轮轮齿发生疲劳折断不仅与轮齿所受弯曲力矩大小有关,而且还与齿轮齿数、轮齿齿根应力集中状况及表面加工质量等因素有关,当大小齿轮材料、热处理硬度及应力循环次数不同时,通常大小齿轮实际所受弯曲应力和许用应力都不相等。即$\sigma_{F1} \neq \sigma_{F2}$,$[\sigma]_{F1} \neq [\sigma]_{F2}$。所以,$\sigma_F > [\sigma]_F$者,将首先产生弯曲疲劳破坏,否则,将不易产生弯曲疲劳破坏。

【题 4.83】【答】 若使中间轴两齿轮轴向力能够相互抵消,则必须满足下式条件

$$F_{a1} = F_{a2}$$

即

$$F_{t1} \cdot \tan \beta_1 = F_{t2} \cdot \tan \beta_2$$

$$\tan \beta_2 = \frac{F_{t1}}{F_{t2}} \cdot \tan \beta_1$$

由中间轴的力矩平衡得

$$F_{t1} \cdot \frac{d_1}{2} = F_{t2} \cdot \frac{d_2}{2}$$

则

$$\tan \beta_2 = \frac{F_{t1}}{F_{t2}} \cdot \tan \beta_1 = \frac{d_2}{d_1} \cdot \tan \beta_1 = \frac{5 \times 17/\cos \beta_2}{3 \times 51/\cos \beta_1} \cdot \tan \beta_1$$

得

$$\sin \beta_2 = \frac{5 \times 17}{3 \times 51} \cdot \sin 15° = 0.143\ 8$$

则

$$\beta_2 = 8.27° = 8°16'12''$$

【题 4.84】【答】 斜齿圆柱齿轮传动应用在高速级。因为斜齿轮传动轮齿是逐渐进入啮合和脱离啮合,传动比较平稳,适合于高速传动,同时,高速级传递扭矩较小,斜齿轮产生的轴向力也较小,有利于轴承部件其他零件的设计。

【题 4.85】【答】 齿形系数Y_F反映了轮齿几何形状对齿根弯曲应力σ_F的影响。其主要影响因素有:齿数z、变位系数x、压力角α、齿顶高系数h_a^*、齿廓曲率半径ρ等。由于模数m变化时,齿廓随之放大或缩小,但形状不变,因此,齿形系数Y_F与模数m无关。因为直齿轮的齿形系数是根据齿数z查得的,斜齿轮和圆锥齿轮的齿形系数是用当量齿数z_v查得的,而斜齿轮的当量齿数$z_v = z/\cos^3\beta$,圆锥齿轮的当量齿数$z_v = z/\cos \delta$(β为螺旋角,δ为锥顶角)。所以,同一齿数的直齿圆柱齿轮、斜齿圆柱齿轮和直齿圆锥齿轮的齿形系数Y_F是不相同的。

【题 4.86】【答】 在齿轮强度计算中,当设计齿轮为有限寿命时,利用寿命系数Z_N对齿轮材料的极限接触应力$\sigma_{H\lim}$试验值进行修正,利用寿命系数Y_N对齿轮材料的极限弯曲应力$\sigma_{F\lim}$试验值进行修正,使齿轮许用应力的计算更符合设计工况。

寿命系数Z_N、Y_N主要与应力循环基数N_0、疲劳曲线指数m及所设计齿轮的应力循环次数N有关。

$$N = 60\ naL_h$$

式中　n—— 齿轮转速；

　　　a—— 齿轮转一周，同一侧齿面啮合的次数；

　　　L_h—— 齿轮的工作寿命。

【题4.87】【答】　齿轮许用接触应力计算式为：$[\sigma]_H = \sigma_{H\lim} Z_N / S_H$。而齿轮材料极限接触应力 $\sigma_{H\lim}$ 是在一定试验条件下获得的，其中条件之一就是假设齿轮的失效概率为1%。所以，当所设计的齿轮允许失效概率大于1%时，可以通过将 $S_{H\min}$ 取值小于1的方法来提高材料的许用接触应力，更加充分地发挥齿轮材料的性能。

【题4.88】【答】　① 提高支承刚度，减少受力变形；② 尽可能使齿轮相对于轴承对称布置或远离转矩输入端；③ 合理确定齿轮宽度，避免齿轮过宽；④ 提高制造和安装精度；⑤ 对轮齿进行沿齿宽方向的修形。

【题4.89】【答】　直齿圆柱齿轮由于其齿形平行于轴线，齿廓的法截面与端面共面，法面模数与端面模数相等，故取端面模数（或称法面模数）为标准值。

斜齿圆柱齿轮取其法面模数为标准值。因为在加工斜齿轮时，铣刀沿螺旋线方向进刀，铣刀的齿形等于齿轮的法向齿形，端面模数大于法面模数，强度计算中应取其齿廓最小的截面参数，故取其法面模数为标准值。

直齿圆锥齿轮取其大端模数为标准值。因为大端尺寸较大，计算和测量的相对误差较小，而且便于确定齿轮相同的外廓尺寸，所以在计算直齿圆锥齿轮几何参数时，以大端为标准值。

【题4.90】【答】　齿廓修形是根据相互啮合两齿轮的加工及实际啮合情况，利用机械加工方法，改变齿顶渐开线形状，使轮齿实际进入啮合点与理论啮合点尽可能接近，消除由于轮齿提前进入啮合所引起的啮入冲击。这种对轮齿齿廓的修正方法叫做齿廓修形。

齿廓修形主要影响动载系数 K_V。

四、受力分析和计算题

【题4.91】【解】

(1) 各轴转动方向如解图4.1中的箭头所示。

(2) 斜齿轮3的螺旋线方向为右旋，斜齿轮4的螺旋线方向为左旋。

(3) 斜齿轮3所受各力（F_{t3}、F_{r3}、F_{a3}）的方向如解图4.1所示。

【题4.92】【解】

(1) 为使各中间轴上传动件轴向力相互抵消一部分，斜齿轮1为左旋，斜齿轮2为右旋，蜗杆5和蜗轮6都为右旋，如解图4.2所示。

(2) 斜齿轮2、锥齿轮3及蜗轮6所受各力及方向如解图4.2所示。

(3) 各传动件的转动方向如解图4.2所示。

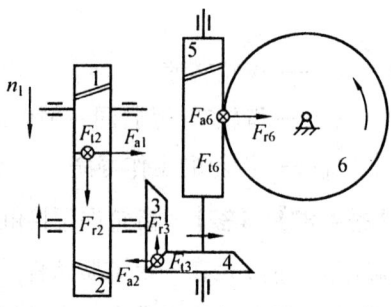

解图 4.1　　　　　　　　　　　解图 4.2

【题 4.93】【解】

(1) 计算各轴的转速

$$n_2 = \frac{n_1 \cdot z_1}{z_2} = \frac{960 \times 22}{110} = 192 \text{ r/min}$$

$$n_3 = n_2 = 192 \text{ r/min}$$

$$n_4 = \frac{n_3 z_3}{z_4} = \frac{192 \times 22}{110} = 38.4 \text{ r/min}$$

(2) 若电机全功率运行,忽略传动系统摩擦损失,则各齿轮所受力矩

$$T_4 = 95.5 \times 10^5 P/n_4 = 95.5 \times 10^5 \times 3/38.4 = 746.1 \text{ N} \cdot \text{m}$$

$$T_3 = \frac{T_4 d_3}{d_4} = \frac{T_4 \cdot mz_3}{mz_4} = 746.1 \times \frac{22}{110} = 149.22 \text{ N} \cdot \text{m}$$

$$T_2 = T_3 = 149.22 \text{ N} \cdot \text{m}$$

$$T_1 = \frac{T_2 d_1}{d_2} = \frac{T_2 \cdot mz_1}{mz_2} = 149.22 \times \frac{22}{110} = 29.84 \text{ N} \cdot \text{m}$$

(3) 因第一对齿轮 z_1、z_2 与第二对齿轮 z_3、z_4 各项参数一致,第二对齿轮传动的转矩大,只按第二对齿轮进行强度计算。

按齿面接触强度计算:

3、4 齿轮的接触应力相同,但 $[\sigma]_{H4} \leqslant [\sigma]_{H3}$,所以

$$\sigma_{H3} = 21\,000 \sqrt{\frac{KT_3}{bd_3^2} \cdot \frac{u+1}{u}} \leqslant [\sigma]_{H4}$$

即

$$\sigma_{H3} = 21\,000 \sqrt{\frac{1.3 \times T_3}{75 \times (4 \times 22)^2} \times \frac{5+1}{5}} \leqslant 500$$

所以

$$T_3 \leqslant 211.1 \text{ N} \cdot \text{m}$$

按齿根弯曲强度计算

$$\frac{[\sigma]_{F3}}{Y_{F3}} = \frac{250}{2.72} = 91.9$$

$$\frac{[\sigma]_{F4}}{Y_{F4}} = \frac{200}{2.18} = 91.7$$

由于 $\frac{[\sigma]_{F3}}{Y_{F3}} > \frac{[\sigma]_{F4}}{Y_{F4}}$,故应按齿轮 4 计算。

第四章 齿轮传动

$$\sigma_{F4} = \frac{2\,000\,KT_4}{bd_4 m} \cdot Y_F \leqslant [\sigma]_{F4}$$

则 $\qquad T_4 \leqslant 4\,657.7\,\text{N}\cdot\text{m}$

$$T_3 = \frac{T_4 d_3}{d_4} \leqslant 4\,657.7 \times \frac{22}{110} = 931.5\,\text{N}\cdot\text{m}$$

(4) 综上分析,取 $T_{3\max} = 149.22\,\text{N}\cdot\text{m}$,则

$$T_{4\max} = \frac{T_{3\max} d_4}{d_3} = 149.22 \times \frac{110}{22} = 746.1\,\text{N}\cdot\text{m}$$

所以 $\qquad F_{W\max} = \dfrac{2T_{4\max}}{D} = \dfrac{2 \times 746.1}{0.2} = 7\,461\,\text{N}$

【题 4.94】【解】

(1) $\qquad i_{13}^H = \dfrac{n_1 - n_H}{n_3 - n_H} = \dfrac{n_1 - n_H}{-n_H} = \dfrac{z_3}{z_1} = -5$

$\qquad i_{1H} = 5 + 1 = 6$

$$T_H = T_1 i_{1H} \cdot \eta = 9\,550\,000 \times \frac{2}{955} \times 6 \times 0.9 = 108\,000\,\text{N}\cdot\text{mm}$$

(2) 轮 2 所受圆周力方向如解图 4.3 所示。

$$T_1 = 9\,550\,000\,\frac{P_1}{n_1} = 20\,000\,\text{N}\cdot\text{m}$$

$$F_{tA} = \frac{2T_1}{d_1} = \frac{2T_1}{mz_1} = \frac{2 \times 20\,000}{2 \times 20} = 1\,000\,\text{N} \quad \text{方向向右}$$

$$F_{tC} = \frac{2T_H}{m(z_1 + z_2)} = \frac{2 \times 10\,800}{2 \times (20 + 40)} = 1\,800\,\text{N} \quad \text{方向向左}$$

$$T_{tB} = F_{tC} - F_{tA} = 800\,\text{N} \quad \text{方向向右}$$

(3) 轮 1、2、3 的接触应力均为脉动循环,$r = 0$;轮 1、3 弯曲应力均为脉动循环,$r = 0$;轮 2 弯曲应力循环特性为 $r \approx -0.8$。

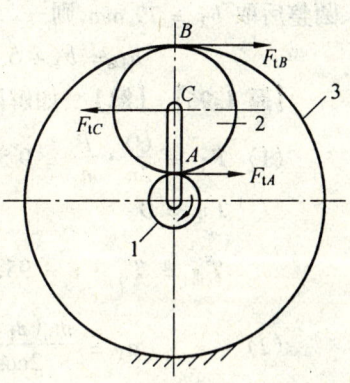

解图 4.3

(4) $\qquad N_1 = 60 n_1 \cdot L_h = 60 \times 955 \times 10\,000 = 573 \times 10^6$ 次

$$N_2 = 60 n_2 \cdot L_h = 60 \times 955 \times \frac{z_1}{z_2} \times L_h = 60 \times 955 \times \frac{20}{40} \times 10\,000 = 286.3 \times 10^6\,\text{次}$$

$\qquad N_3 = 60 \cdot n_H \cdot L_h = 60 \cdot (n_1/i_{1H}) L_h = 95.5 \times 10^6$ 次

(5) 轮 1、3 一个循环受力一次($r = 0$);而轮 2 一个循环受力两次,且方向相反($r = -0.8$),所以轮 2 弯曲强度最薄弱。轮 1 和轮 3 相比,轮 1 所受圆周力大,且轮 3 齿数多,又是内齿轮,其齿根厚度较大,所以轮 3 的弯曲强度最好。

【题 4.95】【解】 (1) 法面模数

$$m_n = \frac{d_1 \cos\beta}{z_1} = \frac{70.13 \times \cos 12°}{28} = 2.114\,\text{mm}$$

取 $m_n = 2.5$ mm。

(2) 中心距,因为

$$z_2 = \frac{n_1 z_1}{n_2} = \frac{480}{150} \times 28 = 89.6$$

为使 z_2 与 z_1 互质,取 $z_2 = 89$,所以

$$a = \frac{m_n(z_1 + z_2)}{2\cos\beta} = \frac{2.5 \times (28 + 89)}{2\cos 12°} = 149.5 \text{ mm}$$

圆整取 $a = 150$ mm。

(3) 螺旋角(按圆整后的中心距修正螺旋角)

$$\beta = \arccos[m_n(z_1 + z_2)/2a] = \arccos[2.5 \times (28 + 89)/2 \times 150] = 12°50'02''$$

(4) 计算大小齿轮的轮齿宽度

$$d_1 = \frac{z_1 m_n}{\cos\beta} = \frac{28 \times 2.5}{\cos 12°50'02''} = 71.794 \text{ mm}$$

$$d_2 = \frac{z_2 m_n}{\cos\beta} = \frac{89 \times 2.5}{\cos 12°50'02''} = 228.201 \text{ mm}$$

$$b_2 = \phi_d \cdot d_1 = 1.1 \times 71.794 = 78.97 \text{ mm}$$

圆整后取 $b_2 = 79$ mm,则

$$b_1 = b_2 + 5 = 84 \text{ mm}$$

【题 4.96】【解】 如解图 4.4 所示。

(1) $T_\text{I} = \frac{60}{2\pi} \cdot \frac{P}{n} = 9\,550 \times \frac{10}{1\,000} = 95.5 \text{ N} \cdot \text{m}$

$T_\text{II} = 0$

$T_\text{III} = T_\text{I} \cdot i = 95.5 \times \frac{126}{28} = 429.75 \text{ N} \cdot \text{m}$

解图 4.4

(2) $a_1 = \frac{m_n(z_1 + z_2)}{2\cos\beta}$ $\cos\beta = 0.98$

$d_1 + d_2 = (1 + \frac{z_2}{z_1}) \cdot d = 2a$

$d_1 = \frac{2a}{1 + \frac{z_2}{z_1}} = \frac{400}{1 + \frac{70}{28}} = 114.286 \text{ mm}$

$F_{t2} = \frac{2T_1}{d_1} = \frac{2 \times 95.5 \times 10^3}{114.286} = 1\,671 \text{ N} = F'_{t2}$

$F_{r2} = \frac{F_{t2}}{\cos\beta} \cdot \tan\alpha_n = \frac{1\,671}{0.98} \times \tan 20° = 621 \text{ N} = F'_{r2}$

$F_{a2} = F_{t2} \cdot \tan\beta = 1\,671 \times \tan(\arccos 0.98) = 339 \text{ N} = F'_{a2}$

【题 4.97】【解】 $R = \frac{m}{2}\sqrt{z_1^2 + z_2^2} = \frac{4}{2} \times \sqrt{28^2 + 48^2} = 111.14 \text{ mm}$

$\tan\delta_1 = \frac{1}{\omega} = \frac{z_1}{z_2} = \frac{28}{48}$ $\delta = 30.26°$

$$F_{t2} = \frac{2T}{(1-0.5\frac{b}{R})d_1} = \frac{2\times 9.55\times 10^6 \frac{P_1}{n_1}}{(1-0.5\frac{b}{R})m\cdot z_1} =$$

$$\frac{2\times 9.55\times 10^6 \times 3}{(1-0.5\times \frac{30}{111.14})\times 4\times 28\times 960} = 616.1 \text{ N}$$

$$F_{r2} = F_{t2}\cdot \tan\alpha \cdot \sin\delta_1 = 616.1\times \tan 20°\times \sin 30.26° = 113.0 \text{ N}$$

$$F_{a2} = F_{t2}\cdot \tan\alpha \cdot \cos\delta_1 = 616.1\times \tan 20°\times \cos 30.26° = 193.7 \text{ N}$$

【题 4.98】【解】 设输入功率为 P_1 kW,输出功率为 P_2 kW;输入轴转速为 n_1 r/min,输出轴转速为 n_2 r/min。

因为 $$T = 9.55\times 10^6 \cdot \frac{P}{n} \text{ N}\cdot \text{mm}$$

所以 $$P_1 = \frac{T_1 n_1}{9.55\times 10^6} \text{ kW} \qquad P_2 = \frac{T_2 n_2}{9.55\times 10^6} \text{ kW}$$

即 $$\eta = \frac{P_2}{P_1} = \frac{T_2 n_2/(9.55\times 10^6)}{T_1 n_1/(9.55\times 10^6)} = \frac{T_2 n_2}{T_1 n_1}$$

又因为 $$i = \frac{n_1}{n_2}$$

所以 $$\eta = \frac{T_2}{T_1 i}$$

得 $$T_2 = T_1 i \eta$$

【题 4.99】【解】 (1) 因为直齿圆柱齿轮接触强度和弯曲强度条件为

$$\sigma_H = Z_H Z_E Z_\varepsilon \sqrt{\frac{2KT_1}{bd_1^2}\cdot \frac{u+1}{u}} \leqslant [\sigma]_H$$

$$\sigma_F = \frac{2KT_1}{bd_1 m} Y_F Y_S Y_\varepsilon \leqslant [\sigma]_F$$

并经查表得 $Y_{F1} = 2.81, Y_{S1} = 1.55, Y_{F2} = 2.44, Y_{S2} = 1.67$; $Y'_{F1} = 2.44, Y'_{S1} = 1.67, Y'_{F2} = 2.25, Y'_{S2} = 1.77$,故

$$d_1 = mz_1 = 4\times 20 = 80 \text{ mm} \qquad d'_1 = m'z'_1 = 3\times 40 = 120 \text{ mm}$$

由已知条件和接触应力计算公式可知,两齿轮除分度圆直径 d 不同外,其他参数均相同,则有

$$\sigma_H/\sigma'_H = \sqrt{\frac{1}{d_1^2}}/\sqrt{\frac{1}{d'^2_1}} = \sqrt{\frac{1}{80^2}}/\sqrt{\frac{1}{120^2}} = \frac{120}{80} = 1.5$$

(2) $$\sigma_F/\sigma'_F = \frac{Y_{F1}\cdot Y_{S1}}{d_1 m}/\frac{Y'_{F1}\cdot Y'_{S1}}{d'_1 m'} = \frac{2.81\times 1.55}{80\times 4}/\frac{2.44\times 1.67}{120\times 3} = 1.203$$

$$\sigma_F/\sigma'_F = \frac{Y_{F2}\cdot Y_{S2}}{d_1 m}/\frac{Y'_{F2}\cdot Y'_{S2}}{d'_1 m'} = \frac{2.44\times 1.67}{80\times 4}/\frac{2.25\times 1.77}{120\times 3} = 1.151$$

【题 4.100】【解】 因为直齿圆柱齿轮接触强度和弯曲强度计算式为

$$\sigma_H = Z_H Z_E Z_\varepsilon \sqrt{\frac{2KT_1}{bd_1^2}\cdot \frac{u+1}{u}} \leqslant [\sigma]_H$$

$$\sigma_F = \frac{2KT_1}{bd_1m}Y_F Y_S Y_\epsilon \leq [\sigma]_F$$

而根据题意知,对于两对齿轮,其强度计算公式中 Z_H、Z_E、Z_ϵ 及 Y_F、Y_S、Y_ϵ 两对齿轮均对应相等,可略去不计。于是有:

(1) 求接触强度时的 T_1/T_1'

$$\frac{2KT_1(u_1+1)}{b_1 d_1^2 u_1} \bigg/ \frac{2KT_1'(u_2+1)}{b_2 d_2^2 u_2}$$

$$\frac{T_1}{T_1'} = \frac{b_1 d_1^2 u}{(u_1+1)} \times \frac{(u_2+1)}{b_2 d_2^2 u_2} = \frac{75 \times (4 \times 20)^2 \times 2}{(2+1)} \times \frac{(2.5+1)}{70 \times (2 \times 40)^2 \times 2.5} = 1$$

即两对齿轮传递的转矩相等。

(2) 求弯曲强度时的 T_1/T_1'

$$\frac{2KT_1}{b_1 d_1 m_1} \bigg/ \frac{2KT_1'}{b_2 d_2 m_2}$$

$$\frac{T_1}{T_1'} = \frac{b_1 d_1 m_1}{2K} \times \frac{2K}{b_2 d_2 m_2} = \frac{b_1 d_1 m_1}{b_2 d_2 m_2} = \frac{75 \times 4 \times 20 \times 4}{70 \times 2 \times 42 \times 2} = 2.143$$

即第一对齿轮传递的转矩为第二对齿轮的 2.143 倍。

第五章 蜗杆传动

5.1 必备知识与考试要点

5.1.1 主要内容

蜗杆传动的特点和类型,主要参数和几何尺寸的选择与计算;蜗杆传动的失效形式、设计准则、材料选择、受力分析、计算载荷和强度计算;蜗杆传动的效率、润滑、热平衡计算及蜗杆和蜗轮的结构。

中间平面:通过蜗杆轴线并垂直于蜗轮轴线的平面。

分度圆柱:齿厚与齿槽宽相等的圆柱。

在设计蜗杆传动时,取中间平面上的参数(如模数、压力角等)和尺寸(如齿顶圆、分度圆、齿根圆等)作为计算基准。

5.1.2 重点与难点

1. 蜗杆传动的特点及参数选择与计算(重点内容)

(1) 蜗杆传动的特点

蜗轮蜗杆啮合为连续啮合,故传动平稳,噪声低,并可在一定条件下实现自锁,单级传动比大。由于蜗杆与蜗轮齿面间相对滑动速度较大,故其失效形式主要是胶合、磨损与点蚀,且传动效率较低,不适合于大功率传动和长期连续工作的场合。

(2) 蜗杆传动的参数选择与计算

能正确选择模数 m、蜗杆头数 z_1、分度圆直径 d_1、导程角 γ 和变位系统 x 等参数,并熟练掌握蜗杆传动的主要参数之间的关系和几何尺寸的计算。

2. 蜗杆传动的正确啮合条件、传动效率及热平衡计算(重点内容)

(1) 蜗杆传动的正确啮合条件

$$m_{a1} = m_{t2} = m$$

$$\alpha_{a1} = \alpha_{t2} = \alpha$$

$$\gamma = \beta_2 (轮齿旋向相同)$$

(2) 蜗杆传动的传动效率

总效率 $\qquad \eta = \eta_1 \cdot \eta_2 \cdot \eta_3$

式中 η_1——啮合效率,当蜗杆主动时

$$\eta_1 = \tan \gamma / \tan(\gamma + \rho')$$

式中 $\eta_2 \cdot \eta_3$——轴承效率和溅油效率,一般取

$$\eta_2 \cdot \eta_3 = 0.95 \sim 0.96$$

故总效率为

$$\eta = (0.95 \sim 0.96) \frac{\tan \gamma}{\tan(\gamma + \rho')}$$

(3) 蜗杆传动的热平衡计算。由于蜗杆传动的效率低,工作时发热量大,在闭式蜗杆传动中如果产生的热量不能及时散逸,油温将不断升高,使润滑油黏度降低,润滑条件恶化,从而导致齿面磨损加剧,甚至发生胶合,因此,对闭式蜗杆传动要进行热平衡计算,以将油温限制在规定的范围内。

单位时间内由摩擦损耗功率产生的热量 $H_1 = 1\,000 P_1(1 - \eta)$,其与单位时间内由箱体外壁散发的热量 $H_2 = K_s A(t - t_0)$ 相平衡,得既定工作条件下的油温为

$$t = t_0 + \frac{1\,000 P_1(1 - \eta)}{K_s A}$$

若 $t > 80℃$,可采取以下措施,以提高其散热能力:
① 合理地设计箱体结构,铸出或焊上散热片,以增大散热面积。
② 在蜗杆轴上安装风扇,进行人工通风,以提高散热系数。
③ 在箱体油池中装设蛇形冷却水管。
④ 采用压力喷油循环润滑。

3.蜗杆传动的失效形式、设计准则及材料选择(重点内容)

(1) 蜗杆传动的失效形式主要是齿面胶合、点蚀和磨损,而且失效通常发生在蜗轮轮齿上。

(2) 蜗杆传动的设计准则。由于目前对胶合和磨损的计算还缺乏可靠的方法和数据,因此,通常按齿面接触疲劳强度条件计算蜗杆传动的承载能力,并在选择许用应力时,要适当考虑胶合和磨损等失效因素的影响,同时,对闭式传动要进行热平衡计算,必须时要对蜗杆轴进行强度和刚度计算。

(3) 蜗杆传动的材料选择。蜗杆和蜗轮的材料不仅要求有足够的强度,更重要的要求具有良好的减摩性、耐磨性和跑合性能。蜗杆一般用碳素钢或合金钢制造,要求齿面光洁并具有较高的硬度。常用的蜗轮材料有铸造锡青铜、铸造铝青铜及灰铸铁等。锡青铜减摩性、耐磨损性最好,抗胶合能力最强,但强度较低,价格较高,用于相对滑动速度 $6 < v_s < 25$ m/s 的重要传动中。铝青铜有足够的强度,价格便宜,但是减摩性、耐磨性和抗胶合能力较锡青铜差,用于 $v \leqslant 6$ m/s 的一般传动中。灰铸铁用于 $v_s \leqslant 2$ m/s 的低速或手动传动中。

4.变位蜗杆传动(难点内容)

蜗杆传动变位后,蜗杆的参数和尺寸保持不变,只是节圆不再与分度圆重合。变位蜗杆传动根据使用场合的不同,有两种变位方式:

(1) 变位前后,蜗轮的齿数不变($z_2' = z_2$)(即传动比 i 不变),而传动的中心距改变($a' \neq a$),这时,变位后的中心距 a' 为

$$a' = a + xm = \frac{1}{2}(d_1 + z_2 m + 2xm)$$

这种方式的变位是在切削蜗轮时,把刀具相对蜗轮毛坯径向移位 xm。因此,可用此方式配凑中心距。这种变位在变位前后,蜗轮的分度圆不变,即为 $d_2 = d_2' = mz_2$(d_2' 为变位后的

分度圆直径),且节圆与分度圆重合。

(2) 变位前后,蜗杆传动中心距不变($a = a'$),而蜗轮齿数发生变化($z_2' \neq z_2$),这时,变位后的中心距 a' 为

$$a' = \frac{1}{2}(d_1 + mz_2' + 2xm) = a = \frac{1}{2}(d_1 + mz_2)$$

故有
$$z_2' = z_2 - 2x$$

这种方式的变位在切削蜗轮时,刀具相对于蜗轮毛坯没有径向移位,但由于 $z_2' \neq z_2$,故传动比发生改变,因此,可用这种变位方式微量调整蜗杆传动的传动比,这种变位在变位前后,蜗轮的分度圆改变了,分别为 $d_2 = mz_2 \neq d_2' = mz_2'$,但变位前后,蜗轮的节圆与分度圆始终重合。

5. 受力分析(既是重点内容,又是难点内容)

在蜗杆与蜗轮的节点啮合处,齿面上所受的法向力 F_n 与摩擦力 fF_n 的合力 R 可分解成三个相互垂直的分力,即圆周力 F_t、轴向力 F_a 和径向力 F_r。由于蜗杆轴与蜗轮轴交错成90°,所以在蜗杆与蜗轮的齿面间相互作用着 F_{t1} 与 F_{a2}、F_{a1} 与 F_{t2}、F_{r1} 与 F_{r2} 这样三对大小相等、方向相反的分力,即:$F_{t1} = -F_{a2} = 2T_1/d_1$;$F_{t2} = -F_{a1} = 2T_2/d_2$;$F_{r1} = -F_{r2} \approx F_{a1} \tan \alpha$。法向力 $F_n \approx F_{a1}/(\cos \alpha \cos \gamma)$。

径向力 F_r 的方向总是指向各自的轮心。

圆周力 F_t 的方向:对于主动轮,F_t 与受力点的运动方向相反;对于从动轮,F_t 与受力点的运动方向相同。当然,若圆周力 F_t 的方向已知,也可通过 F_t 的方向来判断蜗杆或蜗轮的转向。

轴向力 F_a 的方向:① 可用圆周力的方向判断,即:F_{a1} 与 F_{t2} 方向相反;F_{a2} 与 F_{t1} 方向相反。② F_a 总是指向轮齿两侧面中的工作面。③ 按左右手定则来判断。

左右手定则:对于主动轮,轮齿左旋用左手,右旋用右手,四指弯曲方向表示轮的转动方向,拇指伸直时所指的方向就是所受轴向力 F_a 的方向。

左右手定则中的三个因素(轮齿旋向、轮的转向、轴向力 F_a 的方向)中,知道任何两个,可判断第三个。

相啮合的蜗杆与蜗轮的轮齿旋向一定相同,即同为左旋或同为右旋。

轮齿旋向的判别:当轮轴垂直放置时,螺旋线向左升高,即为左旋,向右升高,即为右旋。若轮轴水平放置,则相反。

5.2 典型范例与答题技巧

5.2.1 问答题

【例5.1】 需给一台蜗杆减速器配制一新蜗轮(已知传动比 i),应如何测定该蜗杆传动的模数 m?如何确定蜗杆分度圆直径 d_1?怎样确定是否为变位传动及其变位系数 x?

【答】(1) 测定蜗杆的轴向齿距 P_{a1},则该蜗杆传动的模数 $m = P_{a1}/\pi$。

(2) 测定蜗杆的齿顶圆直径 d_{a1},则蜗杆分度圆直径 $d_1 = d_{a1} - 2m$。

(3) 数出蜗杆的头数 z_1,测定该蜗杆传动的中心距 a',则变位系数 $x = (2a' - d_1 - mz_2)/2m$(其中 $z_2 = iz_1$)。若 $x = 0$,则为非变位传动,否则可由上式计算出变位系数 x。

【例5.2】 为什么锡青铜蜗轮的许用接触应力$[\sigma]_H$与应力循环次数 N 有关,而与 v_s 无关?为什么无锡青铜或铸铁蜗轮的许用接触应力$[\sigma]_H$与齿面相对滑动速度 v_s 有关?而且滑动速度 v_s 越大,许用接触应力越小?

【答】 (1)锡青铜抗胶合能力强,蜗轮齿面的失效形式主要是疲劳点蚀,而疲劳点蚀是在接触应力多次作用下产生的,所以,锡青铜蜗轮的许用接触应力与应力循环次数 N 有关,而与 v_s 无关。

(2)无锡青铜或铸铁抗胶合能力差,蜗轮齿面的失效形式主要是胶合,进行齿面接触疲劳强度计算是条件性计算,是通过限制齿面接触应力 σ_H 的大小来防止发生齿面胶合,因此要根据抗胶合条件来选取许用接触应力。而齿面相对滑动速度 v_s 是影响胶合的重要因素,并且 v_s 越大,越容易产生胶合,因此,无锡青铜或铸铁蜗轮的许用接触应力$[\sigma]_H$与齿面相对滑动速度 v_s 有关,且 v_s 越大,$[\sigma]_H$ 越小。

【例5.3】 影响蜗杆传动啮合效率的因素有哪些?

【答】 蜗杆传动的啮合效率 $\eta_1 = \tan\gamma/\tan(\gamma + \rho')$,由此可知,影响啮合效率的因素有蜗杆分度圆柱上的导程角 γ 和齿面间当量摩擦角 ρ',而 ρ' 取决于蜗杆副的材料、表面硬度及相对滑动速度 v_s(v_s 越大,ρ' 越小);γ 取决于模数 m、蜗杆头数 z_1 和分度圆直径 d_1。

5.2.2 参数计算题

【例5.4】 有一标准圆柱蜗杆传动,已知蜗杆的轴向齿距 $P_{a1} \approx 15.7$ mm,分度圆直径 $d_1 = 50$ mm,蜗杆轮齿螺旋线方向为右旋,头数 $z_1 = 2$,蜗轮齿数 $z_2 = 46$,两轴交错角为 $90°$。试求蜗杆分度圆柱上的导程角 γ、蜗轮分度圆直径 d_2、传动比 i、中心距 a、蜗杆齿顶圆直径 d_{a1}、齿根圆直径 d_{f1}、蜗轮喉圆直径 d_{a2}、齿根圆直径 d_{f2}、蜗轮分度圆柱上的螺旋角 β_2 及蜗轮轮齿的旋向。

【解】 (1)求蜗杆上的参数

模数 $m = P_{a1}/\pi = 15.7/\pi = 5$ mm

$$\gamma = \arctan\frac{z_1 m}{d_1} = \arctan(\frac{2 \times 5}{50}) = 11.3° = 11°18'$$

$$d_{a1} = d_1 + 2h_{a1} = d_1 + 2m = 50 + 2 \times 5 = 60 \text{ mm}$$

$$d_{f1} = d_1 - 2h_{f1} = d_1 - 2 \times 1.2m = 50 - 2 \times 1.2 \times 5 = 38 \text{ mm}$$

(2)求蜗轮上的参数

$$d_2 = mz_2 = 5 \times 46 = 230 \text{ mm}$$

$$d_{a2} = d_2 + 2h_{a2} = d_2 + 2m = 230 + 2 \times 5 = 240 \text{ mm}$$

$$d_{f2} = d_2 - 2h_{f2} = d_2 - 2 \times 1.2m = 230 - 2 \times 1.2 \times 5 = 218 \text{ mm}$$

$$\beta_2 = \gamma = 11.3°$$

与蜗杆相同,蜗轮轮齿也为右旋。

(3) 求传动比 i 及中心距 a

$$i = \frac{z_2}{z_1} = \frac{46}{2} = 23$$

$$a = \frac{1}{2}(d_1 + d_2) = \frac{1}{2}(50 + 230) = 140 \text{ mm}$$

【例 5.5】 某一变位蜗杆传动,变位前后传动中心距不变,变位系数为 0.5,求变位前后蜗轮齿数之差。

【解】 变位前中心距 $\qquad a = \frac{1}{2}(d_1 + z_2 m)$

变位后中心距 $\qquad a' = \frac{1}{2}(d_1 + mz'_2 + 2xm)$

因 $a = a'$,所以

$$\frac{1}{2}(d_1 + z_2 m) = \frac{1}{2}(d_1 + mz'_2 + 2xm)$$

从而可得变位前后蜗轮齿数之差

$$z_2 - z'_2 = 2x = 2 \times 0.5 = 1$$

【例 5.6】 有一变位蜗杆传动,已知其模数 $m = 8$ mm,传动比 $i = 21$,蜗杆头数 $z_1 = 2$,蜗杆分度圆直径 $d_1 = 80$ mm,变位后的中心距 $a' = 210$ mm,试求其变位系数 x 及该传动中与变位有关的主要几何尺寸,并分析哪些尺寸不同于非变位传动。

【解】 (1) 求变位系数 x

$$z_2 = iz_1 = 21 \times 2 = 42$$

由 $a' = \frac{1}{2}(d_1 + mz_2 + 2xm)$ 可得

$$x = \frac{2a' - d_1 - mz_2}{2m} = \frac{2 \times 210 - 80 - 8 \times 42}{2 \times 8} = 0.25$$

(2) 变位后蜗杆的几何尺寸保持不变,但在啮合中,蜗杆节圆将不再与其分度圆重合。该变位蜗杆传动的蜗杆节圆直径 d'_1 为

$$d'_1 = d_1 + 2xm = 80 + 2 \times 0.25 \times 8 = 84 \text{ mm}$$

(3) 变位后蜗轮分度圆直径 d_2 和节圆直径 d'_2 保持不变,但蜗轮喉圆直径 d_{a2} 和齿根圆直径 d_{f2} 发生改变,它们分别为

$$d_{a2} = (z_2 + 2 + 2x)m = (42 + 2 + 2 \times 0.25) \times 8 = 356 \text{ mm}$$

$$d_{f2} = (z_2 - 2 \times 1.2 + 2x)m = (42 - 2 \times 1.2 + 2 \times 0.25) \times 8 = 320.8 \text{ mm}$$

(4) 该变位传动中,中心距、蜗杆节圆直径、蜗轮喉圆直径和蜗轮齿根圆直径不同于非变位传动。

5.2.3 受力分析题

【例 5.7】 如例图 5.1(a) 所示为蜗杆传动和圆锥齿轮传动的组合。已知输出轴上的锥齿轮 4 的转向 ω_4。

(1) 欲使中间轴上的轴向力能部分抵消,试确定蜗杆与蜗轮轮齿的螺旋线方向和蜗杆的转向。

(2) 在图上标出各轮所受轴向力和圆周力的方向($\otimes$ 表示垂直纸面向里,$\odot$ 表示垂直纸面向外)。

【**解**】 (1) 欲使中间轴上的轴向力能部分抵消,蜗杆和蜗轮轮齿的螺旋线方向应为右旋,蜗杆的转向为顺时针旋转。

(2) 各轮所受轴向力和圆周力的方向如例图 5.1(b) 所示。

例图 5.1

【**分析与说明**】 锥齿轮的轴向力均指向大端,故轮 3 所受轴向力向左,由题意可知,蜗轮 2 的轴向力应向右,又由轮 3 的转动方向可知轮 2 的转动方向。接下来可用下列两种方法之一进行判断:① 对蜗轮 2,已知其转向和轴向力 F_{a2} 的方向,故可用左右手定则判别其轮齿旋向(注意:轮 2 为从动轮,应将所得结果取反),从而可知,蜗轮 2 为右旋。② 因 F_{a2} 与 F_{t1} 反向,故 F_{t1} 向左,因蜗杆为主动轮,故蜗杆 1 顺时针回转;又因 F_{t2} 与 F_{a1} 反向,蜗轮 2 为从动轮,F_{t2} 与转向相同,即垂直纸面向外,故 F_{a1} 垂直纸面向里。由此可对蜗杆用左右手定则,判定其轮齿旋向为右旋。

【**例 5.8**】 例图 5.2(a) 为圆柱齿轮 – 蜗杆传动。已知斜齿轮 1 的转动方向和斜齿轮 2 的轮齿旋向。

(1) 在图中啮合处标出齿轮 1 和齿轮 2 所受轴向力 F_{a1} 和 F_{a2} 的方向。

(2) 为使蜗杆轴上的齿轮 2 与蜗杆 3 所产生的轴向力相互抵消一部分,试确定标出蜗杆 3 轮齿的旋向,标出蜗轮 4 轮齿的旋向及其转动方向。

(3) 在图中啮合处标出蜗杆和蜗轮所受各分力的方向。

【**解**】 该题结果示于例图 5.2(b) 中。

【**说明**】 一对外啮合的斜齿圆柱齿轮的轮齿旋向相反,故轮 1 为左旋,对轮 1 用左右手定则可知,F_{a1} 向左,从而 F_{a2} 向右,由题意知 F_{a3} 向左,又因蜗杆 3 与齿轮 2 转向相同,由左右手定则可知蜗杆 3 右旋,故蜗轮 4 为右旋,由 F_{t3} 与受力点运动方向相反可知,F_{t3} 垂直纸面向外;由 F_{t4} 与受力点运动方向相同可知,蜗轮 4 逆时针转动。

【**例 5.9**】 例图 5.3(a) 所示为二级蜗杆传动,蜗杆 1 为主动轮。已知输入转矩

例图 5.2

$T_1 = 20$ N·m，蜗杆 1 头数 $z_1 = 2$，$d_1 = 50$ mm，蜗轮 2 齿数 $z_2 = 50$，高速级蜗杆传动的模数 $m = 4$ mm，高速级传动效率 $\eta = 0.75$。试确定：

(1) 该二级蜗杆传动中各轮的回转方向及蜗杆 1 和蜗轮 4 的轮齿螺旋线方向。
(2) 在节点处啮合时，蜗杆、蜗轮所受各分力的方向。
(3) 高速级蜗杆与蜗轮上各分力的大小。

例图 5.3

【解】 (1) 各轴的转向、蜗轮 2 及蜗轮 4 的轮齿旋向、蜗杆和蜗轮所受各分力的方向均示于例图 5.3(b) 中。(说明：因蜗轮 2 和蜗杆 3 右旋，故蜗杆 1 和蜗轮 4 亦为右旋，由左右手定则可知，F_{a1} 垂直纸面向外，F_{t2} 垂直纸面向里，故蜗轮转向向上；由于 F_{t1} 与受力点运动方向相反，可得 F_{t1} 向左。蜗杆 3 与蜗轮 2 转向相同，由左右手定则可知，F_{a3} 向左，F_{t4} 与受力点运动方向相同，故轮 4 逆时针转动)

(2) 求高速级蜗杆与蜗轮上各分力的大小。由于

$$d_2 = mz_2 = 4 \times 50 = 200 \text{ mm}$$

$$i = \frac{z_2}{z_1} = \frac{50}{2} = 25$$

$$T_2 = i\eta T_1 = 25 \times 0.75 \times 20 = 375 \text{ N·m}$$

所以
$$F_{t1} = F_{a2} = \frac{2T_1}{d_1} = \frac{2 \times 20 \times 10^3}{50} = 800 \text{ N}$$

$$F_{t2} = F_{a1} = \frac{2T_2}{d_2} = \frac{2 \times 375 \times 10^3}{200} = 3750 \text{ N}$$

$$F_{r1} = F_{r2} = F_{a1} \tan \alpha = 3750 \times \tan 20° = 1365 \text{ N}$$

5.2.4 综合题

【例 5.10】 有一闭式普通圆柱蜗杆传动如例图 5.4(a)所示。已知模数 $m = 8$ mm,蜗杆分度圆直径 $d_1 = 80$ mm,蜗杆头数 $z_1 = 4$,蜗轮齿数 $z_2 = 46$,蜗轮轴转矩 $T_2 = 1.63 \times 10^6$ N·mm,蜗杆转速 $n_1 = 1460$ r/min,蜗杆与蜗轮间的当量摩擦系数 $f' = 0.03$,每日两班制工作,每年按 250 个工作日计算。试求:

(a)

(b)

例图 5.4

(1) 蜗杆的转向,蜗轮轮齿的旋向和作用在蜗杆及蜗轮上诸力的大小和方向(各用三个方向的分力表示)。

(2) 该传动的啮合效率及总效率。

(3) 该传动三年中功率损耗的费用(工业用电按每千瓦小时 1 元计算)。

【解】 (1) 蜗杆转向如例图 5.4(b)所示。因为蜗杆为右旋,故蜗轮轮齿亦为右旋。

(2) 求蜗杆传动的啮合效率和总效率。

$$\tan \gamma = \frac{z_1 m}{d_1} = \frac{4 \times 8}{80} = 0.4$$

传动的啮合效率为

$$\eta_1 = \frac{\tan \gamma}{\tan(\gamma + \rho')} = \frac{\tan \gamma(1 - \tan \gamma \tan \rho')}{\tan \gamma + \tan \rho'} = \frac{0.4 \times (1 - 0.4 \times 0.03)}{0.4 + 0.03} = 0.919$$

考虑轴承效率 η_2 与搅油效率 η_3,取 $\eta_2 \cdot \eta_3 = 0.96$,则该蜗杆传动的总效率 η 为

$$\eta = \eta_1 \eta_2 \eta_3 = 0.919 \times 0.96 = 0.882$$

(3) 求蜗杆和蜗轮上的作用力。由已知条件可求得

$$d_2 = mz_2 = 8 \times 46 = 368 \text{ mm}$$

$$i = \frac{z_2}{z_1} = \frac{46}{4} = 11.5$$

$$T_1 = \frac{T_2}{i\eta} = \frac{1.63 \times 10^6}{11.5 \times 0.882} = 160\ 702 \text{ N} \cdot \text{mm}$$

作用在蜗杆和蜗轮上诸力的大小为

$$F_{t1} = F_{a2} = \frac{2T_1}{d_1} = \frac{2 \times 160\ 702}{80} = 4\ 018 \text{ N}$$

$$F_{t2} = F_{a1} = \frac{2T_2}{d_2} = \frac{2 \times 1.63 \times 10^6}{368} = 8\ 859 \text{ N}$$

$$F_{r1} = F_{r2} = F_{a1} \tan \alpha = 8\ 859 \times \tan 20° = 3\ 224 \text{ N}$$

各力的方向示于例图 5.4(b) 中。

(4) 求该传动三年中功率损耗的费用 D。

$$P_1 = \frac{T_1 n_1}{9.55 \times 10^6} = \frac{160\ 702 \times 1\ 460}{9.55 \times 10^6} = 24.57 \text{ kW}$$

$$D = (3 \times 250 \times 2 \times 8) P_1 (1 - \eta) \times 1 =$$
$$(3 \times 250 \times 2 \times 8) \times 24.57 \times (1 - 0.882) \times 1 =$$
$$34\ 791.12 \text{ 元}$$

【例 5.11】 例图 5.5(a) 所示的手摇起重绞车采用蜗杆传动。已知模数 $m = 8$ mm, 蜗杆头数 $z_1 = 1$, 蜗杆分度圆直径 $d_1 = 80$ mm, 蜗轮齿数 $z_2 = 40$, 卷筒直径 $D = 200$ mm, 蜗杆与蜗轮间的当量摩擦因数 $f' = 0.18$, 轴承和卷筒中的摩擦损失等于 6%, 问:

例图 5.5

(1) 欲使重物 W 上升 1 m, 手柄应转多少转?并在图上标出手柄的转动方向。
(2) 该机构能否自锁。
(3) 若重物的重力 $F_W = 5\ 000$ N, 手摇手柄时施加的力 $F = 100$ N, 手柄转臂的长度 L 应是多少?
(4) 按起重力 $F_W = 5\ 000$ N, 确定在节点处啮合时各对分力的大小和方向。
(5) 假设蜗杆传动为非自锁, 当重物均速下降时, 节点处各分力的方向如何?

【解】 (1) $$i = \frac{z_2}{z_1} = \frac{40}{1} = 40$$

设重物上升 1 m,手柄应转 x 转,则

$$\pi D \frac{x}{i} = 1\,000$$

$$x = \frac{1\,000}{\pi D} \times i = \frac{1\,000}{\pi \times 200} \times 40 = 63.7 \text{ r}$$

手柄的转动方向 ω_1 示于例图 5.5(b) 中。

(2) 校核自锁性

$$\gamma = \arctan \frac{z_1 m}{d_1} = \arctan\left(\frac{1 \times 8}{80}\right) = 5.71°$$

$$\rho' = \arctan f' = \arctan 0.18 = 10.2°$$

因 $\gamma < \rho'$,所以该机构能自锁。

(3) 求手柄长度 L。传动总效率为

$$\eta = (1 - 6\%)\eta_1 = 0.94 \times \frac{\tan \gamma}{\tan(\gamma + \rho')} = 0.94 \times \frac{\tan 5.71°}{\tan(5.71° + 10.2°)} = 0.329$$

因 $T_2 = F_W \frac{D}{2}$, $T_1 = FL$,且 $T_2 = i\eta T_1$,故

$$F_W \frac{D}{2} = i\eta LF$$

$$L = \frac{F_W D}{2i\eta F} = \frac{5\,000 \times 200}{2 \times 40 \times 0.329 \times 100} = 380 \text{ mm}$$

(4) 求节点处各对分力的大小。因 $T_2 = W\frac{D}{2}$,故

$$T_1 = \frac{T_2}{i\eta} = \frac{WD}{2i\eta}$$

$$F_{t1} = F_{a2} = \frac{2T_1}{d_1} = \frac{F_W D}{i\eta d_1} = \frac{5\,000 \times 200}{40 \times 0.329 \times 80} = 950 \text{ N}$$

$$F_{t2} = F_{a1} = \frac{2T_2}{d_2} = \frac{F_W D}{mz_2} = \frac{5\,000 \times 200}{8 \times 40} = 3\,125 \text{ N}$$

$$F_{r1} = F_{r2} = F_{a1}\tan \alpha = 3\,125 \times \tan 20° = 1\,137 \text{ N}$$

各分力的方向示于例图 5.5(b) 中。

(5) 假设蜗杆传动为非自锁,当重物均速下降时,蜗轮是主动轮,此时节点处各分力的方向与重物上升时相同。

【例 5.12】 例图 5.6(a) 所示为普通圆柱蜗杆传动。已知 $m = 8$ mm,$d_1 = 63$ mm,$z_1 = 2$,$i = 21$,蜗杆转速 $n_1 = 1\,450$ r/min,弹性系数 $Z_E = 160\sqrt{\text{MPa}}$,载荷系数 $K = 1.1$,传动效率 $\eta = 0.78$,工作寿命为 10 000 h,蜗轮材料为铸锡磷青铜(ZCuSn10P1),基本许用接触应力 $[\sigma]_{H0} = 200$ MPa,寿命系数 $K_{HN} = \sqrt[8]{10^7/N}$(其中 N 为应力循环次数),该蜗杆传动应满足的强度条件为 $Z_E\sqrt{9KT_2/(m^2 d_1 z_2^2)} \leq [\sigma]_H$。试计算该蜗杆传动所能传递的功率 P_1,作用在蜗杆和蜗轮上三个分力的大小,并在图上标出蜗杆的转动方向和各分力的

方向。

【解】 (1) 确定许用接触应力 $[\sigma]_H$。应力循环次数

$$N = 60 \times \frac{n_1}{i} \times 10\,000 = \frac{60 \times 1\,450}{21} \times 10\,000 = 4.14 \times 10^7$$

故寿命系数

$$K_{HN} = \sqrt[8]{10^7/N} = \sqrt[8]{10^7/(4.14 \times 10^7)} = 0.84$$

$$[\sigma]_H = K_{HN}[\sigma]_{H0} = 0.84 \times 200 = 168 \text{ MPa}$$

(2) 求该传动所能传递的功率 P_1

$$z_2 = iz_1 = 21 \times 2 = 42$$

由 $Z_E \sqrt{\dfrac{9KT_2}{m^2 d_1 z_2^2}} \leqslant [\sigma]_H$ 得

$$T_2 \leqslant \left(\frac{[\sigma]_H}{Z_E}\right)^2 \frac{m^2 d_1 z_2^2}{9K} = \left(\frac{168}{160}\right)^2 \times \frac{8^2 \times 63 \times 42^2}{9 \times 1.1} = 7.92 \times 10^5 \text{ N} \cdot \text{mm}$$

$$T_1 = \frac{T_2}{i\eta} = \frac{7.92 \times 10^5}{21 \times 0.78} = 0.484 \times 10^5 \text{ N} \cdot \text{mm}$$

该传动所能传递的功率

$$P_1 = \frac{T_1 n_1}{9.55 \times 10^6} = \frac{0.484 \times 10^5 \times 1\,450}{9.55 \times 10^6} = 7.35 \text{ kW}$$

(3) 作用在蜗杆和蜗轮上各分力的大小

$$F_{t1} = F_{a2} = \frac{2T_1}{d_1} = \frac{2 \times 0.484 \times 10^5}{63} = 1\,537 \text{ N}$$

$$F_{t2} = F_{a1} = \frac{2T_2}{d_2} = \frac{2 \times 7.92 \times 10^5}{8 \times 42} = 4\,714 \text{ N}$$

$$F_{r1} = F_{r2} = F_{a1}\tan\alpha = 4\,714 \times \tan 20° = 1\,716 \text{ N}$$

(4) 蜗杆转动方向及蜗杆和蜗轮上各分力的方向示于例图 5.6(b) 中。

例图 5.6

5.3 精选习题与实战演练

一、填空题

【题5.1】 阿基米德蜗杆的螺旋面可在车床上用_____车刀加工,车刀刀刃为直线,加工时刀刃与_____在同一水平面内。在垂直于蜗杆轴线的剖面上,齿廓为_____线,在通过蜗杆轴线的剖面上,齿廓为_____线,犹如_____的齿廓,蜗轮是用与相配蜗杆具有同样尺寸(不考虑啮合时的径向间隙)的_____刀按_____原理切制加工的,所以,在中间平面上,阿基米德蜗杆与蜗轮的啮合相当于_____与_____齿轮的啮合。

【题5.2】 蜗杆传动的计算载荷是_____与载荷系数 K 的乘积,在 $K = K_A K_V K_\beta$ 中,K_A 为_____,K_V 为_____,K_β 为_____。

【题5.3】 蜗杆传动的总效率包括啮合效率 η_1、_____效率和_____效率。在蜗杆主动时,啮合效率 $\eta_1 = $ _____,影响蜗杆传动总效率的主要因素是_____效率。

二、问答题

【题5.4】 蜗杆传动有哪些类型和特点?什么情况下宜采用蜗杆传动?

【题5.5】 普通圆柱蜗杆传动的正确啮合条件是什么?

【题5.6】 蜗轮滚刀与相应蜗杆的形状和尺寸有何关系?

【题5.7】 阿基米德蜗杆传动取哪个平面上的参数和尺寸为计算基准?哪些参数是标准值?

【题5.8】 为什么在蜗杆传动中对每一个模数 m 规定了一定数量的标准的蜗杆分度圆直径 d_1?d_1 的大小对蜗杆传动的刚度、效率和尺寸有何影响?

【题5.9】 如何选择蜗杆的头数 z_1?对于动力传动,为什么蜗轮的齿数 z_2 不应小于28,也不宜大于80?

【题5.10】 试述蜗杆传动变位的目的和特点。

【题5.11】 某一变位蜗杆传动在变位前后,传动中心距不变。试问:变位后蜗杆的节圆与分度圆是否重合?蜗轮的节圆与分度圆是否重合?为什么?变位前后蜗轮的分度圆直径是否相等?为什么?

【题5.12】 当润滑不良和润滑良好时,相对滑动速度 v_s 对蜗杆传动有何影响?

【题5.13】 对蜗杆副材料有什么要求?常用的蜗杆材料和蜗轮材料有哪些?蜗轮材料一般根据什么条件来选择?

【题5.14】 为什么蜗轮齿圈材料常用青铜?锡青铜与铝铁青铜各有什么优缺点?

【题5.15】 蜗杆传动的主要失效形式有哪些?其设计计算准则是什么?

第五章 蜗杆传动

【题 5.16】 对于闭式蜗杆传动,主要是根据什么选择润滑油的黏度和给油方法?开式蜗杆传动应如何润滑?

【题 5.17】 为什么闭式蜗杆传动必须进行热平衡计算?可采取哪些措施来提高蜗杆传动的散热能力?

【题 5.18】 简述蜗轮的结构类型及其应用。

三、计算题

【题 5.19】 有一标准普通圆柱蜗杆传动,已知模数 $m = 8$ mm,传动比 $i = 21$,蜗杆分度圆直径 $d_1 = 80$ mm,蜗杆头数 $z_1 = 2$。试计算该蜗杆传动的主要几何尺寸。若中心距圆整为 $a' = 210$ mm,则变位系数 x 应取多少?

【题 5.20】 已知一普通圆柱蜗杆转速为 $n_1 = 960$ r/min,轴向齿距 $P_{a1} \approx 15.7$ mm,蜗杆齿顶圆直径 $d_{a1} = 60$ mm。试求当蜗杆头数 $z_1 = 1$、2、4 时,蜗杆分度圆柱上的导程角 γ 和相对滑动速度 v_s 各为多少?

【题 5.21】 试指出蜗轮圆周力 $F_{t2} = 2T_2/d_2 = 2T_1i/d_2 = 2T_1/d_1$ 公式中的错误。

【题 5.22】 一圆柱蜗杆减速器,蜗杆轴功率 $P_1 = 100$ kW,传动总效率 $\eta = 0.8$,三班制工作。试按工业用电价格每千瓦小时 1 元计算五年中用于功率损耗的费用(每年按 250 天计)。

【题 5.23】 一单级蜗杆减速器输入功率 $P_1 = 3$ kW,传动总效率 $\eta = 0.8$,箱体散热面积约为 1 m²,散热系数 $K_s = 15$ W/(m²·℃),室温 20℃,要求达到热平衡时,箱体内的油温不超过 80℃,试验算该传动的油温是否满足使用要求。

四、受力分析题

【题 5.24】 题图 5.1 中均为蜗杆 1 主动。标出图中未注明的蜗杆或蜗轮的螺旋线方向及蜗杆或蜗轮或齿轮的转动方向,并在节点处标出作用力的方向(各用三个分力表示)。

【题 5.25】 试标出题图 5.2 中两种传动形式的蜗杆、蜗轮和齿轮的转向,画出啮合点的受力方向图(各用三个分力表示),并分析这两种传动形式的优缺点。

五、综合题

【题 5.26】 有一闭式蜗杆传动如题图 5.3 所示,已知蜗杆输入功率 $P_1 = 2.8$ kW,蜗杆转速 $n_1 = 960$ r/min,蜗杆头数 $z_1 = 2$,蜗轮齿数 $z_2 = 40$,模数 $m = 8$ mm,蜗杆分度圆直径 $d_1 = 80$ mm,蜗杆和蜗轮间的当量摩擦因数 $f' = 0.1$。试求:

(1) 该传动的啮合效率 η_1 及传动总效率 η(取轴承效率与搅油效率之积 $\eta_2\eta_3 = 0.96$)。

(2) 作用于蜗杆轴上的转矩 T_1 及蜗轮轴上的转矩 T_2。

(3) 作用于蜗杆和蜗轮上的各分力的大小和方向。

题图 5.1

题图 5.2

【题 5.27】 题图 5.4 所示为起重量 $F_W = 3 \times 10^4$ N 的起重吊车,已知蜗杆 3 头数 $z_1 = 2$,模数 $m = 8$ mm,蜗杆分度圆直径 $d_1 = 63$ mm,蜗轮 4 齿数 $z_2 = 42$,起重链轮 5 直径 $D_2 = 162$ mm,蜗杆传动的当量摩擦因数 $f' = 0.1$,轴承和链传动中的摩擦损失等于 5%,作用在手链轮 2 上的圆周力 $F = 400$ N。试计算:

(1) 蜗杆传动的啮合效率 η_1。
(2) 蜗杆轴上所需的转动力矩 T_1 和手链轮的直径 D_1。
(3) 蜗杆蜗轮在节点处啮合时所受各分力的大小和方向。

题图 5.3

(a)　　(b)

题图 5.4

1—手动链；2—手链轮；3—蜗杆；4—蜗轮；5—起重链轮；
6—起重链；7—制动器

5.4　精选习题答案

一、填空题

【题 5.1】　梯形；蜗杆轴线；阿基米德螺旋；直；直齿齿条；蜗轮滚刀；范成；直齿齿条；渐开线。

【题 5.2】　名义载荷；使用系数；动载荷系数；齿向载荷分布系数。

【题 5.3】　轴承；搅油；$\tan \gamma / \tan(\gamma + \rho')$；啮合。

二、问答题

【题 5.4】【答】　蜗杆传动按蜗杆的形状不同，可分为圆柱蜗杆传动、环面蜗杆传动和锥蜗杆传动三大类。而按齿面形状不同，圆柱蜗杆传动又分为普通圆柱蜗杆传动和圆弧齿圆柱蜗杆传动。按齿廓曲线不同，普通圆柱蜗杆传动又分为阿基米德蜗杆传动、渐开线蜗杆传动、法向直廓蜗杆传动和锥面包络圆柱蜗杆传动。

蜗杆传动的特点是：(1) 单级传动比大，结构紧凑；(2) 传动平稳，噪音小；(3) 可以实现自锁；(4) 传动效率降低；(5) 蜗轮常用贵重的减摩材料来制造，成本较高。

蜗杆传动常用在传动比大、要求结构紧凑或自锁的场合。

【题 5.5】【答】 普通圆柱蜗杆传动的正确啮合条件是：在中间平面上

$$\begin{cases} m_{a1} = m_{t2} = m \\ \alpha_{a1} = \alpha_{t2} = \alpha \\ \gamma = \beta_2 \end{cases}$$

【题 5.6】【答】 蜗轮滚刀与相应蜗杆的形状相同，而且蜗轮滚刀的直径、齿形参数（如模数 m、压力角 α、导程角 γ 等）必须与相应的蜗杆相同，但滚刀的齿顶高 $= h_a + C$，以便在蜗轮轮齿上加工出径向间隙 C。

【题 5.7】【答】 阿基米德蜗杆传动取中间平面上的参数和尺寸为计算基准。其中模数 m、压力角 α、齿顶高系数 h_a^*、径向间隙系数 e^* 是标准值。

【题 5.8】【答】 为了限制蜗轮滚刀的数目并便于刀具标准化，所以国家标准在蜗杆传动中对每一标准模数 m 规定了一定数量的蜗杆分度圆直径 d_1。

d_1 的大小对蜗杆传动的刚度、效率和尺寸都有影响，d_1 越大，蜗杆传动的刚度、结构尺寸越大，而蜗杆头数 z_1 一定时，导程角 γ 越小，传动效率越低。而 d_1 越小，则蜗杆传动的刚度、结构尺寸越小，z_1 一定时，γ 越大，传动效率越高。

【题 5.9】【答】 蜗杆的头数 z_1 可按传动比 i 的大小及对传动效率与自锁性的要求来选取，通常可取 $z_1 = 1,2,4$ 或 6。当 i 较大或要求自锁时，可取 $z_1 = 1$；当 i 较小时，为避免蜗轮轮齿发生根切，并保证有足够的啮合点对，或要求提高传动的效率，可取多头蜗杆，取 $z_1 = 2,3$ 或 6。

蜗轮的齿数 $z_2 = iz_1$，对于动力传动，为了保证足够的啮合点对数，使传动平稳，$z_2 \not< 28$；而为了保证蜗轮轮齿的弯曲强度（d_2 一定时），或为了控制传动结构尺寸，保证蜗杆轴的支承跨距不太大，从而保证蜗杆传动的轮齿能正确啮合（m 一定时），故 z_2 不宜大于 80。

【题 5.10】【答】 蜗杆传动变位的目的有：配凑中心距，微量改变传动比；提高蜗杆传动的承载能力及传动效率。蜗杆传动变位的特点是：蜗杆不变位，只对蜗轮进行变位。但是变位后蜗杆的节圆不再与分度圆重合，但蜗杆的参数和其它尺寸不变，而变位后的蜗轮，其节圆和分度圆仍然重合，只是蜗轮的齿顶圆和齿根圆却改变了。

【题 5.11】【答】 某一变位蜗杆传动在变位前后，传动中心距不变，即 $a' = a$，而变位后蜗轮齿数发生变化了，即 $z_2' \neq z_2$，此时，蜗杆的节圆与分度圆不再重合，但蜗轮的节圆与分度圆是重合的，因为这种微量改变蜗杆传动的传动比的变位方法，当 $z_2' < z_2$ 时，相当于正变位，而 $z_2' > z_2$ 时，则相当于负变位，故仍然保持蜗杆传动的变位特点。

由于变位前后蜗轮的齿数发生了变化，由分度圆计算公式可知 $d_2' = mz_2', d_2 = mz_2$，由于 $z_2' \neq z_2$，故 $d_2' \neq d_2$，即变位前后蜗轮的分度圆直径是不相等的。

【题 5.12】【答】 当润滑不良时，相对滑动速度 v_s 大，则会加速齿面的磨损和胶合，而当润滑良好时，相对滑动速度 v_s 越大，越有利于在齿面间形成润滑油膜，从而减小齿面间的摩擦及磨损，从而提高蜗杆传动的效率及承载能力。

【题 5.13】 **【答】** 由于蜗杆传动的最主要失效形式有磨损、胶合和点蚀,因此为了防止失效,对蜗杆副材料有很多要求,主要是:有足够强度;有良好的减摩性、耐磨性和跑合性能。

常用的蜗杆材料有:碳素钢和合金钢;常用的蜗轮材料有:铸造锡青铜、铸造铝青铜及灰铸铁等,蜗轮材料一般根据相对滑动速度 v_s 的大小来选择,$v_s > 6$ m/s 时,可选铸造锡青铜,$v_s \leqslant 6$ m/s(但 > 2 m/s) 时,可选用铸造铝青铜,$v \leqslant 2$ m/s 时,可选用灰铸铁。

【题 5.14】 **【答】** 蜗轮齿圈上做有轮齿,参与啮合传动,要求有良好的减摩性、耐磨性、跑合性和抗胶合性,而青铜具有这些性能,因此蜗轮齿圈材料常用青铜。

锡青铜减摩性、耐磨性最好,抗胶合能力最强,但强度较低,价格较贵,而铝铁青铜的减摩性、耐磨性及抗胶合能力较锡青铜差,但有足够的强度,价格便宜。

【题 5.15】 **【答】** 蜗杆传动的主要失效形式有:齿面胶合、点蚀和磨损。

蜗杆传动的设计计算准则是:按蜗轮齿面接触疲劳强度条件性计算,蜗杆传动的承载能力,并在选择许用应力时,适当考虑胶合和磨损等失效因素的影响。同时,对闭式蜗杆传动要进行热平衡计算,必要时进行蜗轮齿根弯曲疲劳强度计算、蜗杆轴的强度计算和刚度计算。

【题 5.16】 **【答】** 对于闭式蜗杆传动,主要是根据相对滑动速度 v_s 的大小和载荷的情况来选择润滑油的黏度和给油方法。而对开式蜗杆传动常采用黏度较高的润滑油或润滑油脂进行定期供油润滑。

【题 5.17】 **【答】** 因为蜗杆传动效率低,工作时发热量大,对于闭式蜗杆传动,若产生的热量不能及时散逸,油温将不断升高,使润滑油的黏度降低,润滑条件恶化,从而导致齿面间磨损加剧,甚至发生胶合,因此为保证蜗杆传动能正常工作,对闭式蜗杆传动,要进行热平衡计算,将油温限制在允许的范围内。通常是将油温 t 限制在 $60 \sim 70$ ℃ 内,最高不超过 80℃。

提高蜗杆传动的散热能力的措施有:
① 合理地设计机体结构,铸上或焊上散热片,增大散热面积;
② 在蜗杆轴上安装风扇,提高散热系数;
③ 在机体的油池中装设蛇形冷却水管;
④ 采用压力喷油循环润滑。

【题 5.18】 **【答】** 蜗轮的结构类型有整体式和装配式两大类。

整体式蜗轮主要用于铸铁蜗轮、铝合金蜗轮或直径小于 100 mm 的青铜蜗轮。

装配式蜗轮又可分为:

(1) 齿圈压配式蜗轮,它由青铜齿圈和铸铁轮芯组成,配合面采用过盈配合。主要用于尺寸不太大、工作温度比较小的蜗轮。

(2) 螺栓连接式蜗轮,它由青铜齿圈和铸铁轮芯组成,配合面采用过渡配合,并用普通螺栓连接,或配合面采用间隙配合,并用铰制孔用螺栓连接。这种结构多用于尺寸较大或易于磨损需经常更换齿圈的蜗轮。

(3) 镶铸式蜗轮,这种结构的青铜齿圈是浇铸在铸铁轮芯上,然后切齿,用于大批量生产的蜗轮。

三、计算题

【题 5.19】【解】 $d_{a1} = 96$ mm; $d_{f1} = 60.8$ mm; $P_{a1} = 25.1$ mm; $\gamma = 11.3°$; $z_2 = 42$; $d_2 = 336$ mm; $d_{a2} = 352$ mm; $d_{f2} = 316.8$ mm; $a = 208$ mm; $x = 0.25$。

【题 5.20】【解】 $z_1 = 1、2、4$ 时, $\gamma = 5.71°、11.31°、21.80°$; $v_s = 2.53、2.56、2.71$ m/s。

【题 5.21】【解】 $T_2 = i\eta T_1$ 且 $i \neq d_2/d_1$。

【题 5.22】【解】 6×10^5 元。

【题 5.23】【解】 $t = 60$℃,满足使用要求。

四、受力分析题

【题 5.24】【解】 (a) 蜗轮左旋;蜗杆转向向下;F_{a1} 向左;F_{t2} 向右;F_{r1} 向下;F_{r2} 向上;F_{t1} 垂直纸面向里;F_{a2} 垂直纸面向外;(b) 蜗杆1及蜗轮3右旋;蜗杆1转向向左;蜗轮2转向逆时针;F_{a1} 向下;F_{t2} 及 F_{t3} 向上;F_{t2} 向左;F_{t3} 向右;F_{a2} 垂直纸面向里;F_{a3} 垂直纸面向外;蜗杆1与蜗轮2啮合时,F_{r1} 向右;F_{t1} 垂直纸面向外;蜗杆1与蜗轮3啮合时,F_{r1} 向左;F_{t1} 垂直纸面向里;(c) 蜗杆1及蜗轮2均为左旋;轮2和轮3转向向下;F_{t2} 及 F_{a4} 向上;F_{r1} 及 F_{t3} 向下;F_{t1} 及 F_{a3} 向左;F_{a2} 及 F_{r4} 向右;F_{a1} 及 F_{t4} 垂直纸面向外;F_{r2} 及 F_{r3} 垂直纸面向里;(d) 蜗轮2及蜗轮4为左旋;蜗杆1转向顺时针;蜗轮2及蜗杆3转向向上;F_{r1} 及 F_{t4} 向上;F_{t2} 及 F_{t3} 向下;F_{t1} 及 F_{a3} 向右;F_{a2} 及 F_{t4} 向左;F_{a1} 及 F_{t3} 垂直纸面向外;F_{t2} 及 F_{a4} 垂直纸面向里。

【题 5.25】【解】 (a) 蜗轮2及齿轮3转向向上;齿轮4转向向下;F_{t1} 及 F_{a3} 向右;F_{a1} 及 F_{t3} 垂直纸面向里;F_{r1} 及 F_{t4} 向下;F_{a2} 及 F_{a4} 向左;F_{t2} 及 F_{t4} 垂直纸面向外;F_{r2} 及 F_{r3} 向上。(b) 齿轮2及蜗轮3转向向上;蜗轮4转向顺时针;F_{a1} 及 F_{a3} 向左;F_{t1} 及 F_{t3} 垂直纸面向里;F_{r1} 及 F_{t4} 向下;F_{a2} 及 F_{t4} 向右;F_{t2} 及 F_{a4} 垂直纸面向外;F_{r2} 及 F_{r3} 向上。优缺点:图(a) 中蜗杆传动的 v_s 大,齿面间易形成油膜,使齿面间摩擦系数减小,减少磨损,从而提高传动效率和承载能力;蜗杆在高速级使传动更平稳,齿轮噪声更小;但如果润滑散热条件不良,v_s 大会使齿面产生磨损和胶合。

五、综合题

【题 5.26】【解】 $\eta_1 = 0.65$; $\eta = 0.62$; $T_1 = 27.86 \times 10^3$ N·mm; $T_2 = 345.5 \times 10^3$ N·mm; $F_{t1} = F_{a2} = 697$ N; $F_{t2} = F_{a1} = 2159$ N; $F_{r1} = F_{r2} = 786$ N; F_{r1} 向下; F_{r2} 向上; F_{a1} 向左; F_{t2} 向右; F_{t1} 垂直纸面向外; F_{a2} 垂直纸面向里。

【题 5.27】【解】 $\eta_1 = 0.6993$; $T_1 = 8.71 \times 10^4$ N·mm; $D_1 = 436$ mm; $F_{t3} = F_{a4} = 2765$ N; $F_{t4} = F_{a3} = 7232$ N; $F_{r3} = F_{r4} = 2632$ N; F_{a3} 向左,F_{t4} 向右;F_{t3} 垂直纸面向外,F_{a4} 垂直纸面向里;F_{r3} 向下;F_{r4} 向上。

第六章 轴及轴毂连接

6.1 必备知识与考试要点

6.1.1 本章的主要内容

轴的设计以阶梯轴的设计和强度计算为重点学习内容,包括计算轴的典型步骤、常用计算公式、轴结构设计的基本原则和常用结构等;轴毂连接以平键连接的选用与强度(承载能力)计算为重点学习内容。

(1) 学习轴的分类时,应了解心轴、转轴和传动轴的载荷和应力的特点,并分析不同结构的特点,以及它们所用计算方法的不同。

(2) 轴的结构设计和轴的强度计算。

① 在机械零件设计中,轴的设计有一定的代表性,通过它可以学到典型的设计方法,掌握结构设计与计算的关系,把两者密切地结合起来。

② 在设计轴之前,应先完成轴上零件(如齿轮、蜗轮、带轮等)的主要参数和结构的设计,并进行受力分析。

③ 轴的结构设计和轴的计算常需交错进行,这是由于轴上零件的轮毂尺寸(长度、孔径等)和轴承的尺寸需要根据轴的尺寸来确定,而轴的尺寸又必须先知道轴承和轴上零件的位置,才能求出轴承反力和画出弯矩图、转矩图,然后,才能进行轴的强度计算和确定轴的各部分尺寸。进行轴的安全系数校核时,更必须先知道轴的各部分尺寸和结构细节(如过渡圆角、键槽等),以及材料强度、热处理、表面状态等。所以,对于比较重要的轴一定要边画边算,交错进行,逐渐使设计完善。

④ 在学习中,读者对于理论计算的掌握一般都困难不大,但结构设计要考虑的问题较多,初学者不易马上掌握。对教材、有关图册或生产图纸中的典型轴系结构进行分析,从中领会要点,对掌握轴的结构设计很有帮助。

(3) 轴的刚度计算和轴的振动主要是利用材料力学中的轴的变形计算和理论力学中轴的临界转速计算,可参阅有关课程的教材。

(4) 键的分类、键连接的结构和工作原理是键连接的基本知识,可从各类键连接的装配、加工和传力特点入手,了解其装配关系、工作原理、优缺点、适用场合等,以便正确选用键的类型。

(5) 平键连接的计算。

6.1.2 本章重点与难点

1. 轴的结构设计

轴的结构设计应考虑三方面的问题。

(1) 要满足使用要求,保证轴和轴上零件准确的相互位置和力的传递。轴上零件对轴不能有轴向窜动,轴上零件和轴对轴承也不能有轴向窜动。轴上零件和轴还要有可靠的周向固定,以传递扭矩。

轴向固定装置主要有轴肩、轴环、套筒、圆螺母和挡圈等。轴肩、轴环固定可靠,但轴的毛坯尺寸要大一些。挡圈可靠性差些,但可以减小轴的毛坯尺。套筒用于轴上相邻两零件的轴向固定,圆螺母用于轴上相邻零件间距较大时的轴向固定。轴端固定可采用轴端挡圈。

轴的结构设计除应满足轴上零件的相互位置而必须具有一定的尺寸要求外,还应满足轴本身的工作性能要求,例如:曲轴要考虑设平衡块,以消除曲柄和曲柄销所产生的离心力的影响;高速轴的结构应对称,以避免任何不平衡质量产生离心力;有些重要的轴要做成空心轴以提高轴的刚度。由此可知,在设计轴时,必须作周密的考虑,采用各种适当的结构,以满足各种使用要求。

(2) 考虑加工和装配的工艺性。把轴做成阶梯轴,有利于轴上零件的安装和轴向定位。例如图6.1,在直径为 d_3 的轴段上装齿轮时,可以顺利通过直径为 d_1 和 d_2 的轴段,并装至轴肩为止,比在光轴上装配零件方便得多。

图6.1 的 d_1 和 d_3 轴段都有键槽,若两键槽的位置互成 90° 且键宽不等 ($b_1 \neq b_3$),就会给加工带来

图6.1 轴的加工工艺性

不便,加工键槽的铣刀要更换,轴的位置又要调整。合理的设计是把两键槽布置在同一轴剖面上,可能时取两槽宽度相等,则加工工艺性更好。

轴的圆角半径 r 也应尽量统一。

(3) 提高轴的强度和刚度的措施。

① 合理设计轴系结构,可以提高轴的强度或刚度。图6.2是一个减速器的轴,原设计采用铬镍合金钢,由于键槽和轮毂边缘在轴上的压力产生较大的应力集中,在弯、扭连合作用下,此轴常在剖面 A 处产生疲劳裂纹,裂纹扩展至一定程度,轴发生突然疲劳折断。图6.2(b) 是改进后的结构,滚动轴承尺寸也相应减少,为此轴径可由 62 mm 减小到 52 mm,滚动轴承尺寸也相应减少。为保证寿命,用滚子轴承代替球轴承,轴的材料用优质碳素钢即可满足要求。

② 减小应力集中。图6.3(a)是排锯机轴的结构,轴材料为 35 优质碳素钢,在运转中常在 A 剖面发生疲劳折断。损坏后,先后改用强度较高的 45 钢和 60 钢,结果仍然发生疲劳折断。于是改变设计,增加一个间隔环和加大了圆角(图6.3(b)),应力集中减小,材料用 45 钢,轴就不再损坏。

键槽根部的圆角半径越小,应力集中越严重。因此,重要的轴应在零件图上注明键槽根部的圆角半径。轴与轴毂配合面间的压强也会引起应力集中,但若降低轮毂边缘的刚性,则应力集中系数减小,可提高轴的疲劳强度。

③ 正确选择材料。选用强度高的材料,疲劳极限 σ_{-1}、τ_{-1} 也高,在一般情况下,可以提高轴的疲劳强度。但是强度越高的材料,有效应力集中系数也越高,总的效果可能反而使

第六章 轴及轴毂连接

(a) 改进前   (b) 改进后

图 6.2 改进轴系结构,以提高强度

(a) 改进前   (b) 改进后

图 6.3 改进轴的结构,减小应力集中
1— 间隔环;2— 套环

轴的安全系数降低。因此设计者必须注意,采用高强度钢制造轴时,应尽可能减小应力集中。

2. 轴的强度计算

教材中讲的强度计算方法,都能用于既受弯矩又受转矩的轴,但处理问题的方法不同,计算精度不同,分别适用于不同的设计阶段或情况。

只受扭矩的轴和受弯矩不大又不重要的轴,可只用扭转强度计算。重要的轴需要用扭转强度初步估算轴受转矩段的最小直径,然后进行轴的结构细部设计,接着用安全系数法求出各危险剖面的应力和安全系数。对于安全系数偏小的危险剖面,需局部修改后重作计算直至满足要求为止。一般的轴可按弯扭合成强度计算,不进行安全系数校核。安全系数法比较科学和严密,应作为最基本的方法来学习。

3. 轴毂连接

(1) 根据轴与轮毂是否有时存在相对的轴向移动，键连接可分为动连接(如导键、滑键)和静连接(如普通平键、半圆键、各种楔键)。根据装配时是否楔紧，键连接又可分为紧连接(各种楔键)和松连接(如平键、半圆键)。

(2) 在松连接中，键的侧面是工作面，主要靠键和键槽侧面挤压力来传递转矩。在紧连接中，楔键的上下面是工作面，沿径向压紧轴和轮毂，主要靠压紧面间的摩擦力来传递转矩。由于径向压紧，楔键会引起轴上零件与轴的偏心和偏斜；由于靠摩擦传力，楔键连接能传递单向的轴向力。

(3) 平键端部结构的选用与铣制轴上键槽所用刀具的结构有关。

(4) 轴上有几个平键连接时，为了便于加工，键槽应布置在轴的同一轴剖面上，并可以选用剖面尺寸相同的平键。键长度的选择，除满足强度需要外，还应考虑键槽终端要避开轴肩或轴环圆角引起的应力集中。在一般情况下，普通平键的长度比轮毂长度略小。

(5) 在平键连接中，压力沿键接触长度和高度内的分布是不均匀的，键与轴及轮毂互压的接触高度是不等的(见平键标准)；但为了便于工程计算，假设压力均匀分布，并把键与轴及轮毂互压的接触高度都近似地取为 $h' = \frac{1}{2}h$，h 为键的高度。至于由此引起的与零件实际工作情况的差别，通常是用由试验和经验得到的许用应力或修正系数来补偿。

(6) 平键和花键的静、动连接的强度计算有本质的不同，静连接为压溃(挤压强度)问题，动连接为磨损(耐磨性)问题，两者的计算式虽相同，但许用值不同。

6.2 典型范例与答题技巧

【例 6.1】 两级展开式斜齿圆柱齿轮减速器的中间轴如例图 6.1(a) 所示，尺寸和结构如例图 6.1(b) 所示，已知中间轴转速 $n_2 = 180$ r/min，传递功率 $P = 5.5$ kW，有关的齿轮参数为：齿轮 2 $m_n = 3$ mm，$\alpha_n = 20°$，$z_2 = 112$，$\beta_2 = 10°44'$，右旋。图中 A、D 为角接触轴承的载荷作用中心。齿轮 3 $m_n = 4$ mm，$\alpha_n = 20°$，$z_3 = 23$，$\beta_2 = 9°22'$，右旋，要求：

例图 6.1

若轴的材料为 45 钢(正火),试按弯扭合成理论验算剖面 Ⅰ 和剖面 Ⅱ 的强度。

如果轴的材料改用 30CrMnTi 钢(硬度 ≥ 270 HBW),试按许用弯曲应力确定剖面 Ⅰ—Ⅰ 和剖面 Ⅱ—Ⅱ 的轴径。

【解】

1. 计算齿轮受力

$T = 9.55 \times 10^6 \dfrac{P}{n} = 9.55 \times 10^6 \times \dfrac{5.5}{180} = 291\ 800\ \text{N} \cdot \text{mm}$

$d_2 = \dfrac{m_n z_2}{\cos \beta_2} = \dfrac{3 \times 112}{\cos 10°44'} = 341.99\ \text{mm}$

$d_3 = \dfrac{m_n z_3}{\cos \beta_3} = \dfrac{4 \times 23}{\cos 9°22'} = 93.24\ \text{mm}$

$F_{t2} = \dfrac{2T}{d_2} = \dfrac{2 \times 291\ 800}{341.99} = 1\ 706.5\ \text{N}$

$F_{t3} = \dfrac{2T}{d_3} = \dfrac{2 \times 291\ 800}{93.24} = 6\ 259\ \text{N}$

$F_{r2} = F_{t2}\dfrac{\tan \alpha_n}{\cos \beta_2} = 1\ 706.5 \times \dfrac{\tan 20°}{\cos 10°44'} = 632\ \text{N}$

$F_{r3} = F_{t3}\dfrac{\tan \alpha_n}{\cos \beta_3} = 6\ 259 \times \dfrac{\tan 20°}{\cos 9°22'} = 2\ 309\ \text{N}$

$F_{a2} = F_{t2}\tan \beta_2 = 1\ 706.5 \times \tan 10°44' = 323.5\ \text{N}$

$F_{a3} = F_{t3}\tan \beta_3 = 6\ 259 \times \tan 9°22' = 1\ 032\ \text{N}$

2. 轴的空间受力简图(例图 6.2(a))

3. 垂直面(XZ 平面)受力图、弯矩 M_V 图(例图 6.2(b))

$F_{VA} = \dfrac{F_{t3} \cdot BD + F_{t2} \cdot CD}{AD} = \dfrac{6\ 259 \times 210 + 1\ 706 \times 80}{310} = 4\ 680\ \text{N}$

$F_{VD} = F_{t3} + F_{t2} - F_{VA} = 6\ 259 + 1\ 706 - 4\ 680 = 3\ 285\ \text{N}$

$M_{VB} = F_{VA} \cdot AB = 4\ 680 \times 110 = 514\ 800\ \text{N} \cdot \text{mm}$

$M_{VC} = F_{VD} \cdot CD = 3\ 285 \times 80 = 262\ 800\ \text{N} \cdot \text{mm}$

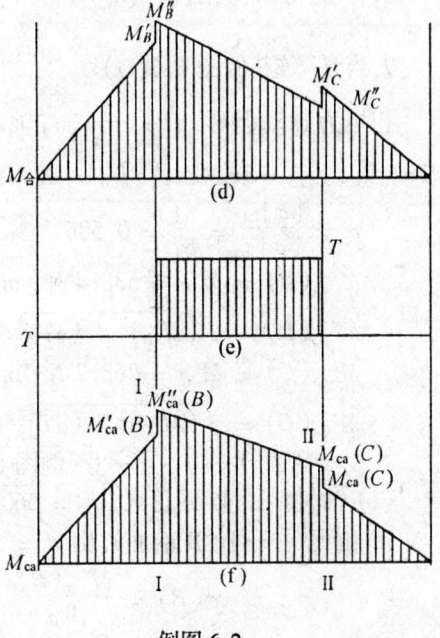

例图 6.2

4. 水平面(XY 平面)受力图、弯矩 M_H 图(例图 6.2(c))

$$F_{HD} = \frac{F_{r3} \cdot AB - F_{r2} \cdot AC + F_{a2} \cdot \frac{d_2}{2} + F_{a3} \cdot \frac{d_3}{2}}{AD} =$$

$$\frac{2\,390 \times 110 - 632 \times 240 + 323.5 \times \frac{341.99}{2} + 1\,032 \times \frac{93.24}{2}}{320} = 670.8 \text{ N}$$

$$F_{HA} = \frac{F_{r3} \cdot BD - F_{r2} \cdot CD - F_{a2} \cdot \frac{d_2}{2} - F_{a3} \cdot \frac{d_3}{2}}{AD} =$$

$$\frac{2\,390 \times 210 - 632 \times 80 + 323.5 \times \frac{341.99}{2} - 1\,032 \times \frac{93.24}{2}}{320} = 1\,432.95 \text{ N}$$

$M'_{HB} = F_{HA} \cdot AB = 1\,432.95 \times 110 = 157\,625 \text{ N} \cdot \text{mm}$

$M''_{HB} = M'_{HB} + F_{a3} \cdot \frac{d_3}{2} = 157\,625 + 1\,032 \times \frac{93.24}{2} = 205\,716 \text{ N} \cdot \text{mm}$

$M'_{HC} = F_{HD} \cdot CD = 670.8 \times 80 = 53\,664 \text{ N} \cdot \text{mm}$

$M''_{HC} = M'_{HC} - F_{a2} \cdot \frac{d_2}{2} = 53\,664 - 323.5 \times \frac{34.199}{2} = -16\,523 \text{ N} \cdot \text{mm}$

5. 合成弯矩图例图(6.2(d))

$$M'_B = \sqrt{M_{VB}^2 + M'^2_{HB}} = \sqrt{514.8^2 + 157.6^2} = 538.4 \text{ N} \cdot \text{mm}$$

$$M''_B = \sqrt{M_{VB}^2 + M''^2_{HB}} = \sqrt{514.8^2 + 205.7^2} = 554.4 \text{ N} \cdot \text{mm}$$

$$M'_C = \sqrt{M_{VC}^2 + M'^2_{HC}} = \sqrt{262.8^2 + 53.7^2} = 268.2 \text{ N} \cdot \text{mm}$$

$$M''_C = \sqrt{M_{VC}^2 + M''^2_{HC}} = \sqrt{262.8^2 + (-16.5)^2} = 263.3 \text{ N} \cdot \text{mm}$$

6. 转矩为图(例图 6.2(e))

$$T = 291.8 \text{ N} \cdot \text{m}$$

7. 当量弯矩(例图 6.2(f))

扭矩为脉动循环,$\alpha = \frac{[\sigma]_{-1b}}{[\sigma]_{0b}}$,轴材料选用 45 钢正火,硬度 $\geqslant$ 200 HBW,$\sigma_B = 560$ MPa,且 $[\sigma]_{-1b} = 51$ MPa,$[\sigma]_{0b} = 87$ MPa。

$\alpha = \frac{[\sigma]_{-1}}{[\sigma]_{0b}} = \frac{51}{87} = 0.586$

$M'_{ca}(B) = M'_B = 538.4 \text{ N} \cdot \text{m} \quad (T = 0)$

$M''_{ca}(B) = \sqrt{(M''_B)^2 + (\alpha T)^2} = \sqrt{554.4^2 + (0.586 \times 291.8)^2} = 580.2 \text{ N} \cdot \text{m}$

$M'_{ca}(C) = M'_C = 268.2 \text{ N} \cdot \text{m} \quad (T = 0)$

$M''_{ca}(C) = \sqrt{(M''_C)^2 + (\alpha T)^2} = \sqrt{263.3^2 + (0.586 \times 291.8)^2} = 314 \text{ N} \cdot \text{m}$

8. 校核截面 Ⅰ—Ⅰ、Ⅱ—Ⅱ(例图 6.2(f))

(1) 轴材料用 45 钢正火,$\sigma_B = 560$ MPa,$[\sigma]_{-1b} = 51$ MPa

① 剖面 Ⅰ—Ⅰ(B 剖面)。由 $d = 50$ mm 可得,$W_B = 10\,750 \text{ mm}^3$。

$$\sigma(B) = \frac{M''_{ca}(B)}{W_B} = \frac{580\,200}{10\,750} = 54 < [\sigma]_{-1b} \text{ MPa}$$

② 剖面 Ⅱ—Ⅱ(C 剖面)。由 $d = 45$ mm 可得,$W_C = 7\,610 \text{ mm}^3$。

$$\sigma(C) = \frac{M''_{ca}(C)}{W_C} = \frac{314\,000}{7\,610} = 41.3 < [\sigma]_{-1b} \text{ MPa}$$

结论：此轴的强度安全。

(2) 轴的材料改用 30 CrMnTi 钢（硬度 $\geqslant$ 270 HBW），$\sigma_B = 950$ MPa，$[\sigma]_{-1b} = 86$ MPa，$[\sigma]_{0b} = 145$ MPa。

$$\alpha = \frac{[\sigma]_{-1b}}{[\sigma]_{0b}} = \frac{86}{145} = 0.593$$

① 剖面 I—I（B 剖面）

$$M''_{ca}(B) = \sqrt{554.4^2 + (0.593 \times 291.8)^2} = 580.8 \text{ N·m}$$

$$d_B \geqslant \sqrt[3]{\frac{M''_{ca}(B)}{0.1[\sigma]_{-1b}}} = \sqrt[3]{\frac{580\,800}{0.1 \times 86}} = 40.7 \text{ mm}$$

考虑键槽的影响，将计算结果增加 5%，取 $d_B = 45$ mm。

② 剖面 II—II（C 剖面）

$$M''_{ca}(C) = \sqrt{263.3^2 + (0.593 \times 291.8)^2} = 315.1 \text{ N·m}$$

$$d_C \geqslant \sqrt[3]{\frac{M''_{ca}(C)}{0.1[\sigma]_{-1b}}} = \sqrt[3]{\frac{315\,100}{0.1 \times 86}} = 33.2 \text{ mm}$$

考虑键槽的影响，将计算结果增加 5%，取 $d_C = 35$ mm。

【例 6.2】 有一汽车传动轴，传递最大功率为 51.48 kW，转速 $n = 400$ r/min。传动轴采用空心轴：轴外径 $d = 70$ mm，轴内径 $d_0 = 55$ mm，轴材料的 $[\tau]_T = 30$ MPa。求：

(1) 按许用扭应力校核空心轴的强度。
(2) 若材料不变，采用实心轴其直径为多少？
(3) 比较同样长度时，采用空心轴和采用实心轴质量相差多少？

【解】
(1) 已知功率 $P = 51.48$ kW，若是空心轴的，则

$$W_T' = \frac{\pi}{16} d^3 \left[1 - \left(\frac{d_0}{d}\right)^4\right] = \frac{\pi}{16} \times 70^3 \times \left[1 - \left(\frac{55}{70}\right)^4\right] = 41\,680 \text{ mm}^3$$

$$\tau = \frac{T}{W_T'} = \frac{9.55 \times 10^6 \frac{P}{n}}{41\,680} = \frac{9.55 \times 10^6 \times \frac{51.48}{400}}{41\,680} = 29.49 \text{ MPa}$$

$\tau < [\tau]_T = 30$ MPa，强度足够。

(2) 若用实心轴，则

$$d \geqslant \sqrt[3]{\frac{9\,550\,000 P}{0.2[\tau]_T n}} = \sqrt[3]{\frac{9\,550\,000 \times 51.48}{0.2 \times 30 \times 400}} = 58.9 \text{ mm}$$

取实心轴直径为 60 mm。

(3) 比较实心轴与空心轴质量。

① 实心轴质量 = 相对密度 × 体积 = $\gamma \cdot \frac{\pi}{4} d^2 L = \frac{\gamma \pi L}{4} \times 60^2 = 3\,600 \frac{\gamma \pi L}{4}$

② 空心轴质量 = $\gamma \cdot \frac{\pi}{4}(d^2 - d_0^2) L = \frac{\gamma \pi L}{4}(70^2 - 55^2) = 1\,875 \frac{\gamma \pi L}{4}$

质量比 $= \frac{3\,600}{1\,875} = 1.92$

同样长度的实心轴，其质量是空心轴的 1.92 倍。

6.3 精选习题与实战演练

一、单选择题

【题6.1】 同一工作条件,若不改变轴的结构和尺寸,仅将轴的材料由碳钢改为合金钢,可以提高轴的____而不能提高轴的____。
　　　A. 强度　　　　　B. 刚度

【题6.2】 轴系结构中定位套筒与轴的配合,应选____。
　　　A. 紧一些　　　　B. 松一些

【题6.3】 可拆连接有,____。
　　　A. 键连接　　　B. 铆接　　　C. 焊接　　　D. 胶接

【题6.4】 普通平键的剖面尺寸 $b \times h$ 通常是根据____从标准中选取。
　　　A. 传递的转矩　　B. 传递的功率　　C. 轴的直径　　D. 轮毂的长度

【题6.5】 普通平键连接工作时,其主要失效形式是____
　　　A. 轴上键槽的断裂破坏　　　　　B. 工作面受挤压破坏
　　　C. 工作面被磨损　　　　　　　　D. 轮毂键槽的断裂破坏

【题6.6】 在同一轴段上采用两个普通平键时,两键通常布置成____
　　　A. 相隔 180°　　　　　　　　　B. 相隔 120°~130°
　　　C. 相隔 90°　　　　　　　　　　C. 在轴的同一轴剖面上

二、填空题

【题6.7】 轴按受载荷的性质不同,分为_____、_____、_____。

【题6.8】 提高轴的疲劳强度的措施有_____、_____、_____、_____。

【题6.9】 轴受到交变应力的作用,其循环特征为:对称循环时 $r = $ _____,脉动循环时 $r = $ _____,静应力时 $r = $ _____。

【题6.10】 轴的直径由 40 mm 加大至 45 mm(为原来的1.13倍),如果其他条件不变,轴的扭角减少到原来的_____倍,当轴的直径由 40 mm 减少至 35 mm(为原来的0.87倍)时,轴的扭角增加到原来的_____倍。

【题6.11】 受弯矩作用的轴,力作用于轴的中点,当其跨度减少到原来跨度的1/2时,如果其他条件不变,其挠度为原来挠度的_____。

【题6.12】 平键连接工作时,是靠_____和_____侧面的挤压传递转矩的。

【题6.13】 平键连接中,静连接时的主要失效形式是_____,应校核_____强度;动连接时的主要失效形式是_____,应校核_____。

【题6.14】 矩形花键连接以_____定心,而渐形式花键以_____定心。

【题6.15】 为了使轴上零件与轴肩紧密贴合,应保证轴上轴肩处的圆角半径_____轴上零件的圆角半径或倒角 c,应保证轴上轴肩的高度 h _____ 轴上零件的倒角 c。

三、问答题

【题 6.16】 轴受载以后,如果产生了过大的弯曲变形或扭转变形,对轴的正常工作有什么影响?举例说明之。

【题 6.17】 按照承载情况,自行车的前轴、后轴和中轴,各属于哪类轴?各承受哪些载荷作用?

【题 6.18】 轴上零件的轴向固定有哪些方法?各有何特点?轴上零件的周向固定有哪些方法?各有何特点?

【题 6.19】 齿轮减速器中,为什么低速轴的直径要比高速轴的直径粗得多?

题图 6.1

【题 6.20】 题图 6.1 为轴上零件的两种布置方案,功率由齿轮 A 输入,齿轮1输出转矩 T_1,齿轮2输出转矩 T_2,且 $T_1 > T_2$,试比较两种布置方案各段轴所受的转矩是否相同?

【题 6.21】 题图 6.2 为起重机卷筒轴的四种结构方案,试比较:

(1) 哪个方案的卷筒轴是心轴?哪个是转轴?
(2) 从轴的应力分析,在相同安全系数条件下哪个方案轴较粗?哪个方案轴可较细?
(3) 从制造工艺看,哪个方案较好?
(4) 从安装维护方便看,哪个方案较好?

题图 6.2

【题 6.22】 题图 6.3 的带式运输机有两种传动方案,若工作情况相同,传递功率一样,试比较:

(1) 按方案(a)设计的单级减速器,如果改用方案(b),减速器的两根轴的强度要重新核验吗?为什么?

(2) 两方案中,电动机轴受力是否相同?(方案(a)普通V带传动传动比 $i_{带}$ = 方案(b)开式齿轮传动传动比 $i_{开}$。)

【题 6.23】 在同样受载情况下,为什么轴上有键槽或有紧配合零件的阶梯轴,其最大直径要比等径光轴直径大?

【题 6.24】 轴的强度计算公式 $M_e = \sqrt{M^2 + (\alpha T)^2}$ 中, α 的含意是什么?其大小如何确定?

题图 6.3

【题 6.25】 题图 6.4 为某传动系统的两种布置方案,若传递功率和各传动件的参数及尺寸完全相同,减速器主动轴受力大小或方向有何不同?按强度计算两轴的直径是否相同?

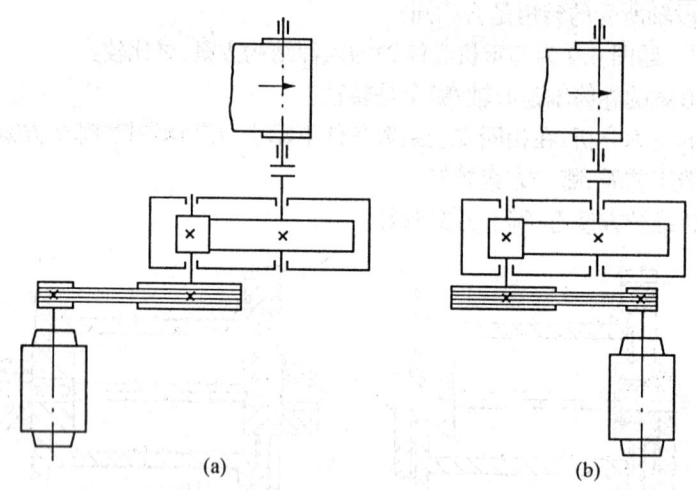

题图 6.4

【题 6.26】 齿轮轴为40钢,用一对6207轴承支承,如题图6.5所示,已知装齿轮处轴的直径为 d ,此处的挠度和扭角为 y、ϕ。问:以下各措施是否均能减小挠度和扭角,从提高轴系刚度角度看,哪个方案效果显著?

(1) 轴的直径增大到 $2d$。

(2) 将轴各部分长度 L_1、L_2、L_3 各减少 50%。

(3) 轴的材料改为 40 Cr 钢。

【题 6.27】 试分析在同样工作条件下,轴承采用向心推力球轴承,轴承正装与反装对轴系刚度的影响。

(1) 如题图6.6(a)所示,载荷作用在支点跨距以外,为

题图 6.5

了提高轴系刚度,轴承应该正装还是反装?

题图 6.6

(2) 如题图 6.6(b) 所示,载荷作用在支点跨距以内,要提高轴系刚度,轴承应该正装还是反装?

【题 6.28】 平键连接有哪些失效形式?平键的尺寸 $b \times h \times l$ 如何确定?

【题 6.29】 圆头、方头及单圆头普通平键各有何优缺点?分别用在什么场合?轴上的键槽是怎样加工的?

【题 6.30】 如题图 6.7 所示,为何采用两个平键时,一般设置在同一轴段上相隔 180° 的位置,见图(a),采用两个楔键时相隔 120° 左右,见图(b),采用两个半圆键时,则常设置在轴的同一母线上,见图(c)。

题图 6.7

四、计算题

【题6.31】 根据题图6.8数据,试确定杠杆心轴的直径 d。已知手柄作用力 $F_1 = 250$ N,尺寸如图示,心轴材料用45钢,$[\sigma]_{-1b} = 60$ MPa。

题图6.8

【题6.32】 某铁路货车,一节车厢及其货物总重力为 $F_W = 480$ kN,车厢由四根轴八个车轮支承,作用于每根轴上的力如题图6.9所示,该力离钢轨中心线约 210 mm。考虑偏载等因素,计算轴强度时,应将载荷乘以载荷系数 $K = 1.3$。车轴材料为45钢,$[\sigma]_{-1b} = 60$ MPa,试确定车轴A—A剖面直径。

【题6.33】 已知一传动轴,传递功率为 37 kW,轴的转速 $n = 960$ r/min,若轴上许用扭应力 $[\tau]_T$ 不能超过 40 MPa,传动轴的直径应为多少?要求:

题图6.9

(1) 按实心轴计算。
(2) 按空心轴计算,内外径之比取 0.8、0.6、0.4 三种方案。
(3) 比较各方案轴质量之比(取实心轴质量为1)。

【题6.34】 有一台离心风机,由电动机直接带动,电动机轴传递功率为 5.5 kW,轴的转速 $n = 1450$ r/min,轴用45钢正火,$[\tau] = 35$ MPa,$C = 112$。试按许用扭剪应力计算轴的直径。

【题6.35】 题图6.10减速器的低速轴与凸缘联轴器及圆柱齿轮之间分别有键连接。已知轴传递的扭矩 $T = 1000$ N·m,齿轮材料为锻钢,凸缘联轴器材料为HT200,工作时有轻微冲击,连接处轴及轮毂尺寸如图示。试选择键的类型和尺寸,并校核其连接强度。

【题6.36】 题图6.11为在直径 $d = 80$ mm的轴端安装一钢制直齿圆柱齿轮,轮毂长 $L = 1.5d$,工作时有轻微冲击。试确定平键连接尺寸,并计算其传递的最大扭矩。

第六章 轴及轴毂连接

题图 6.10

题图 6.11

【题 6.37】 题图 6.12 为圆锥式摩擦离合器,已知传递功率 $P = 2.2$ kW,承受冲击载荷,转速 $n = 300$ r/min,离合器材料为铸钢,轴径 $d = 50$ mm,右半离合器的轮毂长 $L = 70$ mm。试选择右半离合器的键连接类型及尺寸,并作强度校核。

五、结构题

【题 6.38】 试画出题图 6.13 斜齿圆柱齿轮减速器低速级输出轴的轴系结构装配图,要求画出箱体位置和联轴器位置。已知:

(1) 轴承型号均为 6412 深沟球轴承。
(2) 齿轮参数:$m_n = 3$ mm,$z = 110$,$\beta = 9°22'$,右旋,齿宽 $B = 80$ mm。
(3) 联轴器型号:LX5 联轴器 55 × 112 GB/T 5014—2003。

【题 6.39】 画出平键和楔键的结构并说明工作原理。

题图 6.12

题图 6.13

6.4 精选习题答案

一、单项选择题

【题 6.1】 A,B   【题 6.2】 A   【题 6.3】 A   【题 6.4】 C

【题 6.5】 B　【题 6.6】 A

二、填空题

【题 6.7】　转轴；心轴；传动轴。

【题 6.8】　增大轴的直径；合理布置轴上传动零件的位置；合理设计轴上零件的结构；减小应力集中；提高轴的表面质量。

【题 6.9】　$-1;0;+1$

【题 6.10】　$\dfrac{1}{1.13^4};\dfrac{1}{0.87^4}$

【题 6.11】　1/8

【题 6.12】　键和键槽。

【题 6.13】　压溃，挤压；磨损，压强。

【题 6.14】　小径，齿形。

【题 6.15】　小于；等于 2~3 倍。

三、问答题

【题 6.16】【答】　轴受载以后，如果产生了过大的弯曲变形或扭转变形，将影响轴上零件的正常工作。如安装齿轮的轴的弯曲变形，会使齿轮啮合发生偏载，滚动轴承支承的轴的弯曲变形，会使轴承的内外环相互倾斜，当超过允许值时，将使轴承寿命显著降低。扭转变形过大，将影响机器的精度及旋转零件上载荷的分布均匀性，对轴的振动也有一定影响。

【题 6.17】【答】　前轴：为固定心轴，只受弯矩；后轴：为固定心轴，只受弯矩；中轴：为转轴，既受弯矩，又受转矩。

【题 6.18】【答】　轴上零件的轴向固定方法：① 轴肩：简单可靠，优先选用。② 套筒：用做轴上相邻的零件的轴向固定，结构简单，应用较多。③ 圆螺母：当轴上相邻两零件距离较远，无法用套筒固定时，选用圆螺母，一般用细牙螺纹，以免过多地削弱轴的强度。④ 轴端挡圈：轴端的轴上零件的固定。⑤ 弹性挡圈：当轴向力小，或仅为防止零件偶然轴向移动时。⑥ 紧定螺钉：轴向力较小时采用。

轴上零件的周向固定方法：① 键连接（平键、半圆键、楔键、切向键）：结构简单，工作可靠，装拆方便，在机械中应用广泛。② 花键连接：承载能力高，应力集中较小，对轴和轮毂的强度削弱较小，轴上零件与轴的对中性、导向性好。缺点：加工时需专用设备，成本高。③ 销连接：传递不大的载荷。还可作为安全装置中的过载剪断元件。④ 胀紧连接。⑤ 过盈配合连接。

【题 6.19】【答】　低速轴传递的转矩 T 大。

【题 6.20】【答】　按解图 6.1(a)，$T_{max}=T_1$；按解图 6.1(b)，$T_{max}=T_1+T_2$。

【题 6.21】【答】　(1) (a)、(b)、(c) 是心轴，(d) 是转轴；(2) (b)、(d) 较粗，(a) 中等、(c) 较细；(3) (c) 较好；(4) (b)、(d) 方便。

【题 6.22】【答】　(1) 减速器的两根轴的强度不需重新校验，因为在传递功率相同的条件下，方案(b) 中两轴的转速较方案(a) 时高，两轴所受的转矩小，齿轮上作用力也小，轴所受的弯距也小；(2) 若不计摩擦，应为相同。

解图 6.1

【题 6.23】【答】 考虑应力集中和表面质量,以及安装、定位的要求。

【题 6.24】【答】 α 是根据扭矩性质而定的折算系数:

对于不变的转矩,$\alpha = \dfrac{[\sigma]_{-1b}}{[\sigma]_{+1b}} \approx 0.3$;

当转矩脉动时,$\alpha = \dfrac{[\sigma]_{-1b}}{[\sigma]_{0b}} \approx 0.6$;

当频繁正、反转时,$\alpha = \dfrac{[\sigma]_{-1b}}{[\sigma]_{-1b}} \approx 1$。

若转矩的变化规律不清楚,可按脉动处理。

【题 6.25】【答】 减速器主动轴上受有带传动的压轴力 F_Q 和齿轮轮齿上的法向力 F_n,在两种布置方案中 F_Q 及 F_n 的大小均相同,但在方案(a)中 F_Q 与 F_n 中的 F_r 方向相同,而在方案(b)中 F_Q 与 F_n 中的 F_r 方向相反。按强度计算,题图 6.4(b) 直径大。

【题 6.26】【答】 (1) 挠度减小 1/16,扭转角 φ 减小 1/16;(2) 挠度减小 1/8,扭转角 φ 减小 1/2;(3) 无改变。方案(1)效果显著。

【题 6.27】【答】 (1) 反装;(2) 正装。

【题 6.28】【答】 普通平键的失效形式是键、轴槽和毂槽三者中强度最弱的工作面被压溃。

导向平键连接的主要失效形式是工作面的磨损。

b 和 h 按轴径 d 查取。

L 按标准查取,但比轮毂长度略短。

【题 6.29】【答】 圆头和半圆头普通平键在槽中固定良好,但轴槽端部的应力集中较大。半圆头适合于轴端。圆头和半圆头普通平键轴上的键槽是用指状铣刀加工。方头普通平键轴槽端部应力较小,但要用螺钉把键固定在键槽中。其轴槽是用盘形铣刀加工的。

【题 6.30】【答】 上述布置图(a)是为了使作用于轴上的径向合力为零,有利于轴对轮毂孔的对中线,图(b)是为了保证轴与轮毂孔间有较大的受力面积,提高承载能力,图(c)是为了减小对轴的强度的削弱考虑的,同时上述布置也考虑了各类键的特点。

四、计算题

【题 6.31】【解】 $800F_1 = 100F$,所以 $F = 8F_1$。

作用于轴的力为 $F_总 = F_1 + F = 9F_1$

轴上所受的弯矩为 $M = F_总 \times 80 = 9 \times 250 \times 80 \text{ N·mm}$

已知 45 钢,$[\sigma]_{-1} = 60 \text{ MPa}$,$W = 0.1d^3$,所以

$$d \geq \sqrt[3]{\dfrac{M_e}{0.1[\sigma]_{-1b}}} = \sqrt[3]{\dfrac{9 \times 250 \times 80}{0.1 \times 60}} = 31.07 \text{ mm}$$

【题 6.32】【解】 先求出未知力

$$F_A = \frac{F_W}{8} = \frac{480\,000}{8} = 60\,000 \text{ N}$$

画出弯矩图,则

$$M_A = F_A \times 210 = 60\,000 \times 210 = 12\,600\,000 \text{ N} \cdot \text{mm}$$

$$\sigma_A = \frac{1.3 \times M_A}{W} \leqslant [\sigma]$$

因为轴为 45 钢正火,则

$$[\sigma]_{-1b} = 60 \text{ MPa} \qquad W = \frac{\pi d^3}{32}$$

解得

$$d \geqslant \sqrt[3]{\frac{32 \times 1.3 \times M_A}{\pi[\sigma]_{-1b}}} = \sqrt[3]{\frac{32 \times 1.3 \times 12\,600\,000}{\pi \times 60}} = 140.62 \text{ mm}$$

【题 6.33】【解】 (1) $\tau = \dfrac{T}{W_T} = \dfrac{9.55 \times 10^6 \times \dfrac{p}{n}}{0.2 d^3} \leqslant [\tau]$

所以

$$d \geqslant \sqrt[3]{\frac{9.55 \times 10^6 \dfrac{p}{n}}{0.2[\tau]}} = \sqrt[3]{\frac{9.55 \times 10^6 \dfrac{37}{960}}{0.2 \times 40}} = 35.83$$

(2) $\beta = 0.8 \quad W_T = \dfrac{\pi d^3}{16}(1 - \beta^4)$

$$d \geqslant \sqrt[3]{\frac{9.55 \times 10^6 \times \dfrac{37}{960}}{0.2 \times 40(1 - 0.8^4)}} = 42.722 \text{ mm}$$

$$\beta = 0.6 \quad d \geqslant \sqrt[3]{\frac{9.55 \times 10^6 \times \dfrac{37}{960}}{0.2 \times 40(1 - 0.6^4)}} = 37.537 \text{ mm}$$

$$\beta = 0.4 \quad d \geqslant \sqrt[3]{\frac{9.55 \times 10^6 \times \dfrac{37}{960}}{0.2 \times 40(1 - 0.4^4)}} = 36.15 \text{ mm}$$

(3) $\beta = 0.8$ 时,设取长度为 L,相对密度 γ,实心轴 $35.83^2 \pi L \gamma = 1$

$$G_{0.8} = \frac{\pi \times (0.2 \times 42.722)^2 \gamma L}{35.83^2 \pi L \gamma} = 0.056\,8$$

$$\beta = 0.6 \quad G_{0.8} = \frac{\pi \times (0.4 \times 37.537)^2 \gamma L}{35.83^2 \pi L \gamma} = 0.175\,6$$

$$\beta = 0.4 \quad G_{0.8} = \frac{\pi \times (0.6 \times 36.15)^2 \gamma L}{35.83^2 \pi L \gamma} = 0.366\,45$$

从质量上来看,从轻到重的顺序为,内径比 0.8,0.6,0.4,实心轴。

【题 6.34】【解】 轴的材料为 45 正火,$[\tau] = 35 \text{ MPa}$,$C = 112$,则由公式

$$d \geqslant C\sqrt[3]{\frac{p}{n}} = 112\sqrt[3]{\frac{5.5}{1\,450}} = 17.467 \text{ mm}$$

考虑轴上有一键槽,直径加大 5%,$d = 18.34 \text{ mm}$,取 $d = 20 \text{ mm}$。

【题 6.35】【解】 齿轮处选用 A 型普通平键。查表取 $b \times h = 25 \times 14$,$L$ 取 80 mm。
联轴器处:$b \times h = 20 \times 12$,$L$ 取 125 mm。

齿轮处：$\sigma_p = \dfrac{2T}{kld} \leqslant [\sigma]_p$，查表$[\sigma]_p = 110 \text{ MPa}, l = L - b = 80 - 25 = 55 \text{ mm}$，即

$$\sigma_p = \dfrac{2 \times 1\,000 \times 10^3}{7 \times 55 \times 90} = 57 \text{ MPa} < [\sigma]_p = 110 \text{ MPa}$$

齿轮处键连接的强度足够。

联轴器处：查表$[\sigma]_p = 55 \text{ MPa}, l = L - b = 125 - 20 = 105 \text{ mm}$，即

$$\sigma_p = \dfrac{2 \times 1\,000 \times 10^3}{6 \times 105 \times 70} = 45 < [\sigma]_p = 55 \text{ MPa}$$

联轴器处满足键连接的强度要求。

【题 6.36】【解】 查表 $b \times h = 22 \times 14, L = 1.5d = 120$。设齿轮材料为锻钢，则

$$[\sigma]_p = 260 \text{ MPa}$$

$$l = L - b = 110 - 22 = 88 \text{ mm} \qquad \sigma_p = \dfrac{4T}{dlh} \leqslant [\sigma]_p$$

所以 $\quad T \leqslant \dfrac{dhl}{4}[\sigma]_p = \dfrac{80 \times 14 \times 88}{4 \times 10^3} \times 260 = 6\,406.4 \text{ N} \cdot \text{mm}$

$$T_{\max} = 6\,406.4 \text{ N} \cdot \text{mm}$$

【题 6.37】【解】 由 $d = 50 \text{ mm}$，查得键的 $b \times h = 16 \times 10$，配合轴段长 $70 + 40 = 110 \text{ mm}$，取键长 $L = 100 \text{ mm}$。

键的计算长度 $\quad l = L - b = 100 - 16 = 84 \text{ mm}$

$$T = 9.55 \times 10^6 \dfrac{P}{n} = 9.55 \times 10^6 \times \dfrac{2.2}{300} = 70\,033.3 \text{ N} \cdot \text{mm}$$

$$\sigma_p = \dfrac{4T}{dlh} = \dfrac{4 \times 70\,033.3}{50 \times 84 \times 10} = 6.7 \text{ MPa}$$

查表$[\sigma]_p = 75 \text{ MPa}, \sigma_p < [\sigma]_p$，故满足要求。

五、结构题

【题 6.38】【解】 解图如图 6.2 所示。

解图 6.2　结构图

【题 6.39】【解】 平键的两侧面为工作面，工作时两侧面受到挤压。

楔键的上、下面分别与毂和轴上键槽的底面贴合为工作面，键的上表面及相配的轮毂键槽底面各有 1∶100 的斜度。装配时把楔键打入键槽内，其上、下表面产生很大压力，工作时靠此压力产生的摩擦力传递转矩，还可传递单向轴向力。

第七章 滚动轴承

7.1 必备知识与考试要点

7.1.1 本章的主要内容

本章主要内容有：滚动轴承的类型、特点和代号，滚动轴承的失效形式和选择计算，滚动轴承的润滑、密封以及组合设计。

学习本章的基本要求是：

(1) 熟悉滚动轴承的主要类型、特点和代号，能正确选择滚动轴承的类型。

(2) 掌握滚动轴承承载能力的计算方法。

(3) 根据载荷、结构等要求，能进行滚动轴承组合设计；能够从定位、固定、调整、装拆、润滑和密封等方面，分析已有的轴承组合结构。

7.1.2 本章重点与难点

1. 滚动轴承的类型、特点、代号及类型选择

按国家标准滚动轴承，共有 10 多种基本类型，每种类型的轴承都各自具有不同的结构特点和性能；按其承受载荷的方向或公称接触角 α 的不同，一般可分为向心轴承(只承受径向力或主要承受径向力，$0° < \alpha \leq 45°$)、推力轴承(只承受或主要承受轴向力，$45° < \alpha \leq 90°$)两大类；轴承又可根据滚动体的形状，分为球轴承和滚子轴承。

滚动轴承的代号比较繁杂，不易记忆。初学者需掌握基本代号的含义和一般表示方法。轴承后置代号及其排列顺序不要求记忆，某些轴承的特定表示方法也不必记忆，必要时可查阅轴承手册，但应掌握轴承内部结构的常用代号。

滚动轴承类型甚多，其中"6"类深沟球轴承、"N"类圆柱滚子轴承、"7"类角接触球轴承、"3"类圆锥滚子轴承、"5"类推力球轴承，使用最广泛，应为学习重点，并从接触角、承载能力、极限转速和角偏差等方面进行比较，从而加深认识这些轴承的特性。其余几种类型多用于某些特殊场合。如"1"类调心球轴承和"2"类调心滚子轴承用于自动调心，"NA"类滚针轴承用于减小轴承径向尺寸，对其余几类轴承可仅作一般了解。

滚动轴承类型的选择原则：应根据轴承所受载荷大小、方向、转速及轴颈的偏转情况和经济方面等要求，结合不同的轴承类型的特点选用。

2. 滚动轴承的承载能力计算

滚动轴承的承载能力计算是本章的重点内容之一。根据工作条件确定轴承类型后，需进行承载能力的计算，以确定型号。要求能根据主要失效形式引出设计依据，熟练掌握相应的计算方法。

(1) 主要失效形式及相应的计算方法。确定轴承尺寸时，应针对其主要失效形式进

第七章 滚动轴承

行必要的计算。对于转动的滚动轴承,其滚动体和滚道发生疲劳点蚀是其主要失效形式,因而主要是进行寿命计算,必要时再作静强度校核。对于不转动、低速或摆动的轴承,局部塑性变形是其主要失效形式,因而主要是进行静强度计算。对于高速轴承,由发热导致的胶合是其主要失效形式,因而除进行寿命计算外,还应校核极限转速。对于其他失效形式可通过正确的润滑和密封、正确的操作与维护来解决。

(2) 寿命计算。应掌握的基本概念:寿命、寿命的离散、可靠度、基本额定寿命 L、基本额定动负荷 C、当量动载荷 P、内部轴向力 F_S、基本额定静负荷 C_0。

应掌握的设计计算:

① 寿命计算公式

$$L_h = \frac{10^6}{60n}\left(\frac{f_t \cdot C}{f_P \cdot P}\right)^\varepsilon$$

式中 ε——寿命指数,对于球轴承,$\varepsilon = 3$,对于滚子轴承,$\varepsilon = 10/3$;

f_t——温度系数,反映轴承工作温度对基本额定动负荷的影响;

f_P——载荷系数,反映冲击与振动对名义载荷的影响。

公式的应用:

- 校核计算:对于选定的轴承,应满足 $L_h \geq L_h'$。L_h' 为轴承的预期寿命;

- 选型号计算——$C' = \frac{f_P P}{f_t}\sqrt[\varepsilon]{\frac{60nL_n'}{10^6}}$,选择的轴承,应满足 $C \geq C'$(C' 为计算的基本额定动负荷)。

② 当量动载荷的计算 $P = XF_r + YF_a$

应掌握 X、Y、e 值的概念,并会查表确定 X、Y。径向系数 X 和轴向系数 Y 分别反映径向载荷 F_r 和轴向载荷 F_a 的影响程度。e 值是一个界限值,用来判断是否考虑轴向载荷 F_a 的影响。

③ 内部轴向力 F_S。角接触轴承当承受径向载荷 F_r 时,由于接触角 α 的影响,作用在各滚动体上的法向力可分解为径向分力和轴向分力,各滚动体上的轴向分力的合力,即为轴承的内部轴向力 F_S。内部轴向力 F_S 的大小按近似公式计算,其方向为从外圈的宽边指向窄边。

④ 角接触轴承的轴向载荷 F_a。在计算角接触轴承的轴向载荷时,必须考虑内部轴向力 S 的影响。轴承的轴向载荷与轴承部件的结构,尤其是与固定方式密切相关。轴承的轴向载荷可根据分离体的轴向力平衡条件确定,阻止分离体作轴向移动的轴承的轴向载荷,为轴向外载荷与另一个轴承的内部轴向力的合力,而另一个轴承的轴向载荷为其自身的内部轴向力。

(3) 静负荷计算。主要掌握:在什么情况下进行静负荷计算,主要失效形式,静强度校核计算。静负荷计算的实质是控制塑性变形量。

对于不转动、极低速转动($n \leq 10$ r/min)或摆动的轴承,其失效形式为由静载荷或冲击载荷引起的滚动体和内、外圈滚道接触处产生的过大的塑性变形。发生过大的塑性变形,就会产生较大的振动和噪声,则认为轴承失效。

轴承标准中规定,滚动轴承中受载最大的滚动体与滚道的接触中心处引起的计算接触应力达到一定值时的载荷,称为轴承的基本额定静负荷 C_0。它是限制轴承的塑性变形的极限载荷值。基本额定静负荷的方向:对向心轴承为径向载荷;对推力轴承为轴向载荷;对角接触轴承为载荷的径向分量。

为限制滚动轴承中的塑性变形量,应校核轴承承受静载荷的能力。滚动轴承的静强度校核公式为

$$C_0 \geq S_0 P_0$$

式中　S_0——静强度安全系数;

　　　P_0——当量静载荷(N)。

当量静载荷 P_0 是一个假想载荷,其作用方向与基本额定静负荷相同,而在当量静载荷作用下,轴承的受载最大滚动体与滚道接触处的塑性变形总量,与实际载荷作用下的塑性变形总量相同。

(4) 极限转速。主要掌握:在什么情况下进行极限转速计算,失效形式。极限转速计算的实质是控制摩擦发热。熟练掌握极限转速 $n_{\lim}$、允许极限转速 $n'_{\lim}$ 的查表和校核计算。

滚动轴承转速过高会因摩擦发热而使温度急剧升高,导致滚动轴承元件胶合而失效,所以当转速较高时,还应校核滚动轴承极限转速,轴承的工作转速应小于其允许的极限转速。

在轴承手册中,列出各类轴承在脂润滑和油润滑(油浴润滑)条件下的极限转速,它仅适用于当量动负荷 $P \leq 0.1C$、润滑与冷却条件正常、向心及角接触轴承受纯径向载荷、推力轴承受纯轴向载荷的 P_0 级精度的轴承。

当轴承的当量动负荷 P 超过 $0.1C$ 时,由于接触面上接触应力增大,或向心轴承还承受轴向载荷,使参与受载的滚动体数增多,润滑条件恶化,温升较大,故润滑剂性能变坏。轴承允许的极限转速为

$$n'_{\lim} = f_1 f_2 n_{\lim}$$

式中　$n_{\lim}$——轴承手册中列出的极限转速;

　　　f_1——载荷系数;

　　　f_2——载荷分布系数。

提高轴承精度、选用较大的游隙、改用青铜等减摩材料作保持架、改善润滑和冷却措施等,能使极限转速提高 1.5～2 倍;还可以从减小滚动体的质量和回转半径两方面采取措施。如选用滚动体直径小的轻系列轴承或空心滚动体轴承等。

3. 滚动轴承的组合设计

滚动轴承的组合设计是本章的重点内容之一,也是本课程在结构设计方面的主要内容,在学习时不仅要掌握有关轴承组合设计的基本知识,而且要加强实践环节,例如,拆装减速器实验对结构设计的学习非常有益。教材中提出了轴承组合设计应考虑的几个原则问题,应结合本章例题和结构改错习题,以深刻掌握轴承组合设计的内容。

(1) 轴承部件的轴向固定。为保证传动件在工作中处于正确位置,轴承部件应准确定位并可靠地固定在机体上。设计合理的轴承部件,应保证把作用于传动件上的轴向力传递到机体上,不允许轴及轴上零件产生轴向移动。轴承部件的轴向固定方式主要有以下三种:

两端固定支承　轴上每个支承限制轴的一个方向的移动,两个支承合起来限制轴的

两个方向的运动。两端固定支承适用于工作温度变化不大、两支点间跨距 $l \leqslant 300 \sim 350$ mm 的短轴。轴工作时会受热伸长,为补偿轴的伸长,在安装时,对于深沟球轴承,在轴承外圈与轴承盖之间留有间隙 C,通常 $C = 0.25 \sim 0.35$ mm;对于角接触轴承,则要调整其内、外圈的相对轴向位置,使其留有足够的轴向间隙 C,其数值大小可查手册。

一端固定、一端游动支承 固定支承限制轴的两个方向的移动,而游动支承允许轴作因温度变化引起的热伸缩,即自由游动。当游动支承采用不可分的深沟球轴承时,轴承内圈两端分别用轴肩和弹性卡圈使之固定在轴上,轴承外圈与轴承座孔间为间隙配合,并在外圈与轴承盖之间留有大于轴的热伸长量的间隙,一般为 $2 \sim 3$ mm。其轴向游动在轴承外圈与轴承座孔间进行。当游动支承采用圆柱滚子轴承时,轴承的内圈固定在轴上,外圈固定在轴承座上,轴向游动在滚动体与外座圈间进行。一端固定、一端游动的支承主要用于工作温度变化大,且两支点间跨距大的长轴。

两端游动支承 对于人字齿轮传动,通常大齿轮轴承部件采用两端固定支承,小齿轮轴承部件采用两端游动支承,便于小齿轮轴承部件沿轴向游动,以防止齿轮卡死或两侧轮齿受力不均。

(2) 轴承部件的调整。

轴承间隙的调整 采用两端固定支承的轴承部件,为补偿轴在工作时的热伸长,在装配时应留有相应的轴向间隙;为了满足工作要求(如刚度、旋转精度等),需要保留一定的间隙;为了补偿零件的累积误差,也需要调整。轴承间隙的调整方法有以下几种:① 通过加减轴承端盖与轴承座端面间的垫片厚度来实现;② 通过调整螺钉,经过轴承外圈压盖,移动外圈来实现,并且调整后,应拧紧防松螺母;③ 修配轴承端盖伸入轴承座孔部分的长度尺寸。

轴上传动件位置的调整 轴上传动件在工作时应处于正确的工作位置。例如,为保证正确啮合,圆锥齿轮的两个节圆锥的顶点应重合。调整方法同上。

(3) 滚动轴承的配合。

滚动轴承是标准件 轴承外圈的外圆柱面为基准轴,与轴承座孔的配合采用基轴制。轴承内圈的孔为基准孔,与轴的配合采用基孔制。但应注意轴承内圈孔的公差带在零线以下,所以同一种配合较标准基孔制配合要紧。

在选择轴承配合种类时,对于转速高、载荷大、温度高、有振动的轴承,应选用较紧的配合,而对于经常拆卸的轴承或游动支承的外圈,则应选用较松的配合。

一般来说,当外载荷方向固定不变时,内圈随轴一起转动,内圈与轴的配合应选紧一些的有过盈的过渡配合;而当装在轴承座孔中的外圈静止不转时,外圈滚道半圈受载,外圈与轴承座孔的配合常选用较松的过渡配合,以使外圈作极缓慢的转动,从而使受载区域有所变动,发挥非承载区的作用,延长轴承的寿命。

(4) 轴承的装拆。

在设计轴承部件时,应考虑轴承的装拆,避免在装拆过程中损坏轴承和其他零件,还应避免无法拆卸轴承的情况。

在安装轴承时,可用热油预热轴承来增大内孔直径,以便安装,但温度不得高于 80～90℃,以免轴承回火;也可用压力机通过套管压装套圈,但应注意,压装内圈时,只能内圈受力,不得使外圈受力,以免损坏滚动体。

拆卸轴承时应使用折卸工具。为便于拆卸内圈,固定轴肩高度通常不得大于内圈高度的 3/4,以便放置拆卸工具的钩头。为了便于拆卸外圈,对于通孔,轴承座孔凸肩高度不得大于外圈厚度的 3/4,即留出拆卸高度 h;对于盲孔,可在端部开设专用拆卸螺纹孔。

(5) 滚动轴承的润滑和密封。掌握润滑和密封的目的、润滑方式的选择及润滑剂的填充量、密封原理及选择。

滚动轴承的润滑 润滑的主要目的是减少摩擦和磨损,还有吸收振动、散热、防锈等作用。滚动轴承的润滑方式可根据速度因数 dn 值选择。dn 值间接地反映了轴颈的线速度。当 $dn < (1.5 \sim 2) \times 10^5$ mm·r/min 时,可选用脂润滑;当超过此值时,宜选用油润滑。润滑脂的填充量一般不超过轴承空间的 1/4。油润滑时,油的黏度可按轴承的速度因数 dn 值和工作温度 t 来选择。当浸油润滑时,油面高度不超过最低滚动体的中心,以免因过大的搅油损失,而使温度升高。

滚动轴承的密封 密封的目的是阻止润滑剂的流失和防止灰尘、水分的进入。密封按其原理的不同,可分为接触式密封和非接触式密封两大类。掌握密封的主要类型和适用范围,选择密封方式时,应考虑密封的目的、润滑剂的种类、工作环境、温度、密封表面的线速度等。

7.2 典型范例与答题技巧

【例 7.1】 某轴系部件采用一对 7208AC 滚动轴承支承,如例图 7.1 所示。已知作用于轴承上的径向载荷 $F_{r1} = 1\,000$ N,$F_{r2} = 2\,060$ N,作用于轴上的轴间载荷 $F_A = 880$ N,轴承内部轴力 F_S 与径向载荷 F_r 的关系为 $F_S = 0.68 F_r$,试求轴承轴向载荷 F_{a1} 和 F_{a2}。

例图 7.1

【解】 轴承的内部轴向力

$$F_{S1} = 0.68 \quad F_{r1} = 0.68 \times 1\,000 = 680 \text{ N}$$

方向如例图 7.2 所示,向左;

$$F_{S2} = 0.68 F_{r2} = 0.68 \times 2\,060 = 1\,400 \text{ N}$$

方向如例图 7.2 所示,向右。

例图 7.2

因为 $\quad F_{S2} + F_A = 1\,400 + 880 = 2\,280 \text{ N} > F_{S1}$

所以轴承 1 为压紧端,轴承 2 为放松端,故

$$F_{a1} = F_{S2} + F_A = 2\,280 \text{ N}$$

$$F_{a2} = F_{S2} = 1\,400 \text{ N}$$

【例 7.2】 有一型号为 6207 的深沟对轴承已知径向载荷 $F_r = 2\,300$ N,轴向载荷 $F_a = 600$ N,径向基本额定静载荷 $C_{0r} = 15\,200$ N,试求该轴承的当量动载荷 P。

深沟球轴承的当量动载荷的 X、Y 值

$\dfrac{12.3 F_a}{C_{0r}}$	e	$F_a/F_r > e$		$F_a/F_r \leq e$	
		X	Y	S	Y
0.172	0.19		2.30		
0.345	0.22	0.56	1.99	1	0
0.689	0.26		1.71		
1.03	0.28		1.55		

【解】
$$\frac{12.3 F_a}{C_{0r}} = \frac{12.3 \times 600}{15\,200} = 0.485$$

查表知,e 在 $0.22 \sim 0.26$ 之间,插值

$$e = 0.26 - \frac{0.689 - 0.485}{0.689 - 0.345} \times (0.26 - 0.22) = 0.236$$

$$\frac{F_a}{F_r} = \frac{600}{2\,300} = 0.260 > e$$

查表得 $X = 0.56$,则

$$Y = 1.71 - \frac{0.689 - 0.485}{0.689 - 0.345} \times (1.71 - 1.99) = 1.88$$

当量动载荷 $P = XF_r + YF_a = 0.56 \times 2\,300 + 1.88 \times 600 = 2\,416$ N

【例7.3】 已知 NF207 圆柱滚子轴承的工作转速 $n = 200$ r/min,工作温度 $t < 100$ ℃,载荷平稳,预期寿命 $L'_h = 10\,000$ h,径向基本额定动载荷 $C_r = 28\,500$ N。试求该轴承允许的最大径向载荷。

【解】 由工作温度 $t < 100$ ℃ 得,$f_t = 1$。

由载荷平衡得,$f_P = 1$。

对于圆柱滚轴承,寿命指数 $\varepsilon = \dfrac{10}{3}$,因为

$$L_h = \frac{10^6}{60\,n}\left(\frac{C \cdot f_t}{P \cdot f_P}\right)^\varepsilon$$

所以 $P = \dfrac{C \cdot f_t}{f_P}\left(\dfrac{10^6}{60\,nL_h}\right)^{1/\varepsilon} = \dfrac{28\,500 \times 1}{1} \times \left(\dfrac{10^6}{60 \times 200 \times 10\,000}\right)^{\frac{3}{10}} = 6\,778$ N

该 NF207 轴承可承受的最大径向载荷 $F_r = P = 6\,778$ N。

【例7.4】 已知 7208 AC 轴承的转速 $n = 5\,000$ r/min,当量动载荷 $P = 2\,394$ N,载荷平稳,工作温度正常,径向基本额定动载荷 $C_r = 35\,200$ N,预期寿命 $L'_h = 8\,000$ h,试校核该轴承的寿命。

【解】 因为载荷平稳,所以 $f_P = 1$。

因为工作温度正常,所以 $f_t = 1$。

轴承寿命 $L_h = \dfrac{10^6}{60n}\left(\dfrac{f_t \cdot C}{f_P \cdot P}\right)^\varepsilon = \dfrac{10^6}{60 \times 5\,000} \times \left(\dfrac{1 \times 35\,200}{1 \times 2\,394}\right)^3 = 10\,596$ h $> 8\,000$ h

故满足要求。

【例7.5】 指出例图 7.3 中的结构错误(在有错处画 ○ 编号,并分析错误原因),并在轴心线下侧画出其正确结构图。

例图 7.3

【解】 画出的正确结构图如例图 7.4。

① 固定轴肩端面与轴承盖的轴向间距太小。

② 轴承盖与轴之间应有间隙。

③ 轴承内环和套筒装不上,也拆不下来。

④ 轴承安装方向不对。

⑤ 轴承外环内与壳体内壁间应有 5 ~ 8 mm 间距。

⑥ 与轮毂相配的轴段长度应小于轮毂长。

⑦ 轴承内环拆不下来。

例图 7.4

【例 7.6】 指出例图 7.5 中的结构错误(在有错处画 ○ 编号),并在另一侧画出其正确结构图。(齿轮油润滑,轴承脂润滑)

例图 7.5

【解】 正确结构如图 7.6 所示。

例图 7.6

7.3 精选习题与实战演练

一、单项选择题

【题 7.1】 滚动轴承基本代号左起第一位为____。
A. 类型代号 B. 宽度系列代号
C. 直径系列代号 D. 内径代号

【题 7.2】 滚动轴承基本代号左起第二位为____。
A. 内径代号 B. 直径系列代号
C. 宽度系列代号 D. 类型代号

【题 7.3】 滚动轴承基本代号左起第三位为____。
A. 宽度系列代号 B. 直径系列代号
C. 类型代号 D. 内径代号

【题 7.4】 滚动轴承基本代号左起第四、五位为____。
A. 类型代号 B. 内径代号
C. 直径系列代号 D. 宽度系列代号

【题 7.5】 当转速很高、只受轴向载荷时,宜选用____。
A. 推力圆柱滚子轴承 B. 推力球轴承
C. 深沟球轴承 D. 圆锥滚子轴承

【题 7.6】 当转速低、只受径向载荷、要求径向尺寸小时,宜选用____。
A. 圆柱滚子轴承 B. 滚针轴承
C. 深沟球轴承 D. 调心球轴承

【题 7.7】 当转速较低、同时受径向载荷和轴向载荷,要求便于安装时,宜选用____。
A. 深沟球轴承 B. 圆锥滚子轴承
C. 角接触球轴承 D. 调心滚子轴承

【题 7.8】 当转速较高、径向载荷和轴向载荷都较大时,宜选用____。
A. 圆锥滚子轴承 B. 角接触球轴承
C. 深沟球轴承 D. 调心球轴承

【题 7.9】 当同时受径向载荷和轴向载荷、径向载荷很大、轴向载荷很小时,宜选用____。
A. 角接触球轴承 B. 圆锥滚子轴承
C. 调心球轴承 D. 深沟球轴承

【题 7.10】 轴承转动时,滚动体和滚道受____。
A. 按对称循环变化的接触应力 B. 按脉动循环变化的接触应力
C. 按对称循环变化的弯曲应力 D. 按脉动循环变化的弯曲应力

【题 7.11】 中等转速载荷平稳的滚动轴承正常失效形式为____。
A. 磨损 B. 胶合

C. 疲劳点蚀　　　　　　　　　　D. 永久变形

二、填空题

【题 7.12】 滚动轴承内径代号 01 表示轴承内径 $d =$ _____ mm。

【题 7.13】 滚动轴承内径代号 04 表示轴承内径 $d =$ _____ mm。

【题 7.14】 滚动轴承一般由_____、_____、_____和_____组成。

【题 7.15】 滚动轴承的保持架的作用是_____。

【题 7.16】 深沟球轴承因_____，故除主要承受径向载荷外，也能承受一定量的双向轴向载荷。

【题 7.17】 我国滚动轴承的代号由_____、_____和_____构成。

【题 7.18】 滚动轴承的基本代号由_____、_____和_____构成。

【题 7.19】 滚动轴承基本代号左起第一位为_____代号，用_____或_____表示。

【题 7.20】 滚动轴承基本代号左起第二位为_____代号。

【题 7.21】 滚动轴承基本代号左起第三位为_____代号。

【题 7.22】 滚动轴承基本代号左起第四、五位为_____代号，表示_____。

【题 7.23】 滚动轴承的主要失效形式有_____和_____。

【题 7.24】 向心角接触轴承的结构特点是_____。

【题 7.25】 润滑的主要目的是_____和_____。

【题 7.26】 密封的目的是_____，并且_____。

【题 7.27】 滚动轴承的密封方法可分为两大类：_____和_____。

【题 7.28】 滚动体与内外圈的材料应具有_____、_____、_____和_____。

【题 7.29】 轴承接触角越大，承受_____的能力也越大。

【题 7.30】 由于转动的滚动轴承的主要失效形式是_____，因而设计时主要是进行_____计算。

【题 7.31】 轴承转动时，滚动体和滚道受_____循环变化的_____应力。

【题 7.32】 滚动轴承进行静载荷校核计算的目的是为了_____。

【题 7.33】 滚动轴承的某个套圈或滚动体的材料出现_____前，一个套圈相对于另一个套圈的_____，或在某一转速下的_____，称为轴承的寿命。

【题 7.34】 对于一个具体的滚动轴承，很难预知其_____的寿命。

【题 7.35】 一组同一型号轴承在同一条件下运转，其可靠度为_____时，能够达到或超过的寿命，称为基本额定寿命。

【题 7.36】 对单个轴承而言，能够达到或超过基本额定寿命的概率为_____。

【题 7.37】 一组同一型号滚动轴承在同一条件下运转，有_____% 的轴承在发生疲劳点蚀前能够达到或超过的寿命，称为基本额定寿命。

【题 7.38】 一组同一型号滚动轴承在同一条件下运转,有 90% 的轴承在_____ 前能够达到或超过的寿命,称为基本额定寿命。

【题 7.39】 一组同一型号滚动轴承在_____条件下运转,有 90% 的轴承在发生疲劳点蚀前能够达到或超过的寿命,称为基本额定寿命。

【题 7.40】 当_____时,轴承所能承受的载荷,称为基本额定动载荷。

【题 7.41】 由于向心轴承的基本额定动载荷是在_____载荷下通过试验得到的,因而称为径向基本额定动载荷。

【题 7.42】 由于推力轴承的基本额定的载荷是在_____载荷下通过试验得到的,因而称为轴向基本额定动载荷。

【题 7.43】 考虑到滚动轴承工作中的_____,会使_____,故引入载荷系数。

【题 7.44】 考虑到滚动轴承在温度_____工作时,基本额定动载荷会_____,故引入温度系数。

【题 7.45】 对于向心轴承,当 $F_a/F_r < e$ 时,可以忽略_____。

【题 7.46】 为了使角接触向心轴承的内部轴向力得到平衡,以免轴向窜动,通常这种轴承要_____。

【题 7.47】 通常向心角接触轴承要成对使用,对称安装,是为了使_____。

【题 7.48】 滚动轴承的润滑剂可以是_____、_____或_____。

【题 7.49】 滚动轴承浸油润滑时,油面高度应_____,以免_____和_____。

【题 7.50】 脂润滑因_____,且_____,故便于密封和维护。

【题 7.51】 油润滑的优点是_____,并能_____,主要用于_____或_____的轴承。

【题 7.52】 轴承部件的固定方式主要有_____、_____和_____。

【题 7.53】 在滚动轴承的组合设计中,对于温度变化不大的短轴,宜采用_____的固定方式。

【题 7.54】 在滚动轴承的组合设计中,两端固定方式适用于_____。

【题 7.55】 当在轴承组合设计中采用深沟球轴承作两端固定方式时,通常在_____留出热补偿间隙 $C = $ _____ mm。

【题 7.56】 在滚动轴承组合设计中,对于温度变化较大的长轴,宜采用_____的固定方式。

【题 7.57】 在滚动轴承的组合设计中,一端固定、一端游动的固定方式,适合于_____。

【题 7.58】 选择滚动轴承的密封方法时,应考虑_____、_____、_____、_____等因素。

【题 7.59】 在设计轴承组合时,应考虑_____,以至于进行该工作时不会损坏轴承和其他零件。

【题 7.60】 在进行轴承组合设计时,应考虑有利于轴承装拆,以便在装拆过程中_____。

【题 7.61】 在设计轴承组合时,为便于拆卸轴承内圈,固定内圈的轴肩高度应适当,以便放置拆卸工具的_____。

【题 7.62】 在设计轴承组合时,为便于拆卸轴承外圈,应留出_____,或在壳体上做出放置_____。

【题 7.63】 在轴承部件设计中,应考虑轴承的装拆,避免_____,还应避免_____。

【题 7.64】 轴承组合位置调整的目的是_____。

【题 7.65】 滚动轴承可按速度因数 dn 值来选择润滑,dn 值间接地反映了_____,当 $dn <$ _____时,一般采用_____润滑,超过这一范围时宜采用_____。

【题 7.66】 当 $dn >$ _____时,滚动轴承宜采用油润滑。润滑油的黏度可按_____和_____选取。

三、问答题

【题 7.67】 什么是滚动轴承的极限转速。

【题 7.68】 简述滚动轴承的组成及各组成元件的作用。

【题 7.69】 简述滚动轴承各组成元件的材料及其热处理方式。

【题 7.70】 什么是滚动轴承的角偏差。

【题 7.71】 什么是滚动轴承的寿命?

【题 7.72】 什么是滚动轴承寿命的可靠度?

【题 7.73】 什么是滚动轴承的接触角?

【题 7.74】 当转速很高而轴向载荷不太大时,通常不用推力球轴承而用深沟球轴承来承受纯轴向载荷。为什么?

【题 7.75】 调心轴承具有什么特性?为什么?

【题 7.76】 试说明轴承是如何生成疲劳破坏的?

【题 7.77】 滚动轴承如何形成永久变形的?

【题 7.78】 什么是滚动轴承的不正常失效?怎么产生的。

【题 7.79】 某深沟球轴承受纯径向载荷 F_r 的作用,试绘制径向载荷的分布图。

【题 7.80】 什么是滚动轴承的基本额定寿命?

【题 7.81】 什么是滚动轴承的基本额定动载荷?

【题 7.82】 试说明基本额定寿命 $L(10^6 r)$ 与基本额定动载荷 $C(N)$、当量动载荷 $P(N)$ 之间的关系。

【题 7.83】 什么是当量动载荷?

【题 7.84】 为什么要引入当量动载荷?

【题 7.85】 如何计算当量动载荷?

【题 7.86】 什么是角接触向心轴承的内部轴向力?

【题 7.87】 简述计算角接触向心轴承的轴向载荷的原理。

【题7.88】 什么是角接触向心轴承的压力中心?其位置如何度量?简化计算时如何处理?

【题7.89】 在进行轴承的组合设计时,要解决哪些问题?

【题7.90】 什么是轴承的两端固定方式?

【题7.91】 什么是轴承组合设计中的一端固定,一端游动方式?

【题7.92】 轴承组合设计的一端固定、一端游动方式适用于什么场合?为什么?

【题7.93】 轴承的两端固定方式适用于什么场合?为什么?如何保障?

【题7.94】 滚动轴承润滑的目的是什么?

【题7.95】 如何选择滚动轴承的润滑剂?

【题7.96】 滚动轴承浸油润滑时,如何确定油面高度?为什么?

【题7.97】 脂润滑的优点是什么?

【题7.98】 油润滑有哪些优点?

【题7.99】 简述毛毡圈密封的适用场合。

【题7.100】 简述唇形密封圈密封的适用场合。

【题7.101】 简述间隙密封的适用场合。

【题7.102】 简述迷宫式密封的适用场合。

【题7.103】 简述迷宫式密封的工作原理。

【题7.104】 简述毛毡圈密封的工作原理。

【题7.105】 简述间隙密封的工作原理。

【题7.106】 如果滚动轴承极限转速不能满足要求,可采用哪些措施?(要求答出3项)

【题7.107】 与滑动轴承相比,滚动轴承具有哪些优点和缺点?

【题7.108】 试比较深沟球轴承和圆柱滚子轴承(无挡边)的共同点和差异。

【题7.109】 试比较角接触球轴承和圆锥滚子轴承的共同点和差异。

【题7.110】 试比较调心球轴承和调心滚子轴承的共性和差异。

【题7.111】 试说明滚动轴承代号62203的含义。

【题7.112】 试说明滚动轴承代号7312AC/P6的含义。

【题7.113】 试说明滚动轴承代号7210B的含义。

【题7.114】 试说明滚动轴承代号7005C的含义。

【题7.115】 试说明滚动轴承代号32310B的含义。

【题7.116】 试说明滚动轴承代号N2073E的含义。

【题7.117】 试说明滚动轴承代号NF207的含义。

【题7.118】 简述有骨架唇形密封圈密封的工作原理。

【题7.119】 在设计轴承组合时,如何考虑轴承的拆卸?

【题7.120】 试回答题图7.1中垫片1和垫片2的作用。

【题7.121】 简述调正轴承间隙的方法。

【题7.122】 举例说明什么是轴承组合位置调整。

题图 7.1

四、是非题

【题 7.123】 接触角越大,轴承承受轴向载荷的能力越大。

【题 7.124】 接触角越大,轴承承受径向载荷的能力也越大。

【题 7.125】 滚动轴承类型代号只能用数字表示。

【题 7.126】 滚动轴承 6065 的数字 0 为宽度系列代号。

【题 7.127】 滚动轴承 6203 的轴承内径 $d = 3 \times 5 = 15$ mm。

【题 7.128】 正常工作的滚动轴承的主要失效形式有疲劳点蚀、永久变形、早期磨损、胶合等。

【题 7.129】 受纯径向载荷作用的深沟球轴承,其半圈滚动体不承载,而另半圈的各滚动体承受不同的载荷。

【题 7.130】 对于一个具体的滚动轴承,可以预知其确切的寿命。

【题 7.131】 在相同条件下运转的同一型号的一组轴承中的各个轴承的寿命相同。

【题 7.132】 对于一个具体的滚动轴承,很难预知其确切的寿命。

【题 7.133】 轴承寿命曲线表示轴承的寿命与可靠性之间的关系。

【题 7.134】 在计算向心角接触轴承的轴向载荷 F_a 时,还应考虑由径向载荷 F_r 产生的内部轴向力 F_S。

【题 7.135】 在滚动轴承的组合设计中,两端固定方式适用于工作温度变化不大的短轴。

【题 7.136】 在滚动轴承的组合设计中,两端固定方式适用于工作温度变化较大的长轴。

【题 7.137】 在滚动轴承的组合设计中,两端固定方式中的一个支点可限制轴的双向移动。

【题7.138】 在滚动轴承的组合设计中,对于两端固定方式不需留出热补偿间隙。

【题7.139】 在滚动轴承的组合设计中,一端固定、一端游动方式适用于工作温度变化较大的长轴。

【题7.140】 在滚动轴承的组合设计中,一端固定、一端游动方式中的游动支点不能承受双向轴向载荷。

【题7.141】 在滚动轴承的组合设计中,一端固定、一端游动方式中的固定支点只能承受单向轴承载荷。

【题7.142】 毛毡圈密封适合于油润滑。

【题7.143】 毛毡圈密封适合于脂润滑。

【题7.144】 唇形密封圈密封与密封唇朝向无关。

【题7.145】 唇形密封圈密封与密封唇朝向有关。

【题7.146】 在滚动轴承的组合设计中,一端固定、一端游动方式适用于工作温度变化不大的短轴。

五、计算题

【题7.147】 如题图7.2所示,某轴承部件采用一对7208C轴承,轴承载荷 $F_{r1} = 1\ 000$ N,$F_{r2} = 2\ 060$ N,轴上轴的载荷 $F_A = 880$ N,7208C轴承的 $C_{0r} = 20\ 500$ N,试求轴承内部轴向力和轴向载荷 F_{a1}、F_{a2}。($F_S = 0.4 F_r$)

题图7.2

【题7.148】 已知7208AC轴承的径向载荷 $F_r = 1\ 000$ N,轴向载荷 $F_a = 2\ 280$ N,试求当量动载荷 P。

角接触球轴承当量动载荷的 X、Y

α	e	$F_a/F_r > e$		$F_a/F_r \leq e$	
		X	Y	X	Y
25°	0.68	0.41	0.87	1	0
40°	1.14	0.35	0.57	1	0

【题7.149】 已知7208AC轴承的径向载荷 $F_r = 2\ 600$ N,轴向载荷 $F_a = 1\ 440$ N,试求当量动载荷 P。

第七章 滚动轴承

【题 7.150】 已知径向载荷 $F_r = 2\,300$ N，轴向载荷 $F_a = 425$ N，深沟球轴承 6207 的径向额定静载荷 $C_{0r} = 15\,200$ N，试求当量动载荷 P。

深沟球轴承的当量动载荷的 X、Y 值

$\dfrac{12.3F_a}{C_{0r}}$	e	$F_a/F_r > e$		$F_a/F_r \leq e$	
		X	Y	X	Y
0.172	0.19		2.30		
0.345	0.22	0.56	1.99	1	0
0.689	0.26		1.71		
1.03	0.28		1.55		

【题 7.151】 已知深沟球轴承 6207 的转速 $n = 2\,900$ r/min，当量动载荷 $P = 2\,413$ N，载荷平稳，工作温度 $t < 105$ ℃，要求使用寿命 $L_h = 5\,000$ h，径向基本额定动载荷 $C_r = 25\,500$ N，试校核轴承寿命。

六、结构题

【题 7.152】 完成轴向曲路迷宫式密封结构图。

【题 7.153】 完成径向曲路迷宫式密封结构图。

【题 7.154】 完成间隙密封结构图。

【题 7.155】 完成有骨架密封圈防漏油密封结构图。

【题 7.156】 完成毛毡圈密封结构图。

【题 7.157】 试完成题图 7.3 中的轴承组合。

例图 7.3

7.4 精选习题答案

一、单选择

【题 7.1】 A 【题 7.2】 C 【题 7.3】 B 【题 7.4】 B 【题 7.5】 C 【题 7.6】 B 【题 7.7】 B 【题 7.8】 B 【题 7.9】 D 【题 7.10】 B 【题 7.11】 C

二、填空题

【题7.12】 12 【题7.13】 20 【题7.14】 内圈、外圈、滚动体、保持架

【题7.15】 把滚动体均匀的隔开 【题7.16】 内外滚道为较深的沟槽

【题7.17】 前置代号、基本代号、后置代号 【题7.18】 类型代号、尺寸系列代号、内径代号 【题7.19】 类型、数字、字母 【题7.20】 宽度系列 【题7.21】直径系列

【题7.22】 内径、轴承公称内径尺寸 【题7.23】 疲劳破坏、永久变形

【题7.24】 在滚动体与滚道接触处存在着接触角,公称接触角 $0° < \alpha \leq 45°$

【题7.25】 减小摩擦、减轻磨损

【题7.26】 防止灰尘、水分等进入轴承、阻止润滑剂的流失

【题7.27】 接触式密封、非接触式密封

【题7.28】 高的硬度、高的接触疲劳强度、良好的耐磨性、良好的冲击韧性

【题7.29】 轴向载荷 【题7.30】 疲劳点蚀、寿命 【题7.31】 脉动、接触

【题7.32】 限制滚动轴承在过载或冲击载荷下产生的永久变形

【题7.33】 第一个疲劳扩展迹象、总转数、工作小时数

【题7.34】 确切 【题7.35】 90% 【题7.36】 90% 【题7.37】 90

【题7.38】 发生疲劳点蚀 【题7.39】 同一

【题7.40】 轴承的基本额定寿命为 10^6 r

【题7.41】 纯径向 【题7.42】 纯轴向 【题7.43】 冲击和振动、轴承寿命降低

【题7.44】 高于105℃、有所降低 【题7.45】 轴向载荷 F_a 的影响

【题7.46】 成对使用、对称安装

【题7.47】 轴承的内部轴向力得到平衡,以免轴向窜动

【题7.48】 润滑脂、润滑油、固体润滑剂

【题7.49】 不超过最低滚动体的中心、产生过大的搅油损耗、热量

【题7.50】 润滑脂不易流失、一次充填润滑脂可运转较长时间

【题7.51】 摩擦阻力小、散热、高速、工作温度较高

【题7.52】 两端固定、一端固定一端游动、两端游动 【题7.53】 两端固定

【题7.54】 工作温度变化不大的短轴

【题7.55】 轴承盖与外圈端面之间(0.25~0.35) 【题7.56】 一端固定一端游动

【题7.57】 工作温度变化较大的长轴

【题7.58】 润滑种类、工作环境、温度、密封表面的圆周速度 【题7.59】 轴承装拆

【题7.60】 不至于损坏轴承和其他零件 【题7.61】 钩头

【题7.62】 拆卸高度、拆卸螺钉的螺孔

【题7.63】 在装拆过程中损坏轴承和其它零件、无法拆卸轴承

【题7.64】 使轴上零件具有准确的工作位置

【题7.65】 轴颈的圆周速度、$(1.5~2) \times 10^5$ mm·r/min、润滑脂、润滑油

【题7.66】 $(1.5~2) \times 10^5$ mm·r/min、轴承的速度因数 d_n、工作温度 t

三、问答题

【题 7.67】【答】 滚动轴承在一定载荷和润滑的条件下,允许的最高转速,称为极限转速。

【题 7.68】【答】 滚动轴承一般是由内圈、外圈、滚动体和保持架组成。内外圈上有滚道,当转动时,滚动体将沿着滚道滚动。保持架的作用是把滚动体均匀地隔开。

【题 7.69】【答】 滚动体与内外圈的材料一般用含铬合金钢,热处理硬度为 61~65 HRC。保持架一般用低碳钢,而高速轴承的保持架多采用有色金属或塑料。

【题 7.70】【答】 当滚动轴承的内外圈中心线发生相对倾斜时,其倾斜角称为角偏差。

【题 7.71】【答】 滚动轴承的寿命是指某个套圈或滚动体的材料出现第一个疲劳迹象扩展前,一个套圈相对于另一套圈的总转数,或在某一转速下的工作小时数。

【题 7.72】【答】 一组相同的滚动轴承能够达到或超过规定寿命的百分率,称为轴承寿命的可靠度。

【题 7.73】【答】 答:滚动体与外圈滚道接触点的法线与垂直于轴承轴心线的平面之间的夹角,称为接触角。

【题 7.74】【答】 答:对于推力球轴承,因高速时,滚动体离心力大,与保持架摩擦发热严重,寿命较低,而深沟球轴承有较深的滚道,可承受轴向力,故当转速很高、轴承载荷不太大时,不用推力球轴承,而用深沟球轴承。

【题 7.75】【答】 调心轴承具有调心性能。因调心轴承的外圈滚道表面是以轴承中点为中心的球面,故能调心。

【题 7.76】【答】 轴承转动时,滚动体与滚道接触表面受到按脉动循环变化的接触应力的反复作用,首先在滚动体或滚道的表面下一定深度处产生疲劳裂纹,继而进行扩展到表面,形成疲劳点蚀。

【题 7.77】【答】 当轴承转速很低或间歇摆动时,在很大的静载荷或冲击载荷作用下,使滚动体和滚道接触处产生永久变形,滚道表面形成凹坑,滚动体表面变平。

【题 7.78】【答】 由于使用维护和保养不当,或密封润滑不良等因素,而引起轴承早期磨损、胶合、内外圈和保持架损坏等不正常失效。

【题 7.79】【答】 径向载荷的分布图如解图 7.1 所示。

【题 7.80】【答】 一组同一型号滚动轴承在同一条件下运转,其可靠度为 90% 时,能达到或超过的寿命,称为基本额定寿命。

【题 7.81】【答】 当一套轴承进入运转、工作温度在 100℃ 以下,并且基本额定寿命为 10^6r 时,轴承所能承受的最大载荷,称之为基本额定动载荷。

【题 7.82】【答】 三者之间的关系为 $L = (\frac{C}{P})^\varepsilon$,其中 ε 为寿命指数,对于球轴承 $\varepsilon = 3$,对于滚子轴承 $\varepsilon = 10/3$。

【题 7.83】【答】 当量动载荷为与试验条件相同的假想载荷,在该载荷作用下,轴承具有与实际载荷作用下相同的寿命。

【题 7.84】【答】 基本额定动载荷是在纯径向或纯轴向载荷下确定的,而实际载荷通常是既有径向载荷又有轴向载荷,因此,只有将实际载荷换算成与试验条件相同的载荷后,才能和基本额定动载荷进行比较。

【题 7.85】【答】 当量动载荷的计算公式为 $P = XF_r + YF_a$,式中 F_r、F_a 分别为径向载荷和轴向载荷,X、Y 分别为径向载荷系数和轴向载荷系数。

【题 7.86】【答】 由于向心角接触轴承滚动体与外圈滚道间存在着接触角,当它承受径向载荷时,受载滚动体将产生轴向分力,各滚动体的轴向分力之和,即为轴承的内部轴向力。

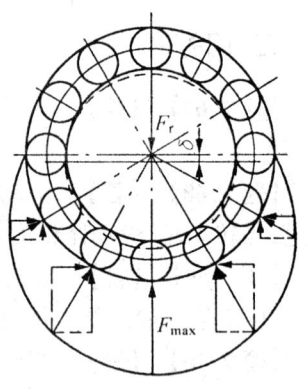

解图 7.1

【题 7.87】【答】 把轴和内圈视为一体,并以它为分离体,依照轴承部件的固定方式,考虑轴系的轴向力平衡,即可确定各轴承的轴向载荷。

【题 7.88】【答】 角接触向心轴承的支反力作用点即为轴承的压力中心。用轴承外圈宽边端面到压力中心的距离 a 来度量,a 可由轴承样本查得。简化计算时,通常取轴承宽度中点为支反力作用点。

【题 7.89】【答】 在进行轴承的组合设计时,要解决的问题有:① 轴承的轴向固定;② 轴承的配合;③ 调整;④ 轴承的装拆;⑤ 润滑与密封。

【题 7.90】【答】 在轴的两个支点中,每个支点各限制轴的单向移动,两个支点合起来能限制轴的双向移动,就是轴承的两端固定方式。

【题 7.91】【答】 这种固定方式是对一个支点进行双向固定以承受双向轴向力,而另一个支点可作轴向自由游动。

【题 7.92】【答】 适用于工作温度变化较大的长轴。因工作温度变化较大的长轴的伸长量较大,故需要游动支点。

【题 7.93】【答】 适用于工作温度变化不大的短轴。因轴的伸长量较小,可用预留热补偿间隙的方法补偿轴的热伸长。

【题 7.94】【答】 滚动轴承润滑的主要目的是减小摩擦与减轻磨损,若在滚动接触处能部分形成油膜,还能吸收振动,降低工作温度和噪声。

【题 7.95】【答】 可按速度因数 dn 值来选择润滑剂。当 $dn < (1.5 \sim 2) \times 10^5$ mm·r/min 时,通常采用脂润滑;当超过时,宜采用油润滑。润滑油的黏度可按速度因数 dn 和工作温度 t 来确定。

【题 7.96】【答】 浸油润滑时,油面高度应不超过最低滚动体的中心,以免产生过大的搅油损耗和热量。

【题 7.97】【答】 脂润滑便于密封和维护,因润滑脂不易流失,且一次填充润滑脂可运转较长时间。

【题 7.98】【答】 油润滑的优点是比脂润滑摩擦阻力小,并能散热。如滚动接触部分形成油膜,还能吸收振动,降低噪声。

【题 7.99】【答】 毛毡圈密封的适用场合:脂润滑、环境清洁、轴颈圆周速度 $v \leq 4 \sim 5$ m/s、工作温度 $t \leq 90$ ℃。

【题 7.100】【答】 唇形密封圈密封的适用场合:脂或油润滑、轴颈圆周速度 $v \leq 7$ m/s、工作温度为 $-40 \sim 100$ ℃。

【题 7.101】【答】 间隙密封的适用场合:脂润滑、干燥清洁环境。

第七章　滚动轴承

【题 7.102】【答】 迷宫式密封的适用场合：脂润滑或油润滑、工作温度不高于密封用脂的滴点。

【题 7.103】【答】 迷宫式密封的工作原理：通过将旋转件与静止件之间的间隙作成迷宫形式，增加间隙的长度，并在间隙中充填润滑油或润滑脂，以加强密封效果。

【题 7.104】【答】 毛毡圈密封的工作原理：矩形断面的毛毡圈安装在轴承盖的梯形槽中，毛毡受梯形槽的侧面的压力而压紧在轴上，从而起到密封作用。

【题 7.105】【答】 间隙密封的工作原理：靠轴与轴承盖间的间隙密封，间隙愈小愈长，效果愈好。通常采取密封间隙 $\delta = 0.1 \sim 0.3$ mm。

【题 7.106】【答】 如果滚动轴承极限转速不能满足要求，可采取的措施有：提高轴承精度，适当加大间隙，改善润滑和冷却条件，选用青铜保持架等。

【题 7.107】【答】 与滑动轴承相比，滚动轴承具有摩擦阻力小、起动灵敏、效率高、润滑简便和易于互换等优点。它的缺点是抗冲击能力较差，高速时出现噪声，工作寿命也不及液体摩擦的滑动轴承。

【题 7.108】【答】 深沟球轴承：主要承受径向载荷，同时也能承受一定量的轴向载荷，轴承能力较低，极限转速高，允许的角偏差较大，价格较低。

圆柱滚子轴承(无挡边)：只能承受径向载荷，不能承受轴向载荷，承载能力较高，极限转速较低，允许角偏差较小，内外圈可分离，价格较高。

【题 7.109】【答】 共同点：能同时承受径向、和单方向轴向联合载荷，成对使用。

差异：角接触球轴承的承载能力较小，极限转速较高，允许的角偏差较大，不能分离，价格较低。圆锥滚子轴承的承载能力较大，极限转速较低，允许角偏差较小，内外圈可分离，价格较高。

【题 7.110】【答】 共同点：都具有调心性能，都能承受较大的径向载荷和少量的轴向载荷。

【题 7.111】【答】

差别：球轴承的承载能力较小，极限转速较高，价格较低。

【题 7.112】【答】

【题 7.113】【答】

【题 7.118】【答】 有骨架唇形密封圈的密封工作原理:有骨架密封圈与轴承盖为紧配合,并因其唇部孔径比轴径小,靠弹性紧套在轴上,从而起到密封作用。安装时密封唇朝壳体内,可防漏油;朝壳体外,可防尘。

【题 7.119】【答】 在设计轴承组合时,用于固定轴承内圈的轴肩高度应适当,以便放下拆卸工具的钩头。对于外圈,应留出拆卸高度,或在壳体上做出放置拆卸螺钉的螺纹孔。

【题 7.120】 【答】 垫片 1 用于调整锥齿轮的轴向位置;垫片 2 用于调整轴承游隙。

【题 7.121】 【答】 轴承间隙的调整方法:① 用加减轴承盖与轴承座之间垫片的厚度进行调整;② 用螺钉通过轴承外圈压盖推动外圈进行调整。

【题 7.122】 【答】 例如,采用套杯与轴承座间的垫片,调整圆锥齿轮的轴向位置,以保证两个节锥顶点重合。

四、是非题

【题 7.123】 ✓	【题 7.124】 ×	【题 7.125】 ×	【题 7.126】 ×
【题 7.127】 ×	【题 7.128】 ×	【题 7.129】 ✓	【题 7.130】 ×
【题 7.131】 ×	【题 7.132】 ✓	【题 7.133】 ✓	【题 7.134】 ✓
【题 7.135】 ✓	【题 7.136】 ×	【题 7.137】 ×	【题 7.138】 ×
【题 7.139】 ✓	【题 7.140】 ✓	【题 7.141】 ×	【题 7.142】 ×
【题 7.143】 ✓	【题 7.144】 ×	【题 7.145】 ✓	【题 7.146】 ×

五、计算题

【题 7.147】 【解】 7208C 轴承的 $\alpha = 15°$,内部轴向力 $F_S = 0.4 \cdot F_r$,则

$$F_{S1} = 0.4 F_{r1} = 0.4 \times 1\,000 = 400 \text{ N}$$

方向如解图 7.2 所示向左

$$F_{S2} = 0.4 F_{r2} = 0.4 \times 2\,060 = 824 \text{ N}$$

方向如解图 7.2 所示向右

$$F_{S2} + F_A = 824 + 880 = 1\,704 > F_{S1}$$

故轴承 1 为压紧端,轴承 2 为放松端。

$$F_{a1} = F_{S2} + F_A = 1\,704 \text{ N}$$
$$F_{a2} = F_{S2} = 824 \text{ N}$$

解图 7.2

【题 7.148】 【解】 7208AC 轴承的接触角 $\alpha = 25°$,查表得 $e = 0.68$,则

$$F_a/F_r = 2\,280/1\,000 = 2.28 > 0.68$$

查表得,$X = 0.41, Y = 0.87$,则
$$P = XF_r + YF_a = 0.41 \times 1\,000 + 0.87 \times 2\,280 = 2\,394 \text{ N}$$

【题 7.149】 【解】 7208AC 轴承的接触角 $\alpha = 25°$。查表得 $e = 0.68$,则
$$F_a/F_r = 1\,440/2\,600 = 0.55 < e$$

查表得 $X = 1, Y = 0$,则
$$P = XF_r + YF_a = 1 \times 2\,600 + 0 = 2\,600 \text{ N}$$

【题 7.150】 【解】
$$\frac{12.3 F_a}{C_{0r}} = \frac{12.3 \times 425}{15\,200} = 0.345$$

查表得,$e = 0.22$,则
$$\frac{F_a}{F_r} = \frac{425}{2\,300} = 0.185 < e$$

查表得,$X = 1, Y = 0$,则
$$P = XF_r + YF_a = 1 \times 2\,300 + 0 = 2\,300 \text{ N}$$

【题 7.151】 【解】 因载荷平稳,故
$$f_P = 1$$

因 $t < 105℃$,故
$$f_t = 1$$

对于球轴承,寿命指数 $\varepsilon = 3$,轴承寿命
$$L_N = \frac{10^6}{60n}\left(\frac{f_t \cdot C}{f_P \cdot P}\right)^\varepsilon = \frac{10^6}{60 \times 2\,900} \times \left(\frac{1 \times 25\,500}{1 \times 2\,413}\right)^3 = 6\,782 \text{ h} > 5\,000 \text{ h}$$

故满足要求。

六、结构题

【题 7.152】 轴向曲路迷宫式密封结构图(解图 7.3)。

【题 7.153】 径向曲路迷宫密封结构图(解图 7.4)。

解图 7.3

解图 7.4

【题 7.154】 间隙密封结构图(解图 7.5)。

解图 7.5

【题 7.155】 有骨架密封圈防漏油密封结构图(解图 7.6)。

【题 7.156】 毛毡圈密封结构图(解图 7.7)。

解图 7.6　　　　　　　　　　　解图 7.7

【题 7.157】 完成的轴承组合(解图 7.8)。

解图 7.8

第八章 滑动轴承

8.1 必备知识与考试要点

8.1.1 主要内容

1. 摩擦及润滑的基本知识
(1) 摩擦的类型。包括干摩擦、边界摩擦、流体(液体或气体)摩擦、混合摩擦。
(2) 润滑的分类。
① 按流体成压方式分：
流体动压润滑，包括 一般流体动压润滑(低副间)和弹性流体动压润滑(高副间)。
流体静压润滑。
② 按成膜状态分：全膜润滑与部分膜润滑。
③ 按润滑剂分：包括液体润滑、气体润滑、半固体润滑和固体润滑。
2. 滑动轴承的特点及适用场合
3. 滑动轴承的结构
(1) 径向滑动轴承。
① 整体式滑动轴承；② 剖分式滑动轴承；③ 单油楔液体摩擦滑动轴承；④ 多油楔(固定或摆动瓦)滑动轴承。
(2) 推力滑动轴承。
① 空心式或单环式推力轴承；② 多环式推力轴承；③ 固定瓦多油楔推力轴承；④ 摆动瓦多油楔推力轴承；
(3) 轴瓦。
① 材料；② 结构。
4. 轴承的润滑
(1) 润滑剂。
① 润滑油；② 润滑脂；③ 其他润滑剂
(2) 润滑方式。
① 间歇性给油；② 连续性给油。
(3) 润滑油的黏度。
① 牛顿黏度定律；② 黏度的几种表示方法：动力黏度、运动黏度、相对黏度；③ 黏温、黏压关系。
5. 流体动力润滑的基本方程(Reynolds 方程)
(1) 基本假设。
(2) 方程的推导。

6. 形成液体摩擦的必要条件
(1) 油楔。
(2) 速度。
(3) 充分供给一定黏度的润滑油。
7. 非液体摩擦滑动轴承的计算
(1) 磨损(限制压强 p) 计算。
(2) 发热(限制 pv 值) 计算。
(3) 验算速度 v。
8. 液体动压径向滑动轴承的成膜过程及性能参数
(1) 成膜过程。
(2) 设定参数 $n;(d、l、C、\alpha);p;\eta$。
(3) 性能参数。
9. 液体动压径向滑动轴承的承载能力和最小油膜厚度
(1) 承载量系数 C_F 及索氏数 S。
(2) 承载量。
(3) 形成全膜润滑的保证($h_{min} \geq K(\delta_1 + \delta_2)$)。
10. 摩擦系数及摩擦特性曲线
(1) 摩擦系数。
(2) 摩擦特性曲线。
11. 液体动压径向滑动轴承的油耗量及温升
(1) 油耗量 Q。
(2) 温升。
12. 液体动压径向滑动轴承的计算步骤和方法
13. 静压轴承简介

8.1.2 重点与难点

(1) 应掌握润滑和滑动轴承的基本知识(主要包括8.1.1中的1、2、4、8、9、12项),在头脑中形成清楚的概念。

(2) 对滑动轴承的基本结构不可忽视(主要包括8.1.1中的第3、4(2) 项),每个结构的特点、作用要搞清楚,特别是常用的典型结构,如整体式及剖分式径向滑动轴承。

(3) Reynolds 方程是流体动力润滑的基本方程,应熟练掌握它的推导、意义和用途。
(4) 要牢记形成液体摩擦和必要条件,并能用 Reynolds 方程来解释每一条。
(5) 要掌握非液体摩擦滑动轴承的计算方法。
(6) 要掌握液体动压径向滑动轴承的计算方法,并结合算例会计算轴承。

8.2 典型范例与答题技巧

下面给出有代表性的关于滑动轴承的题目及其答案:

【例 8.1】 滑动轴承有何特点,它适用于何种场合?

【解】 滑动轴承按运动情况分两类,应分别介绍:

① 非液体摩擦滑动轴承的特点是:结构简单、成本低、摩擦因数大、磨损大、效率低,适用于低速、轻载、不重要的机械,如手动机械、农业机械等。

② 液体摩擦滑动轴承的特点是:摩擦因数小、效率高、工作平稳、可减振缓冲,适用于高速、重载、高精度的机械,如水轮机、汽轮机、大中型发电机、内燃机、轧钢机等;但设计、制造、调整和维护要求高,成本高。

【讨论】 这里必须强调,滑动轴承分两类,它们的特点和应用场合是完全不同的。

【例 8.2】 试介绍剖分式径向滑动轴承的典型结构、特点和应用。

【解】 剖分式径向滑动轴承是最常用的基本结构形式,如例图 8.1 所示,它由轴瓦、轴承盖、轴承座、螺柱及螺母组成。由于瓦为两半,装卸轴较方便。增、减剖分面间的调整垫片厚度,可调整轴承的间隙,以利于形成油膜;轴瓦上的止口是为了对中。润滑油从盖上的油孔注入,此种轴承不易形成完全的液体摩擦。

例图 8.1

【讨论】 要重视结构问题。剖分瓦的目的在于装卸轴方便,且可调整间隙。瓦上的止口又保证了对中。

【例 8.3】 写出 Reynolds 方程,并由此解释形成液体摩擦的必要条件。

【解】 一维的 Reynolds 方程是流体动力润滑的基本方程

$$\frac{dp}{dx} = 6\eta v \frac{h - h_0}{h^3}$$

式中 p——任一点的压力(Pa);

x——运动方向的坐标(m);

η——润滑油的动力黏度(Pa·s);

v——两面的相对速度(m/s);

h、h_0——任一点和最大压力处的油膜厚度(m)。

形成液体摩擦的必要条件是:

(1) 两面要构成油楔,若两面为平行(曲)面,即处处 $h = h_0$,由 Reynolds 方程可知,

$\dfrac{\mathrm{d}p}{\mathrm{d}x} \equiv 0$。这表明处处不能产生压力,即大气压。

(2) 两面要有相当大的带油速度,由 Reynolds 方程看出,$\dfrac{\mathrm{d}p}{\mathrm{d}x}$ 与 v 成正比,若 v 太小或 $v = 0$,都难于或不能产生足够的油膜压力,以形成全膜润滑。

(3) 两面间要不断供给一定黏度的润滑油,与速度 v 类似,在 Reynolds 方程中,$\dfrac{\mathrm{d}p}{\mathrm{d}x}$ 也与 η 成正比,η 不够大,不能连续供油,都难于形成全膜润滑。

【讨论】 这是形成动压润滑必不可少的条件,从理论上要搞清楚。

【例 8.4】 非液体摩擦滑动轴承怎样计算?

【解】 非液体摩擦滑动轴承目前尚没有精确的算法。当前只能按条件性的算法进行计算。

(1) 磨损计算(限制压强 p)。为防止轴承工作面上的油膜被过度破坏,以减轻磨损,常限制工作面投影面上的平均压强 p

$$p = \dfrac{F}{A} \leqslant [p]$$

式中　F——轴承上所受的力(径向轴承为径向力 F_r;推力轴承为轴向力 F_a)(N);

　　　A——工作面的投影面积(m^2)(对径向轴承,$A = dL$,d 为轴径,L 为瓦长;对推力轴承,$A = z\dfrac{\pi}{4}k(d^2 - d_0^2)$,$z$ 为环数,d、d_0 为环的外、内径,k 为油沟对工作面积的减小系数,常取 $k = 0.9 \sim 0.95$);

　　　$[p]$——许用压强,可从有关表中查得。

(2) 发热计算(限制 pv 值)。对长期运转的轴承验算其发热,发热来自摩擦功 $fpvA$,它正比于 pv,因而限制 pv 值

$$pv \leqslant [pv]$$

式中　v——工作面的速度(对于径向轴承,$v = \dfrac{\pi dn}{60 \times 1\,000}$;对于推力轴承,$v$ 按环形面积的平均速度 v_m 来取,$v = v_\mathrm{m} = \dfrac{\pi(d + d_0)}{2 \times 60 \times 1\,000}\,\mathrm{m/s}$);

　　　$[pv]$——许用 pv 值,查有关表。

(3) 验算速度 v。对于长跨距的轴,p 及 pv 可能较小,但轴的误差和挠曲可造成轴与瓦边的接触,局部发热和磨损较大,因而要限制 v,使 $v \leqslant [v]$,$[v]$ 值可查有关数值表。

【讨论】 要弄清每种计算的实际意义,即计算的目的是针对不同的失效形式。

【例 8.5】 说明液体摩擦径向滑动轴承的成膜过程,轴承设计时的设定参数和性能参数(设计要素)。

【解】 径向滑动轴承的成膜过程如例图 8.2 所示。图(a) 为静止状态;图(b) 为启动中;图(c) 为形成液体摩擦后的平衡状态。油膜压力将轴推向滚动的相反方向。它具备形成液摩擦的必要条件,油楔形状为余弦曲线状。

滑动轴承通常有多个未知参数,一般根据工作要求和经验先设定一些参数,然后验算性能参数。这些设定参数有:

(a) $n=0$　　(b) $n>0$　　(c) 形成油膜　　(d) $n\to\infty$

例图 8.2

(1) 转数 n。通常是已知的。

(2) 几何参数。轴径 d(已知)；瓦长 L，按长径比 L/d 来选，L/d 大时，易成膜，承载大，但温升大，通常取 $L/d=0.5\sim1.5$，或查表；轴承承载包角 α，常用 $\alpha=120°$、$180°$、$360°$；半径间隙，$C=R-r$ 或直径间隙 $\Delta=2C=D-d$，相对间隙 $\Psi=\dfrac{C}{R}=\dfrac{\Delta}{d}$，$\Psi$ 小时，易成膜，承载大，但温升大，通常取 $\Psi=0.0003\sim0.003$，或查表。

(3) 压强 $p=F_r/dL$。径向力 F_r 通常是已知的。

(4) 黏度 η。当 n 大、p 小、C 小时，可选较大的 η，否则选小的 η。可查有关的表。

轴承的性能参数或称为轴承的设计要素，它反映了轴承的工作性能，具体有：

(1) 最小油膜厚度 $h_{\min}$。

(2) 摩擦因数 f。

(3) 温升 Δt。

(4) 耗油量 Q。

轴承设计的任务就是使这些性能参数满足许用条件。

【讨论】 本题是要说明液体动压油膜是怎样形成的？在轴承设计时，哪些参数往往是已知或设定的？支配轴承性能的参数有哪些？

【例 8.6】 液体摩擦径向滑动轴承的最小油膜厚度是怎样求出的，它与承载量有何关系？

【解】 径向滑动轴承中最小油膜厚度是由 Reynolds 方程导出的。极坐标下的 Reynolds 方程为

$$\frac{\mathrm{d}p}{\mathrm{d}\phi}=6\frac{\eta V}{r\Psi^2}\cdot\frac{\varepsilon(\cos\phi-\cos\phi_0)}{(1+\varepsilon\cos\phi)^3}$$

式中　ε——偏心率，$\varepsilon=e/C=1-h_{\min}/C$；

　　　ϕ——极角；其他参数同前。

将上式积分，可得油膜任一点 ϕ 处的压力 p_ϕ。然后，将 p_ϕ 的垂直分置 $p_{\phi r}$ 在 ϕ_1 至 ϕ_2 间积分，可得油膜力的垂直分量

$$F_r=\int_{\phi_1}^{\phi_2}p_{\phi r}r\mathrm{d}\phi$$

上式数值积分后，可写为

$$F_r=\frac{\eta VL}{\Psi^2}C_F$$

或写为

第八章 滑动轴承

$$\frac{1}{C_F} = \frac{\eta V L}{F_r \Psi^2} = \frac{\eta \omega}{2p\Psi^2} = S_0$$

C_F 和 S_0 都是无量纲数,C_F 称为承载量系数,代表承载量的大小(S_0 称索氏数),是 ε、L/d 和 α 的函数,通常将 $C_F\left(\dfrac{1}{S_0}\right)$ 值制成图表待查。在 $\dfrac{L}{d}$ 和 α 给定后,C_F(或 S_0)是随 ε 而变化的,即随 $h_{\min} = [C(1-\varepsilon)]$ 而变,即承载量随 $h_{\min}$ 而变。$h_{\min}$ 愈小,C_F 愈大。从数值计算结果(即从图表上)可以看出,最小油膜厚度 $h_{\min}$ 近似地与 $S_0\left(\dfrac{1}{C_F}\right)$ 成正比,准确值可查图表。

【讨论】 $h_{\min}$ 是形成全膜的最重要的一个参数,与承载量基本成反比,与索氏数基本成正比。

【例 8.7】 绘出径向滑动轴承的摩擦特性曲线,并介绍摩擦因数变化的规律。

【解】 滑动轴承中的摩擦力 F_f 是轴面与油粘剪应力的积分和,可由数值积分而得。轴承中的摩擦系数 f 是摩擦力与径向力之比。f 也与 ε、L/d 和 α 有关,可查有关图表。

将摩擦因数 f 与 $\eta v/p$(称摩擦特性数,实际上就是索氏数 $S_0 = \dfrac{\eta v L}{F\Psi^2}$,因轴承尺寸一定,则 d、L 和 Ψ 均一定)绘成曲线,可得轴承摩擦特性曲线,如例图 8.3 所示。它由实验而得,它分边界润滑、混合润滑和液体润滑,这个顺序是启动过程,逆向则是停车过程。

在液体润滑状态下轴承运行是稳定的。如 p 突然增大,则 $\dfrac{\eta v}{p}$ 减小,f 沿曲线下滑而减小,温升减少,η 增大,则 $\dfrac{\eta v}{p}$ 又回升。如果在曲线左边部分的非液体摩擦区,则很不稳定。如 p 突然增大,则 $\dfrac{\eta v}{p}$ 减小,f 沿曲线上升而增大,温升便增大,η 减小,则 $\dfrac{\eta v}{p}$ 将继续减小,使摩擦磨损加大,直至失效。

例图 8.3

【讨论】 要能按摩擦特性曲线说明在液体摩擦状态下,轴承运行是稳定的;而在非液体摩擦状态下,轴承运行是不稳定的。

【例 8.8】 液体动压径向滑动轴承怎样设计计算?

【解】 液体动压径向滑动轴承的设计计算应包括以下内容:

(1) 确定轴承的设定参数。

① 转数 n。

② 几何参数:轴径 d,瓦长 L,半径间隙 C,承载包角 α。

③ 压强 p。

④ 润滑油黏度 η。

(2) 计算最小油膜厚度 $h_{\min}$。按设定参数求出承载量系数,即

$$C_F = \frac{F_r \Psi^2}{\eta v L}$$

式中
$$F_r = pdL, v = \frac{\pi dn}{60\,000}$$

然后按 α 和 L/d 在 $C_F - \varepsilon$ 曲线上查出 ε,求出 $h_{min} = C(1-\varepsilon)$,为保证形成液体摩擦,应使

$$h_{min} \geq [h_{min}] = K(\delta_1 + \delta_2)$$

式中　δ_1 和 δ_2——轴和孔表面的不平度,可按其加工方法,在有关表中查得;

　　　K——可靠性系数,考虑轴的弯曲变形、几何形状误差、安装误差的影响,常取 $K \geq 2$。

如果不满足 $h_{min} \geq [h_{min}]$ 的条件,可改善轴和瓦的表面光洁度或改变设定参数(如 η、Ψ 等)。

(3) 计算温升 Δt。首先应由有关图表按 α、L/d 和 ε 查出轴承摩擦数 $C_F = \frac{f}{\Psi}$ 和流量系数 C_Q;然后计算温升 Δt。

$$\Delta t = \frac{C_F p}{c\rho C_Q} - \frac{\pi K_s}{\Psi v}$$

式中　c、ρ——润滑油的比热容和密度;

　　　K_s——轴承的散热系数。

设 t_i 和 t_0 为轴承进、出油温度,则应使 $t_0 = t_i + \Delta t \leq 60 \sim 70\ ℃$。

若不满足此条件,可改善散热条件或加大油流量等,以确保温升不能太大。

【讨论】　要学会设计计算液体动压滑动轴承,掌握计算内容及参数选择和验算,确保轴承稳定运行。

以上这些典型例题是滑动轴承最基本的内容,应熟练地掌握。答案仅供参考,可根据个人的体会充分发挥。

8.3　精选习题与实战演练

滑动轴承一章的考试复习题,除上节的几个典型范例外,再补充如下:

一、单项选择题

【题 8.1】　双向运转的液体润滑推力轴承中,止推盘工作面应做成题图 8.1 ____ 所示的形状。

题图 8.1

【题 8.2】 滑动轴承计算中限制 pv 值是考虑限制轴承的____。
A.磨损　　B.发热　　C.胶合　　D.塑性变形
【题 8.3】 润滑油在温度升高时,内摩擦力是____的。
A.增加　　B.始终不变　　C.减少　　D.随压力增加而减小
【题 8.4】 当计算滑动轴承时,若 h_{min} 太小,不能满足 $h_{min} > [h_{min}]$ 时,使____可满足此条件。
A.提高轴瓦和轴颈的光洁程度　B.减小长径比 L/d　C.减小相对间隙 Ψ

二、填空题

【题 8.5】 滑动轴承的润滑剂通常有：____,____,____,____。
【题 8.6】 计算液体动压滑动轴承的两个主要性能指标是：____和____。
【题 8.7】 轴瓦常用的材料有：____,____,____,____。
【题 8.8】 黏度常用的表示方法和单位是：____,____;____,____;____,____。

三、问答题（主要问答题见 8.2 节典型范例,再补充如下）

【题 8.9】 比较滑动轴承与滚动轴承的特点和应用场合。
【题 8.10】 试介绍滑动轴承的润滑方法。
【题 8.11】 当计算滑动轴承时,若温升过高,可采取什么措施使温升降低？

四、计算题

【题 8.12】 有一滑动轴承,$d = 120$ mm,$L = 120$ mm,$n = 1\,440$ r/min,$F_r = 20$ kN,$C = 0.05$ mm,$\alpha = 180°$,$\eta_{50℃} = 0.026$ Pa·s,瓦面粗糙度为 $\delta_1 = 0.006\,3$ mm,轴面为 $\delta_2 = 0.003\,2$ mm,试计算其能否形成全膜流体动压润滑？

五、结构题

【题 8.13】 整体式径向滑动轴承的典型结构。
【题 8.14】 多油楔径向滑动轴承的几种典型结构示意图。
【题 8.15】 推力滑动轴承的几种典型结构（非液体摩擦及液体摩擦 – 固定瓦及摆动瓦）。

8.4 精选习题答案

一、单项选择题

【题 8.1】 (c)　【题 8.2】 B　【题 8.3】 C　【题 8.4】 A

二、填空题

【题 8.5】 润滑油,润滑脂,气体润滑剂,固体润滑剂。

【题 8.6】 $h_{\min} \geq [h_{\min}]$ 和 $\Delta t\,℃ \leq [\Delta t\,℃]$。

【题 8.7】 轴承合金,青铜,黄铜,铸铁,非金属材料。

【题 8.8】 动力黏度($Pa\cdot s$);运动黏度(St);恩氏黏度(Et)。

三、问答题

【题 8.9】 笼统地说,滑动轴承多用于两种极端情况:一是不常运转或低速、轻载、不重要的情况,如手动机械和简单的农业机械等,可用非液体滑动轴承,因为它结构简单、成本低、摩擦大、效率低。另一种情况是高速、重载、高精度的重要机械,如水轮机、汽轮机、内燃机、轧钢机、电机等,常采用液体摩擦滑动轴承,因为它摩擦小、效率高、承载能力大、工作平稳、能减振缓冲,但设计、制造、调整、维护要求高、成本高。滚动轴承多用于一般机械。

【题 8.10】 滑动轴承的润滑方法分两类:① 间歇性给油。定期用油枪或油壶向轴承上的各种油嘴、油杯和注油器注油。② 连续性给油。用针阀式油杯、油绳式(或灯芯式)油杯、油环式等只能小量连续供油;采用油泵、浸入油池等方式,可大量供油,不仅保证了润滑,而且还能靠油带走热量,实现降温。

【题 8.11】 可采取以下措施使温升降低:增加散热面积;使轴承周围通风良好;采用水冷油或水冷瓦;采用压力供油,增大油流量;改大相对间隙;换用黏度小的油;减少瓦长等等。

四、计算题

【题 8.12】【解】

(1) 求承载量系数 C_F。

长径比 $\dfrac{L}{d} = \dfrac{120}{120} = 1$

相对间隙 $\Psi = \dfrac{2C}{d} = \dfrac{2 \times 0.05}{120} = 0.00083$

速度 $v = \dfrac{\pi d n}{60 \times 1000} = \dfrac{\pi \times 120 \times 1440}{60 \times 1000} = 9.05 \text{ m/s}$

$$C_F = \dfrac{F_r \Psi^2}{L \eta v} = \dfrac{20000 \times 0.00083^2}{0.12 \times 0.026 \times 9.05} = 0.488$$

(2) 求最小膜厚 $h_{\min}$。由解图 8.1 查得

当 $L/d = 1$、$C_F = 0.488$ 时,$\varepsilon = 0.2$,则

$$h_{\min} = \dfrac{d}{2}\Psi(1-\varepsilon) = \dfrac{120}{2} \times 0.83(1-0.2) = 0.04 \text{ mm}$$

(3) 判断成膜情况,取 $K = 2$,许用最小膜厚

$$[h_{\min}] = K(\delta_1 + \delta_2) = 2 \times (0.0032 + 0.0063) = 0.0019 \text{ mm}$$

则 $h_{\min} > [h_{\min}]$,故可形成全膜。

五、结构题

【题8.13】 整体式径向滑动轴承的典型结构,如解图8.2所示。在轴承孔中可压配以铜瓦,在轴承顶部开有油孔,可定期注油。一般此种轴承只能形成非液体摩擦。

【题8.14】 多油楔径向滑动轴承的几种典型结构示意图如解图8.3~8.5所示。解图8.3为椭圆轴承;解图8.4为固定瓦三油楔轴承;解图8.5为摆动瓦三油楔轴承。

【题8.15】 推力滑动轴承的几种典型结构示意图如解图8.6、8.7、8.8所示。解图8.6(a)为实心式、(b)为空心式、(c)为单环式、(d)为多环式,这些轴承一般只能实现非液体摩擦。解图8.7为固定瓦多油楔推力轴承,图8.8为摆动瓦多油楔推力轴承,它们可形成液体摩擦。

解图8.1　　解图8.2

解图8.3　　解图8.4

解图 8.5

解图 8.6

解图 8.7

解图 8.8

第九章 联轴器、离合器和制动器

9.1 必备知识与考试要点

9.1.1 主要内容

(1) 联轴器的功用与分类;常用联轴器的结构、工作原理、特点及其选择与计算方法。
(2) 离合器的功用与分类;常用离合器的结构、工作原理、特点及其选择与计算方法。
(3) 制动器的功用与分类;常用制动器的工作原理。

9.1.2 重点与难点

各类常用联轴器、离合器和制动器的结构、工作原理、特点及其选用。

9.2 典型范例与答题技巧

【例9.1】 电动机与齿轮减速器之间用联轴器相连,已知电动机输出功率 $P = 4$ kW,转速 $n_m = 1\ 440$ r/min,电动机外伸轴直径 $d_电 = 32$ mm,减速器输入轴直径 $d = 28$ mm,试选择联轴器的类型及其型号。

【解】 因为电动机的转速较高,要求所选的联轴器应具有吸收振动和缓解冲击的能力,而且能补偿两轴间的相对位移,因此选用弹性柱销联轴器。

选载荷系数 $K = 1.5$,则计算转矩

$$T_c = KT = 1.5 \times 9\ 550 \times \frac{P}{n_m} = 1.5 \times 9\ 550 \times \frac{4}{1\ 440} = 39.8\ \text{N} \cdot \text{m}$$

又因 $d_电 = 32$ mm, $d = 28$ mm,查设计手册,选用 LX2 型弹性柱销联轴器。

【例9.2】 有一圆锥摩擦离合器如例图9.1所示,已知圆锥摩擦面的摩擦因数为 f,接触母线长为 b,平均直径为 D_m,锥顶半角为 α,载荷系数为 K。

(1) 设所传递的转矩为 T,求所需加的操纵力 $F_Q = ?$

(2) 若 $f = 0.12$,求 α 角的选用范围。

(3) 若摩擦面的许用压强为 $[p]$,求该圆锥摩擦离合器所能传递的最大转矩 $T_{max} = ?$

例图 9.1

【解】 (1) 在半离合器上施加轴向操纵力 F_Q 后,使圆锥摩擦面上产生正压力 N 和沿圆锥接触母线方向的摩擦力 fN,由轴向力的平衡关系可得

$$F_Q = N\sin \alpha + fN\cos \alpha \tag{a}$$

当主动轴回转时,则在圆锥摩擦面的圆周方向又有摩擦力 fN,即圆周力。为了能够正常工作,应使摩擦力矩大于或等于所传递的计算转矩,即

$$fN \cdot \frac{D_m}{2} \geqslant KT$$

故

$$N \geqslant \frac{2KT}{fD_m} \qquad (b)$$

将式(b)代入式(a),则得操纵力

$$F_Q = \frac{2KT}{D_m}\left(\frac{\sin \alpha}{f} + \cos \alpha\right) \qquad (c)$$

(2) 因为 $f < 1$,从式(c)中可以看出,α 减小时所需的操纵力 F_Q 也减小。离合器分离时,沿圆锥接触母线方向的摩擦力成为阻力,为使分离容易,锥面不应自锁,即

$$N\sin \alpha > fN\cos \alpha$$
$$\tan \alpha > f$$

当 $f = 0.12$ 时,则 $\alpha > 6.84°$。

(3) 离合器摩擦面上的压强为

$$p = \frac{2KT}{\pi f D_m^2 b} \leqslant [p]$$

$$T_{max} = \frac{\pi f D_m^2 b}{2K}[p]$$

9.3 精选习题与实践演练

一、填空题

【题 9.1】 联轴器可分为_____、_____和_____三大类。

【题 9.2】 联轴器根据_____、_____和_____从标准中选择联轴器的型号和尺寸。

【题 9.3】 凸缘联轴器是_____联轴器,适用于_____。

【题 9.4】 角位移最大的联轴器是_____,允许两轴发生较大综合位移的联轴器是_____。

【题 9.5】 牙嵌离合器的牙形有_____、_____和_____,其中应用越广泛的是_____牙形。

【题 9.6】 常用的自动离合器有_____、_____和_____。

【题 9.7】 按照工作状态制动器为_____和_____两大类。

【题 9.8】 制动器通常安装在_____轴上,以减小_____。

二、简答题

【题 9.9】 联轴器和离合器的工作原理有何异同?

【题 9.10】 如何选择联轴器的类型和型号?

【题 9.11】 齿式联轴器为什么能补偿综合位移?
【题 9.12】 自动离合器有几类,试述它们的工作原理。
【题 9.13】 试述设计离合器的基本要求。
【题 9.14】 牙嵌离合器的主要失效形式是什么?设计计算准则是什么?

9.4 精选习题答案

一、填空题

【题 9.1】 刚性联轴器、无弹性元件的挠性联轴器和有弹性元件的挠性联轴器。
【题 9.2】 轴的直径 d、轴的转速 n 和计算转矩 $T_c = KT$。
【题 9.3】 刚性联轴器,两轴对中性较高的场合。
【题 9.4】 万向联轴器,齿式联轴器。
【题 9.5】 三角形、梯形、锯齿形,梯形。
【题 9.6】 安全离合器、离心式离合器和定向离合器。
【题 9.7】 常闭式制动器和常开式制动器。
【题 9.8】 高速,制动力矩。

二、回答题

【题 9.9】【答】 联轴器和离合器都能实现两轴的连接与分离,并进行运动和动力的传递,但是联轴器必须在停机状态通过拆或装才能使被连接的两轴实现分离或结合;而离合器则可在工作状态使两轴随时实现结合或分离。

【题 9.10】【答】 选择联轴器的类型主要要考虑两轴的工作条件,如转速、载荷的大小和性质;两轴的对称情况,以及各类联轴器的特点与应用。而联轴器的类型确定后,便可根据轴的直径 d、轴的转速 n 和计算转矩 $T_c = KT$ 从标准中选择所需的型号和尺寸。

【题 9.11】【答】 齿式联轴器由两个具有外齿的半联轴器和两个具有内齿的外壳通过螺栓连接固连起来,由于外齿轮的齿顶制成球面(球面中心位于轴线上),齿侧又制成鼓形,而且齿侧间隙较大,所以齿式联轴器能补偿两轴间的综合位移,即径向位移、轴向位移和角位移。

【题 9.12】【答】 自动离合器分为安全离合器、离心离合器和定向离合器三类,安全离合器是当转矩超过允许数值时能自动分离;离心离合器是当主动轴的转速达到某一定值时就自动接合或分离;而定向离合器是当按某一个方向转动时,离合器处于接合状态,反向时则自动分离。

【题 9.13】【答】 设计离合器时的基本要求是:接合与分离要迅速可靠;接合要平稳;操纵要方便、省力;调节维护方便;尺寸小,质量小;耐磨性、散热性好等。

【题 9.14】【答】 牙嵌离合器的主要失效形式是牙根的弯断和牙齿面磨损。针对这两种失效形式,其设计计算准则是:为防止牙根弯断,应限制牙根弯曲强度,即 $\sigma_b \leq [\sigma]_b$;为防止牙齿面发生严重磨损,应限制牙齿面的压强,即 $p \leq [p]$。

第十章 弹 簧

10.1 必备知识与考试要点

10.1.1 主要内容

(1) 弹簧的功用和类型。
(2) 弹簧的材料、制造及许用应力。
(3) 圆柱形螺旋弹簧的设计:几何参数、特性曲线、强度和刚度等。

10.1.2 重点与难点

圆柱形压缩(拉伸)螺旋弹簧的设计计算。

10.2 典型范例与答题技巧

【解 10.1】 举例说明弹簧的主要功用。
【答】 弹簧的主要功用有:
(1) 控制机构的运动,如离心式离合器中的控制弹簧、内燃机气缸的阀门弹簧等。
(2) 减振缓冲,如汽车、火车车厢下的减振弹簧及自行车车座下的减振弹簧等。
(3) 储存及输出能量,如钟表弹簧及枪闩弹簧等。
(4) 测力的大小,如弹簧称、测力器等。

【例 10.2】 有一圆柱螺旋压缩弹簧,已知受压力 $F_1 = 100$ N 时,弹簧高度 $H_1 = 80$ mm;受压力 $F_2 = 150$ N 时,弹簧高度 $H_2 = 60$ mm,求此弹簧的刚度,并画出该弹簧的特性曲线。

【解】 (1) 弹簧的刚度为

$$K_F = \frac{F_2 - F_1}{H_1 - H_2} = \frac{150 - 100}{80 - 60} = 2.5 \text{ N/mm}$$

弹簧变形量

$$h = H_1 - H_2 = 20 \text{ mm}$$

(2) 弹簧受压力 $F_1 = 100$ N 时的变形量为

$$\lambda_1 = F_1/K_F = 100/2.5 = 40 \text{ mm}$$

(3) 弹簧在外载荷为零时的自由高度为

$$H_0 = H_1 + \lambda_1 = 80 + 40 = 120 \text{ mm}$$

此弹簧的特性曲线如例图 10.1 所示。

例图 10.1

10.3 精选习题与实践演练

一、选择题

【题 10.1】 圆柱螺旋拉伸弹簧所受的主要是_____应力。
A. 弯曲　　　　B. 扭转　　　　C. 压缩　　　　D. 拉伸

【题 10.2】 在下列材料中，不宜用于制造弹簧的是_____
A. Q235　　　　　　　　　　　　B. 65Mn
C. 60Si2Mn　　　　　　　　　　D. 碳素弹簧钢丝

【题 10.3】 圆柱螺旋弹簧的旋绕比（弹簧指数）$C = $ _____
A. D/d（D— 弹簧中径，d— 弹簧丝直径）　B. d/D
C. D_1/d（D_1— 弹簧内径）　　　　　　　　D. D_2/d（D_2— 弹簧外径）

【题 10.4】 弹簧的直径 d 是根据弹簧的_____计算确定的，弹簧的工作圈数是根据弹簧的_____计算确定的。
A. 强度　　　　B. 稳定性　　　　C. 刚度　　　　D. 旋绕比

【题 10.5】 圆柱螺旋压缩弹簧的工作圈数增加 1 倍，外载荷和弹簧的其它参数不变时，则其弯形量为原来的_____。
A. 1/2　　　　B. 2 倍　　　　C. 4 倍　　　　D. 8 倍

【题 10.6】 汽车内燃机阀门弹簧的功用是_____。
A. 吸振缓冲　　B. 储能　　　　C. 控制运动　　D. 测力

【题 10.7】 有两个弹簧，其刚度分别为 K_{FA} 和 K_{FB}，如果将两弹簧串联使用，则联合使用的弹簧刚度为_____；如果两弹簧并联使用，则联合使用的弹簧刚度为_____。
A. K_{FA}　　　　　　　　　　B. K_{FB}
C. $K_{FA} + K_{FB}$　　　　　　D. $K_{FA}K_{FB}/(K_{FA} + K_{FB})$

【题 10.8】 有些弹簧采用喷丸处理，其目的是为了提高弹簧的_____。
A. 疲劳强度　　　　　　　　　　B. 刚度
C. 静强度　　　　　　　　　　　D. 抗腐蚀性

二、填空题

【题 10.9】 弹簧的主要功用是_____、_____、_____和_____。

【题 10.10】 按弹簧所受的载荷分类，弹簧可分为_____、_____、_____和_____四种。

【题 10.11】 用冷卷法制造的弹簧，弹簧丝的直径_____，其热处理方法常采用_____，并安排在弹簧绕制之_____（前？后？）。

【题 10.12】 用热卷法制造的弹簧，弹簧丝的直径_____，其热处理方法常采用_____，并安排在弹簧绕制之_____（前？后？）。

【题 10.13】 圆柱螺旋弹簧的直径 d 是根据弹簧的_____计算确定的，而弹簧的工

作圈数 n 是根据弹簧的_____计算确定的。

【题 10.14】 圆柱螺旋弹簧的旋绕比 C = _____，其常用的取值范围是_____。

【题 10.15】 若载荷和弹簧的其它参数不变，弹簧的中径 D 越大，则弹簧的剪切应力 τ 越_____，而变形越_____。

【题 10.16】 圆柱螺旋压缩弹簧的刚度不足时，在设计中可以修改的参数有_____、_____和_____（举出3个即可）。

【题 10.17】 对弹簧丝直径较大的圆柱螺旋压缩弹簧，其端部结构应采用_____，其目的是_____。

【题 10.18】 常用的弹簧材料有_____、_____、_____和_____（举出4种即可）。

【题 10.19】 圆柱螺旋压缩弹簧受力 F_1 = 100 N 时，弹簧长度 L_1 = 40 mm，受力 F_2 = 200 N，弹簧长度 L_2 = 20 mm，则弹簧的刚度 K_F _____。

【题 10.20】 圆柱螺旋压缩弹簧的工作圈数 n、支承圈数 n_2 和总圈数 n_1 之间的关系式是_____。

三、问答题

【题 10.21】 影响圆柱螺旋弹簧强度、刚度及稳定性的主要因素是什么？为提高弹簧的强度、刚度及稳定性可采用哪些措施？

【题 10.22】 现有两个圆柱螺旋压缩弹簧 A、B，设它们的弹簧丝直径、材料及工作圈数均相同，仅中径 $D_A > D_B$，试问：

(1) 当承受的载荷 F 相同时，哪个弹簧的变形大？哪个弹簧所受的剪切应力大？

(2) 当载荷 F 以相同的大小连续增加时，哪个弹簧先断？为什么？

【题 10.23】 何谓弹簧的特性曲线？有何作用？

【题 10.24】 在螺旋弹簧的强度计算中为什么要引入曲度系数 K？其值如何计算？

10.4 精选习题答案

一、选择题

【题 10.1】 B 【题 10.2】 A 【题 10.3】 A 【题 10.4】 A,C 【题 10.5】 B 【题 10.6】 C 【题 10.7】 D,C 【题 10.8】 A

二、填空题

【题 10.9】 控制运动、吸振缓冲、储存能量、测力。

【题 10.10】 拉伸、压缩、扭转、弯曲。

【题 10.11】 较小（$d < 8$ mm），低温回火处理，后。

【题 10.12】 较大（$d \geq 8$ mm），淬火及回火处理，后。

【题 10.13】 强度，刚度（或变形）。

【题 10.14】 D/d, 4~16。

【题 10.15】 大, 大。

【题 10.16】 加大弹簧丝直径 d, 减少工作圈数, 减小旋绕比。

【题 10.17】 端部并紧并磨平, 使两端支承面与轴线垂直, 避免受载时发生歪斜。

【题 10.18】 碳素弹簧钢丝, 合金弹簧钢丝, 不锈钢弹簧钢丝, 铜合金弹簧钢丝。

【题 10.19】 0.2 N/mm。

【题 10.20】 $n_1 = n + n_2$。

三、问答题

【题 10.21】【答】 影响圆柱螺旋弹簧强度的主要因素有:材料及其载荷种类(影响 $[\tau]$)、载荷 F、弹簧丝直径 d 及旋绕比 c。提高弹簧强度的有效措施是:加大弹簧丝直径 d, 采用强度高的材料, 适度减小旋绕比 c。

影响弹簧刚度的主要因素有:弹簧丝直径 d、旋绕比 c 和工作圈数 n。提高弹簧刚度的有效措施是:加大弹簧丝直径 d, 减小工作圈数 n, 适度减小旋绕比。

影响弹簧稳定性的主要因素是高径比 $b = H_0/D$ 和刚度、支承形式, 为提高弹簧的稳定性, 可增加 D, 从而减少高径比 b, 采用两端固定式支承或加导杆或导套。

【题 10.22】【答】 (1) 由 $\lambda = \dfrac{8FD^3 n}{Gd^4}$ 可知, $D_A > D_B$, 故 $\lambda_A > \lambda_B$。

而由 $\tau = K\dfrac{8FD}{\pi d^3}$ 及 $(KD)_A > (KD)_B$, 故 $\tau_A > \tau_B$。

(2) 由(1)可知弹簧 A 先断。

【题 10.23】【答】 表示弹簧所受的载荷与相应变形之间关系的曲线称为弹簧的特性曲线。弹簧的特性曲线是检验和试验弹簧时的依据, 因此要绘制在弹簧的工作图中。

【题 10.24】【答】 在螺旋弹簧的强度计算中引入曲度系数的目的就是要考虑弹簧升角、曲率及切向力引起的切应力 τ_F 对弹簧丝中扭剪应力的影响。$K = \dfrac{4c-1}{4c-4} + \dfrac{0.615}{c}$, 式中 c 为旋绕比。

附 录

2007~2013年重点高校硕士研究生入学机械设计基础考试题及其参考答案(答案仅为机械设计部分)

2007年硕士研究生入学考试试题1

一、单项选择题(每小题3分,共18分)

1. 为了减轻摩擦副的表面疲劳磨损,下列措施中_____不是正确的措施。
   A. 合理选择表面粗糙度　　　　　　B. 合理控制相对滑动速度
   C. 合理选择表面硬度　　　　　　　D. 合理选择润滑油黏度

2. V带传动设计中,限制小带轮的最小直径主要是为了_____。
   A. 使结构紧凑　　　　　　　　　　B. 限制弯曲应力
   C. 保证带和带轮接触面间有足够摩擦力　D. 限制小带轮上的包角

3. 自行车的前、中、后轴_____。
   A. 都是转动心轴　　　　　　　　　B. 都是转轴
   C. 分别是固定心轴、转轴和固定心轴　D. 分别是转轴、转动心轴和固定心轴

4. 一角接触球轴承,内径85 mm,宽度系列0,直径系列3,接触角15°,公差等级为6级,游隙2组,其代号为_____。
   A. 7317B/P62　　　　　　　　　　B. 7317AC/P6/C2
   C. 7317C/P6/C2　　　　　　　　　D. 7317C/P62

5. 材料为45钢经调质处理的轴由计算发现处于危险的共振区,解决的措施应当是_____。
   A. 采用其他钢材　　　　　　　　　B. 采取表现硬化处理
   C. 改变表面粗糙度　　　　　　　　D. 改变轴的直径

6. 一材料为45钢要达到6级精度的硬齿面齿轮,其制造工艺过程可在齿坯加工以后顺序进行_____。
   A. 滚齿、表面淬火、磨齿　　　　　B. 滚齿、磨齿、表面淬火
   C. 插齿、磨齿、剃齿　　　　　　　D. 插齿、磨齿、珩齿

二、问答题(每小题 8 分,共 32 分)

1. 简述常用的几个参数:材料的弹性模量 E、剪切模量 G、泊松比 γ 的物理意义是什么?

2. 简述齿轮传动、带传动、链传动的优缺点?

3. 按当量弯矩计算轴的强度时,公式 $M_e = \sqrt{M^2 + (\alpha T)^2}$ 中,α 的含义是什么?如何取值?

4. 为什么连续闭式蜗杆传动必须进行热平衡计算?可采用哪些措施来改善散热条件?

三、分析与计算题(共 90 分)

1.(10 分) 计算图 1 所示机构自由度。

图 1

2.(10 分) 如图 2 所示,一铰链四杆机构的示意图,已知机架的长度 $L_{AD} = 100$ mm,摇杆的长度 $L_{CD} = 75$ mm,工作要求当机架 AD 和摇杆 CD 的夹角为 45° 时,摇杆 CD 到达其一个极限位置,且要求行程速度变化系数 $K = 1.5$,试设计此机构,并用作图法求出曲柄和连杆的长度 L_{AB} 和 L_{BC}。

图 2

3.(15 分) 已知一减速器某直齿齿轮采用单个圆头普通平键与轴连接,装齿轮处轴径 $d = 70$ mm,需要传递的转矩 $T = 2\,200$ N·m,键的长度 90 mm,宽度 20 mm,高度 12 mm,齿轮、键、轴的材料都为锻钢,其许用挤压应力为 110 MPa。

(1) 按挤压应力校核键连接的强度;

(2) 如果强度不足,在不改变键结构尺寸、材料的情况下,提出改进措施,加以验证。

4.(15 分) 传动轴由一对 6313 深沟球轴承支承($C_r = 93\,800$ N,$C_{0r} = 60\,500$ N),两轴承受力分析分别为 $F_{r1} = 5\,500$ N,$F_{a1} = 2\,700$ N,$F_{r2} = 6\,000$ N,$F_{a2} = 0$,轴转速 $n = 1\,250$ r/min,运转时有轻微冲击,预期寿命 $L'_h \geq 5\,000$ h,静载荷安全系数 $S_0 \geq 1.2$。① 计算轴承寿命,f_P 取 1.2,e 取 0.244,X_1 取 0.56,Y_1 取 1.83;② X_{01} 和 Y_{01} 分别取 0.6 和 0.5,计算静载荷,是否安全?

5.(20 分) 如图 3 所示的二级斜齿圆柱齿轮减速器中,已知高速级齿轮 $z_1 = 21$、$z_2 = 52$,模数 $m_{nI} = 3$ mm,$\beta_I = 12°7'43''$;低速级齿轮 $z_3 = 27$、$z_4 = 54$,模数 $m_{nII} = 5$ mm,输

入功率 $P_1 = 10$ kW,$n_1 = 1\,450$ r/min。齿轮啮合效率 $\eta_1 = 0.98$,滚动轴承效率 $\eta_2 = 0.99$。求:

(1) 低速级小齿轮的齿(旋)向,要使中间轴上的轴承所受的轴向力最小;

(2) 低速级斜齿轮分度圆螺旋角 β_{II} 为多少度时,中间轴上的轴承所受的轴向力完全抵消;

(3) 各轴转向及所受转矩。

6.(20 分)已知齿轮传动机简图如图 4 所示,轮 8 和轮 9 为同一构件,8 为外齿轮,9 为内齿轮,轮 11 为固定件,各齿轮均为 $m = 2$ 的标准圆柱齿轮。各齿轮齿数分别 $z_1 = 20$、$z_2 = 40$、$z_3 = 120$、$z_4 = 20$、$z_6 = 40$、$z_7 = 40$、$z_9 = 80$、$z_{10} = 2$、$z_{12} = 20$,试求 $i_{I\,II} = \dfrac{\omega_I}{\omega_{II}}$。

图 3

图 4

四、结构改错题(共 10 分)

标出图 5 齿轮轴轴系上的错误结构并逐条加以简单分析。轴承采用脂润滑。

图 5

2007年硕士研究生入学考试试题1参考答案

一、单项选择题

1.B 2.B 3.C 4.D 5.D 6.A

二、简答题

1.材料的弹性模量 E：产生单位应变时所需的应力，是反映材料对弹性变形抵抗能力的一个性能指标。

剪切模量 G：在弹性范围内一点的切应力与相应的切应变成正比，其比例系数为 G。

泊松比 ν：在比例极限内，横向应变 ϵ_y（或 ϵ_z）与纵向应变 ϵ_x 之比为一常量。用 ν 表示。这一比例的绝对值，则 $\nu = |\frac{\epsilon_y}{\epsilon_x}|$，称为 ν 为横向变形系数或泊松比。

2.齿轮传动的优点：瞬时传动比恒定；传动效率高；传动功率大；使用寿命长；结构紧凑；工作可靠；适用范围广。

齿轮传动的缺点：不宜用于轴间距离过大的传动；精度低时传动噪音大；加工成本高。

带传动的优点：传动带具有弹性和挠性，能吸收振动、缓和冲击，传动平稳，噪音小。当过载时，打滑可起到过载保护的作用，适用于传动中心距较大的场合，结构简单，制造安装维护方便。

带传动的缺点：由于有弹性滑动的存在，不能保证准确的传动比；结构尺寸较大，效率较低，寿命较短；有较大压轴力；传动带由有机材料组成，不宜在易燃、易爆、高温、酸碱油环境下工作。

链传动的优点：能保持准确的平均传动比，需要的张紧力小，作用在轴上的压力小；结构紧凑，能在温度较高、有油污等恶劣环境下工作，制造安装精度低，当中心距较大时，其传动结构简单、成本低。

链传动的缺点：瞬时链速和瞬时传动比不是常数。传动平稳性较差，工作中有一定的冲击和噪音，不能用于高速。

3.α 是根据扭矩性质而定的折算系数。对于不变的转矩：$\alpha = 0.3$；当转矩脉动时 $\alpha \approx 0.6$；当频繁正反转时，$\alpha \approx 1$。若转矩变化规律不清楚，按脉动处理。

4.由于蜗杆传动的传动效率低，工作时发热量大，在闭式蜗杆传动中，如果产生的热量不能及时散逸，油温将不断升高，使润滑油黏度降低，润滑条件恶化，加剧齿面磨损，甚至发生胶合，因此对闭式蜗杆传动，要进行热平衡计算，以将油温限制在规定的范围内。

常用的改善措施：① 合理设计箱体结构，铸上或焊上的散热片，以增大散热面积；② 在蜗杆轴上安装风扇，进行人工通风；③ 在箱体油池中装设蛇形冷却水管；④ 采用压力喷油循环润滑。

三、分析计算题

3.解 （1） $\sigma_p = \dfrac{2T}{h(L-b)d} = \dfrac{2 \times 2\,200 \times 10^3}{12 \times (90-20) \times 70} = 75$ MPa < 110 MPa，强度足够。

4. 解 (1) $P_1 = X_1 F_{r1} + Y_1 F_{a1} = 0.56 \times 5\,500 + 1.83 \times 2\,700 = 8\,021 \text{ N}$

$P_2 = X_1 F_{r2} + Y_1 F_{a2} = 0.56 \times 6\,000 + 1.83 \times 0 = 3\,360 \text{ N}$

$$L_{h1} = \frac{10^6}{60n}\left(\frac{C_r f_t}{P_1 f_P}\right)^3 = \frac{10^6}{60 \times 1\,250} \times \left(\frac{93\,800 \times 1}{8\,021 \times 1.2}\right)^3 = 1.23 \times 10^4 \text{ h}$$

$$L_{h2} = \frac{10^6}{60n}\left(\frac{C_r f_t}{P_2 f_P}\right)^3 = 1.68 \times 10^5 \text{ h} > l'_h$$

$L_{h1} < L_{h2}$，取 L_{h1} 为轴承寿命。

(2) $P_{01} = X_0 F_{r1} + Y_0 F_{a1} = 0.6 \times 5\,500 + 0.5 \times 2\,700 = 4\,650 \text{ N}$

由于 $F_{r1} = 5\,500 \text{ h} > P_{01} = 4\,650 \text{ N}$

则取 $P_{01} = 5\,500 \text{ N}$

$F_{02} = F_{r2} = 6\,400 \text{ N}$

由于 $P_{02} = 6\,400 > P_{01} = 5\,500 \text{ N}$

则取 $P_0 = 6\,400 \text{ N}$

$C_{0r} = 60\,500 > S_0 P_0 = 1.2 \times 6\,400 = 7\,680 \text{ N}$

所以轴承静强度安全。

5. 解 (1) 左旋

(2) 由题意知 $F_{a2} = F_{a3}$，即

$$F_{t2}\tan\beta_I = F_{t3}\tan\beta_{II} \qquad \tan\beta_{II} = \frac{F_{t2}}{F_{t3}} \cdot \tan\beta_I$$

由 II 轴的力矩平衡得

$$F_{t2} \cdot \frac{d_2}{2} = F_{t3} \cdot \frac{d_3}{2}$$

则 $\tan\beta_{II} = \frac{F_{t2}}{F_{t3}}\tan\beta_I = \frac{d_3}{d_2}\tan\beta_I = \frac{m_{nIII}z_3/\cos\beta_{II}}{m_{nI}z_2/\cos\beta_I} \cdot \tan\beta_I$

得 $\sin\beta_{II} = \frac{m_{nIII}z_3}{m_{nI}z_2}\sin\beta_I = \frac{5 \times 27}{3 \times 52}\sin\beta_I = 0.181\,823\,1$

则 $\beta_{II} = 10°28'34''$

(3) $T_1 = \dfrac{p_1 \times 9\,550 \times 10^6}{n_1} = \dfrac{10 \times 9\,550}{1\,450} = 65.9 \text{ N·m}$

$T_2 = i\eta_1\eta_2 T_1 = \dfrac{z_2}{z_1}\eta_1\eta_2 T_2 = \dfrac{52}{21} \times 0.98 \times 0.99 \times 65.9 = 158.3 \text{ N·m}$

$\dfrac{T_2}{d_3} = \dfrac{T_3}{d_4} \Rightarrow T_3 = T_2 \cdot \dfrac{d_4}{d_3} = T_2 \times \dfrac{54}{27} = 316.6 \text{ N·m}$

轴 II 为顺时针转，轴 III 为逆时针转。

四、结构改错题

① 端盖处应加调整垫片，调整轴承游隙。

② 轴肩定位不能高于轴承内圈，不好拆轴承。

③ 与齿轮轮毂配合处的轴段长度应小于轮毂宽 2~3 mm。

④ 链过长,链槽应在轴段内。
⑤ 套筒外径尺寸不能超过轴承内圈外径。
⑥ 联轴器的轴段应与前一段分开,不能在同一轴段上,此处应有轴肩。
⑦ 联轴器和轴应用链连接,而且联轴器与轴配合的孔应为通孔。
⑧ 与轴承配合的轴段长度太长,不便于轴承的装拆。
标号见原题图。

2007年硕士研究生入学考试试题2

一、选择填空(每题只选一个最合适的答案)(30分)

1. 两构件通过_____接触组成的运动副称为低副。
   A. 面　　　　　B. 点或线　　　　C. 面或线
2. 螺纹的公称直径是指它的_____。
   A. 外径 d　　　B. 中径 d_2　　　C. 内径 d_1
3. 凸轮机构滚子半径 r 必须_____外凸理论廓线的最小曲率半径。
   A. 大于　　　　B. 小于　　　　C. 等于
4. 键的剖面尺寸根据_____选择。
   A. 轮毂的长度　　　　　　　B. 传递转矩的大小
   C. 传递功率的大小　　　　　D. 轴的直径
5. 合金钢对应力集中的敏感程度比碳钢_____。
   A. 大　　　　　B. 小　　　　　C. 相同
6. 渐开线标准直齿圆柱齿轮的正确啮合条件是_____相等。
   A. 模数　　　　B. 分度圆压力角　　　C. 基圆齿距
7. 开式齿轮传动中,轮齿最常见失效形式为_____。
   A. 轮齿折断　　B. 齿面磨损　　C. 齿面点蚀　　　D. 齿面胶合
8. 极限转速最高的轴承是_____。
   A. 深沟球轴承　　B. 圆锥滚子轴承　　C. 圆柱滚子轴承
9. 蜗杆传动的效率一般比齿轮传动的效率_____。
   A. 高　　　　　B. 低　　　　　C. 基本一样
10. 跨距较大,承受较大径向力,轴的弯曲刚度较低时应选_____。
    A. 深沟球轴承　　B. 圆柱滚子轴承　　C. 调心球轴承
11. 当转速较高、所传递的转矩不大、需频繁启动,且两轴较难对中时,宜选用_____联轴器。
    A. 凸缘联轴器　　　　　　　B. 十字滑块联轴器
    C. 弹性套柱销联轴器　　　　D. 齿式联轴器
12. 经调质处理的45钢制轴,验算刚度时发现不足,合理的改进方法是_____。
    A. 改用合金钢　　B. 改变热处理方法　　C. 加大直径
13. 正变位齿轮的分度圆齿厚_____标准齿轮的分度圆齿厚。

A. 小于   B. 等于   C. 大于

14. 调节机械的周期性速度波动采用_____。

    A. 弹簧   B. 调速器   C. 飞轮

15. 机械运转出现周期性速度波动的原因是_____。

    A. 驱动力做功与阻力做功不能每瞬时相等

    B. 机械设计不合理   C. 机械制造精度低

二、计算题(30 分)

1. (12 分) 在图 1 所示轮系中,如已知各轮齿数 $z_1 = 50$、$z_3 = 30$、$z'_3 = 20$、$z_4 = 100$,且知轮 1 与轮 4 的转速分别为 $n_1 = 100$ r/min、$n_4 = 200$ r/min。试分别求:① 当 n_1、n_4 同向时;② n_1、n_4 异向时,行星架 H 的转速及转向。

2. (12 分) 某轴系部件如图 2 所示,用一对圆锥滚子轴承支承,斜齿圆柱齿轮上的轴向力 $A = 500$ N,方向如图所示,轴承内部轴向力 $S_1 = 1\,200$ N,$S_2 = 1\,400$ N。试画出 S_1、S_2 的方向,并确定轴承 Ⅰ 总轴向力 F_{a1} 和轴承 Ⅱ 总轴向力 F_{a2} 的大小。

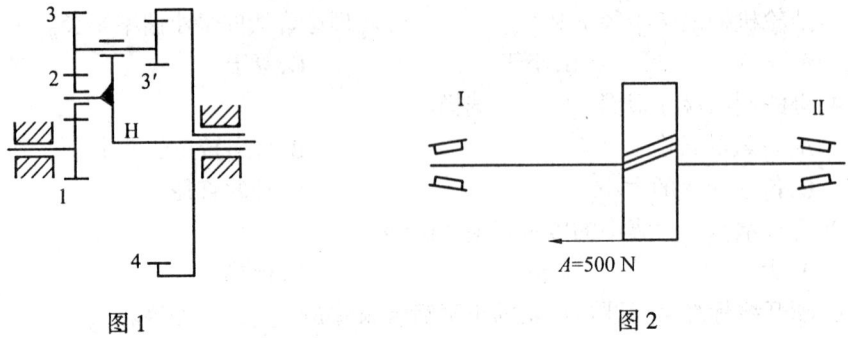

图 1   图 2

3. (6 分) 图 3 所示螺旋传动机构中,螺纹 1 和螺纹 2 的导程分别为 $S_1 = 1.5$ mm、$S_2 = 1.25$ mm、试求:

(1) 若螺纹 1 和螺纹 2 均为左旋,螺杆按图示方向回转一周,螺母 2 相对于机架移动距离是多少,方向向左还是向右?

(2) 若螺纹 1 左旋,螺纹 2 右旋,螺杆按图示方向回转一周,螺母 2 相对于机架移动距离是多少,方向向左还是向右?

三、设计与作图(共 24 分)

1. (12 分) 用图解法设计一偏置曲柄滑块机构(图 4),已知滑块的行程速度变化系数 $K = 1.5$,滑块的冲程 $L_{C_1C_2} = 50$ mm,导路的偏距 $e = 20$ mm,求曲柄长度 L_{AB} 和连杆长度 L_{BC};并在图中作出最小传动角 $\gamma_{\min}$。

图3　　　　　　　　　　　　图4

2.(12分) 图5所示一偏心圆凸轮机构中，O 为偏心圆的圆心，A 为凸轮的回转中心，已知 $R = 30$ mm、$e = 20$ mm、$OA = 15$ mm，试求（请先按比例在答题纸上作出凸轮机构的运动简图）：

(1) 凸轮的基圆；
(2) 用作图法求从动件2的最大升程 h 和此时的压力角 α；
(3) 标出凸轮从当前位置回转 90° 时，从动件的位移 S 与压角 α。

四、简答题(共 46 分)

1.(12分) 简述螺栓连接的基本类型和适用的场合。
2.(6分) 常用的间歇运动机构有哪些？
3.(10分) 机器由哪几部分组成？
4.(12分) 简述实现轴上零件轴向定位和固定的方法有哪些。
5.(6分) 试举出两种利用摩擦力来工作的机械零件或部件。

图5

五、分析题(20 分)

1.(6分) 图6所示为一塔轮二级变速装置，如果输出轴2上的功率不变，应该按哪一种带速设计带传动，为什么？

2.(4分) 如图7所示，已知动力从齿轮1输入、从齿轮3输出，求齿轮2所受的所有轴向力、径向力和圆周力方向。(注1：请在答题纸上作出该图，受力方向务必画在答题纸上，画在试卷上无效)

图6　　　　　　　　　　　　图7

3.(10分) 图8所示的轴系结构设计中，箭头所指处存在设计错误，请用文字指出这10

处存在的问题,并提出改进的措施(注2:改进措施可在答题纸上用文字阐述,也可采用在答题纸上绘出正确的结构图的方式,两者选其一即可)。

图8

2007年硕士研究生入学考试试题2参考答案

一、选择题

2.A 3.B 4.D 5.A 6.C 7.B 8.A 9.B 10.C 11.C 12.C 13.C

二、计算题

2. 因为 $S_2 + A = 1\ 400 + 500 = 1\ 900 > S_1 = 1\ 200\ \text{N}$,所以轴承1"压紧",轴承2"放松"。

$F_{a1} = S_2 + A = 1\ 900\ \text{N}$ $F_{a2} = S_2 = 1\ 400\ \text{N}$

3.(1)0.25 mm,向左;(2)2.75 mm,向左

四、简答题

1.① 普通螺栓连接,适用于通孔加工精度低、结构简单、装拆方便的场合。

② 铰制孔螺柱连接,能精确固定被连接件的相对位置,并能承受横向载荷,孔加工精度高。

2.槽轮机构、棘轮机构、不完全齿轮机构。

3.① 动力部分;② 传动部分;③ 工作部分;④ 控制部分。

4.轴肩、套筒、圆螺母、轴端挡圆和轴承端盖等。

5.传送带,普通螺栓连接。

五、分析题

1. 应该按 1 500 r/min 来设计带传动,因为在这种情况下功率一定转速低,则需传递的载荷大,所选的带的截面尺寸大,根数多,当采用 180 r/min 时,由于需传递的载荷小,原有的带传动完全可以胜任。

2. 如图 10 所示。

图 10

3. ① 端盖应顶住轴承外圈;② 套筒外径应低于轴承内圈;③ 轴段应略短于齿轮轮毂宽度;④ 键槽长度不合理;⑤ 右端轴环直径应小于轴承内圈;⑥ 左端轴承盖上少密封装置;⑦ 套筒不能顶到轴承端盖上,而且不应用套筒,而应在轴上做定位轴肩;⑧ 键长不能超过齿轮轮毂宽度;⑨ 没有调整垫片来调节游隙;⑩ 弹性挡圈没有必要。

2007 年硕士研究生入学考试试题 3

一、选择题(每空 1.5 分,共 18 分)

1. 一对渐开线标准直齿齿轮啮合传动中,其啮合角的大小是_____
 ① 从大到小逐渐变化 ② 从小到大逐渐变化
 ③ 始终保持不变   ④ 先从大到小,然后从小到大变化

2. 带传动中,其最大应力发生在_____。
 ① 松边与大带轮的切点 ② 紧边与大小带轮的切点
 ③ 松边与小带轮的切点 ④ 紧边与小带轮的切点

3. 在图 1 所示的蜗杆蜗轮机构中,已知蜗轮的旋向和转向如图所示,则蜗杆的转向为_____。
 ① 顺时针   ② 逆时针

4. 渐开线齿轮的齿廓上任意一点的法线与齿轮的_____相切。
 ① 基圆 ② 齿根圆 ③ 分度圆

5. 计算单向运转的转轴的当量弯矩,$M_e = \sqrt{M^2 + (\alpha T)^2}$ 时,式中的转化系数 α 应取的值为_____。

图 1

① $\dfrac{[\sigma_{0b}]}{[\sigma_{-1b}]}$ ② $\dfrac{[\sigma_{0b}]}{[\sigma_{+1b}]}$ ③ $\dfrac{[\sigma_{-1b}]}{[\sigma_{0b}]}$ ④ $\dfrac{[\sigma_{+1b}]}{[\sigma_{0b}]}$

6. 设计V带传动时,限制带轮的最小直径,是为了限制_____。
  ① 小带轮上的包角　　② 带的长度　　③ 传动中心距
  ④ 带的离心力　　⑤ 带的弯曲应务

7. 下列零件的失效形式中,_____不属于强度问题。
  ① 螺栓断裂　　　　　　　② 齿轮的齿面发生疲劳点蚀
  ③ 蜗杆轴产生过大的弯曲变形　④ 滚动轴承套圈的滚道上被压出深的凹坑

8. 凸轮机构中常用的运动规律有:(a)等速运动规律;(b)等加速等减速运动规律;(c)正弦运动规律,其中适合在高速运动中的有_____。
  ① a　　　　② b　　　　③ c　　　　④ a与b

9. 蜗轮蜗杆传动中,其传动比的大小不等于_____。
  ① $\dfrac{z_2}{z_1}$　　② $\dfrac{d_2}{d_1}$　　③ $\dfrac{z_2}{q\tan\lambda}$　　④ $\dfrac{n_1}{n_2}$

10. 普通平键连接传递动力是靠_____。
  ① 两侧面的摩擦力　　　　② 两侧面的挤压力
  ③ 上下面的挤压力　　　　④ 上下面的摩擦力

11. 图2所示机构要有确定运动,需要有_____原动件。
  ① 1个　　　　② 2个
  ③ 3个　　　　④ 没有

12. 设计齿轮传动时,若保持传动比 i 与齿数和 $z_\Sigma = z_1 + z_2$ 不变,而增大模数 m,则齿轮的_____。
  ① 弯曲强度提高,接触强度提高
  ② 弯曲强度不变,接触强度提高
  ③ 弯曲强度与接触强度均不变
  ④ 弯曲强度提高,接触强度不变

图2

二、填充题(每空1分,共12分)

1. 对中小功率软齿面(硬度 ≤ 350 HB)闭式钢齿轮传动,其承载能力的计算准则为按_____强度设计算,按_____强度作校核计算。

2. 在摆动导杆机构中,若以曲柄为原动件,该机构的压力角为_____度,其传动角为_____度。

3. 渐开线齿廓正确啮合作定传动比传动,则其齿廓必须满足的条件_____、_____。

4. 设计滚子直动从动件盘形凸轮廓线时,若发现凸轮廓线存在尖点,则在尺寸参数改变上应采取的措施有_____或_____。

5. 图 3 所示的双曲柄机构中,构件 AB 的取值范围为_____

6. V 带传动中,主动带轮的圆周速度总_____从动带轮的圆周速度,这种现象产生的原因是_____。

7. 对大直径的轴的轴肩圆角处进行喷丸处理是为了降低材料对_____的敏感性。

图 3

三、简答题(30 分)

1.(15 分)请阐述两相对运动表面之间动压油膜形成条件并用图形表达

2.(15 分)带传动弹性滑动如何产生的,它和打滑有什么区别?能否通过正确设计来消除弹性滑动?打滑首先发生在哪个带轮上?为什么?

四、分析计算题(共 90 分)

1.(30 分)在图 4 所示的轮系中,已知各齿轮均为标准直齿圆柱齿轮,且模数相等, $z_1 = z_2 = z_6 = z_8 = 20, z_3 = z_5 = 50, z_4 = 80, z_7 = 40$。试求:

(1) 该轮系的自由度,并指出是否存在局部自由度以及虚约束;

(2) 求传动比 $i_{19} = \dfrac{\omega_1}{\omega_9}$。

图 4

2.(25 分)图 5 蜗轮蜗杆与斜齿圆柱齿轮组成的减速系统,电动机驱动的普通蜗杆传动。已知模数 $m = 6$ mm,蜗杆直径系数 $q = 9$,蜗杆头数 $z_1 = 2$,蜗轮齿数 $z_2 = 60$,蜗杆轴输入功率 $P_1 = 5.5$ kW,转速 $n_1 = 2\,920$ r/min,方向如图所示,只考虑蜗轮蜗杆啮合传动效率 $\eta_1 = 0.922$,斜齿圆柱齿轮法面模数 $m_n = 6$,齿数 $z_3 = 24、z_4 = 72$。试求:

(1) 为使中间轴 I 所受的轴向力能抵消一部分,确定齿轮 3、4 螺旋线的方向。

(2) 如果要使 I 轴上齿轮与蜗轮的轴向力完全抵消,求齿轮螺旋角大小。

(3) 作用在蜗轮和齿轮 3 上的力的作用点、大小及方向。

图 5

3.(20分) 图6所示轴上正装一对7306B轴承。已知工作温度低于100℃,载荷平稳。轴上外力 $F_a = 3\,600$ N, $F_r = 9\,000$ N,其方向及作用点到支点的距离如图6所示。

图 6

(1) 试说明7306B的意义;
(2) 计算轴承 Ⅰ、Ⅱ 的当量动载荷各是多少?
① 7306B轴承的派生轴向力 $S = 1.14\,F_r$, $f_P = 1$;
② 径向系数 x 和轴向系数 y 值如下:
当 $F_a/F_r \leqslant 1.14$ 时, $x = 1$、$y = 0$;
当 $F_a/F_r > 1.14$ 时, $x = 0.35$、$y = 0.57$。

4.(15分) 如图7所示的偏置尖端直动从动件盘形凸轮机构,升程阶段运动规律为等速运动规律。已知凸轮角速度 ω,推杆行程 h,推程角 δ_1,凸轮基圆半径为 r_0,偏心距 e,δ_1 为凸轮推程阶段凸轮相对与推程起始位置的转角,试推导凸轮推程阶段压力角的表达式(用以上给定参数进行描述)。

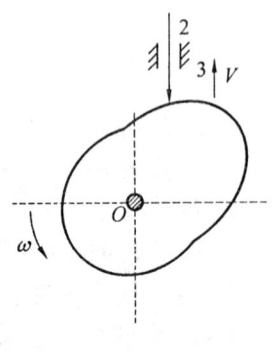

图 7

2007年硕士研究生入学考试试题 3 参考答案

一、选择题

1.③ 2.④ 3.② 4.① 5.③ 6.⑤ 7.③ 9.② 10.② 12.①

二、填充题

1.齿面接触疲劳；齿根弯曲疲劳   6.大于,带与带轮之间存在弹性滑动   7.集中应力

三、简答题

1.①流体具有黏性($\eta \neq 0$)；②流体具有足够的速度($v \neq 0$)；③流体必须流经收敛形楔形间隙($h \neq h_0$)。

图 8

2.胶带具有弹性,受拉后将产生弹性伸长,且带的变形量 $\varepsilon \propto F$,因为 $F_1 > F_2$,所以 $\varepsilon_1 > \varepsilon_2$,带绕过主动轮时,伸长量将逐渐减小并沿轮面滑动,而使带的速度落后于主动轮的圆周速度。绕过从动轮时,带将逐渐伸长,也会沿轮面滑动,不过在这里是带速超前于从动轮的圆周速度。这种由于材料的弹性变形而产生的滑动称为弹性滑动。

弹性滑动是由带的松、紧边拉力差造成弹性伸长量变化产生的带与轮之间的相对滑动,而打滑却是由于过载而产生带与轮之间的相对滑动。

只有传递载荷,就有松、紧边拉力差,所以弹性滑动是带传动正常工作时固有的特性,不可避免。

因为带在大轮上的包角大于小轮上的包角,所以一般来说,打滑总是在小轮上先开始。

四、分析计算题

2.(1) 齿轮 3 右旋,齿轮 4 左旋

(2) 蜗轮 2 产生的轴向力

$$F_{a2} = F_{t1} = \frac{2T_1}{d_1}$$

$$d_1 = mq = 6 \times 9 = 54 \text{ mm}$$

$$T_1 = 9.55 \times 10^6 \frac{P_1}{n_1} = 9.55 \times 10^6 \cdot \frac{5.5}{2\,920} = 17\,988 \text{ N} \cdot \text{mm}$$

$$F_{a2} = 666.2 \text{ N}$$

斜齿轮 3 产生的轴向力

$$T_3 = T_1 i \eta = 17\,988 \times \frac{60}{2} \cdot 0.922 = 497\,548 \text{ N} \cdot \text{mm}$$

$$F_{a3} = F_t \tan \beta = \frac{2T_3}{d_3} \tan \beta = \frac{2T_3}{m_n z_3} \cos \beta \tan \beta = 6\,910.4 \sin \beta$$

轴向力完全抵消,则 $F_{a2} = F_{a3}$,$\beta = 5.53°$。

(3) 作用于蜗轮与齿轮 3 上的力作用点是节点 A、B,作用于蜗轮上的力圆周力

$$F_{t2} = \frac{2T_3}{d_2} = 2\ 764.2\ \text{N}$$

径向力 $\qquad F_{r2} = F_{t2}\tan\alpha = 1\ 006\ \text{N}$

轴向力 $\qquad F_{a2} = 666.2\ \text{N}$

作用于齿轮 3 上的力

圆周力 $\qquad F_{t3} = \dfrac{2T_3}{d_3} = 6\ 910.4\ \text{N}$

径向力 $\qquad F_{r3} = F_{t3}\tan\beta = 669\ \text{N}$

轴向力 $\qquad F_{a3} = 666.2\ \text{N}$

各力的方向如图 5 所示。

3.(1)

图 9

(2) 轴承在径向力 F_r 作用下产生的支反力

图 10

$$F_{r1} = \frac{F_r \cdot 200}{300} = 6\ 000\ \text{N}$$

$$F_{r2} = F_r - F_{r1} = 3\ 000\ \text{N}$$

轴承的内部轴向力

$$S_1 = 1.14 F_{r1} = 6\ 840\ \text{N}$$

$$S_2 = 1.14 F_{r2} = 3\ 420\ \text{N}$$

$$S_2 + F_a = 3\ 420 + 3\ 600 = 7\ 020\ \text{N}$$

$$S_2 + F_a > S_1$$

轴承 Ⅰ、Ⅱ 的轴向载荷

$$F_{a\text{Ⅰ}} = W + S_1 = S_2 + F_a = 7\ 020\ \text{N}$$

$$F_{a\text{Ⅱ}} = S_2 = 3\ 420\ \text{N}$$

轴承 Ⅰ、Ⅱ 的当量动载荷

$$\frac{F_{aⅠ}}{F_{rⅠ}} = \frac{7\,020}{6\,000} = 1.17 > 1.14 \quad \frac{F_{aⅡ}}{F_{rⅡ}} = \frac{3\,420}{3\,000} = 1.14$$

$$P_Ⅰ = XF_{rⅠ} + YF_{aⅠ} = 0.35 \times 6\,000 + 0.57 \times 7\,020 = 6\,101.4 \text{ N}$$

$$P_Ⅱ = XF_{rⅡ} + YF_{aⅡ} = F_{rⅡ} = 3\,000 \text{ N}$$

2007 年硕士研究生入学考试试题 4

一、单项选择题(每小题 2 分,共 20 分)

1. 平面连杆机构处在死点位置时,传动角 γ 的大小为( )。
   A. $\gamma = 90°$ B. $\gamma = 45°$ C. $\gamma = 20°$ D. $\gamma = 0°$

2. 一对齿轮在啮合过程中,啮合角的大小是( )变化的。
   A. 由小到大再逐渐变小   B. 由大到小逐渐变小
   C. 先由大到小再到大   D. 始终保持定值,不

3. 普通平键的截面尺寸(b 和 h) 通常是根据( )按标准选择的。
   A. 轴传递功率的大小   B. 轴传递扭矩的大小
   C. 轴的直径   D. 轴上零件的轮毂长度

4. 在相同工作条件下,V 带传动比平带传动的( )。
   A. 传动能力大,但传动效率低   B. 传动能力大,且传动效率高
   C. 传动能力小,但传动效率高   D. 传动能力小,且传动效率低

5. 标准蜗杆传动的标准中心距 $a = ($ $)$。
   A. $m(d_1 + d_2)/2$ B. $m(q + z_2)/2$ C. $m(q - z_1)/2$ D. $m(z_1 + z_2)/2$

6. 蜗杆传动的主要失效形式是( )。
   A. 点蚀与轮齿折断   B. 磨损与胶合
   C. 胶合与齿面塑性变形   D. 磨损与塑性变形

7. 在斜齿轮端面模数 m_t 的计算中,下面正确的计算式为( )。
   A. $m_t = m_n/\cos\beta$ B. $m_t = m_n/\sin\beta$
   C. $m_t = m_n\cos\beta$ D. $m_t = m_n\sin\beta$

8. 为了提高螺栓在变载荷作用下的疲劳强度,应该( )。
   A. 增加螺栓的刚度   B. 减小螺栓的刚度
   C. 减小被连接件的刚度   D. 减小螺栓的预紧力

9. 在实现减速传动时,能保持传动比恒定的是( )。
   A. V 带传动   B. 链传动   C. 平带传动   D. 齿轮传动

10. 传动轴是( )的轴。
    A. 既受弯矩又受转矩   B. 既不受弯矩又不受转矩
    C. 只受转矩不受弯矩   D. 只受弯矩不受转矩

二、填充题(每题 2 分,共 20 分)

1. 在衡量机构传力性能时,所谓压力角是指( )。

2. 计算平面机构自由度时,应该注意的问题有(　　)、(　　)、(　　)。
3. 铰链四杆机构具有曲柄的条件是(　　)。
4. 带在传动过程中所受的应力分别是(　　)、(　　)、(　　)。
5. 在轴系结构设计时,轴上零件的轴向固定常采用的五种方法分别为(　　)。
6. 为实现多样和复杂的运动要求,常采用的机构组合方式有(　　)、(　　)、(　　)。
7. 在齿轮传动中,获得软齿面的热处理方式有(　　)和(　　)。
8. 可以补偿两轴偏移的刚性联轴器有(　　);可以吸振缓冲的弹性联轴器有(　　)。
9. 在不同的螺纹类型中,一般(　　)螺纹用于连接,(　　)螺纹和(　　)螺纹用于传动。
10. 机械的速度波动可分为(　　)速度波动和(　　)速度波动两类。

三、简答、简述、简单计算题(每题5分,共40分)

1. 试述滚动轴承工作中,滚动体表面疲劳点蚀的形成过程。
2. 为什么在蜗杆减速器设计中,要进行热平衡计算?
3. 为什么一般要对中高速回转的回转构件进行平衡试验?刚性回转构件的平衡分为哪几种?
4. 何谓斜齿轮的当量齿轮?对于螺旋角为 β、齿数为 z 的斜齿圆柱齿轮,写出其当量齿数的计算式。
5. 为了实现定传动比传动,对齿轮的齿廓曲线有什么要求?
6. 一标准渐开线直齿圆柱齿轮,测得齿轮齿顶圆直径 $d_a = 208$ mm、齿根圆直径 $d = 172$ mm、齿数 $z = 24$,求该齿轮的模数 m 和齿顶高系数 h_a^*。
7. 什么是平面连杆机构的急回运动特性?如果知道一铰链四杆机构的行程速比系数 $K = 1.25$,试求其极位夹角 θ 的值。
8. 在轴的材料选用上,哪种应用的最普遍,为什么?

四、绘图题(8分)

请绘出图1所示机构的运动简图,并标注出构件的长度(尺寸从图上直接量出:图1中1是偏心安置的圆柱,半径为 R;2是月牙形柱体,其外圆柱半径为 r;3与2,2与1的表面由零件构造保证其紧密接触),图示比例尺为 $\mu_1 = 0.001$ m/mm。

五、绘图题(12分)

已知图2所示偏置滚子直动从动件盘形凸轮机构,$r = 30$ mm,$e = 10$ mm,$OA = 15$ mm,滚子半径 $r_g = 8$ mm,凸轮转向顺时针。

(1) 请按比例尺 $\mu_1 = 0.001$ m/mm 在答题纸上画出原题图形;

(2) 在所画图上作出并标出理论廓线和凸轮基圆;

图1

(3) 确定从动件的行程 h;

(4) 在所画图上画出凸轮从图示位置转过 90° 后,从动件的位置 B_1,以及此刻从动件的位移 s_1。

六、计算题(12分)

在图 3 所示轮系中,已知各轮齿数 $z_1 = 20$、$z_2 = 40$、$z_3 = 30$、$z_4 = 15$、$z_5 = 30$,以及 $n_1 = 160$ r/min,转向如图,求齿轮 4、齿轮 5 的转速 n_4、n_5 的大小和转向。

图 2   图 3

七、计算题(8分)

一个受径向载荷、处于非液体摩擦状态下的滑动轴承,直径 $d = 50$ mm,轴承工作宽度 $B = 60$ mm,轴的转速 $n = 1\,000$ r/min,轴承轴瓦材料为 ZCuSn5Pb5Zn5,其许用比压 $[p] = 5$ MPa,许用相对滑动速度 $[v] = 3$ m/s,许用 $[pv] = 10$ MPa·(m·s^{-1})。求其最大可以承受的径向承载载荷 F_r。如要将轴承最大的径向承载载荷提高 1 倍,在不改变轴承直径的情况下,可采取什么方法来解决?

八、计算题(12分)

一转轴支承在一对角接触球轴承(70000AC)上,轴承布置如图 4 所示。轴的悬臂端承受合成径向力 $P = 1\,800$ N,轴向力 $R_a = 800$ N,已知轴承冲击负荷系数 $f_P = 1.2$,温度系数 $f_t = 1$,试分别计算两轴承的当量动负荷。

内部轴向力	e	$F_a/F_r \leq e$		$F_a/F_r > e$	
		X	Y	X	Y
$S = 0.68\,F_r$	0.68	1	0	0.41	0.87

九、计算题(10分)

一 T 型支架(图 5)用两个 M16($d_1 = 13.4$ mm)的螺栓连接到机架上,螺栓材料的许用应力 $[\sigma] = 95$ MPa,螺栓刚度与被连接件刚度之比 $C_1/C_2 = 1/4$,要求接合面间的压力大于或等于零。求:

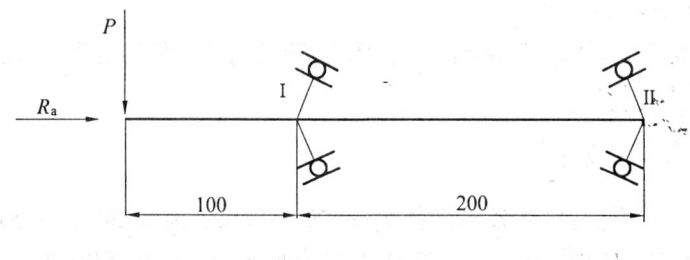

图 4

(1) 支架螺栓能承受的最大拉力 Q；
(2) 承受最大拉力 Q 时所需预紧力 F'。

十、分析题(8分)

在某生产实际课程中,已知一机器的动力源为 $P=1.5\ \text{kW}$ 的电动机,其转速 $n=1\ 400\ \text{r/min}$；经过传动系统,最终执行部件作每分钟 10 次的水平往复直线推料运动,推头行程 $s=280\ \text{mm}$。现要求作传动方案设计,请提出两种不同方案,画出传动方案和采用机构的示意图,并作必要的计算说明。

图 5

2007年硕士研究生入学考试试题4参考答案

一、单项选择题

3.C 4.A 5.B 6.B 7.A 8.B 9.D 10.C

二、填充题

4. 拉应力、离心拉应力、弯曲应力。
5. 轴肩、套筒、圆螺母、轴端挡圈、弹性挡圈。
7. 正火、调质。
8. 十字滑块联轴器、弹性套柱销联轴器
9. 普通,矩形,梯形。

三、简答题

1. 轴承转动时,滚动体与滚道表面受到按脉动循环变化的接触应力的反复作用,首先在滚动体或滚道的表面下一定深度处产生疲劳裂纹,继而进一步扩展到表面,使滚动体表面发生疲劳点蚀。

2. 蜗杆传动的相对滑动速度大,传动效率低,发热量大,若不能及时散热,将因油温不断升高而使润滑油稀释,从而增大摩擦损失,甚至发生胶合,故在蜗杆减速器的设计中,要进行热平衡计算。

4. 过斜齿轮分度圆柱螺旋线上的 C 点作某一轮齿的法面,该法面将分度圆柱剖开,其剖面为一椭圆,以椭圆上节点 C 处的曲率半径 ρ 为分度圆半径,并以参数 m_n、α_n 确定一个假想的直齿轮,该直齿轮的齿形就可以看成斜齿轮的法向齿形,这个假想的齿轮称为斜齿轮的当量齿轮。$Z_v = \dfrac{z}{\cos^3\beta}$。

8.在轴的材料的选用上,碳素钢应用的最普遍。因为碳素钢价格低廉,并且对应力集中的敏感性较小。

七、计算题

对于许用比压$[p] = 5$ MPa 应满足 $\dfrac{F_r}{Bd} \leqslant [p]$,可得 $F_r \leqslant Bd[p]$,即
$$F_r \leqslant 60 \times 50 \times 5 = 15\,000 \text{ N}$$

对于许用$[pv]$应满足 $\dfrac{\pi n F_r}{60 \times 1\,000\, B} \leqslant [pv]$,可得 $F_r \leqslant \dfrac{60 \times 1\,000\, B[pv]}{n\pi}$,即
$$F_r = \dfrac{60 \times 1\,000 \times 60 \times 10}{1\,000 \times 3.14} = 11\,465 \text{ N}$$

$$v = \dfrac{\pi d n}{60 \times 1\,000} = \dfrac{3.14 \times 50 \times 1\,000}{60 \times 1\,000} = 2.62 \text{ m/s} < 3 \text{ m/s 满足条件}$$

故滑动轴承最大可以承受的径向承载载荷为 11 465 N。如果将轴承最大的径向载荷提高 1 倍,在不改变轴承直径的情况下,可将轴承的工作宽度增大 1 倍,或是将轴承改用其他材料,以提高$[p]$与$[pv]$值。

八、计算题

$$F_{r1} = \dfrac{p \times 300}{200} = \dfrac{1\,800 \times 300}{200} = 2\,700 \text{ N}$$

$$F_{r2} = \dfrac{p \times 100}{200} = \dfrac{1\,800 \times 100}{200} = 9\,00 \text{ N}$$

$$S_1 = 0.68 F_{r1} = 0.68 \times 2\,700 = 1\,836 \text{ N}$$

$$S_2 = 0.68 F_{r2} = 0.68 \times 900 = 612 \text{ N}$$

$$R_a + S_2 = 800 + 612 = 1\,412 \text{ N} < 1\,836 \text{ N} = S_1$$

所以
$$F_{a1} = S_1 = 1\,836 \text{ N}$$
$$F_{a2} = F_{a1} - R_a = 1\,836 - 800 = 1\,036 \text{ N}$$

对 Ⅰ 轴承,$\dfrac{F_{a1}}{F_{r1}} = \dfrac{1\,836}{2\,700} = 0.68 = e$,所以
$$p_1 = X F_{r1} + Y F_{a1} = 1 \times 2\,700 + 0 = 2\,700 \text{ N}$$

对 Ⅱ 轴承,$\dfrac{F_{a2}}{F_{r2}} = \dfrac{1\,036}{900} = 1.15 > 0.68 = e$,所以

$$X = 0.41 \quad Y = 0.87$$
$$p_2 = XF_{r2} + YF_{a2} = 0.41 \times 900 + 0.87 \times 1\,036 = 1\,270.32 \text{ N}$$

九、计算题

由 $\sigma_{ca} = \dfrac{1.3F_0}{\dfrac{\pi d_1^2}{4}} \leqslant [\sigma]$，得

$$F_0 = \frac{[\sigma]\pi d_1^2}{4 \times 1.3} = \frac{95 \times 3.14 \times 13.4^2}{4 \times 1.3} = 1\,030 \text{ N}$$

$$F_0 = F' + \frac{C_B}{C_B + C_m} \times \frac{Q}{2} \qquad ①$$

剩余预紧力

$$F'' = F' - \frac{C_m}{C_B + C_m} \frac{Q}{2} = 0 \qquad ②$$

又因为

$$\frac{C_B}{C_m} = \frac{1}{4} \qquad ③$$

联立式①、②、③，解得

$$Q = 2\,060 \text{ N} \quad F' = 824 \text{ N}$$

十、分析题

解　第一种方案　电动机 → 蜗杆减速器 → 曲柄滑块机构

2007 年硕士研究生入学考试试题 5

一、是非题(每小题 1.5 分，共 15 分)

(请在答题纸上写出分题号。如果正确，在分题后写"T"；如果错误，在分题号后写"F")

1. 零件的自重属于静载荷，而作匀速运动时的离心力属于变载荷。(　)
2. 润滑油的黏度标志着润滑油与润滑表面之间摩擦阻力的大小。(　)
3. 螺纹副在摩擦系数一定时，增加螺纹的牙型角，则当量摩擦系数减小，自锁性能变坏。(　)
4. 普通平键的剖面尺寸是根据轴的直径按标准选取的。(　)
5. 与齿轮传动相比，蜗杆传动的主要缺点是啮合齿面间的相对滑动速度较大，摩擦和磨损严重，传动效率低。(　)
6. 在设计开式齿轮传动时，齿轮齿数应选得少一些。(　)
7. 滚动轴承的游隙增大，承载的滚动体数量减小，轴承的承载能力将会下降。(　)
8. 为了引导润滑油分布到滑动轴承的整个工作面上，一般要在轴承的承载区开设油孔和油沟。(　)
9. 多片式摩擦离合器的摩擦片数越多，接合越不牢靠，因而传递的转矩也越小。

( )

10.O形圈既可以用于静密封又可以用于动密封。( )

二、选择题(每小题3分,共30分)

(请在答题纸上写出分题号。将正确答案的字母代号写在分题号后,只允许写一种字母代号)

1.四个相同零件甲、乙、丙、丁承受最大应力 σ_{max} 值是相同的,但是循环特性 r 分别为 +1、0、-0.5、-1,其中最易疲劳损伤的零件是_____。
  A.甲   B.乙   C.丙   D.丁

2.在紧连接螺栓的强度计算公式中,系数1.3是考虑_____的影响。
  A.螺纹中的应力集中   B.拧紧时产生的扭转切应力
  C.载荷的变化和冲击   D.安全因素

3.带传动采用张紧轮的目的是_____。
  A.减轻带的弹性滑动   B.提高带的寿命
  C.改变带的运动方向   D.调节带的初拉力

4.选择齿轮毛坯的成型方法(锻造、铸造、轧制圆钢)时,除了考虑材料等因素外,主要依据_____。
  A.齿轮的几何尺寸   B.齿轮的精度
  C.齿轮的齿面粗糙度   D.齿轮在轴上的位置

5.直齿圆柱齿轮传动,传动比 i 及小齿轮齿数 z_1 不变,当增大齿轮模数时,_____。
  A.轮齿弯曲强度提高,接触强度下降   B.轮齿接触强度提高,弯曲强度下降
  C.轮齿弯曲强度和接触强度都提高   D.轮齿弯曲强度和接触强度都下降

6.蜗杆分度圆直径 d_1 值的标准化,是为了_____。
  A.保证蜗杆有足够的刚度   B.提高蜗杆传动的效率
  C.利于蜗轮滚刀的标准化   D.利于蜗杆刀具的标准化

7.在设计齿轮轴时,采用45钢,两端用深沟球轴承支承,验算时发现刚度不够,这时应_____。
  A.把轴的直径加大   B.把球轴承换成滚子轴承
  C.把滚动轴承换成滑动轴承   D.把轴的材料换成合金钢

8.一批在同样载荷和同样工作条件下运转的型号相同的滚动轴承,_____。
  A.它们的寿命应该相同   B.90%轴承的寿命应该相同
  C.它们的最低寿命相同   D.它们的寿命各不相同

9.在设计液体润滑滑动轴承时,为了降低轴承的工作温度,应该_____。
  A.增大相对间隙 ψ,增大宽径比 B/d B.增大相对间隙 ψ,减小宽径比 B/d
  C.减小相对间隙 ψ,增大宽径比 B/d D.减小相对间隙 ψ,减小宽径比 B/d

10.联轴器与离合器的主要作用是_____。
  A.缓和冲击和振动   B.补偿两轴线间的相对偏移
  C.连接两轴并传递转矩   D.防止机器发生过载

三、简答题(每小题 6 分,共 30 分)

1. 什么是机械零件的刚度?什么情况下机械零件应按刚度准则进行设计?试举例说明。
2. 简述提高螺栓连接强度的措施。
3. 什么是带传动的弹性滑动?为什么说弹性滑动是带传动的固有特性?弹性滑动对传动有什么影响?
4. 硬齿面齿轮与软齿面齿轮相比,其主要失效形式有什么不同?设计时应如何考虑?
5. 实现滑动轴承液体润滑的方法有哪些?它们的工作原理有何不同?各有何优缺点?

四、分析题(共 25 分)

1. (17 分) 如图 1 所示传动系统中,已知输入轴 I 的转向和蜗轮 8 的转向,试:
(1) 确定 I、II、III、IV 各轴的转向;
(2) 确定蜗轮 8 螺旋线方向;
(3) 为了使齿轮 2 与齿轮 3、齿轮 4 与齿轮 5 上的轴向力能相互抵消一部分,确定齿轮 3、4、5、6 的螺旋线方向;
(4) 若要使齿轮 4 与齿轮 5 上的轴向力完全抵消,确定齿轮 5 的螺旋角大小。(已知:齿轮 3 的法向模数 $m_{n3} = 3$ mm,螺旋角 $\beta_3 = 15°$,齿轮 4 的齿数 $z_4 = 51$,齿轮 5 的法向模数 $m_{n5} = 5$ mm,齿数 $z_5 = 17$,齿轮上轴向力与切向力的关系为 $F_a = F_t \tan \beta$),齿轮分度圆直径 $d = \dfrac{m_n z}{\cos \beta}$;
(5) 分别画出齿轮 5 和蜗杆 7 在啮合点所受各分力方向。(要求在答题纸上重新画出题图)

图 1

2. (8 分) 某工厂车间有三个发生轮齿折断失效的齿轮,都是轮齿折断,其中第一个齿轮的断口整个都是粗糙的,第二个齿轮的断口为光滑和粗糙两部分,第三个齿轮的断口为中间粗糙、两侧光滑三部分。试分析造成以上三个齿轮轮齿折断失效的断口情况不同的原因。

五、计算题(共 30 分)

1. (7 分) 有一转动心轴如图 2 所示。已知轴上载荷 $F = 1\ 780$ N,作用在两支点中间,

两支点距离 $L = 800$ mm,轴材料采用 Q235,许用弯曲应力为 $[\sigma] = 98$ MPa。

(1) 试计算轴的直径(向上圆整到适用最接近的滚动轴承内径);

(2) 指出 a 点的应力类型。

(注:轴的抗弯截面系数 $W = 0.1d^3$)

图 2

2. (9 分) 如图 3 所示为一螺栓组连接的两种方案,其外载荷 R、尺寸 a、L 均相同,$a = 80$ mm, $L = 400$ mm。试分别计算各方案中受力最大螺栓所受横向载荷 F_s,并分析比较哪个方案好?

(a)

(b)

图 3

3. (14 分) 轴系由一对背对背安装的角接触球轴承 7205AC 支承(如图 4),转速 $n = 580$ r/min,载荷 $F = 3500$ N,载荷系数 $f_d = 1.2$,温度系数 $f_t = 1.0$。

(1) 按图示情况分析两轴承受力(求径向力 F_r、轴向力 F_a、当量动载荷 P_r),并计算危险轴承寿命 L_{10h};

(2) 若改为面对面安装,计算两轴承的径向力和轴向力。

(已知:$C_r = 15.8$ kN, $F_a/F_r > e = 0.68$ 时, $X = 0.41, Y = 0.87, S = 0.68 F_r$)

六、结构题(20 分)

已知闭式蜗杆传动中蜗轮轴系的部分结构如图 5 所示(请在答题纸上重新画出此图),轴系为两端单向固定结构,蜗轮为油润滑,轴承为脂润滑。

(1) 设计完成该轴系结构;

(2) 若蜗轮受有一指向右端的轴向力,请指出该力是如何传递到箱体上的。

图 4

图 5

2007 年硕士研究生入学考试试题 5 参考答案

一、是非题

1.F 2.F 3.F 4.T 5.T 6.T 7.F 8.F 9.F 10.F

二、选择题

1.D 2.B 3.D 4.A 5.C 6.C 7.B 8.B 9.B 10.C

三、简答题

1.刚度:零件在载荷作用下抵抗弹性变形的能力。在机械零件受到拉伸和压缩变形及弯曲变形或扭转变形时,为保证零部件有足够的刚度,应按刚度准则进行设计。例如,安装齿轮的轴的弯曲变形会使齿轮啮合发生偏载。滚动轴承支承轴的弯曲变形会使轴承内、外环相互倾斜,当超过允许值时,将使轴承寿命显著降低。因此设计时必须根据工作要求限制轴的弹性变形量,即轴的弯曲刚度和扭转刚度。

2.提高螺栓连接强度措施:① 改善螺纹牙上载荷分配,设计时尽可能使螺母也受拉,以便与螺杆的变形相一致;选用较软的螺母材料,采用钢丝螺套。② 提高疲劳强度:减小应力幅,减小螺栓刚度或增大被连接件刚度;减小应力集中,在螺纹收尾处采用较大的圆角过渡或退刀槽,在螺栓头部和杆部过渡处制成减载环。③ 避免螺栓受附加弯曲应力作用。

3.带具有弹性,受拉后将产生弹性伸长,且带的变形量 $\varepsilon \propto F$。因为 $F_1 > F_2$,所以 $\varepsilon_1 > \varepsilon_2$,带绕过主动轮时,伸长量将逐渐减小并沿轮面滑动,而使带的速度落后于主动轮的圆周速度。绕过从动轮时,带将逐渐伸长沿轮面滑动,这时带速超前于从动轮的圆周速度。这种由于材料的弹性变形而产生的滑动称为弹性滑动。

只要传递载荷:就有松、紧边拉力差,所以弹性滑动是带传动正常工作时固有的特性,不可避免。

弹性滑动对传动的影响:从动轮的圆周速度总是落后于主动轮的圆周速度,传动比不准确,损失一部分能量。

4.软齿面闭式齿轮传动中,由于其主要失效形式是脉动接触应力作用下引起的疲劳点蚀,因此设计计算中一般按接触强度设计,按弯曲强度校核。

硬齿面闭式齿轮传动中,由于齿面强度的提高,使齿轮具有较高的抗点蚀能力,轮齿疲劳折断为主要的失效形式。因此设计计算中一般按齿轮弯曲强度设计,按接触强度校核。

5.滑动轴承液体润滑的方法有三种:① 流体动压润滑。通过轴颈表面与轴承表面间的相对运动,将其有一定黏度的流体带入收敛性楔形间隙,形成具有一定动压的油膜,将两摩擦表面完全分隔开来形成流体润滑。② 弹性流体动压润滑。考虑摩擦表面接触面弹性变形和压力对接触与流体黏度的影响的动压润滑。③ 流体静压润滑。通过外界提供具有一定压力的流体注入摩擦表面的油室,使油室内有足够大的压力与外载荷相平衡,并使两表面间保持一定距离,实现流体润滑。

四、分析题

1.(1) 各轴转向如图 2 所示。

(2) 蜗轮 8 为右旋。

(3) 齿轮 3、4、5、6 的螺旋线方向如图 2,3、6 为右旋,4、5 为左旋。

(4) 由轴的力矩平衡得

$$F_{t4}d_4 = F_{t5}d_5 \Rightarrow \frac{F_{a4}}{\tan \beta_4}d_4 = \frac{F_{a5}}{\tan \beta_5}d_5$$

其中 $F_{a4} = F_{a5}$ $m_{n4} = m_{n3}$ $\beta_4 = \beta_3$

$$\frac{m_{n4}z_4}{\cos \beta_4} \cdot \frac{1}{\tan \beta_4} = \frac{m_{n5}z_5}{\cos \beta_5} \cdot \frac{1}{\tan \beta_5} \Rightarrow \frac{m_{n4}z_4}{\sin \beta_4} = \frac{m_{n5}z_5}{\sin \beta_5} \Rightarrow \sin \beta_5 = \frac{5 \times 17\sin 15°}{3 \times 51} = 0.145\ 6$$

得 $\beta_5 = 8°$

(5) 齿轮 5 和蜗杆 7 啮合点处受力方向如图 6 所示。

2.第一个齿轮断口都是粗糙的原因是:可能受到严重过载或很大冲击,使轮齿容易突然折断,是一种非对称循环变应力。第二个齿轮断口为光滑和粗糙两部分,受到的是脉动循环变应力。第三个齿轮断口为中间粗糙,两侧光滑,则受到对称循环变应力作用。

图 6

五、计算题

1.(1) 由抗弯曲条件

$$\frac{M}{W} \leqslant [\sigma]$$

$$\frac{1\,780 \times 400}{0.1d^3} \leqslant 98$$

$$d^3 \geqslant \frac{1\,780 \times 400}{98 \times 0.1}$$

$$d \geqslant \sqrt[3]{\frac{1\,780 \times 400}{98 \times 0.1}} \approx 42 \text{ mm}$$

圆整后取 $d = 45$ mm。

(2) 点 a 受对称循环变应力 $r = -1$。

2. **解** 把外载荷 R 向螺栓组连接的接合面形心简化,则该螺栓组连接受有横向载荷 R 和旋转力矩 $T = RL$ 的作用。图中两方案中,横向载荷 R 使螺栓中的每个螺栓受到的横的载荷 F_{SR} 相等,都等于 $R/3$,且具有相同的方向;但由于螺栓布置方式不同,旋转力矩 T 使两方案中受力最大螺栓所受横向载荷是不同的。

方案一:螺栓 3 受力最大,所受横向载荷为

$$F_{S3} = F_{SR3} + F_{ST3} = \frac{R}{3} + \frac{RL}{2a} = \left(\frac{1}{3} + \frac{L}{2a}\right)R = \left(\frac{1}{3} + \frac{400}{2 \times 80}\right)R = \frac{17}{6}R$$

方案二:螺栓 4、6 受力最大,所受横向载荷为

$$F_{S4} = F_{S6} = \sqrt{F_{SR4}^2 + F_{ST4}^2} = \sqrt{\left(\frac{R}{3}\right)^2 + \left(\frac{RL}{2a}\right)^2} = \sqrt{\left(\frac{1}{3}\right)^2 + \left(\frac{L}{2a}\right)^2} \cdot R =$$

$$\sqrt{\frac{1}{9} + \left(\frac{400}{2 \times 80}\right)^2} \cdot R = \frac{\sqrt{229}}{6}R$$

方案二中受力最大的螺栓受力较小,因此方案二比较好。

3. **解** (1) $\begin{cases} F_{r1} + F_{r2} = F \\ F_{r1} \times 200 = F \times 280 \end{cases} \Rightarrow F_{r1} = 4\,900$ N $F_{r2} = 1\,400$ N

$S_1 = 0.68 F_{r1} = 3\,332$ N $S_2 = 0.68 F_{r2} = 952$ N $S_1 > S_2$

$$F_{a1} = F_{a2} = S_1 = 3\,332\,\text{N}$$
$$P_{r1} = XF_{r1} + YF_{a1} = 0.41 \times 4\,900 + 0.87 \times 3\,332 = 4\,902.84\,\text{N}$$
$$P_{r2} = XF_{r2} + YF_{a2} = 0.41 \times 1\,400 + 0.87 \times 3\,332 = 3\,472.84\,\text{N}$$
$$L_{h1} = \frac{10^6}{60n}\left(\frac{C_r f_t}{P_{r1}} f_P\right)^3 = \frac{10^6}{60 \times 580} \times \left(\frac{1.0 \times 15.8 \times 10^3}{1.2 \times 4907.84}\right)^3 = 554.85\,\text{h}$$

（2）若改为面对面安装，内部轴向力方向改变，径向力不变
$$F_{a1} = F_{a2} = 3\,332\,\text{N}$$
$$F_{r1} = 4\,900\,\text{N} \qquad F_{r2} = 1\,400\,\text{N}$$

六、结构题

（1）如图 7 所示。

图 7

（2）传递路线：作用于蜗轮上的轴向力 F_A，通过套筒传到右侧圆锥滚子轴承的内圈，传到中间滚动体，再到轴承外圈，最后通过轴承端盖上的螺栓连接将 F_A 传递到箱体上。

2007 年硕士研究生入学考试试题 6

一、单项选择题（每小题 2 分，共 22 分）

1. _____ 是构成机械的最小单元，也是制造机械时的最小单元。
   A. 机器　　　　B. 零件　　　　C. 构件　　　　D. 机构
2. 曲柄摇杆机构的死点发生在_____位置。
   A. 主动杆与摇杆共线　　　　B. 主动杆与机架共线
   C. 从动杆与连杆共线　　　　D. 从动杆与机架共线
3. 偏心轮机构是由铰链四杆机构_____演化而来的。
   A. 扩大转动副　　　　　　　B. 取不同的构件为机架
   C. 化转动副为移动副　　　　D. 化低副为高副
4. 渐开线齿轮齿条啮合时，其齿条相对齿轮作远离圆心的平移时，其啮合

角_____。

    A.加大　　　　B.不变　　　　C.减小　　　　D.不能确定

5.用齿条型刀具加工 $\alpha_n = 20°$、$h_{an}^* = 1$、$\beta = 30°$ 的斜齿圆柱齿轮时不产生根切的最少数是_____。

    A.17　　　　B.14　　　　C.12　　　　D.8

6.基本周转轮系是由_____构成。

    A.行星轮和中心轮　　　　　　　　B.行星轮、惰轮和中心轮

    C.行星轮、行星架和中心轮　　　　D.行星轮、惰轮和行星架

7.对于变位蜗杆传动,下列说法正确的是_____。

    A.仅对蜗杆进行变位　　　　　　　B.仅对蜗轮进行变位

    C.对蜗杆蜗轮同时变位　　　　　　D.变位后,蜗轮的节圆与分度圆不重合

8.一齿轮传动装置如图1所示,若轮1为主动轮,则轮2的齿根弯曲应力可看成_____。

    A.对称循环变应力　　　　　　　　B.脉动循环变应力

    C.非对称循环变应力　　　　　　　D.静应力

图1

9.下列第_____项不是形成动压油膜的必要条件。

    A.两摩擦面呈楔形间隙　　　　　　B.摩擦面间必须充满黏性流体

    C.两摩擦面必须有相对运动　　　　D.使流体从间隙的小口进、大口出

10.在润滑良好的工作条件下,提高蜗杆传动效率最有效的措施是_____。

    A.增大蜗杆直径　　　　　　　　　B.增大模数

    C.增加蜗杆头数　　　　　　　　　D.增加蜗轮齿数

11.被连接的两轴有较大的角位移,且要求两轴的转速相等,则此时应选用_____。

    A.单万向联轴器　　　　　　　　　B.双万向联轴器

    C.弹性柱销联轴器　　　　　　　　D.十字滑块联轴器

二、判断题(正确填"T",错误填"F",每小题1分,共13分)

1.机构的自由度就是构件的自由度。　　　　　　　　　　　　　　　　(　　)

2.在转动副和移动副中都存在复合铰链。　　　　　　　　　　　　　　(　　)

3.曲柄摇杆机构的行程速比系数 K 不可能等于1。　　　　　　　　　　(　　)

4.图2所示机构中,当箭头所示构件为原动件时,该机构存在死点。　　(　　)

5.滚子从动件盘形凸轮的压力角必须在实际轮廓曲线上度量。( )

6.渐开线上各点的压力角不同,其中基圆上的压力角为0。( )

图2

7.用范成法切削渐开线齿轮时,一把模数为 m、压力角为 α 的刀具可以切削相同模数和压力角的任何齿数的齿轮。( )

8.行星轮系中若转臂为原动件可驱动中心轮,则反之不论什么情况,以中心轮为原动件时也一定可驱动转臂。( )

9.弯曲应力公式中,标准齿轮的齿形系数 Y_{Fa} 只取决于模数 m。( )

10.高速、重载条件下工作的滚子链传动,为保证足够的强度和运动的平稳性,设计时应选择小节距的多排链。( )

11.设计闭式软齿面齿轮传动时,通常使小齿轮的齿面硬度略高于大齿轮的齿面硬度。( )

12.规定蜗杆分度圆直径 d_1 为标准值的目的是:减少加工蜗杆时的滚刀数量并便于刀具的标准化。( )

13.普通平键连接属于动连接。( )

三、机构设计题(共 25 分)

1.(10分)计算下列图3所示机构的自由度,打箭头的为原动件,试判断机构是否具有确定的运动,如不具有确定运动,试在图上修改使机构具有确定的运动。

图3

2.(10分)机构传动出现的"死点"对设计人员来说是个棘手的问题,试分析以下两个图示机构。

(1)哪个构件为主动件时机构会出现死点;

(2)图4所示机构是如何实现无死点的。

3.(5分)再现恐龙的风采,使恐龙先张嘴再伸舌,最后手舞,间歇数分钟后再重复以上动作。试选用能实现上述动作的机构,用框图说明能实现上述动作机构的名称和运动流程。

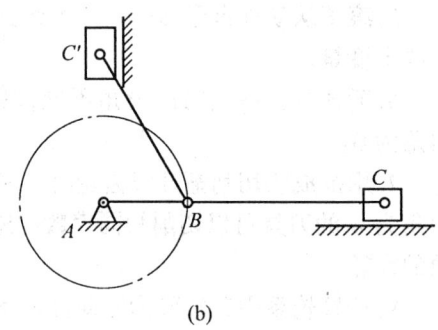

图 4

四、轮系及齿轮设计题(共 30 分)

1.(15 分) 某传动装置采用一对闭式软齿面标准直齿圆柱齿轮,齿轮参数 $z_1 = 20$,$z_2 = 54$,$m = 4$ mm。加工时误将箱体孔距镗大为 $a' = 150$ mm,齿轮尚未加工。

(1) 试采用两种方法进行补救;并说明补救方法的特点。

(2) 新方案的齿轮强度能满足要求吗(定性说明即可)?

2.(15 分) 在图 5 所示自动化照明灯具的传动装置中,已知输入轴的转速 $n_1 = 15$ r/min,各齿轮的齿数为 $z_1 = 60$、$z_2 = z_3 = 30$、$z_4 = z_5 = 40$、$z_6 = 120$;试求箱体 B 的转速 n_B。

五、问答题(共 15 分)

1.(8 分) 影响 V 带传动工作能力和使用寿命的主要参数有哪些(简述理由)?设计时如何选择这些参数?

2.(7 分) 图 6 所示为两挡变速标准直齿圆柱齿轮传动。双联齿轮 1、3 用导向平键与轴连接,可分别与齿轮 2、4 啮合。两对齿轮的材料、热处理方法的选择均相同,模数 m、齿宽 b 亦相等,齿数 $z_1 = z_4$,$z_2 = z_3 = 3z_1$。

图 5

图 6

若输入转矩 T_1 的大小不变,试问:

(1) 当阻力矩 T_2 增大时,应该用哪一对齿轮传动?为什么?

(2) 设计时应该按哪一对齿轮进行强度计算?为什么?

(3) 工作时,若齿轮 1、2 的齿面接触应力为 σ_{H12},而齿轮 3、4 的齿面接触应力为 σ_{H34},那么,σ_{H12} 与 σ_{H34} 之比等于多少?(根据接触应力公式分析)

六、分析计算题(30 分)

1. (15 分) 如图 7 所示,轴上装有一对同型号的圆锥滚子轴承,轴上零件的外载荷 $F_R = 4\,000$ N、$F_A = 1\,000$ N,轴的转速 $n = 1\,450$ r/min,轴承的基本额定动载荷 $C_r = 64\,200$ N,载荷系数 $f_P = 1.1$,常温下工作,预期寿命 30 000 h。图上尺寸的单位为 mm。试确定:
(1) 两轴承所受的径向载荷 F_{r1}、F_{r2} 的大小;
(2) 两轴承所受的轴向载荷 F_{a1}、F_{a2} 的大小;
(3) 两轴承的当量动载荷 P_1、P_2;
(4) 轴承寿命能否满足要求?
(注:① 派生轴向力 $S = F_r/(2Y)$。
② $e = 0.39$;当 $F_a/F_r \leqslant e$ 时,$X = 1$,$Y = 0$;当 $F_a/F_r > e$ 时,$X = 0.4$,$Y = 1.5$)

图 7

2. (15 分) 一钢制零件与机架用四个普通螺栓连接。如图 8 所示,钢制零件受到载荷 R 及 F 作用。已知:$R = 7\,000$ N,$F = 28\,000$ N,被连接件接合面的摩擦系数 $f_c = 0.2$,可靠性系数 $K_f = 1.3$。螺栓材料用 Q235 钢,其强度极限 $\sigma_h = 400$ MPa,屈服极限 $\sigma_s = 240$ MPa,安全系数 $S = 1.5$。为保证连接可靠,试确定所需的螺纹小径 d_1。

提示:注意 F 作用下被连接件接合面之间压力的变化。

七、结构设计题(15 分)

图 9 所示为一未设计完成的轴系结构,轴上零件位置已定。试根据装拆、定位及固定等要求,完成轴系结构设计。(说明:斜齿轮 2 的孔径未定;滚动轴承采用"一端固定、一端游动"的支承结构;轴向力不太大;倒角、圆角可省略)。

就在本试卷上作图。

图 8

图 9

2007 年硕士研究生入学考试试题 6 参考答案

一、单项选择题

1.B 4.B 7.B 8.A 9.D 10.C 11.B

四、轮系及齿轮设计题

1.(1) 可以采用正变位齿轮,特点:能配凑中心距,并能提高齿轮的承载能力。

可以将小齿轮 z_1 的齿数 +1,特点:可以配凑中心距,但是会改变传动比。

(2) 采用正变位齿轮可以提高齿轮的承载能力,增加小齿轮的齿数,可以减小 Y_{Fa},从而减小 σ_F,而 z_1 增大,模数不变,则 d_1 增大,σ_H 减小。因此新方案和齿轮强度能满足要求。

五、问答题

影响 V 带传动工作能力和使用寿命的主要参数有:中心距 a、初拉力 F_0,包角 α_1,带轮直径。

1.中心距 a:当 a 小时,结构紧凑,但单位时间绕过带轮次数增加,降低带的寿命。而 a 较大时,可增大包角 α_1,但结构尺寸大,而且当带的速度高时,易引起带的抖动。因此,可按 $0.7(d_{d1} + d_{d2}) \leqslant a_0 \leqslant 2(d_{d1} + d_{d2})$,初定 a_0,并需按 $a \approx \dfrac{L_d - L'_d}{2} + a$ 调整。

初拉力 F_0:F_0 小时易打滑,影响工作能力,F_0 过大时带寿命降低,且轴和轴承受力较大,取 $F_0 = 500\dfrac{P_d}{v_z}\left(\dfrac{2.5 - k\alpha}{k\alpha}\right) + mv^2$。

带的根数 z:z 越大,承载能力越强,但根数越多,受力越不均匀,z 应小于 10。

小轮包角 α_1:增大 α_1 可提高传动能力,为使 α_1 不过小,通常使传动比 i 不过大,$i \leqslant 7$,个别可达 10。

最大应力 σ_{max} 过大会影响带的寿命,应限制其大小。

带轮直径影响 σ_b，从而影响带传动的工作能力，通常选择 $d_{d1} \geqslant d_{d\min}$

2.(1) 应使用齿轮1、2，由于 $z_2 = 3z_1$，当输入为 T_1 时，可以输出 $3T_1$ 的转矩，以抵消阻力矩 T_2。

(2) 也应计算1、2，当输入为 T_1 时，齿轮所受的切向力为 $\dfrac{2T_1}{d_1} > $ 齿轮3所受的切向力 $\dfrac{2T_1}{d_3}$，齿轮所受的应力较大。

(3) $\sigma_H = Z_E Z_H Z_\epsilon \sqrt{\dfrac{KF_t}{bd_1} \cdot \dfrac{u+1}{u}}$

$$\dfrac{\sigma_{H12}}{\sigma_{H34}} = \sqrt{\dfrac{Ft_{12}}{Ft_{34}}} = \sqrt{\dfrac{\dfrac{2T_1}{d_1}}{\dfrac{2T_2}{d_4}}} = \sqrt{\dfrac{T_1}{T_2}}$$

六、分析计算题

1.(1) $F_{r2} = \dfrac{4\,000 \times 550}{400} = 5\,500 \text{ N} \quad F_{r1} = F_{r2} - F_R = 1\,500 \text{ N}$

(2) $S_1 = \dfrac{F_{r1}}{2Y} = \dfrac{1\,500}{3} = 500 \text{ N} \quad S_2 = \dfrac{F_{r2}}{2Y} = \dfrac{5\,000}{3} = 1\,833.3 \text{ N}$

$$S_2 > S_1 + F_A = 1\,500$$

所以 $\quad F_{a2} = 1\,833.3 \text{ N} \quad F_{a1} = F_{a2} - F_A = 833.3 \text{ N}$

(3) $\dfrac{F_{a1}}{F_{r1}} = \dfrac{833.3}{1\,500} = 0.56 > e, X = 0.4, Y = 1.3$，所以

$$P_1 = XF_{r1} + YF_{a1} = 0.4 \times 1\,500 + 1.5 \times 833.3 = 2\,450 \text{ N}$$

因为 $\dfrac{F_{a2}}{F_{r2}} = \dfrac{1\,833.3}{5\,500} = 0.33 < e, X = 1, Y = 0$，所以

$$P_2 = 5\,500 \text{ N}$$

(4) 校核轴承2

$$L_h = \dfrac{10^6}{60 \times 1\,450}\left(\dfrac{64\,200}{1.1 \times 5\,500}\right)^{\frac{10}{3}} = 30\,158.1 \text{ h} > 预期寿命$$

2. 设每个螺栓所受的剩余预紧力为 F''，则有

$$4F''f_c = k_f R$$

所以 $\quad F'' = \dfrac{K_f R}{4f_c} = \dfrac{1.3 \times 7\,000}{4 \times 0.2} = 11\,375$

每个螺栓所受的轴向载荷为

$$\dfrac{F}{4} = 7\,000 \text{ A}$$

故螺栓所受的总拉力

$$F_0 = F'' + \dfrac{F}{4} = 11\,375 + 7\,000 = 18\,375 \text{ N}$$

因为 $[\sigma] = \dfrac{\sigma_s}{s} = 160 \text{ MPa}$

所以 $d_1 \geqslant \sqrt{\dfrac{4 \times 1.3 \times 18\,375}{\pi \times 160}} \approx 13.787 \text{ mm}$

七、结构设计题

如图 10 所示。

图 10

2007 年硕士研究生入学考试试题 7

一、选择题(每空 2 分,共 20 分)

1. 键的长度主要根据(　　)来选择。
   A. 传递扭矩的大小　　B. 传递功率的大小　　C. 安装键的段长度

2. V 带在工作时,产生弹性滑动是由于(　　)。
   A. 带是弹性体　　　　　　　　　　B. 带的紧边和松边的拉力不等
   C. 带与带轮之间的摩擦力不够

3. 设计凸轮机构,当凸轮角速度、从动件运动规律已知时,则(　　)。
   A. 基圆半径越大,压力角就越大　　B. 基圆半径越小,压力角就越大
   C. 滚子半径越小,压力角就越小　　D. 滚子半径越大,压力角就越小

4. 对于普通螺栓连接,在拧紧螺母时,螺栓所受的载荷是(　　)。
   A. 拉力　　　　B. 扭矩　　　　C. 压力　　　　D. 拉力和扭矩

5. 调节机构中,如螺纹为双头,螺距为 3 mm,为使螺母沿轴向移动 9 mm,螺杆应转(　　)转。
   A. 3　　　　　B. 4　　　　　C. 5　　　　　D. 1.5

6. V 带在减速传动过程中,带的最大应力发生在(　　)。
   A. V 带离开大带轮处　　　　　B. V 带绕上大带轮处
   C. V 带离开小带轮处　　　　　D. V 带绕上小带轮处

7. 根据(　　)选择键的结构尺寸:$b \times h$。
   A. 扭矩　　　　B. 单向轴向力　　　　C. 键的材料　　　　D. 轴的直径

8. 下列铰链四杆机构,能实现急回运动的是(　　)。

A. 双摇杆机构　　　B. 曲柄摇杆机构　　　C. 双曲柄机构

9. 设计 V 带传动时,控制带的最大线速度不要过大,其主要目的是为了(　　)。
　　A. 使带的拉应力不至于过大　　　　B. 使带的弯曲力不至于过大
　　C. 使带的离心应力不至于过大

10. 带传动作减速传动时,带的最大应力等于(　　)。
　　A. $\sigma_1 + \sigma_{b1} + \sigma_c$　　B. $\sigma_1 + \sigma_{b2} + \sigma_2$　　C. $\sigma_2 + \sigma_{b1} + \sigma_c$　　D. $\sigma_2 + \sigma_{b2} + \sigma_c$

二、填空题(每空 1 分,共 42 分)

1. 机械设计的要求有_____、_____、_____、_____。
2. 构件系统成为机构的必要条件是_____。
3. 铰链四杆机构存在一个曲柄的条件为_____。
4. 凸轮机构按从动件的型式分为_____、_____、_____。
5. 螺纹连接的基本类型为_____、_____、_____、_____。
6. 带传动和链传动的共同优点是_____。
7. 齿轮失效形式有_____、_____、_____、_____。
8. 轴系的功能有_____、_____、_____。
9. 轴按承载方式分为_____、_____、_____。
10. 轴承按工作表面的摩擦状态可分为_____、_____。
11. 螺纹连接防松的根本目的在于_____,常有的防松的措施按工作原理分常有_____、_____和变为不可折连接三种。
12. 带传动中,带中的应力主要有_____、_____、_____三种,其中合应力最大发生在_____。
13. 标准直齿圆柱齿轮传动的正确啮合条件是_____、_____。连续传动条件是_____。
14. 联轴器和离合器功用是_____。它们的主要区别在_____。

三、简答题(共 22 分)

1. 在图 1 所示传动系统中,齿轮 2 空套在轴Ⅲ上,齿轮 1、3 均与轴用键连接,卷筒与齿轮 3 固连,而与轴Ⅳ空套,试问:
(1) 轴Ⅰ、Ⅱ、Ⅲ、Ⅵ工作时,分别承受何种类型的载荷?
(2) 区分各轴的类型(转轴、心轴、传动轴)(8 分)
2. 带传动中,何谓打滑?何谓弹性滑动?二者有何区别?(8 分)
3. 简述轴上零件常见周向和轴向定位方法。(各举四例)(6 分)

四、计算题(共 66 分)

1. 求图 2(a)、(b)、(c)、(d) 所示机构的自由度(带箭头的构件为原动件)。(12 分)
2. 已知摩擦系数 $f = 0.12$,在静载荷下,试计算 M12 的粗牙普通螺纹能否自锁?其效

图 1

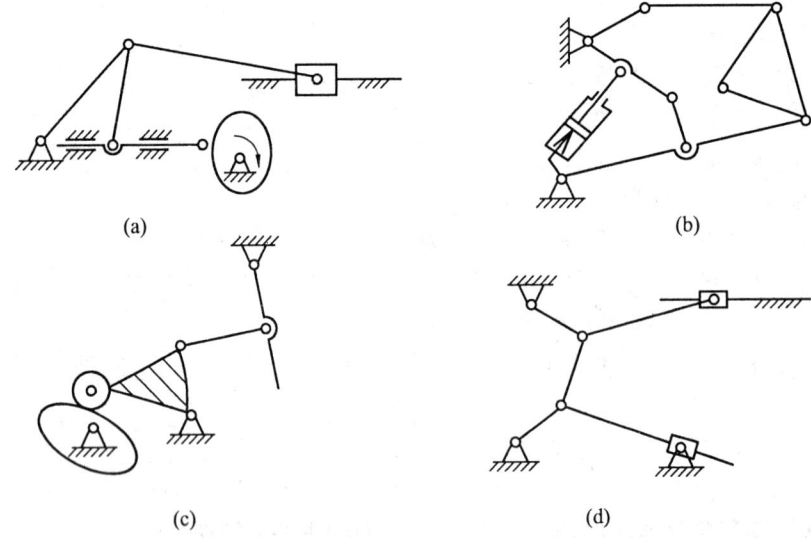

图 2

率为多少?(已知螺纹参数为:$t = 1.75$ mm,$d_2 = 10.86$ mm,$d_1 = 10.11$ mm)。(12分)

3.图 3 所示铰链四杆机构中,已知:$BC = 50$ cm,$CD = 35$ cm,$AD = 30$ cm,求此机构分别为:

(1) 曲柄摇杆机构;

(2) 双曲柄机构;

(3) 双摇杆机构时,AB 的取值范围。(20分)

图 3

4.如图 4 所示的轮系中,已知:$z_4 = 16$,$z_5 = 24$,$z_6 = 64$,齿轮 6 固定不动,所有齿轮传动均为标准安装的直齿标准渐开线圆柱齿轮,轴 Ⅰ、Ⅲ 及 Ⅳ 共线,齿轮 1 和 2 的模数为 3 mm,轴 Ⅰ 和轴 Ⅱ 间的距离 $a = 90$ mm,$i_{12} = 0.5$,试计算:

(1) 齿轮 1 的分度圆直径、齿顶圆直径、基圆直径、齿根直径。($h_a^* = 1$,$c^* = 0.25$);

(2) 求轴Ⅰ和Ⅳ之间的传动比 $i_{I\!V}$。（22分）

图 4

2007 年硕士研究生入学考试试题 7 参考答案

一、选择题

1.C 2.A 4.D 5.D 6.D 7.D 9.C 10.A

二、填空题

1.运动和动力性能　工作可靠性的要求　经济性　操作方便和安全

5.螺栓连接　双头螺柱连接　螺钉连接　紧钉螺钉连接

6.适用于两轴中心距较大的传动

7.轮齿折断　齿面点蚀　齿面磨损　齿面胶合　轮齿塑性变形

8.较远距离的传动　获得较大的传动比　改变从动轴的转向　实现多种传动比的传动　转动的合成和分解

9.转轴　心轴　传动轴

10.滑动轴承　滚动轴承

11.防止螺旋副的相对转动　机械防松　摩擦防松

12.拉应力　离心应力　弯曲应力　紧边与小轮接触处

13.模数相等　分度圆压力角相等　实际啮合线长度大于或至少等于齿轮的法线齿距

14.连接两轴　传递运动和动力　在工作中离合器可随时切断或接合两轴间运动或动力,而联轴器要停车后通过拆卸或装配。

三、简答题

1.轴 1:承受扭矩,是传动轴;轴 2:同时承受弯矩和扭矩,是转轴;轴 3:只承受弯矩,是固定心轴;轴 4:只承受弯矩,为活动心轴。

2.打滑:在一定的初拉力的作用力,带与带轮面的最大静摩擦力为一定值,当带中传递的有效拉力超过这一最大静擦力,则带将相对带轮面作全面的相对滑动,即为打滑。

弹性滑动:是由于带的弹性变形和带中拉力的变化,引起的带与带轮间的局部相对滑动。

二者的区别:是打滑,是由于过载引起的,是可以避免的。而弹性滑动是带传动的基本特性,是不可避免的。

3.零件的周向定位方式有:平键连接,花键连接,销连接,过盈配合,成形连接等。
轴向定位方式有:轴端盖板、轴用弹性挡圈、轴肩、套筒、圆螺母等。

四、计算题

2.(1) 当量摩擦角:$\rho_v = \arctan(f/\cos\beta) = 7.889°$
螺纹升角:$\lambda = \arctan(t/(\pi d_2)) = 2.94°$ $\Theta \lambda < \rho_v$
所以此螺纹能够自锁。

(2) $\eta = \dfrac{\tan\lambda}{\tan(\lambda + \rho_v)} = 0.2685$

2008年硕士研究生入学考试试题 1

一、简答题(每小题 5 分,共 40 分)

1.当转速很高而轴向载荷不大时,如果用球轴承来承受纯轴向载荷,应该选用推力球轴承,还是选用深沟球轴承,为什么?

2.在外啮合斜齿圆柱齿轮传动中,如果采用变位的方法来提高齿根弯曲疲劳强度,请问应该采用正变位还是采用负变位?为什么?

3.在一个不太方便经常添加润滑的机械传动系统中,其中的滑动轴承材料一般选用什么材料,为什么?

4.带传动一般放在机械传动系统的高速级还是低速级?为什么?

5.直动从动件盘形凸轮机构中,如果要适应任何运动规律不发生运动失真现象,尖底、平底从动件是否都可以满足这一要求?为什么?

6.一对标准外啮合直齿圆柱齿轮,标准安装时,并对齿轮啮合区域为 0.7 倍的基节,请简单计算其重合度是多少?

7.在圆柱压缩螺旋弹簧中,旋绕比(又称弹簧指数)的数值如何选择?

8.在设计 V 平滚柱导轨时,两种滚柱的直径之间有何要求?V 平滚柱导轨的加工工艺性有何特点?

二、分析计算题(每小题 18 分,共 90 分)

1.对于一个基本参数(z, m, α, h_a^*, C^*),已知的标准直齿圆柱外齿轮,用球形测头测量其齿圈径向跳动误差,为减小测量误差,测头直径应该是多少?

2.在偏置曲柄滑块机械中,要求滑块的行程为 50 mm,其行程速度变化系数为 1.5,导路的偏置量为 20 mm。请设计这一机构。

3.请问图 1 所示的运动链自由度是多少?能否成为机构?如果能够成为机构的话,对其进行高副低代,拆分杆组分析并确定机构的级别?

4. 试分析图 2 所示斜齿轮 – 锥齿轮 – 蜗杆传动机构。请合理确定斜齿轮 1、蜗杆 5 的螺旋方向,画出蜗轮 6 的受力情况和旋转方向。

图 1　　　　　　　　　　　图 2

5. 轮系如图 3 所示。各齿轮均为标准齿轮,已知各轮齿数为:$z_1 = 18$, $z'_1 = 80$, $z_2 = 20$, $z_3 = 36$, $z'_3 = 24$, $z'_4 = 80$, $z_5 = 50$, $z_6 = 2$, $z_7 = 58$, $n_1 = 1\,000$ r/min。试求轮 7 的转速。

图 3

三、结构题(共 20 分)

请改正图示结构中的结构错误,画出正确结构图。(齿轮采用油润滑,轴承采用脂润滑)。

图 4

2008 年硕士研究生入学考试试题 1 参考答案

一、简答题

1. 选用深沟球轴承,因为深沟球轴承的外圈滚道可承受很大的离心力。

2. 采用正变位,便齿根变厚,Y_{Fa} 减小,σ_F 减小,从而提高齿根弯曲疲劳强度。

3. 选用粉末冶金材料,因为这种材料做成的轴瓦中有很多孔隙,将轴瓦浸入热油中去,孔隙中就会充满润滑油,工作时由于轴旋转时产生的抽吸作用和轴承发热的膨胀作用,油会从孔隙中进入摩擦表面起到润滑作用,不工作时,油又回到孔隙中去。这种轴承具有自润作用。

4. 带传动一般放在高速级,因为带有弹性,可吸振缓冲,可使传动平稳;在传递功率一定时,高速时,所需传递的圆周力小,有利于选用型号小的带,并且带的根数可少;有利于对机械传动系统进行过载保护。

7. 旋绕比 $C = D/d$ 是弹簧设计中的一个主要参数,它对弹簧的强度、刚度都有很大的影响,当弹簧的直径 d 一定时,C 越小,切应力 τ 越小,而刚度则越大,对于圆柱压缩螺旋弹簧,若为了提高刚度,则应选较小的 C 值,反之则应选较大的 C 值,通常取 $C = 4 \sim 16$。

8. 设计 V – 平滚柱导轨时,设平导轨滚柱直径为 d,则 V 形导轨的滚柱直径 $d_1 = d\cos 45°$(V 形导轨的角为 $90°$),这样,在取掉滚动元件后,上导轨与下导轨面可以完全密合,便于互相研配,具有良好的加工工艺性。

二、分析计算题

1. 测头直径 $d = 1.68$ m

4. 斜齿轮 1　左旋　蜗杆 5　右旋　蜗轮 6　逆时针转动　受力情况如图 5

图 5

三、结构题

正确结构如图 6 所示。

图6

2008年硕士研究生入学考试试题2

一、是非题(每小题1.5分,共15分)

1. 设计机械零件时,安全系数应尽可能选大些,以使零件工作更可靠与安全。
2. 温度和压力是影响润滑油黏度的主要因素,对于一般滑动轴承,只考虑温度影响,而忽略压力对黏度的影响是合理的。
3. 受横向载荷的紧螺栓连接主要是依靠被连接件接合面之间的摩擦来承受横向载荷的。
4. 半圆键连接是靠键与键槽侧面的挤压传递转矩,故其主要失效形式是工作面压溃。
5. 在传动系统中,带传动往往放在高速级是因为它可以传递较大的转矩。
6. 为了提高齿轮传动的抗点蚀能力,可以考虑采取加大传动中心距的方法。
7. 在同一工作条件下,若不改变轴的结构和尺寸,仅将轴的材料由碳钢改为合金钢,其结果是提高了轴的刚度。
8. 在混合润滑轴承设计中,限制 pv 值的主要目的是防止轴承因发热而产生胶合。
9. 刚性联轴器适用于两轴对中要求不高的场合。
10. 接触式动密封密封可靠,因此高速情况应选择接触式动密封。

二、选择题(每小题3分,共30分)

1. 某齿轮传动装置如图1所示,齿轮1为主动,则齿轮2的齿面接触应力按_____变化。
   A. 对称循环
   B. 脉动循环
   C. 循环特性 $r = -0.5$ 的循环
   D. 循环特性 $r = +1$ 的循环

2. 由普通螺栓构成的螺栓组连接,在受横向载荷时,其设计计算准则就为_____。
   A. 被连接件间不发生相对滑动及螺栓不被拉断
   B. 螺栓不发生疲劳破坏
   C. 被连接件不发生剪切和挤压破坏
   D. 螺栓不发生剪切和挤压破坏

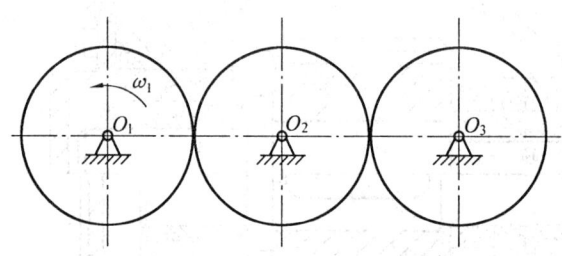

图1

3. 若将带传动的中心距 a 减小,则所设计的带传动_____。
　A.传动能力提高,带的寿命降低　　B.传动能力降低,带的寿命提高
　C.传动能力、带的寿命均提高　　　D.传动能力、带的寿命均降低

4. 对于闭式硬齿面齿轮传动,宜取较少齿数以增大模数,其目的是_____。
　A.提高齿面接触强度　　　　　　　B.减小轮齿的切削量
　C.保证轮齿的弯曲强度　　　　　　D.减小滑动系数,提高传动效率

5. 为了减小齿轮传动的齿向载荷分布系数 K_β,可将_____。
　A.齿轮传动设计成负变位传动　　　B.轮齿加工成鼓形齿
　C.轮齿进行齿顶修缘　　　　　　　D.增加齿轮宽度

6. 为了减少蜗轮滚刀型号,有利于刀具标准化,规定_____为标准值。
　A.蜗轮齿数　　　　　　　　　　　B.蜗轮分度圆直径
　C.蜗杆头数　　　　　　　　　　　D.蜗杆分度圆直径

7. 在轴的初步计算中,轴的直径是按_____初步确定的。
　A.弯曲强度　　　　　　　　　　　B.扭转强度
　C.轴段的长度　　　　　　　　　　D.轴段上零件的孔径

8. 在转速高、轴向载荷不大的情况下,_____可以代替推力轴承受轴向载荷。
　A.角接触球轴承　　　　　　　　　B.圆柱滚子轴承
　C.调心球轴承　　　　　　　　　　D.圆锥滚子轴承

9. 液体动压润滑向心滑动轴承,在其他条件不变的情况下,随外载荷的增加,_____。
　A.油膜压力不变,油膜厚度减小　　B.油膜压力减小,油膜厚度减小
　C.油膜压力增加,油膜厚度减小　　D.油膜压力增加,油膜厚度不变

10. 下列_____,不是牙嵌离合器的优点。
　A.传递转矩较大　　　　　　　　　B.结构紧凑
　C.接合时平稳,冲击较小　　　　　D.接合比较可靠

三、简答题(每小题6分,共30分)

1. 常用的计算准则有哪些(答出四种以上)?它们各针对什么失效形式?
2. 对螺栓组连接进行结构设计时应考虑哪些问题?
3. 试述 V 带传动的设计准则及主要设计步骤。

4. 试述提高齿轮传动齿根弯曲疲劳强度的措施。
5. 轴的功能是什么?试举例说明什么是心轴、传动轴和转轴。

四、分析题(共 25 分)

1. (7分) 某工厂车间某设备采用的是 5 条 B1600V 带传动,工作一段时间后,其中两条 V 带出现明显的松弛而不能继续使用。有人建议说,新买两条 B1600V 带换上,重新调整各带的初拉力就可以了。试分析部分 V 带先失效的原因以及所提建议是否可行并说明理由。

2. (8分) 疲劳折断和点蚀是齿轮传动中两种主要的失效形式,疲劳折断多发生在轮齿的齿根处,点蚀却首先出现在靠近节线的齿根面上,试分析以上两种失效形式发生部位不同的原因。

3. (10分) 如图 2 有一传动装置,已知:蜗杆 1 为主动件,Ⅲ 轴上斜齿轮 4 转动方向如图所示,Ⅱ 轴上蜗轮 2 的螺旋线为右旋,为使 Ⅱ 轴上轴向力能够抵消一部分,试确定:

(1) 斜齿轮 3 和 4 的螺旋线方向。
(2) 蜗杆转动方向和螺旋线方向。
(3) 画出蜗轮 2 和斜齿轮 3 所受 3 个分力的方向。(要求在答题纸上重新画出题图)

图 2

五、计算题(共 30 分)

1. (13分) 图 3 所示为某受轴向工作载荷的紧螺栓连接预紧时的受力 —— 变形图。
(1) 当被连接件间剩余预紧力 $F'' = 1\,500$ N 时,求工作载荷 F 和螺栓所受总拉力 F_0,并在图上表示出来。
(2) 若工作载荷 F 从 0 到 F 之间变化,此时螺栓的直径为 M16,小径 $d_1 = 13.835$ mm,其许用应力 $[\sigma_a] = 18$ MPa,问螺栓的疲劳强度是否满足要求?
(3) 若被连接件间不出现缝隙,最大工作载荷 F_{max} 是多少?此时螺栓所受总拉力 F_0 又是多少?并在图上表示出来。(要求在答题纸上重新画出题图)

2. (6分) 有一蜗杆传动装置,蜗杆分度圆直径 $d_1 = 28$ mm,模数 $m = 2.5$ mm,蜗杆头数 $z_1 = 1$,蜗杆蜗轮齿面间当量摩擦系数 $f_v = 0.1$。问:
(1) 此蜗杆传动是否自锁?
(2) 此时蜗杆传动的啮合效率是多少?

3. (11分) 一轴由两个角接触球轴承支承,$F_1 = 8$ kN,$F_2 = 3$ kN,$a = 90$ mm,$b = 170$

图 3

mm, $c = 48$ mm,轴转速 $n = 460$ r/min,载荷系数 $f_d = 1.2$,常温工作,温度系数 $f_t = 1.0$,预期使用寿命 $[L_{10h}] = 8\,000$ h,试确定轴承基本额定动载荷应为多少?(已知:$e = 0.68$,$S = 0.68 F_r$,当 $F_a/F_r \leqslant e$ 时,$X = 1$,$Y = 0$,当 $F_a/F_r > e$ 时,$X = 0.41$,$Y = 0.87$)

图 4

六、结构题(20 分)

(1) 说明图 5 所示轴系结构的装配工艺过程及顺序。

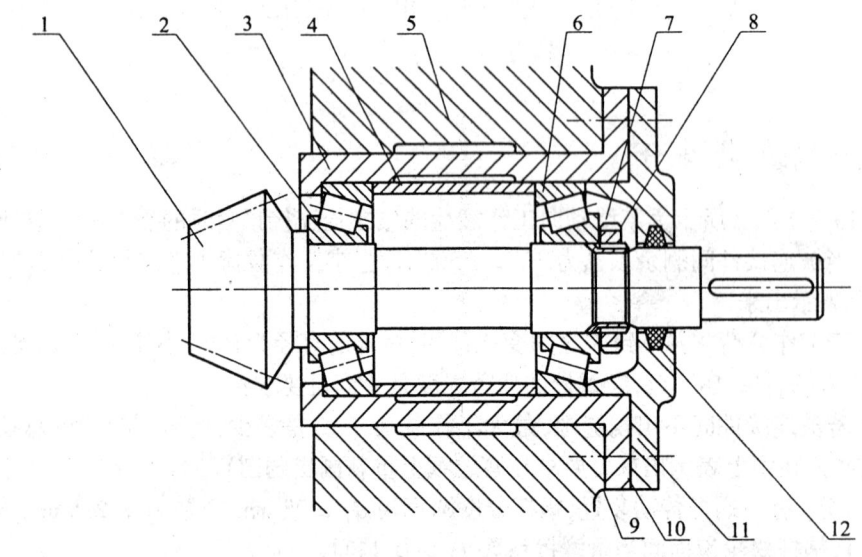

图 5

1—锥齿轮轴;2—左端圆锥滚子轴承;3—套杯;4—套筒;5—箱体;6—右端圆锥滚子轴承;7—圆螺母用止动垫圈;8—圆螺母;9—调整垫片 1;10—调整垫片 2;11—轴承盖;12—毡圈

(2) 指出该轴系的轴向固定方式属于哪种类型?轴承间隙如何调整?
(3) 如何调整轴的轴向位置,使一对锥齿轮传动锥顶重合?
(4) 此轴系的轴承采用背对背安装,其优缺点如何?
(5) 锥齿轮上的轴向力是如何传递到箱体上去的?

2008年硕士研究生入学考试试题2参考答案

一、是非题

1.F 2.T 3.T 4.T 5.F 6.F 7.F 8.T 9.F 10.F

二、选择题

1.D 2.A 3.D 4.C 5.B 6.D 7.D 8.A 9.C 10.C

三、简答题

1.常用的计算准则:① 强度设计准则;② 刚度设计准则;③ 精度设计准则;④ 寿命设计准则;⑤ 振动稳定性准则。

强度准则针对的是断裂,塑性变形和表面失效。

刚度准则 —— 过量的弹性变形。

精度准则 —— 过大的尺寸误差和几何误差。

寿命准则 —— 疲劳破坏和由于磨损腐蚀引起的表面失效。

振动准则 —— 破坏正常条件引起的失效。

可靠性准则 —— 破坏正常工作条件引起的失效。

2.① 连接结合面的几何形状常设计成轴对称的简单几何形状;② 螺栓的布置应使各螺栓受力合理;③ 螺栓的排列应有合理的间距、边距;④ 分布在同一圆周上的螺栓数目,应取4、6、8等偶数;⑤ 避免螺栓承受偏心载荷;⑥ 合理选择螺栓的防松装置。

3.V带传动的设计准则是:在保证带工作时不打滑的条件下,具有一定的疲劳强度和寿命。

主要设计步骤有:① 确定设计功率;② 选择带型;③ 确定带轮的基准直径;④ 验算带的速度;⑤ 确定中心距和V带基准长度;⑥ 计算小轮包角;⑦ 确定V带根数;⑧ 确定初拉力;⑨ 计算作用在轴上的压力;⑩ V带轮结构设计并绘制带轮零件工作圈。

4.主要措施有:可适当增大齿根圆角半径,以减小应力集中,合理提高齿轮的制造精度和安装精度,正确选择材料和热处理方式以及对齿根部位进行喷丸、辗压等强化处理,采用正变位,增大模数等。

5.轴的功能是支撑传动件和轴上其他零件并传递运动和动力。

自行车前轴是心轴。汽车的传动轴。

齿轮减速器上的输出轴为转轴。

四、分析题

1.因为有两条V带基准长度较短,超出允许的误差范围,初拉力大,因此先发生松弛而失效,建议再买两条新V带的方案不可行,因为保证不了与原有的三条V带具有误差允许的相同的基准长度。

2. 齿轮传动在工作时:轮齿像悬臂梁一样承受弯曲,在其齿根部弯曲应力最大,而且有应力集中,当交变的齿根弯曲应力大于弯曲疲劳极限应力且多次作用下,齿根部容易产生裂纹进而折断。齿轮传动在工作时齿面间的接触相当于轴线平行的两圆柱滚子间的接触,在接触处将产生脉动循环变化的接触应力。疲劳点蚀首先出现在齿面节线附近的齿根部,这是因为此处为单对点啮合,接触应力大,而且此处相对滑动速度小,不易形成润滑油膜,摩擦力大,同时润滑油进入此处裂纹中后会被封闭,形成很高的油压,加速裂纹的扩展。

3. 如图 6 所示。

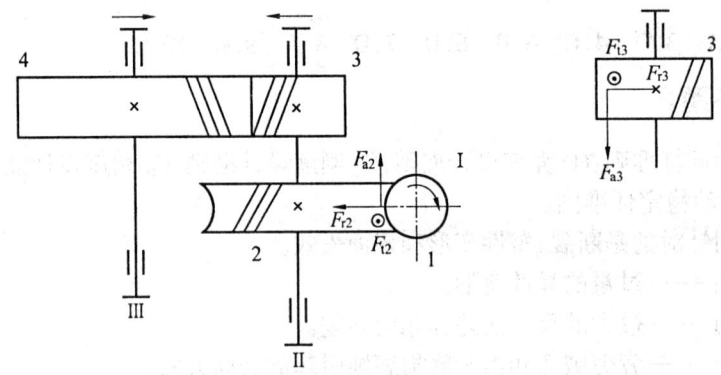

图 6

① 3 为右旋,4 为左旋。
② 蜗杆为右旋,转向为顺时针。
③ 2、3 受力分析如图。

五、计算题

1. 解 (1) 如图 7 可知

$C_B = \tan 45° = 1 \quad F' = 3\,800\text{ N}$

$C_m = \tan 60° = \sqrt{3}$

由 $F' = F'' + \dfrac{C_m}{C_B + C_m} F$ 得

$F = \dfrac{(F' - F'')(C_B + C_m)}{C_m} =$

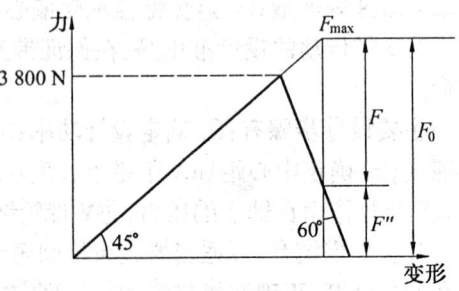

图 7

$\dfrac{(3\,800 - 1\,500)(1 + \sqrt{3})}{\sqrt{3}} = 3\,627.9\text{ N}$

$F_0 = F'' + F = 5\,127.9\text{ N}$

(2) 由 $\sigma_a = \dfrac{C_B}{C_B + C_M} \dfrac{2F}{\pi d_1^2}$ 得

$$\sigma_a = \frac{1}{1+\sqrt{3}} \frac{2 \times 3\,627.9}{3.14 \times (13.835 \times 10^{-3})^2} = 4.417 \text{ MPa} < [\sigma_a]$$

所以,螺栓的疲劳强度满足要求。

(3) 被连接间不出现间隙的极限为 $F'' = 0$

由 $F' = \dfrac{C_m}{C_B + C_m} F$ 得 $F_{max} = 5\,993.9$ N,故螺栓受的总拉力

$$F_0 = F_{max} = 5\,993.9 \text{ N}$$

图 8

2.(1) 解

$$\gamma = \arctan \frac{z_1 m}{d_1} = \arctan \frac{2.5}{28} = 5.1°$$

$$\rho_v = \arctan f_v = \arctan 0.1 = 5.7°$$

因为 $\rho_v > \gamma$,所以此蜗杆传动装置能够自锁。

(2) $\eta = \dfrac{\tan \gamma}{\tan(\gamma + \rho_v)} = \dfrac{\tan 5.1°}{\tan(5.1° + 5.7°)} = 0.468$

3. 解 如图9所示。由 $M_I = 0$ 得

$$F_2 C + F_1 a - F_{r2}(a + b) = 0$$
$$F_{r2} = 3.323 \text{ kN}$$

由 $M_{II} = 0$ 得

$$F_2 C + F_{r1}(a + b) - F_1 b = 0$$
$$F_{r1} = 1.677 \text{ kN}$$

由题意 $S = 0.68 F_r$ 得

$$S_1 = 0.68 F_{r1} = 3.180\,36 \text{ kN}$$
$$S_2 = 0.68 F_{r2} = 2.259\,64 \text{ kN}$$

图 9

因为 $F_2 + S_2 > S_1$,角接触球轴承背对背安装,所以 I 被压紧,II 被放松,即

$$F_{a2} = S_2 = 2.259\,64 \text{ kN}$$
$$F_{a1} = S_2 + F_2 = 5.259\,64 \text{ kN}$$

由 $F_{r1} > F_{r2}, F_{a1} > F_{a2}$ 可知,只需按照 I 轴承求解。

由

$$F_{a1}/F_{r1} = \frac{5.259\,64}{4.677} \approx 1.12 > e$$

所以

$$X = 0.41 \quad Y = 0.87$$
$$P = 0.41 F_{r1} + 0.87 F_{a1} = 6.493 \text{ kN}$$

又由 $L_h = \dfrac{10^6}{60n}\left(\dfrac{f_T C}{f_P P}\right)^{\varepsilon} (\varepsilon = 3)$ 得

$$8\,000 = \frac{10^6}{60 \times 460}\left(\frac{C}{1.2 \times 6.493 \times 10^3}\right)^3$$

所以

$$C = 47.093 \text{ kN}$$

六、结构题

(1) 先将12安装到11的密封圈槽内作为一个部件A,然后按以下次序逐个进行安装:
1 3 2 4 6 7 8 10 A 9 5

(2) 两端固定支承方式。轴承间隙是依靠8进行调整。

(3) 轴向位置是依靠9进行调整。调8时锥齿轮轴向位置亦动,但可先调好轴向间隙再用9调轴向位置。

(4) 优点是支承刚度大;缺点是轴承间隙不容易调整。

(5) 力经过1、2、4、6、11和螺栓连接传递到5上的。

2008年硕士研究生入学考试试题3

一、选择填空题(每题只选一个最合适的答案)(共计40分)

1. 构件是机械中独立的_____单元。
   A.制造　　　　　　B.运动　　　　　　C.分析

2. 采用螺纹连接时,若被连接件的厚度总厚度较大,用材料较软,强度较低,需经常装拆的情况下,一般多选用_____。
   A.螺栓连接　　　　B.双头螺柱连接　　C.螺钉连接

3. 螺旋副相对转动一转时,螺钉螺母沿轴线方向的相对位移是_____。
   A.一个螺距　　　　B.一个导程　　　　C.导程×头数

4. 螺纹的牙形角为 α,螺纹中的摩擦角为 ρ,当量摩擦角为 ρ_v,螺纹升角为 λ,则螺纹的自锁条件为_____。
   A.$\lambda \leq \alpha$　　B.$\lambda > \alpha$　　C.$\lambda \leq \rho_v$　　D.$\lambda > \rho_v$

5. _____的键槽对轴强度的削弱最大。
   A.平键　　　　　　B.半圆键　　　　　C.楔键　　　　　D.花键

6. 在带传动设计中,限制小带轮的最小直径是为了避免_____。
   A.带轮强度不够　　B.传动结构太大　　C.带轮的弯曲应力过大

7. 带传动在工作中产生弹性滑动的原因是_____。
   A.预紧力不足　　　B.离心力大　　　　C.带的弹性与紧边松边存在拉力差

8. 当摩擦系数与初拉力一定时,带传动在打滑前所能传递的最大有效拉力随_____的增大而增大。
   A.小带轮上的包角　B.大带轮上的包角　C.带的线速度

9. 套筒滚子链中,滚子的作用是_____。
   A.缓冲吸震　　　　B.提高链的承载能力　C.减轻套筒与轮齿间的摩擦与磨损

10. 链条的节数宜采用_____。
    A.奇数　　　　　　B.偶数　　　　　　C.奇数的整倍数

11. 限制链轮最小齿数的目的是_____。
    A.降低运动不均匀性　　B.限制传动比　　C.防止脱链

12. 当齿轮中心距稍有改变时,_____保持原值不变的性质称为可分性。
    A.瞬时角速度比　　B.啮合角　　　　　C.压力角

13. 渐开线齿轮传动的啮合角等于_____圆上的压力角。
   A. 基   B. 分度   C. 节
14. 斜齿轮分度圆螺旋角为 β，齿数为 z，其当量齿数 $z_v = $ _____。
   A. $z/\cos\beta$ B. $z/\cos^2\beta$ C. $z/\cos^3\beta$
15. 变位齿轮正传动的中心距_____标准中心距。
   A. 小于   B. 等于   C. 大于
16. 蜗杆常用的材料是_____。
   A. 钢   B. 青铜   C. 铸铁
17. 滑动轴承轴瓦上的油沟不应开在_____。
   A. 油膜承载区内   B. 油膜非承载区内   C. 轴瓦剖分面上
18. 温度升高时，润滑油的黏度随之_____。
   A. 升高   B. 降低   C. 保持不变
19. 在周期性速度波动中，一个周期内机械的盈亏功累积值_____。
   A. 大于0   B. 小于0   C. 等于0
20. 圆柱螺旋弹簧簧丝直径为 d，弹簧中径为 D_2，弹簧外径为 D，弹簧内径为 D_1，则弹簧指数 C（旋绕比）= _____。
   A. D/d B. D_2/d C. D_1/d

二、计算题（共 32 分）

1. (10分) 如图1所示为一种用于机器人手臂的减速器，z_1 为输入，转速为 N_1，双联齿轮 z_4 为输出。已知各齿轮齿数为：$z_1 = 20$，$z_2 = 40$，$z_3 = 72$，$z_4 = 70$，求：
   (1) 分析内齿轮 z_3 的运动，确定其自转角速度 N_3。
   (2) 计算内齿轮 z_3 的公转角速度 N_h。
   (3) 计算减速器的转速比 i_{14}。

2. (12分) 某轴系部件如图2所示，用一对圆锥滚子轴承32210（主要参数：$C_r = 82.8$ kN，$e = 0.42$，$Y = 1.4$，内部轴向力 $F_s = F_r/2Y$；当 $F_a/F_r \leq e$ 时，$X = 1$，$Y = 0$，$F_a/F_r > e$ 时，$X = 0.4$，$Y = 1.4$）支承，斜齿圆柱齿轮上的轴向力 $F_{ae} = 750$ N，方向如图所示，轴承的径向载荷 $F_{r1} = 5\,600$ N，$F_{r2} = 3\,000$ N，试计算该对轴承的当量动载荷。

图1   图2

3. (10分)图3所示一手动起重装置,采用蜗杆传动,已知:$z_1=1$,$z_2=40$,$m=5$ mm,中心距 $a=125$ mm,手柄长度 $L=90$ mm,当量摩擦角 $\rho_v=10.2°$,试求:

(1) 提升重物时手柄的转向及蜗轮所受轴向力、径向力和圆周力方向(注:受力方向务必画在答题纸上,画在试卷上无效);

(2) 判断该机构是否自锁;

(3) 设手柄推力 $F=300$ N,该起重装置能吊起的重量。

图3

三、设计作图题(共30分)

1. (15分)按1:1作图设计一个偏置曲柄滑块机构,并在图中作出此机构的最大压力角 α。要求滑块行程 $H=30$ mm、偏距 $e=15$ mm、行程速比系数 $K=1.25$。(不需详述作图步骤,但要保留作图线迹)。

2. (15分)滚子从动件偏置直动盘形凸轮机构的机构示意图如下。已知凸轮逆时针方向转动,凸轮的理论廓线由两段圆弧构成,各有关尺寸(单位为mm)如图所示。请解答以下问题(不需详述作图步骤,但要保留作图线迹):

(1) 在答题纸上按1:1画出此机构的机构运动简图。

(2) 作出此机构的偏置圆 R_e。

(3) 用反转法作出凸轮从图示位置转过40°时机构的压力角 α。

(4) 用反转法作出从动件发生最大位移时各构件的相对位置,并在图中标明此时发生的位移 H。

图4

(5) 指出此凸轮机构在设计上的一个重要缺陷。(15分)

四、简答题(共36分)

1. (10分)一对标准渐开线直齿轮传动,两轮节点处的接触应力是否相同,两轮齿根处弯曲应力是否相同?若该对齿轮的传动比、中心距、齿宽、材料等不变,仅改变其齿数和模数,试问对齿轮的接触强度和弯曲强度各有何影响。

2.(6分)简述非液体摩擦滑动轴承设计计算准则。

3.(8分)根据摩擦面间存在润滑剂的情况,简述滑动摩擦可分为哪几种状态?

4.(12分)简述联轴器的类型和适用的场合。

五、结构设计题(12分)

请在答题纸上作出轴的结构设计,并画出所需的附加零件(注:齿轮采用油润滑,轴承采用脂润滑)

图 5

2008 年硕士研究生入学考试试题 3 参考答案

一、选择填空题

2.B 3.B 4.C 5.B 6.C 7.C 8.A 9.C 10.B 11.A 12.A 14.C 15.C 16.A 17.A 18.B 20.B

二、计算题

2. $F_{s1} = F_{r1}/2Y = \dfrac{5\,600}{2 \times 1.4} = 2\,000$ N $F_{s2} = F_{r2}/2Y = \dfrac{3\,000}{2.8} = 1\,071.4$ N

$F_{s1} + F_{ae} = 2\,000 + 750 = 2\,750 > F_{s2} = 1\,071.4$ N $F_{a1} = F_{s1} = 2\,000$ $F_{a2} = 2\,750$ N

$$\dfrac{F_{a1}}{F_{r1}} = \dfrac{2\,000}{5\,600} = 0.36 < e = 0.42 \quad X_1 = 1 \quad Y_1 = 0$$

$$\dfrac{F_{a2}}{F_{r2}} = \dfrac{2\,750}{3\,000} = 0.92 > e \quad X_2 = 0.4 \quad Y_2 = 1.4$$

$$P_1 = f_P(X_1 F_{r1} + Y_1 F_{a1}) = 1.5(1 \times 5\,600 + 0 \times 2\,000) = 8\,400 \text{ N}$$

$P_2 = f_P(X_2 F_{r2} + Y_2 F_{a2}) = 1.5(0.4 \times 3\,000 + 1.4 \times 2\,750) = 5\,050$ N

$$a = \frac{1}{2}(d_1 + d_2) = \frac{1}{2}(d_1 + mz_2) \Rightarrow d_1 = 2a - mz_2 = 2 \times 125 - 5 \times 40 = 50 \text{ mm}$$

3.(1) 如图6所示。

(2) $\tan \gamma = \dfrac{z_1 \cdot m}{d_1} = \dfrac{1 \times 5}{1 \times 50} = 0.1$

$\gamma = 5.71° < \rho_v = 10.2°$

所以该机构具备自锁条件。

(3) $F \cdot Li \cdot \eta = W \cdot \dfrac{D}{2}$

$i = \dfrac{n_1}{n_2} = \dfrac{z_2}{z_1} = \dfrac{40}{1} = 40, \eta$ 取 0.7

$W = 10\,080 \text{ N}$

图6

四、简答题

1. 接触应力相同,弯曲应力不同,接触强度的主要参数是齿轮直径,只要 d 不变选用不同齿数和模数,接触强度影响不大,影响齿根弯曲强度的主要参数是模数 m,m 增大,抗弯能力提高。

2. 维护边界油膜不遭破坏,校核 $p \leq [p], pv \leq [pv], v \leq [v]$。

3. 干摩擦、边界摩擦、液体摩擦、混合摩擦。

4. 刚性联轴器:适用于被连接的两轴严格对中、转速稳定、载荷平稳的场合。无弹性元件的挠性联轴器有挠性,用于需补偿两轴的相对位移的场合,有弹性元件的挠性联轴器:既能补偿两轴的相对位移,还能缓冲减振。适用于高速载荷变化大、要求减振缓冲及两轴同轴度不易保证的场合。

五、结构设计题

图9

2009 年硕士研究生入学考试试题 1

一、计算题(每小题 20 分,共 60 分)

1. 图 1 所示为铰链四杆机构,已知:$l_{BC} = 50$ mm,$l_{CD} = 35$ mm,$l_{AD} = 30$ mm,AD 为机架。(20 分)

  (1) 若此机构为曲柄摇杆机械,且 AB 为曲柄,求 l_{AB} 的最大值;
  (2) 若此机构为双曲柄机构,求 l_{AB} 的范围;
  (3) 若此机构为双摇杆机构,求 l_{AN} 的范围。

2. 在图 2 所示的脚踏车里程表机构中,C 为车轮轴,各轮齿数为 $z_1 = 17$,$z_3 = 23$,$z_4 = 19$,$z'_4 = 20$,$z_5 = 24$。设轮胎受压变形后使 28 的车轮的有效直径为 0.7 m,当车行 1 km 时,表上的指针 P 刚好回转一周,求齿轮 2 的齿数 z_2。(20 分)

图 1   图 2

3. 图 3 所示有一渐开线直尺圆柱齿轮,用卡尺测量其三个齿和两个齿的公法线长度为 $W_3 = 61.83$ 和 $W_2 = 37.55$,齿顶圆直径 $d_a = 208$ mm,齿根圆直径 $d = 208$ mm,齿根圆直径 $d_f = 172$ mm,齿数为:$z = 24$。要求确定该齿轮的模数 m、压力角 α、齿顶高系数 h_a^* 和径向间隙系数 c^*。(标准模数:6、(7)、8、(9)、10 等,标准压力角:15°、20°、25°)。(20 分)

二、作图分析题(共 66 分)

1. (20 分) 图 4 所示凸轮为偏心圆盘,圆心为 O,半径 $R = 30$ mm,偏心距 $l_{OA} = 10$ mm,滚子 $r_T = 10$ mm,偏距 $e = 10$ mm。试求(按比例绘图标出):

  (1) 推杆的行程 h 和凸轮的基圆半径 r_b;
  (2) 推程运动角 δ_0、远休止角 δ_{01}、回程运动角 δ_0 和近休止角 δ_{02};
  (3) 最大压力角 α_{max} 的数值及发生的位置;
  (4) 从点 B 接触到点 C 接触凸轮所转过的角度 δ 和推杆的位移 s。

图3　　　　　　　　　　　　图4

2.(15分) 如图5所示,试回答图示曲柄滑块机构存在的几何条件。若 AB 杆等角速转动,而滑块 C 向右移动为回程。要求回程比工作行程少占用时间,那么,应如何选取 AB 杆的转向?

3.(15分) 图6所示为蜗杆、齿轮传动装置,右旋蜗杆1为主动件,为使轴 Ⅱ、Ⅲ 传动件上的轴向力能相抵消,试确定:

(1) 一对斜齿轮3、4轮齿的旋向;

(2) 用图表示轴 Ⅱ 上传动件的受力情况。

图5

图6

4.(16分) 图7所示为某减速器输出轴的结构图,试指处其错误。

图7

三、简答题(每小题4分,共24分)

1. 机构具有确定运动的条件是什么?
2. 平面凸轮机构中,刚性冲击是指什么?试举出一种存在刚性冲击的运动规律。
3. 欲使一对齿廓在其啮合过程中保持传动比不变,该对齿廓应符合什么条件?
4. 在相同的条件下,为什么三角胶带比平行带的传动能力大?
5. 齿轮减速器中,为什么低速轴的直径要比高速级的轴颈粗得多?
6. 滚动轴承代号6216表示轴承类型为_____,内径尺寸为_____mm。

2009年硕士研究生入学考试试题1参考答案

二、作图分析题

3.(15分)
(1) 齿轮3右旋,齿轮4左旋。
(2) 轴Ⅱ上传动件的受力情况如图8所示。

4.(16分) 正确结构图如图9所示。
① 键过长。
② 轴端零件无法轴向定位,应加轴肩。
③ 轴承端盖要与轴之间有间隙,亦无密封件。
④ 要留有轴肩。
⑤ 支撑齿轮段轴的长度要比齿轮的宽度短。
⑥ 套筒高度不能超过轴承内环。
⑦ 轴承应有轴向定位。
⑧ 轴承内外环剖面线应一致。
⑨ 无调整垫片。
⑩ 应减少加工面。
⑪ 若用脂润滑,要加挡油板。

图8

图9

三、问答题(每题4分,共24分)

4. 因为三角胶带比平型带的当量摩擦系数大。

5. 因为低速轴传递的扭矩大。

6. 深沟球轴承,内径80 mm。

2009年硕士研究生入学考试试题2

一、单项选择题

1. 下面四种工程材料中,_____ 不适用各向同性假设。
   A. 铸铁　　　　　　B. 玻璃　　　　　　C. 铸铜　　　　　　D. 松木

2. 用三种不同材料制成尺寸相同的试件,在相同试验条件下进行拉伸试验,得到的应力应变曲线如图1所示。则:拉伸强度最高、弹性模量最大、塑性最好的材料分别是_____。
   A. a、b、c　　　B. b、c、a　　　C. c、b、a　　　D. b、a、c

3.如图 2 所示一受扭圆棒,其 $m-m$ 截面上的扭矩等于_____。
A. $T_{m-m} = M + M = 2M$ B. $T_{m-m} = -2M + M = -M$
C. $T_{m-m} = 2M - M = M$ D. $T_{m-m} = M - M = 0$

图 1   图 2

4.构件截面上的内力通常可以简化为_____。
A.一个主矢   B.一个主矩   C.一个主矢和一个主矩   D.一个标量

5.如图 3 所示,在平板和受拉螺栓之间垫一个垫圈,可以提高_____强度。
A.螺栓的拉伸   B.螺栓的剪切
C.平板的挤压   D.螺栓的挤压

6.如图 4 所示,杆 1 的材料为钢,杆 2 的材料为铝,两杆的横截面面积相等。在力 F 作用下,节点 A _____。
A.不动   B.向铅垂方向位移
C.向右下方位移   D.向左下方位移

图 3   图 4

7.下面四种叙述中_____是正确的。
A.变应力只能由变载荷产生   B.静载荷不能产生变应力
C.变应力是由静载荷产生
D.变应力是由变载荷产生,也可能由静载荷产生

8.对重要的齿轮传动,可将齿轮进行齿顶修缘,目的是_____。
A.减小齿间载荷分配不均   B.减小齿向载荷分配不均
C.减小附加动载荷   D.提高齿轮齿廓表面质量

9.花键连接的强度,主要取决于_____强度。
A.齿根弯曲   B.齿根剪切力   C.齿侧挤压   D.齿侧接触

10.减速器中,齿轮轴的承载能力主要受到_____的限制。
A.短期过载下的静强度   B.疲劳强度   C.脆性破坏   D.刚度

二、填空题

1. 材料力学的基本假设有_____；_____；_____。
2. 薄壁圆管受扭转后，其内部微体的受力状态是_____。
3. 静不定问题是指_____。
4. $\sigma_{0.2}$ 的物理意义_____。
5. 现在把研究有关摩擦、磨损与润滑的科学与技术统称为_____。
6. 自行车的前轴是_____。
7. 直齿锥齿轮的标准模数是_____。
8. 满足齿廓啮合基本定律的一对齿廓称为_____。

三、问答题

1. 什么叫强度理论？材料力学中的强度理论有几种，请阐述其具体内容。
2. 说出剪应力互等定律。给出三个弹性常数 E、G、μ 之间的关系。
3. 什么是滚动轴承的额定寿命和基本额定动负荷？什么是滚动轴承的当量动负荷，当量动负荷如何计算？
4. 轴的强度计算有哪几种方法？说明它们的应用范围，并写出其中一种方法的计算公式。
5. 简述渐开线齿轮的特性。

四、计算题

如图 5 所示外伸梁，承受集度为 q 的均布载荷与集中载荷 F 作用，且 $F = qa$，试建立该梁的剪切力和弯矩方程，并画出剪切力与弯矩图。

图 5

2009 年硕士研究生入学考试试题 2 参考答案

一、单项选择题

1. D 2. A 3. C 4. C 5. C 6. D 7. D 8. C 9. C 10. B

二、填空题

5. 摩擦学。

6. 固定心轴。
7. 大端模数。
8. 共轭齿廓。

三、问答题

3. 额定寿命：一批相同的轴承在相同条件下运转，其中90%的轴承在疲劳点蚀前所能转过的总转数。

基本额定动负荷：轴承工作温度在100℃以下，基本额定寿命$L=1\times10^6$ r时，轴承所能承受的最大载荷。

当量动负荷：同时作用有径向载荷和轴向载荷的轴承，将实际载荷折算为与基本额定动负荷的方向相同的一假想载荷，其作用下轴承的寿命与实际载荷作用下的寿命相同。$P=XF_r+YF_a$。

4. 轴的强度计算主要有三种方法：按许用切应力计算；按许用弯曲应力计算；安全系数校核计算。按许用切应力计算只需知道转矩的大小，方法简便，常用于传动轴的强度计算和转轴基本直径的估算。按许用弯曲应力计算必须先知道作用力的大小和作用点的位置、轴承跨距、各段轴径等参数，主要用于计算一般重要的、弯扭复合作用的轴。安全系数校核计算要在结构设计后进行，不仅要已知轴的各段轴径，而且要已知过渡圆角、过盈配合、表面粗糙度等细节，主要用于重要的轴的强度计算。公式略。

2009 年硕士研究生入学考试试题 3

一、选择填空题（单选题，选择你认为最佳的答案，每小题 2 分，共 30 分）

1. 合金钢对应力集中的敏感性比碳钢_____。
   A. 低　　　　　　B. 高　　　　　　C. 相同　　　　　　D. 不一定
2. 对机器设计的主要要求有_____。
   A. 医用功能和经济性要求　　　　　　B. 使用功能、劳动保护、环保要求
   C. 可靠性要求　　　　　　　　　　　D. 上述所有要求
3. 导向平键（动连接）的主要失效形式是_____。
   A. 键受剪切破坏　　　　　　　　　　B. 轮毂受剪切破坏
   C. 工作面受挤压破坏　　　　　　　　D. 工作面过度磨损
4. _____键适于定心精度要求高、传递在很大的轴、毂动或静连接。
   A. 平键　　　　　　B. 花键　　　　　　C. 切向键
5. 旋转传动最常用的螺纹是_____。
   A. 矩形螺纹　　　　B. 梯形螺纹　　　　C. 三角形螺纹
6. 在交变应力作用下，材料的疲劳极限强度一般_____材料在静载荷下强度极限。
   A. 高于　　　　　　B. 低于　　　　　　C. 远高于　　　　　　D. 远低于
7. 采用表面强化措施如碾压、渗碳、表面淬火等，能提高轴的_____。
   A. 静强度　　　　　B. 刚度　　　　　　C. 疲劳强度　　　　　D. 耐冲击性能

8.下列方法中,_____可以降低轴上的应力集中。
  A.在轴上开孔　　　　　　　　B.增大轴肩
  C.在轴上开键槽　　　　　　　D.增大轴肩的过度圆角
9.单个紧螺栓连接,在受循环变化的轴向载荷作用时,可用_____措施提高其疲劳强度。
  A.减小螺栓刚度　　B.增大被连接件刚度　　C.提高预紧力　　D.以上都对
10.直齿圆柱齿轮中,当齿轮的直径一定是,增加齿轮的模数可以_____。
  A.提高齿轮的弯曲强度　　　　B.改善齿轮传动的平稳性
  C.提高齿面接触强度
11.直齿锥齿轮强度计算时,是以_____为计算依据的。
  A.大端当量直齿圆柱齿轮　　　B.齿宽中点出的当量直齿圆柱齿轮
  C.小端当量直齿圆柱齿轮
12.滚动轴承的基本额定寿命是指同一批轴承中,_____的轴承所能达到的寿命。
  A.99%　　　　B.80%　　　　C.90%　　　　D.100%
13.锯齿形齿的牙嵌离合器能传递_____的转矩。
  A.双向转矩　　B.单向转矩　　C.恒定转矩　　D.变动转矩
14.外形复杂、尺寸较大、批量生产的零件一般采用_____毛坯。
  A.铸造　　　　B.锻造　　　　C.焊接　　　　D.电加工
15.单销槽轮机构中,槽轮的槽数应_____。
  A.等于1　　　B.大于或等于2　　C.大于或等于3　　D.大于或等于4

二、是非题(每小题2分,共20分)

1.用于冲击振动严重的场合的销连接,宜采用带有外螺纹的锥销。　　　　(　　)
2.增加带的预紧力,可以避免带传动工作时弹性滑动。　　　　　　　　　(　　)
3.斜齿圆柱齿轮分度圆螺旋角 β 过大,产生的轴向力很大,因此告诉重载时可采用人字齿轮,β 虽大,但轴向力抵消。　　　　　　　　　　　　　　　　　　　(　　)
4.弹性套柱销联轴器是有弹性元件的联轴器,能缓冲吸振。　　　　　　　(　　)
5.滚动轴承比滑动轴承抗外界载荷的冲击能力强。　　　　　　　　　　　(　　)
6.滑动轴承设计中,宽径比 B/d 减小,则轴承副的承载能力增强。　　　　(　　)
7.在滚动轴承的轴系设计中,安装轴承的轴颈常采用基轴制。　　　　　　(　　)
8.在任何条件下,润滑油N46的黏度总低于N100的黏度。　　　　　　　　(　　)
9.机械零件的磨损过程分为三个阶段:跑合磨损阶段、正常磨损阶段、剧烈磨损阶段。
　　　　　　　　　　　　　　　　　　　　　　　　　　　　　　　　　(　　)
10.弹簧的旋绕比 C 值越小,弹簧的刚度越大。　　　　　　　　　　　　(　　)

三、简答题(32分)

1.如图1所示,设被连接件之间的摩擦系数为 f,试分别分析两图中螺栓的受力和应力情况,并分别给出其强度设计准则。(10分)

图 1

2. 简述带传动、链传动和齿轮传动的特点,并举例说明其应用。(12 分)

3. 指出什么是刚性冲击,什么是柔性冲击?说明这两个概念在机构设计中的意义,并举一个没有刚性冲击但有柔性冲击的机构实力,要求画出其机构运动简图来。(10 分)

四、分析计算题(共计 30 分)

1. 如图 2 所示的二级标准斜齿圆柱齿轮减速器,若使中间轴上的轴承所受的轴向力较小,试分析 II 轴上两齿轮的旋向,并分别画出 II 轴上两齿轮上所受的圆周力、径向力和轴向力的方向。(8 分)

图 2

2. 斜齿轮减速器中,轴承采用一对单列圆锥滚动轴承面对面安装。一对轴承所受的径向载荷分别为 $R_1 = 5\,000$ N,$R_2 = 3\,500$ N,轴上的轴向力 $F_A = 1\,000$ N,方向如图 3 所示。该单列圆锥滚子轴承的参数如下:基本额定动载荷 $C_r = 64\,200$ N,$e = 0.4$,$Y = 1.5$,试完成以下设计计算:

(1) 已知计算轴承附加轴向力 F_S 的公式为 $F_S = F_r/2Y$,试计算轴承 1 和轴承 2 的中附加轴向力 F_{S1}、F_{S2}。

(2) 求出轴承 1 和轴承 2 所受的轴向力 F_{a1} 和 F_{a2} 分别为多少?

(3) 已知当量动负荷 P 的计算公式为 $P = XF_r + YF_a$,试求出轴承 1 和轴承 2 的当量动负荷 P_1、P_2。计算式中的 X、Y 值的确定方法如下:

当 $(F_a/F_r) < e$ 时,$X = 1.0$,$Y = 0$

当 $(F_a/F_r) > e$ 时,$X = 0.4$,$Y = 1.5$

(4) 求该对轴承的寿命是多少(10^6 r)(12 分)。

3. 如图 4 所示电机安装在蜗轮杆减速器的箱体上,其转速 $n_d = 1\,440$ r/min,$n_d = 1\,440$ r/min,方向如图所示。蜗轮蜗杆减速器的蜗轮固定,蜗杆随箱体一起转动。已知:齿轮 1 齿数 $z_1 = 33$,齿轮 2 齿数 $z_2 = 66$,蜗杆齿数 $z_3 = 1$,蜗轮齿数 $z_4 = 72$,求箱体转速 $n_h = ?$ 方向如何?(10 分)

图3

图4

图5

五、作图设计题(24分)

1. 已知平面铰链四杆机构 $ABCD$ 中，$l_{BC} = 55$ mm，$l_{CD} = 40$ mm，$l_{AD} = 35$ mm，AD 为机架。若要求此机构为曲柄四杆机构，且 AB 为曲柄，求 l_{AB} 的最大值，并按1:1作图求出这时机构的最大压力角 α 和行程速比系数 K。(不必写出作图步骤，但要保留作图线条，最大压力角 α 要求在图中表明，并量出结果)(12分)

2. 已知盘形凸轮尖底直动偏置从动件凸轮机构的偏距为 $e = 7$ mm，其凸轮为偏心盘，直径 $D = 60$ mm，偏心盘的偏心距为 $\varepsilon = 8$ mm。请按1:1画图作出此机构，并在图中作出其推程 H、推程运动角 φ、最大压力角 α，以及机构处于最大压力角时从动件的位移 s。(不必写出作图步骤，但要保留作图线条，各待求量要求在图中表明，并量出结果)(12分)

六、结构设计题(14分)

如图6所示轴系(齿轮为斜齿轮)结构设计中存在若干不合理处，请用文字指出错误的原因。

图 6

2009 年硕士研究生入学考试试题 3 参考答案

一、选择题

1.B 2.D 3.C 4.B 5.B 6.D 7.C 8.D 9.D 10.A 11.B 12.C 13.B 14.A

二、判断

1.× 2.× 3.√ 4.√ 5.× 6.× 7.× 8.√ 9.√ 10.√

三、简答题

1.图 7(a) 为普通螺栓连接,螺栓受拉和扭转,其强度条件 $\sigma_e = \dfrac{4 \times 1.3 F'}{\pi d_1^2} \leqslant [\sigma]$,而 $fF'm = K_f F$,图 7(b) 为铰制孔用螺栓连接,受工作剪切力 F_s 作用。

螺栓杆的剪切强度条件为

$$\tau = \dfrac{4F_s}{\pi d_0^2 m} \leqslant [\tau]$$

螺栓与孔壁的挤压强度条件为

$$\sigma_p = \dfrac{F_s}{d_0 h_{\min}} \leqslant [\sigma]_p$$

图 7

2.略。

四、分析计算题

1. 如图 8 所示，Ⅱ 轴上两齿轮均为左旋。

图 8

2. (1) $F_S = \frac{1}{3} F_r$ $F_{S1} = \frac{1}{3} R_1 = \frac{5}{3} \times 10^3$ N $F_{S2} = \frac{1}{3} R_2 = \frac{3.5}{3} \times 10^3$ N

(2) $F_{S2} + F_A = \frac{3.5}{3} \times 10^3 + 1\,000 = 2\,167$ N $> F_{S1} = 1\,667$ N

1 轴承被压紧 $F_{a2} = F_{S2} + F_A = 2\,167$ N $F_{a2} = F_{S2} = 1\,167$ N

(3) $\frac{F_{a1}}{R_1} = \frac{2\,167}{5\,000} = 0.43 > e$ $P_1 = X_1 F_{Y1} + Y_1 F_{a1} = 0.4 \times 5\,000 + 1.5 \times 2\,167 = 5\,250$ N

$\frac{F_{a2}}{R_2} = \frac{1\,167}{3\,500} = 0.33 < e$ $P_2 = X_2 F_{r2} + Y_2 F_{a2} = 1 \times 3\,500$ N $= 3\,500$ N

由于轴承 1 受载大、寿命短，故该对轴承寿命

$$L = \left(\frac{C}{P}\right)^{\varepsilon} = \left(\frac{64\,200}{5\,250}\right)^{\frac{10}{3}} = 4\,209 \times 10^6 \text{ r}$$

3. 蜗杆减速器箱体作逆时针转动

$$n_h = n_1 \frac{z_1 z_3}{z_2 z_4} = 1\,440 \frac{33 \times 1}{66 \times 72} = 10 \text{ r/min}$$

六、结构设计题

如图 9 所示。

图 9

错误：① 轴肩太靠里，轴端零件碰轴承盖；② 该段轴径小于外端直径，轴承等装不进去；③ 挡圈顶着轴肩，齿轮轴向固定不好；④ 轴肩过高，拆不下轴承；⑤ 轴承外环应内缩 3 ~ 5 mm；⑥ 缺调整垫片；⑦ 应减少加工面；⑧ 轴承应面对面，不然轴系左端没有固定；⑨ 轴承盖孔与轴缺间隙，要研轴。

2009 年硕士研究生入学考试试题 4

一、分析简答题(共 24 分)

1. 图 1 所示曲柄摆动导杆机构,若曲柄 L_{AB} 为原动件,试比较在偏距 $e > 0$ 和 $e = 0$ 两种情况下,曲柄摆动导杆机构的传动角,哪个是常数,哪个是变数,哪种情况传力效果好?该机构有急回特性吗?会出现死点吗?

2. 在滚子直动从动件盘形凸轮机构中,改变滚子的大小对从动件的运动规律有无影响?

图 1

3. 平底直动从动件盘形凸轮机构,压力角始终等于零吗?
4. 缝纫机是利用机械模仿人缝衣的动作设计的吗?
5. 运动规律设计不相同,综合出的机构也就完全不相同,而不同的机构却可以实现同一运动规律,满足同样的使用要求吗?
6. 在模数和压力角相同的条件下,采用变位齿轮与标准齿轮直接啮合传动可以吗?并扼要说明理由。
7. 一对相啮合的标准齿轮,小齿轮的齿根厚与大齿轮的齿根厚谁大?
8. 渐开线直齿圆柱齿轮的正确啮合条件和连续传动条件各是什么?一对齿轮如果 m 和 α 不相等是否就一定不能正确啮合?

二、设计题(共 16 分)

1. 图 2 所示为一凸轮机构从动件推程位移曲线,$OA // BC$,AB 平行于横坐标轴。试分析该凸轮机构在何处有最大压力角,并扼要说明理由。(6 分)

图 2

2. 试分析图 3 所示自行车的功能,其可在何种条件下骑行,并画出机构运动简图。(4 分)

3. 有一小型工件,需要以手动快速压紧或松开,并要求工件被压紧后,在工人手脱离的情况下,不会自行松脱。试确定用什么机构实现这一要求;绘出机构在压紧工件状态时的运动简图,并说明设计该机构时的注意事项。(6 分)

图3 图4

三、计算题(共 35 分)

1. 计算图 5 所示机构的自由度。若图中含有局部自由度、复合铰链和虚约束等情况时,应具体指出。(6 分)

图 5

2. (17 分)

(1) 某机床上需要一对渐开线直齿圆柱齿轮机构,已知其传动比 $i_{12} = 2$,齿轮的中心距 $a' = 66$ mm,$m = 3$ mm,$\alpha = 20°$,$h_a^* = 1$,$c^* = 0.25$,试确定这对齿轮的齿数(不用计算变位系数)。

(2) 如图 6 所示,有一回归轮系(即输入轴 1 与输出轴 3 共线),已知 $z_1 = 20$,$z_2 = 12$,$z_{2'} = 13$,$z_3 = 18$。各轮的压力角 $\alpha = 20°$,模数 $m = 2$ mm,$h_a^* = 1$,$c^* = 0.25$。为保证中心距最小,而且各轮又不产生根切应采用哪种变位传动方案?试确定各轮变位系数 x 的大小。

3. 已知图 7 所示轮系中的各轮齿数为:$z_1 = 40$,$z_2 = 120$,$z_3 = 30$,$z_4 = 120$,$z_{1'} = 20$,$z_{2'} = 50$,$z_{3'} = 40$,$z_{4'} = 140$。试求传动比 i_{AB}。(12 分)

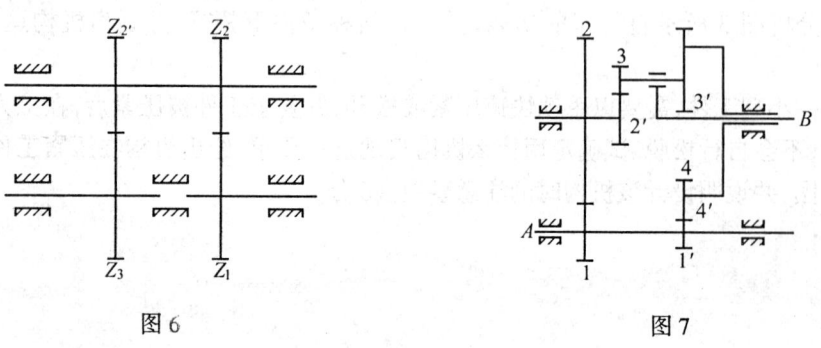

图 6 图 7

四、填空题(共 13 分,每空 1 分)

1. 齿轮的齿形系数 Y_{Fa} 的大小与_____无关,主要取决于_____和_____。
2. 对蜗杆传动进行变位的主要目的,一是为了凑中心距,二是为了_____。
3. 在高速、重载条件下,设计滚子链传动时,应选_____节距_____排链。
4. 轴上零件毂孔边的倒角尺寸为 C,定位轴肩处的过渡圆角半径为 r。为保证定位可靠,应使 C_____r。轴上零件常用的轴向固定方法有套筒、轴端挡圈、_____、弹性挡圈、紧定螺钉等。
5. 单万向联轴器主、从动轴的角速度是_____等的;双万向联轴器不仅能补偿角位移,还能补偿较大的_____位移。
6. 设计圆柱形螺旋弹簧时,若增加弹簧的工作圈数 n,则弹簧的刚度_____。
7. 某机械零件受稳定循环变应力作用,已知应力幅 $\sigma_a = 100$ MPa,应力循环特征 $r = 0.5$,则平均应力 $\sigma_m =$ _____MPa。这种应力常称为_____。

五、问答题(共 15 分,每小题 5 分)

1. 电动机功率 3 kW、转速 1 500 r/min,在此条件下设计了一普通 V 带传动。但在安装时错装成 3 kW、1 000 r/min 的电动机,试问:此时,原设计的带传动是否可用?为什么?
2. 轴的三种强度计算方法(扭转强度计算、弯扭合成强度计算、安全系数计算)有何区别?各用于何种场合?
3. 设计一对闭式软齿面圆柱齿轮传动时,大、小齿轮的齿面硬度是否相等?为什么?大、小齿轮的齿宽是否相等?为什么?

六、作图分析题(7 分)

图 8 所示为直齿锥齿轮与蜗杆蜗轮组成的两级传动,锥齿轮 1 为主动轮。蜗轮 4 轮齿的螺旋线方向为右旋。为使中间轴 Ⅱ 上的轴向力最小,试求:

图 8

1. 锥齿轮1的转动方向(在图上用箭头表示)。
2. 在图中画出蜗杆3及蜗轮4所受的圆周力和轴向力的方向。(注意:此题就做在试卷上)

七、分析计算题(10分)

现设计一液体摩擦动压向心滑动轴承,轴颈直径 $d = 120$ mm,轴承宽径比 $l/d = 1.0$,半径间隙 $\delta = 0.06$ mm,轴的转速 $n = 970$ r/min,径向载荷 $F = 25\,000$ N,润滑油的动力黏度 $\eta = 0.013$ Pa·s,轴颈与轴瓦表面粗糙度分别为 $Rz_1 = 1.6\ \mu m$、$Rz_2 = 3.2\ \mu m$,取安全系数 $S = 2$。试问此轴承能否达到完全液体摩擦状态?

附注:① 承载量系数

$$C_P = \frac{F\psi^2}{2\eta v l}$$

图9

式中　　ψ——相对间隙;
　　　　v——轴颈圆周速度(m/s);
　　　　l——轴承宽度(m)。
② 承载量系数 C_P 与偏心率 x 的关系如图, $x = e/\delta$, e 为偏心距。

八、分析计算题(15分)

图10所示轴系用一对反装的7310AC轴承支承。已知:斜齿圆柱齿轮的分度圆直径 $d = 300$ mm,圆周力 $F_T = 6\,000$ N,径向力 $F_R = 2\,300$ N,轴向力 $F_A = 1\,600$ N,齿轮转动方向如图中 n 所示,支点距离 $L_1 = 100$ mm、$L_2 = 150$ mm,取载荷系数 $f_P = 1.3$。试确定:
1. 这个斜齿轮是主动轮还是从动轮?轮齿螺旋方向是左旋还是右旋?
2. 计算两轴承的当量动载荷 P_1、P_2,并判断哪个轴承的寿命长一些。
附注:
① 派生轴向力 $S = 0.7 F_r$;
② $e = 0.68$;
当 $F_a/F_r \leq e$ 时,$X = 1$,$Y = 0$;
当 $F_a/F_r \geq e$ 时,$X = 0.41$,$Y = 0.87$。

九、计算题(15分)

如图11所示,一零件用两个 M12($d_1 = 10.106$ mm)的普通螺栓固定,受翻转力矩 M 作用。已知:螺栓材料的强度极限 $\sigma_b = 500$ MPa,屈服极限 $\sigma_s = 400$ MPa,安全系数 $S = 2.5$,被连接件的刚度是螺栓刚度的3倍(即 $C_2 = 3C_1$),每个螺栓的预紧力 $F' = 9\,000$ N,试确定:
1. 在接合面边缘不出现缝隙的前提下,零件所能承受的最大翻转力矩 M_{max}。

2. M_{max} 作用时,螺栓的强度是否足够?

图 10　　　　　　　　　　图 11

2009 年硕士研究生入学考试试题 4 参考答案

四、填空题

1. 模数,齿数,变位系数。
2. 微量凑传动比。
3. 小,多。
4. >,阶梯／轴肩／轴环／圆螺母。
5. 不,径向和轴向。
6. 减小。
7. 300,非对称循环变应力。

五、问答题

1. 不可用。

$P = \dfrac{Fv}{1\,000}$,P 不变,v 减小,F 需增大,V 带根数需增加。

2. (1) 按扭转条件计算,适用于转轴和传动轴在尚不知轴跨度时的初步估算轴径;

(2) 按弯扭合成强度条件计算,适用于已知跨度时的转轴和心轴的轴径校核和设计;

(3) 按安全系数计算,适用于已知轴结构尺寸时的重要的轴的校核。

3. 闭式软齿面齿轮设计时小齿轮硬度与大齿轮硬度不相等,小齿轮硬度大于大齿轮硬度 30 ~ 50 HBS,其原因:

(1) 小齿轮齿根弯曲应力较大;

(2) 小齿轮的应力循环次数较多;

(3) 大、小齿轮有较大的硬度差时,较硬的小齿轮会对较软的大齿轮齿面产生冷作硬化的作用,可提高大齿轮的接触疲劳强度。

大、小齿轮的齿宽也不相等,其原因:

(1) 模数和齿宽决定齿的强度,在两个齿轮的安装中,不可避免地存在安装误差,若齿宽相同有可能错开一点,使工作齿宽减小不能充分利用齿的强度,小齿轮稍宽一些就可补偿安装误差。

(2) 齿宽度加大允许小齿轮有一定的轴向串动量,对于温度较高的场合,轴可自由伸长一定的量。另外小齿轮齿宽度加大比大齿轮宽度加大要节省材料。

六、作图分析题

图 12

七、分析计算题

(1) 求承载量系数 C_P

相对间隙　　　　　　　$\psi = \dfrac{2\delta}{d} = 0.001$

速度　　　　　　　　　$v = \dfrac{\pi d n}{60 \times 1\,000} = 6.09 \text{ m/s}$

$$C_P = \dfrac{F\psi^2}{2\eta v l} = 1.316$$

(2) 求最小膜厚 $h_{\min}$。由解图查得

当 $l/d = 1.0, C_P = 1.316$ 时,$\chi = 0.6$

$$h_{\min} = \dfrac{d}{2}\psi(1-\chi) = \dfrac{120}{2} \times 0.001 \times (1-0.6) \times 10^{-3}\text{m} = 24 \times 10^{-6} \text{ m}$$

(3) 判断成膜情况

$[h_{\min}] = S(R_{Z1} + R_{Z1}) = 2 \times (1.6 + 3.2) \times 10^{-6}\text{m} = 9.6 \times 10^{-6} \text{ m}$

则 $h_{\min} > [h_{\min}]$,故可形成全膜。

八、分析计算题

1. 是从动轮,轮齿的螺旋方向是右旋。
2.

图 13

(1) 求两轴承受到的径向载荷

$F_{R1V} + F_{R2V} = F_R \qquad F_{R1H} + F_{R2H} = F_T$

$F_{R1V} \times (L_1 + L_2) + F_A \dfrac{D}{2} - F_{R2V} \times L_2 = 0 \qquad F_{R1H} \times L_1 = F_{R2H} \times L_2$

解得 $\quad F_{R1V} = 420 \text{ N} \qquad F_{R1H} = 3\,600 \text{ N}$

$F_{R2V} = 1\,880 \text{ N} \qquad F_{R2H} = 2\,400 \text{ N}$

$$F_{R1} = \sqrt{F_{R1V}^2 + F_{R1H}^2} = 3\,642 \text{ N}$$

$$F_{R2} = \sqrt{F_{R2V}^2 + F_{R2H}^2} = 3\,049 \text{ N}$$

(2) 如图 14 所示。

图 14

求内部轴向力 S_1、S_2,即

$$S_1 = 0.7\, F_{R1} = 2\,537 \text{ N} \qquad S_2 = 0.7\, F_{R2} = 2\,134 \text{ N}$$

$$F_A + S_2 > S_1 \qquad 轴承 1 被压紧$$

$$F_{A1} = F_A + S_2 = 1\,600 + 2\,134 = 3\,734 \text{ N}$$

$$F_{A2} = S_2 = 2\,134 \text{ N}$$

(3) 求当量动载荷 P_1、P_2

$$F_{A1}/F_{R1} = 3\,734/3\,624 = 1.03 > e$$

$$X_1 = 0.41 \qquad Y_1 = 0.87$$

$$P_1 = f_P(X_1 F_{R1} + Y_1 F_{A1}) = 1.3(0.41 \times 3\,624 + 0.87 \times 3\,734) = 6\,155 \text{ N}$$

$$F_{A2}/F_{R2} = 2\,134/3\,049 = 0.7 > e$$

$$X_2 = 0.41 \qquad Y_2 = 0.87$$

$$P_2 = f_P(X_2 F_{R2} + Y_2 F_{A2}) = 1.3(0.41 \times 3\,049 + 0.87 \times 2\,134) = 4\,039 \text{ N}$$

(4) 比较寿命

$L_h = \dfrac{10^6}{60n} \dfrac{C}{(P)}$,即寿命 L_h 与 P 成反比,所以轴承 2 的寿命长。

九、(1) 接合面不出现缝隙,即

$$\sigma_{p\min} = \frac{zF'}{A} - \left(\frac{C_1}{1 - C_1 + C_2}\right)\frac{M}{W} \geq 0$$

W 为接合面抗弯截面系数,即

$$W = 70 \times 260^2/6$$

代入数据,求得

$$M_{\max} = 1\,040\,000 \text{ N} \cdot \text{mm}$$

(2) 螺栓总拉力

$$F_0 = F' + \frac{C_1}{C_1 + C_2}F_{\max} = 10\,300 \text{ N}$$

$$[\sigma] = \sigma_s/S = 160 \text{ MPa}$$

$$\frac{4 \times 1.3 F_0}{\pi \times d_1^2} = 166.93 \text{ MPa} > [\sigma]$$

所以,螺栓的强度不够。

2009 年硕士研究生入学考试试题 5

一、选择题

1. 零件的截面形状一定,当截面尺寸增大时,其疲劳极限值将随之_____。
(1) 增高　　　　(2) 不变　　　　(3) 降低

2. 图1中所示三个连接机构方案,从连接的可装配性和可拆卸性比较_____方案,哪个更合理。

图 1

3. 当铰制孔用螺栓组连接承受横向载荷或力矩时,该螺栓组中的螺栓_____。
(1) 必受剪切力作用　　　　　　　　(2) 必受拉力作用
(3) 同时受到剪切力与拉伸　　　　(4) 既可能受剪切,也可能受挤压作用

4. 设计键连接时,键的截面尺寸 $b \times h$ 通常根据_____由标准中选择。
(1) 传递转矩的大小　(2) 传递功率的大小

(3) 轴的直径　　　　(4) 轴的长度

5. 若将传动比不为 1 的平带传动的中心距减少 1/3,带长做相应调整,而其他条件不变,则带传动的最大有效拉力_____。
(1) 增大　　　　(2) 不变　　　　(3) 降低

6. 设计链传动时,限制小链轮齿数不小于 9 齿是为了_____。
(1) 防止脱链　　　　(2) 防止小链轮转速过高
(3) 提高传动平稳性　(4) 保证链轮轮齿的强度

7. 材料为 20Cr 的齿轮要达到硬齿面,适宜的热处理方法是_____。
(1) 整体淬火　　(2) 渗碳淬火　　(3) 调质　　　(4) 表面淬火

8. 一对正确啮合的标准渐开线齿轮做减速传动时,如主从两轮 1 和 2 的材料、热处理及齿面硬度均相同,则齿根弯曲应力_____。
(1) $\sigma_{F1} > \sigma_{F2}$　　(2) $\sigma_{F1} = \sigma_{F2}$　　(3) $\sigma_{F1} < \sigma_{F2}$

9. 若一对滚动轴承的基本额定寿命为 537 000 r,则该轴承所受的当量动载荷_____基本额定动载荷。
(1) 大于　　　　(2) 等于　　　　(3) 小于

10. 向心推力轴承承受轴向载荷的能力与_____有关。
(1) 轴承宽度　　　　　　　　(2) 滚动体数目
(3) 轴承的载荷角　　　　　　(4) 轴承的接触角

二、填空题

1. 机械零件受载时,在_____处产生应力集中,应力集中的程度通常随材料强度的增大而_____。

2. 若螺纹的直径和螺旋副的摩擦系数一定,则拧紧螺母时的效率取决于螺纹的_____。

3. 受轴向工作载荷 F 的紧螺栓连接,螺栓所受的总拉力等于_____和_____之和。

4. 链传动中,合理链条长度应_____倍链节数,链轮的齿数应为_____。

5. 在齿轮传动的设计和计算中,对于下列参数和尺寸应标准化的有_____,应圆整的有_____。
(1) 斜齿圆柱齿轮的法面模数 m_n;(2) 斜齿圆柱齿轮的端面模数 m_t;
(3) 分度圆直径 d;(4) 齿顶圆直径 d_a;(5) 齿轮宽度 B;(6) 分度圆压力角 α;(7) 斜齿轮螺旋角 β;(8) 变位系数 x;(9) 中心距 a;(10) 齿厚 s。

6. 在蜗杆传动中,蜗杆头数越少,则传动的效率越_____,自锁性越_____。

7. 在液体摩擦动压向心滑动轴承中,承载系数 C_P 是_____和_____的函数。

8. 说明下列型号滚动轴承的类型、内径、公差等级、直径系列和结构特点。6305、5316、N316/P6、30306、6306/P5、30206。并指出其中具有下列特征的轴承:
(1) 径向承载能力最高的轴承是_____;
(2) 轴向承载能力最高的轴承是_____;

(3) 公差等级最高的轴承是_____。

9. 内径为 60 mm、精度等级为 7 的滚动轴承内圈与轴配合的标注为_____。

10. 按当量弯矩计算轴的强度时,公式 $M_{ca} = \sqrt{M^2 + (\alpha T)^2}$ 中,系数 α 是考虑_____。

11. 在圆锥—圆柱齿轮减速器设计中,通常是把_____作为其高速级。

12. 弹簧钢丝的拉伸强度极限随弹簧钢丝直径的增大而_____。

三、简答分析题

1. 在闭式软齿面齿轮传动中,大小齿轮的齿面硬度为什么要有硬度差?哪一个齿轮的硬度值高?

2. 打滑是带传动的一种失效形式,是可以避免的,而带传动的弹性滑动是不可避免的,为什么?

3. 图 2 所示为一液体润滑滑动轴承,请分析并在图中标明:(1) 轴的旋转方向转向;(2) 偏心距 e;(3) 最小有膜厚度 $h_{\min}$;(4) 油膜压力分布。

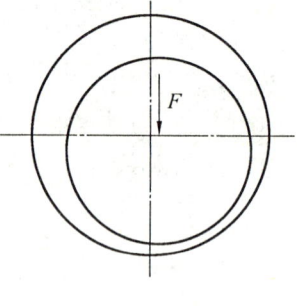

4. 一对闭式软齿面直齿轮传动,其齿数与模数有两种方案:(a) $m = 4$ mm, $z_1 = 20$, $z_2 = 60$;(b) $m = 2$ mm, $z_1 = 40$, $z_2 = 120$,其他参数都一样。试问:

(1) 两种方案的接触强度和弯曲强度是否相同?

(2) 若两种方案的弯曲强度都能满足,则哪种方案比较好?

图 2

5. 按要求在给出的结构图中画出合适的轴承(图 3 中箭头示意载荷方向)。

图 3

四、综合计算题

1. 有一液体动压径向滑动轴承,轴颈和轴瓦的公称直径 $d = 80$ mm,宽径比 $B/d = 1$,轴颈和轴瓦表面微观不平度十点平均高度分别为 $Rz_1 = 1.6\ \mu m$, $Rz_2 = 3.2\ \mu m$,在径向工作载荷 F、轴颈速度 v 的工作条件下,偏心率 $\chi = 0.8$,能形成液体动力润滑,今有三组数据如下:

序号	相对间隙 ψ	润滑油黏度 η(Pa·s)
1	0.001 5	0.027
2	0.002	0.027
3	0.002	0.018

(1) 选择哪一组参数时,轴承的承载能力最大?若其他条件不变;
(2) 当轴颈速度提高到 $v' = 1.7v$ 时,轴承的最小油膜厚度为多少?
(3) 当轴颈速度降低为 $v' = 0.7v$ 时,该轴承能否达到液体动力润滑状态?

附表:

$B/d = $ 1.0	χ	0.7	0.75	0.80	0.85	0.9	0.95
	C_F	1.929	2.469	3.372	4.808	7.772	17.18

2. 一个深沟球轴承,要求在常温下工作, $n = 1\,000$ r/min,载荷平稳,预期寿命为 12 000 h。已知该轴承: $C = 26.2$ kN, $C_0 = 17.9$ kN, $f_P = 1.0$。

(1) 计算该轴承的当量动载荷 P
(2) 若轴承的轴向载荷为 $F_a = 1.8$ kN,求轴承能承受的径向力。

类型	F_a/C_0	$F_a/F_r \leq e$		$F_a/F_r > e$		e
		X	Y	X	Y	
60000	0.07	1	0	0.56	1.6	0.27
	0.13				1.4	0.31
	0.25				1.2	0.37
	0.50				1.0	0.44

3. 如图 4 所示,某一普通 V 带传动,已知带轮直径 $d_{d1} = 180$ mm,从动轮直径 $d_{d2} = 630$ mm,传动中心距 $a = 1\,600$ mm,主动轮转速 $n_1 = 1\,450$ r/min,B 型带 4 根,V 带与带轮表面摩擦系数 $f = 0.4$,V 带的弹性模量 $E = 200$ MPa,当传递的最大功率为 $P = 41.5$ kW:

① 计算 V 带中各类应力的大小及 V 带的最大应力;
② 画出各应力沿带长方向的分布图。

(B 型带截面尺寸参数:顶宽 $b = 17$ mm,节宽 $b_p = 14.0$ mm,高度 $h = 11.0$ mm,楔角 $\varphi = 40°$,单位长度质量 $q = 0.17$ kg/m。)

4. 在图 1 所示传动中,蜗杆传动为标准传动: $m = 5$ mm, $d_1 = 50$ mm, $z_1 = 3$(右旋), $z_2 = 40$;标准齿轮传动:设 $m_n = 5$ mm, $z_3 = 20, z_4 = 50$,要求使轴 II 的轴向力相互抵消,不计摩擦,蜗杆主动,顺时针旋转,试求:

(1) 斜齿轮 3、4 的螺旋线方向。
(2) 在图上标出 II 轴上零件所受分力的方向。
(3) 求出斜齿轮 3、4 螺旋角 β 的大小。

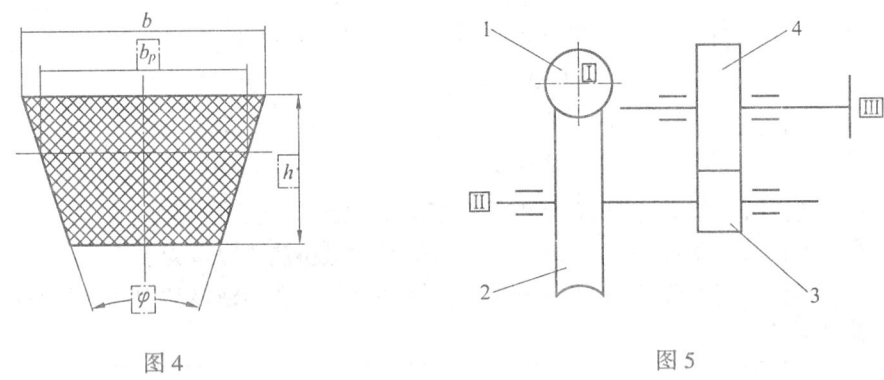

图 4

图 5

2009年硕士研究生入学考试试题5参考答案

一、选择题

1.(3)　2.(3)　3.(4)　4.(3)　5.(3)　6.(3)　7.(2)　8.(1)　9.(1)　10.(4)

二、填空题

1．几何形状突变　增强　2．升角和头数

3．残余预紧力　工作拉力　4．偶　奇数

5．(1)(6)　(5)(9)　6．低　好

7．轴承的相对偏心距 ε；包角 α；长径比 L/d

8．$N316/P6;5316;6306/P5$　9．$\Phi 60K7$

10．扭矩性质而定的折算系数　11．圆锥齿轮　12．减小

三、简答分析题

1．因为无论是减速传动还是增速传动，小齿轮轮齿间单位时间内所受变应力次数都多于大齿轮，齿根弯曲应力也大些，提高齿面硬度，有利于提高抵抗各种形式失效发生的能力，使大小齿轮更加接近于等强度。另外，工作中通过啮合，冷作硬化还能提高齿面软的齿面硬度，一般，小齿轮硬度值高。

2．打滑是由于过载而产生带与轮之间的相对滑动，只要不过载，打滑即可避免。而弹性滑动是由带的松、紧边拉力差造成弹性伸长量变化产生的带与轮之间的相对滑动，只要传递载荷，就有松、紧力拉力差，所以弹性滑动是带传动工作的固有特性，不可避免。

3．如图6所示。

4．(1) 接触疲劳强度忽略 ε 影响，则 a、b 基本相同，弯曲强度 $a > b$。

(2) 若传动速度低，短时过载，a 方案好。若传

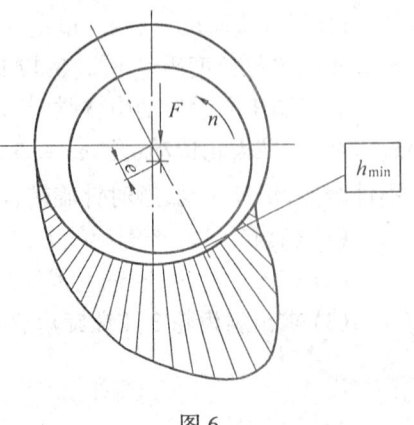

图 6

动速度高,b方案好。

(3) 从工艺性考虑,b方案好(切削量小)。

5. 如图7所示。

(a) 单向固定支承　　(b) 双向固定支承　　(c) 游动支承

图7

四、综合计算题

1.(1) 由公式 $F_r = \dfrac{\eta v L}{\varphi^2} C_F$,计算 η/φ^2 的值,第1组12000,第2组6757,第3组4500,选第一组参数承载能力最大。

$$C_F = \dfrac{F_r \varphi^2}{\eta v} \quad 偏心率 \chi = 0.8$$

$$h_{\min} = 4r(1 - \chi) = 0.0015 \times 40(1 - 0.8) = 0.012 \text{ mm}$$

$$[h_{\min}] = K(Rz_1 + Rz_2) = 2(1.6 + 3.2) \times 10^{-4} = 0.0096 \text{ mm}$$

由表查得　　　　　　　　$C_F = 3.372$

(2) 当 $v' = 1.7v$, $C_F = 1.983$,查得 $\chi = 0.71$, $h_{\min} = 0.0015 \times 40(1 - 0.71) = 0.0174$ mm。

(3) $v' = 0.7v$, $C_F = 4.81$, $\chi = 0.85$, $h_{\min} = 0.0015 \times 40(1 - 0.85) = 0.009$ mm $<$ $[h_{\min}]$,达不到液体动润滑。

2.(1) 深沟球轴承 $C_F = 4.81$, $\chi = 0.85$, $h_{\min} = 0.0015 \times 40(1 - 0.85) = 0.009$ mm $<$ $[h_{\min}]$,由轴承寿命 $L_h = \dfrac{10^6}{60n} \left(\dfrac{C}{P}\right)^\varepsilon$, $P = 2.92$ kN。

(2) $F_a/C_0 = 0.1$,设 $F_a/F_r > e$, $X = 0.56$, $Y = 1.5$, $F_r = \dfrac{P - YF_a}{X} = \dfrac{2.92 - 1.5 \times 18}{0.56} = 0.398$ N, $F_a/F_r = 1.8/0.398 = 4.52 > e$,假设合理。

3. V带横截面面积　　$A = \dfrac{h[b + (b - 2h\tan 20°)]}{2} = 142.96 \text{ mm}^2$

由 $T = \dfrac{9550P}{n} = 273.33$ N·m,每根V带传递转矩为

$$T/4 = 68.33, F = \dfrac{68.33}{180 \times 10^{-3}} = 379.61 \text{ N}$$

$$F_1 - F_2 = F, F_1 = F_2 \cdot e^{f\alpha}, \alpha = 180° - \dfrac{d_2 - d_1}{a} \times 57.3° = 163.9° = 2.86 \text{ rad}$$

求得 $F_1 = 558.00\ \text{N}, F_2 = 177.38\ \text{N}$

拉应力:紧边拉应力 $\sigma_1 = \dfrac{F_1}{A} = 3.90 \times 10^6\ \text{N/m}^2$

松边拉应力 $\sigma_2 = \dfrac{F_2}{A} = 1.24 \times 10^6\ \text{N/m}^2$

弯曲应力: $\sigma_{b1} = E\dfrac{h}{d_{d1}} = 12.2 \times 10^6\ \text{N/m}^2, \sigma_{b2} = E\dfrac{h}{d_{d2}} = 3.49 \times 10^6\ \text{N/m}^2$

离心拉应力: $v = wR = \pi nd = 13.7\ \text{m/s}, \sigma_c = \dfrac{qv^2}{A} = 2.22 \times 10^3\ \text{N/m}^2$

最大应力: $\sigma = \sigma_1 + \sigma_{b1} + \sigma_c = 18.33 \times 10^6\ \text{N/m}^2$

4. 如图 8 所示。

图 8

2010 年硕士研究生入学考试试题 1

一、简答题(每小题 3 分,共 45 分)

1. 对零件的某一个表面提出表面粗糙度要求时,如果需要同时标注高度参数中的两个,请问一般可能标注哪两个?

2. 带传动中,带速一般限制在 5～25 m/s,为什么要限制带速?

3. 在渐开线圆柱齿轮传动的弯曲接触强度计算中,齿形系数取决于齿数、变位系数、齿高、齿宽中的哪些参数?

4. 当传递载荷比较大时,如果要求双向传递力矩,牙嵌式离合器的牙型和牙数通常应该如何选择?

5. 当传递力矩较大时,如果采用凸缘联轴器,应该选用凸缘联轴器的哪一种形式?为什么?

6. 一般而言,对轴进行调质处理的目的是什么?

7. 在齿轮减速器中,滚动轴承的润滑选用油润滑还是应该选用脂润滑,选择的依据一般是什么?

8. 请问三角形－平面滑动导轨的驱动元件的布置位置有什么要求?为什么?

9. 在一些中低速、中轻载荷、润滑不变的场合,请问此时的滑动轴承应该选用轴承合金还是陶瓷合金,为什么?

10. 一般参数的开式齿轮传动的主要失效形式是点蚀吗？为什么？

11. 请问滚动轴承 23208 的内径是多少？

12. 滚动螺旋传动中，单圆弧形和双圆弧形滚道在结构工艺性、承载能力、轴向刚度方面有什么区别？

13. 在一些螺旋测微装置中，如果使用双螺旋传动结构，对这两个螺旋的参数有什么要求？

14. 双头螺柱连接和螺钉连接的应用场合有什么区别？

15. 在评定表面粗糙度时，规定取样长度和评定长度的目的是什么？

二、分析题（每小题 5 分，共 30 分）

1. 在阿基米得蜗杆机构中，蜗杆的头数为 z_1，蜗轮的齿数为为 z_2，请问其传动比为什么是 Z_2/Z_1？请给出简单的分析说明。

2. 图 1 所示两个轴，当其局部实际尺寸分别为 149.98 mm、19.8 mm 时，请简单计算此时其所允许的轴线直线度误差分别为多少？

图 1

3. 滚齿加工齿轮时，机床滚齿刀具的径向跳动和轴向窜动、分度蜗杆的径向跳动和轴向窜动分别对齿轮精度的哪些方面指标（长周期或短周期误差、径向或切向误差）产生影响？

4. 在 IT5～IT9 级的齿轮箱的滑动轴承配合中，应该从 H8/f7、H7/r6、H6/h5 这三种配合中选取哪一种配合作为其滑动轴承配合？为什么？

5. 某滑动螺旋传动中螺杆垂直放置，在垂直向下载荷和转矩作用下，螺母沿螺杆匀速下降，请问此时机构的机械效率是多少？

6. 在具有指针和标尺的机械示数装置中，请简单描述两种减小或消除视差对度数误差影响的方法。

三、计算题（每小题 15 分，共 75 分）

1. 已知一对直齿圆柱齿轮传动，$z_1=12, z_2=22, m=0.5, \alpha=20, h_a^*=1, c^*=0.35$。请设计这样一对具有标准顶隙的高度变为齿轮传动，计算两个齿轮的变位系数，计算齿轮 1 的两个齿顶圆半径、齿根圆半径；并请计算其重合度。（变位系数保留一位有效数字）

2. 在偏置曲柄滑块机构中，已知曲柄 $L_{AB}=20$ mm，连杆 $L_{BC}=70$ mm，偏距 $e=$

10 mm,曲柄为主动件,请确定传动角达到最小值时的机构位置,此时最小传动角是多大?

3. 试计算图 1 所示平面运动链的自由度。(图中标有箭头的构件为原动件。解题时若遇有复合铰链、局部自由度或虚约束,应明确指出)判断平面运动链能否成为机构。若平面运动链能够成为机构,请对其进行结构分析,拆分杆组,分杆组的级别。

4. 在图 2 所示轮系中,已知各齿轮的齿数,求轮系的传动比 i_{1H}.

图 1　　　　　　　　图 2

5. 图 3 所示某轴承部件,采用一对角接触轴承,左边轴承所承受的载荷 $F_{r1} = 1\,000\,\text{N}$,右边轴承所承受的载荷 $F_{r2} = 2\,060\,\text{N}$。轴上齿轮为主动齿轮,所受的轴向载荷 $F_A = 880\,\text{N}$。轴承的 $C_{0r} = 20\,500\,\text{N}$,$F_s = 0.4F_r$。求两轴承所承受的轴向载荷 F_{a1}、F_{a2}。

图 3

2010 年硕士研究生入学考试试题 1 参考答案

一、简答题(每小题 3 分,共 45 分)

2. 带传动靠带与带轮间的摩擦力来传动的,其最大摩擦力要大于或等于有效圆周力 F。传递一定功率时,带速太低(如 $v < 5\,\text{m/s}$),其传递的有效圆周力太大,所需带的根数

太多。但带速过大(如 $v > 25$ m/s),带的离心力太大,减小带与带轮间的正压力和摩擦力,大大降低传递功率。

3. 在渐开线圆柱齿轮传动的接触强度计算中,齿形系数取决于齿数、变位系数、齿高、压力角等参数。

4. 应该选择梯形齿,因为其强度高,并且可以双向工作;牙数一般取 3 ~ 60 个。要求传递转矩大时,应取较少牙数。

5. 应选用铰制孔用螺栓凸缘联轴器,同种情况下可以传递更大的转矩。

6. 提高轴的力学性能,增加轴表面的硬度和内部的韧性。

7. 滚动轴承的润滑方式可根据速度因数 dn 值来选择。d 为轴承内径(mm),n 为轴承转速(r/min)。dn 值间接反映了轴颈的线速度。当 $dn < (1.5 \sim 2) \times 10^5$ mm·r/min 时,可选用脂润滑。当超过时,宜选用油润滑。

9. 应选用轴承合金,其价格较低,嵌藏性好,对轴的磨损小,且能满足要求的工作条件。

10. 不是,其主要失效形式是齿面磨损。

11. 滚动轴承 23208 的内径为 40 mm。

14. 螺钉连接:当被连接件之一受结构限制,不能在其上穿通孔、或希望结构紧凑、或希望有光整的外露表面、或无法装拆螺母时。

双头螺柱连接:在需要用螺钉连接的结构并且连接又需要经常拆卸或用螺钉无法安装时,则需要用双头螺柱连接。

二、分析题(每小题 5 分,共 30 分)

1. 蜗杆传动通常以蜗杆为主动件。当蜗杆转动一周时,蜗轮将转过 z_1 个齿,即转过 z_1/z_2 周,因此其传动比 $i = n_1/n_2$。

4. 应选用 H8/f7,间隙配合。

5. $\eta = \tan(\psi - \rho')/\tan \psi$。式中,$\psi$ 为螺旋升角;ρ' 为当量摩擦角。

三、计算题(每小题 15 分,共 75 分)

5. 解 分离体简图 4 所示。

$F_{r1} = 1\,000$ N,$F_{r2} = 2\,060$ N

由齿轮旋向、转向决定齿轮轴向力

$F_A = 800$ N,方向如图。

图 4

$$S_1 = 0.4 F_{r1} = 0.4 \times 1\,000 = 400 \text{ N}$$

$$S_2 = 0.4 F_{r2} = 0.4 \times 2\,060 = 824 \text{ N}$$

$$F_A + S_1 = 880 + 400 = 1\,280 \text{ N} > S_2 = 824 \text{ N}$$

Ⅱ 轴承被压紧

$$F_{a2} = F_A + S_1 = 1\,080 \text{ N}$$

$$F_{a1} = S_1 = 400 \text{ N}$$

2010年硕士研究生入学考试试题2

一、单项选择题

1. 纯弯曲变形的矩形截面梁,仅当梁高度由 h 增大到 $2h$ 时,最大正应力是原最大正应力的_____。
   A. 1/2 B. 1/4 C. 1/8 D. 1/16

2. 用三种不同材料制成尺寸相同的试件,在相同试验条件下进行拉伸试验,得到的应力应变曲线如图1所示。则:拉伸强度最高、弹性模量最小、塑性最差的材料分别是_____。
   A. a、b、c B. b、c、a C. c、b、a D. a、c、b

3. 图2所示交变应力的循环特征、平均应力、应力幅度分别为_____。
   A. $-10, 30, 10$ B. $40, 10, 20$ C. $-1/4, 25, 15$ D. $-1/4, 15, 25$

图1

图2

4. 某轴的受力状态如图3所示,则对其外表面上 A、B、C 三点应力状态的描述正确的是_____。
   A. 拉伸+剪切、剪切、拉伸
   B. 拉伸+剪切、剪切、拉伸
   C. 拉伸、拉伸+剪切、拉伸
   D. 剪切、拉伸、拉伸

图3

5. 材料的屈服强度 $\sigma_{0.2}$ 是_____。
   A. 产生0.2的塑性应变时所对应的应力
   B. 产生0.2%的弹性应变时所对应的应力
   C. 产生0.2%的塑性应变时所对应的应力
   D. 产生0.02%的塑性应变时所对应的应力

6. 关于断裂的强度理论是_____。
   A. 最大拉应力理论、最大切应力理论
   B. 畸变能理论、最大切应力理论
   C. 最大拉应力理论、最大拉应变理论
   D. 最大拉应变理论、畸变能理论

7. 下面关于压杆临界载荷的叙述,正确的是_____。
   A. 与压杆所承受的轴向压力大小有关
   B. 与压杆材料的屈服强度有关
   C. 与压杆所承受的轴向压力大小无关,但与压杆的柔度大小有关
   D. 与压杆的柔度大小无关

8. 零件受对称循环应力时,对于塑性材料应取_____作为材料的极限。

A.材料的抗拉强度 B.材料的疲劳极限
C.材料的屈服极限 D.屈服极限除以安全系数
9.零件的安全系数为_____。
A.零件的极限应力比许用应力 B.零件的极限应力比零件的工作应力
C.零件的工作应力比许用应力 D.零件的工作应力比极限应力
10.螺纹副在摩擦因数一定时,螺纹的牙形角越大,则_____。
A.当量摩擦因数越小,自锁性能越好 B.当量摩擦因数越小,自锁性能越差
C.当量摩擦因数越大,自锁性能越差 D.当量摩擦因数越大,自锁性能越好

二、填空题

1.杆件的强度、刚度和稳定性分别是指_____、_____ 和_____。
2.梁弯曲时的挠度是指_____。
3.热应力是由_____ 引起的应力。
4.关于材料失效规律的假说或学说,通常称为_____。

三、问答题

1.材料力学主要研究什么问题?其基本假设是什么?
2.试分别画出简支梁和悬臂梁的结构简图,并写出它们各自的位移边界条件。
3.齿轮传动常见的失效形式有哪些?各种失效形式常在何种情况下发生?
4.滑动轴承的润滑状态(或称摩擦状态)有哪几种?它们是如何界定的?
5.何谓摩擦、磨损和润滑?它们之间的相互关系如何?

四、计算题

1.已知单元体应力如图4所示。材料的许用应力$[\sigma] = 160$ MPa。求主应力并用第三、第四强度理论校核强度。
2.矩形截面细长悬臂梁如图5所示,右端面作用 1 kN(千牛) 的力。试求 A、B、C 三点的应力,并用单元体分别表示这三点的应力状态。

图中尺寸单位为 mm

图4 图5

2010年硕士研究生入学考试试题2参考答案

一、单项选择题

1.B 2.D 3.D 4.C 5.C 6.C 7.C 8.B 9.A 10.D

三、问答题

3.① 轮齿断折:脆性材料的齿轮过载或受很大冲击;
② 齿面疲劳点蚀:软齿面闭式齿轮传动;
③ 齿面磨损:开式齿轮传动;
④ 齿面胶合:高速重载或低速重载齿轮传动;
⑤ 轮齿塑性变形:齿面材料较软、低速重载与频繁启动的传动。

4.液体润滑、非液体润滑。按滑动轴承工作时轴瓦和轴颈表面间呈现的摩擦状态来分的。

5.摩擦:外力作用下,两相互接触的物体有相对运动或相对运动趋势时,在滑动表面产生摩擦力的现象。

磨损:运动副表面材料不断损失的现象。

润滑:在摩擦面间加入润滑剂,减轻或防止磨损,减小摩擦的措施。

2010年硕士研究生入学考试试题3

一、选择题(单选题,选择你以为最佳的答案,每小题2分,共30分。)

1.链条由于静强度不够而被拉断的现象,多发生在_____情况下。
   A.高速重载   B.低速重载   C.高速轻载

2.在带传动设计中,限制小带轮的最小直径是为了避免_____。
   A.带轮强度不够   B.传动结构太大   C.带轮的弯曲应力过大

3.在一定转速下,要减轻链传动的速度不均匀性和动载荷,应_____。
   A.增大链条的节距和链轮齿数   B.增大链条的节距,减少链轮齿数
   C.减少链条的节距和链轮齿数   D.减少链条的节距,增大链轮齿数

4.极限转速最高的轴承是_____。
   A.深沟球轴承   B.圆锥滚子轴承   C.圆柱滚子轴承   D.滚针轴承

5.蜗杆传动的效率一般比齿轮传动的效率_____。
   A.高   B.低   C.基本一样   D.高得多

6.跨距较大,承受较大径向力,轴的弯曲刚度较低时应选_____。
   A.深沟球轴承   B.圆柱滚子轴承   C.调心球轴承   D.滚针轴承

7.当转速较高、传递的转矩不大、频繁启动,且两轴较难对中,宜选用_____联轴器。
   A.凸缘联轴器   B.十字滑块联轴器 C.弹性套柱销联轴器 D.齿式联轴器

8.开式齿轮传动中,齿轮最常见失效形式为_____。
　A.轮齿折断　　　　B.齿面磨损　　　　C.齿面点蚀　　　　D.齿面胶合
9.螺旋传动最常见的螺纹是_____。
　A.矩形螺纹　　　　B.梯形螺纹　　　　C.三角螺纹　　　　D.锯齿螺纹
10.调节机械的周期性速度波动采用_____。
　A.弹簧　　　　　　B.调速器　　　　　C.轮　　　　　　　D.变速器
11.凸轮机构滚子半径 r_r 必须_____外凸理论廓线的最小曲率半径。
　A.大于　　　　　　B.小于　　　　　　C.等于
12.与齿轮传动相比较,____不能作为蜗杆传动的优点。
　A.传动平稳、噪声小　　　　　　　　 B.传动比可以很大
　C.在一定的条件下可以自锁　　　　　 D.传动效率高
13.斜齿圆柱齿轮的标准模数和标准压力角在_____上。
　A.法面　　　　　　B.轴面　　　　　　C.端面　　　　　　D.主平面
14.单销槽轮机构的运动系数_____。
　A.小于0.5　　　　 B.大于0.5　　　　 C.等于0.5
15.下面传动中,适用于传力较大的直线传动是_____。
　A.蜗轮－蜗杆传动　B.齿轮传动　　　　C.螺旋传动　　　　D.链条传动

二、是非题(每小题2分,共20分)

1.蜗杆传动的转速比 n_1/n_2 等于其分度圆直径的反比 d_2/d_1。
2.链传动中心距过小的缺点是链条工作时易颤动,运动不平稳。
3.带传动在工作中产生弹性滑动原因是有弹性,且紧边、松边存在拉力差。
4.为提高蜗杆的刚度,应采取的措施是蜗杆选用高强度合金钢。
5.链传动属齿合传动,所以和齿轮传动一样,理论上瞬时角速度比为常数。
6.经调质处理的45钢制轴,验算刚度时发现不足,合理的改进方法是改用合金钢。
7.在相同温度和压力下,润滑油N46的黏度低于N100的黏度。
8.在蜗杆传动中,引进直径系数 q 的目的是为了便于蜗杆尺寸参数的计算。
9.零件是机构中运动分析和强度计算的基本单元。
10.达到静平衡的回转件不一定是动平衡的。

三、简答题(36分)

1.简述螺纹连接控制预紧力的方法和防松的方法。(10分)
2.简述凸轮运动、连杆传动的特点,并举例说明其应用。(12分)
3.现需要设计一减速装置,已知:电动机为原动机,电机转速为1 500 r/min,减速装置的输出转速为15 r/min。拟采用皮带、链条、齿轮(或蜗杆)实现这一减速传动,请给出两种较为合理的传动方案(画出传动简图,并简要说明设计方案)。(14分)

四、计算题(26分)

1.如图1所示的液压回转台机构中,已知 $z_2 = 15$,油马达M的转速 $n_H = 12$ r/min(注:

油马达装在回转台上),回转台 H 的转速 $n_H = -1.5$ r/min。求齿轮 1 的齿数。(12 分)

2. 计算图 2 所示的飞剪机构的自由度。(6 分)

图 1　　　　　　　　　图 2

3. 在图 3 所示的差动螺旋传动中,螺纹 1 为 M12×1,螺纹 2 为 M10×0.75。试求:

(1) 当 1 和 2 螺纹均为右旋,手柄按所示方向回转一周时,滑板 3 移动距离为多少?方向如何?

(2) 当 1 为左旋、2 为右旋时,滑板 3 移动距离为多少?方向如何?(8 分)

五、分析与设计题(24 分)

1. 某一偏置曲柄滑块机构(图 4 为机构的示意图),试分析回答:

图 3　　　　　　　　　图 4

(1) AB 杆为曲柄的条件。

(2) 该机构是否有急回运动。

(3) 该机构是否有死点,在什么情况下出现死点

(4) 构件 AB 主动时,在什么位置有最小传动角。(12 分)

2. 一直动平底推杆盘形凸轮(图 5 为该机构的示意图),已知凸轮为 $R = 30$ mm 的偏心圆,偏心距 $AO = 20$ mm,试求:

(1) 基圆半径。

(2) 升程。

(3) 推程运动角、远休止角、回程运动角、近休止角。

(4) 凸轮的最大压力角和最小压力角。(12 分)

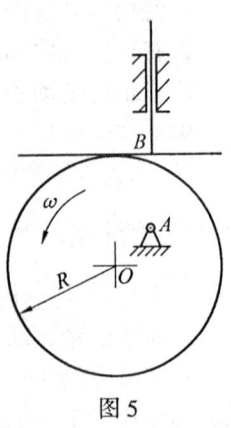

图 5

六、结构设计题(14 分)

某一单级齿轮减速器的高速轴,已知该轴上安装的带轮、齿轮及滚动轴承等的尺寸如图 6 所示(齿轮用油润滑、轴承用脂润滑)。请在答题纸上完成该轴系的结构设计。(注:不

涉及轴强度计算)

图 6

2010 年硕士研究生入学考试试题 3 参考答案

一、选择题

1.B 2.C 3.D 4.A 5.B 6.C 7.C 8.B 9.B 12.D 13.C 15.C

二、判断题

1.× 2.× 3.√ 4.× 5.× 6.× 7.√ 8.× 9.× 10.√

三、简答题

1.控制预紧力方法:使用测力矩扳手或定力矩扳手,装配时测量螺杆的伸长。
防松方法:摩擦防松,机械防松,永久防松。

3.
方案 1: $i = 100$　$i_{带} = 2$　$i_{齿} = 5 \times 4$　$i_{链} = 2.5$
方案 2: $i = 100$　$i_{带} = 2$　$i_{蜗} = 25$　$i_{链} = 2$

图 7　方案 1 简图

图 8　方案 2 简图

四、计算题

3. (1) 0.25 mm 前移；(2) 1.75 mm 后移。

2010 年硕士研究生入学考试试题 4

一、简答题（每小题 6 分，共 60 分）

1. 变应力循环特性 r 值的变化范围是多少？典型的 r 值是哪几个？各表示何种循环的应力？通常典型的应力变化规律有哪几种？绝大多数转轴中的应力状态属于哪一种？
2. 螺纹连接的主要类型有哪几种？各用于何种场合？
3. 轴常用的强度计算方法有哪几种？各适用于何种类型的轴？
4. 平带传动和 V 带传动的工作面各在何处？在相同张紧力下，谁的传动能力大？为什么？
5. 链传动应怎样布置？链传动中的动载荷主要与什么参数相关？高速重载下选择何种参数的链条？
6. 闭式硬齿面齿轮传动的主要失效形式是什么？其计算准则如何？设计中对配对钢制软齿面齿轮齿面硬度有何要求？为什么？
7. 蜗杆传动设计计算时，为什么要进行热平衡计算？
8. 非液体摩擦滑动轴承设计中验算 $p \leqslant [p]$、$pv \leqslant [pv]$、$v \leqslant [v]$ 的目的是什么？
9. 说出几种轴瓦材料的名称，并说明如何选用？
10. 简单说明选择联轴器的原则，刚性联轴器有哪几种？分别适用于什么场合？

二、分析计算题（共 3 小题，共 50 分）

1. 图 1 所示为二级斜齿圆柱齿轮减速器，第一级斜齿轮的螺旋角 β_1 的旋向已给出。

(1) 为使 II 轴轴承所受轴向力较小，试确定第二级斜齿轮螺旋角 β 的旋向，并说明轮 2、轮 3 所受轴向力、径向力及圆周力的方向。

(2) 若已知第一级齿轮的参数为：$Z_1 = 19$，$Z_2 = 85$，$m_n = 5$ mm，$\alpha_n = 20°$，中心距 $a = 265$ mm，1 轮的传动功率 $P = 6.25$ kW，$n_1 = 275$ r/min。试求 1 轮上所受各力的大小。(20 分)

2. 如 2 图所示，有一轴承座，由 4 个螺栓连接，每个螺栓上的预紧力 $F' = 6\,000$ N，被连接件刚度为螺栓刚度的 4 倍 ($4C_1 = C_2$)，试求：

(1) 接合面不产生间隙时，轴承座上能承受的极限载荷 Q；
(2) 螺栓直径 d_1（螺栓许用应力 $[\sigma] = 150$ MPa）。(10 分)

图1 图2

3. 某轴由一对7308AC轴承面对面支撑安装,轴的正中部作用有径向载荷 $F = 6\,000$ N,轴的右端作用有轴向载荷 $F_A = 1\,000$ N,已知轴承载荷平稳(载荷系数 $f_P = 1$),室温下工作($f_t = 1$),轴承转速 $n = 1\,000$ r/min,试求:

(1) 轴承1、2上的当量动载荷 P_1、P_2 为多少?

(2) 轴承1、2的寿命 L_{h1} 和 L_{h2} 各为多少?($L_h = \dfrac{10^6}{60n}\left(\dfrac{f_t C_r}{p}\right)^E$) (20分)

附:7308AC轴承,$C_r = 39\,200$ N,内力 $S = 0.7R$,$e = 0.7$

$A/R \leq e$ 时,$X = 1, Y = 0$

$A/R > e$ 时,$X = 0.41, Y = 0.87$

图3

三、结构设计题(40分)

简要说明轴系部件设计时应该注意的事项。现有一轴向尺寸较长、工作温度较高、且轴向载荷较大的轴,采用一端固定、一端游动的固定方式。该轴一端在箱体内,另一端伸出箱体。画出该轴系固定端和游动端的实际结构草图,轴系的中间部分可以省略,尺寸、比例不作要求。

2010年硕士研究生入学考试试题4参考答案

一、简答题

1. $-1 \leqslant r \leqslant 1$，$r = 1$ 静应力；$r = 0$ 脉动循环变应力；$r = -1$ 对称循环变应力。

典型的应力变化规律：(1) 应力比不变 $r = C$；(2) 平均应力不变 $\sigma_m = C$；(3) 最小应力不变 $\sigma_{min} = C$。

绝大多数转轴中的应力状态属于应力比不变的情况，且为 $r = -1$ 的对称循环应力状态。

2.(1) 螺栓连接；(2) 螺钉连接；(3) 双头螺柱连接；(4) 紧定螺钉连接。

(1) 螺栓连接广泛用于被连接件不太厚、周边有足够装配空间的场合。它又分为普通螺栓连接和铰制孔用螺栓连接，前者的特点是被连接件上的通孔和螺栓杆之间有间隙，螺栓受轴向拉力；而后者孔和螺栓杆之间多采用过渡配合，螺栓还受横向载荷。

(2) 螺钉连接适用于被连接件一薄一厚或一端不易装配，受力不大，不需要经常拆装的场合。

(3) 双头螺柱连接适用于可用螺钉连接但需要经常拆装的场合。

(4) 紧定螺钉连接适用于力和转矩都不大的场合，常用于轴与轴上零件的连接。

3.(1) 按扭转条件计算，适用于传动轴的设计和转轴的初步估算轴径。

(2) 按弯扭合成强度条件计算，适用于已知轴跨度及受力点的转轴和心轴的轴径校核和设计。

(3) 按疲劳强度条件进行精确校核，适用于重要的轴的校核。

(4) 按静强度条件进行校核，适用于瞬时过载很大或应力循环的不对称较为严重的轴。

4. 平带工作面：与带轮相接触的内表面。

V 带工作面：两侧面。

同样张紧力下，V 带的传动能力大。

图4

原因：由于 V 带的楔形效应，在同样张紧力作用下 V 带工作表面上的正压力 N 为平带正压力的 $\dfrac{1}{2\sin\dfrac{\varphi_0}{2}}$ 倍。若将其效果转化成当量摩擦系数，则 V 带的当量摩擦系数 $f' = \dfrac{f}{2\sin\dfrac{\varphi_0}{2}}$。式中，$f$ 为带和带轮材料间的摩擦系数，φ_0 为带轮的轮槽角。所以同样张紧力下，V 带的传动能力更大。

5. 链传动的布置是否合理，对传动的质量和使用寿命有较大的影响。不布置时链传动的两轴应平行，两链轮应处于同一平面内，一般宜采用水平或接近水平布置，并使松边在下。

链传动中的动载荷主要与链节距、链轮齿数和链轮转速有关。

高速重载时选小节距多排链的链条。

6. 闭式硬齿面齿轮传动的主要失效形式是：轮齿齿根疲劳折断

计算准则：按齿根弯曲疲劳强度设计，然后校核齿面接触疲劳强度；或同时按齿面接触疲劳强度和齿根弯曲疲劳强度设计，然后取设计参数的较大值。

配对钢制软齿面齿轮设计时小齿轮齿面硬度大于大齿轮齿面硬度 30～50 HBS

原因：(1) 小齿轮齿根强度较弱。

(2) 小齿轮的应力循环次数较多。

(3) 大、小齿轮有较大的硬度差时，工作中较硬的小齿轮会对较软的大齿轮齿面产生冷作硬化的作用，可提高大齿轮的接触疲劳强度。

7. 由于蜗杆传动的效率低，工作时会产生大量的热。在闭式蜗杆传动中，若散热不良，会因油温不断升高，使润滑失效而导致齿面胶合。所以对闭式蜗杆传动要进行热平衡计算，以保证油温能稳定在规定的范围内。

8. 限制 p 来保证摩擦面之间保留一定的润滑剂，边界膜不至于破坏，避免轴承过度磨损而缩短寿命；

限制 pv 值来防止轴承过热而使边界膜破坏；

对于跨距较大的轴，限制轴径圆周速度值 v，以免因轴的挠曲变形使轴瓦边缘加速磨损而使轴承报废。

9. 铸铁只宜用于轻载低速和不受冲击的场合；

轴承合金适用于高速重载的场合，一般只作轴承衬的材料；

铜合金宜用于中速重载和低速重载的轴承。

10. 联轴器选择原则：

(1) 转矩 T：$T\uparrow$，选刚性联轴器、无弹性元件或有金属弹性元件的挠性联轴器；T 有冲击振动，选有弹性元件的挠性联轴器。

(2) 转速 n：$n\uparrow$，非金属弹性元件的挠性联轴器。

(3) 对中性：对中性好，选刚性联轴器，需补偿时选挠性联轴器。

(4) 装拆：考虑装拆方便，选可直接径向移动的联轴器。

(5) 环境：若在高温下工作，不可选有非金属元件的联轴器。

(6) 成本：同等条件下，尽量选择价格低、维护简单的联轴器。

刚性联轴器分为：

凸缘联轴器 —— 常用于载荷平稳、两轴中间对中性良好的场合。

套筒联轴器 —— 常适用于两轴间对中性良好、工作平稳、传递转矩不大、转速低、径向尺寸受限制的场合。

夹壳联轴器 —— 主要用于低速的场合。

二、分析计算题

1. (1)

(2) $T_1 = \dfrac{60}{2\pi} \times \dfrac{P}{n} = 9\,550 \times \dfrac{6.25}{275} = 217 \text{ N·m} \quad a = \dfrac{m_n(z_1 + z_2)}{2\cos\beta}$

$$\cos\beta = \frac{m_n(z_1+z_2)}{2a} = \frac{5(19+85)}{2\times 265} = 0.9811$$

$$\beta = 11°8'51.7''$$

$$d_1 = mz_1/\cos\beta = 5\times 19/0.9811 = 96.827$$

$$F_{t1} = \frac{2T_1}{d_1} = \frac{2\times 971\times 10^3}{96.827} = 20\,056\text{ N}$$

$$F_{r1} = \frac{F_{t1}}{\cos\beta}\tan\alpha_n = 7\,448.8\text{ N}$$

$$F_{a1} = F_{t1}\tan\beta = 4\,068.8\text{ N}$$

图 5

2.(1) 接合面不产生间隙,即

$$F'' = F' - (1-\frac{C_1}{C_1+C_2})F \geq 0$$

$$F' - (1-\frac{1}{5})\frac{Q}{4} \geq 0$$

解得 $Q \leq 5\quad F' = 30\,000\text{ N}$

即轴承座上能承受的极限载荷 Q 为 30 000 N。

(2) $\dfrac{1.3F_2}{\dfrac{\pi}{4}d_1^2} \leq [\sigma]$ 总拉力 $F_2 = F'' + F$

$$F_2 = 0 + \frac{3\,000}{4} = 7\,500\text{ N}$$

解得

$$d_1 \geq \sqrt{\frac{1.3F_2}{\dfrac{\pi}{4}[\sigma]}} = \sqrt{\frac{4\times 1.3\times 7\,500}{\pi\times 150}} = 9.1\text{ mm}$$

3.

图 6

$$F_{r1} = F_{r2} = F/2 = 3\,000\text{ N}$$

$$S_1 = 0.7\,F_{r1} = 2\,100\text{ N}\quad S_2 = 0.7\,F_{r2} = 2\,100\text{ N}$$

$$S_1 < S_2 + F_A \quad\text{轴承1被压紧}$$

$$F_{a1} = S_2 + F_A = 3\,100\text{ N}\quad F_{a2} = S_2 = 2\,100\text{ N}$$

$$F_{a1}/F_{r1} = 3\,100/3\,000 = 1.03 > e\quad F_{a2}/F_{r2} = 2\,100/3\,000 = 0.7 = e$$

$$P_1 = f_P(XF_{r1} + YF_{a1}) = 0.41\times 3\,000 + 0.87\times 3\,100 = 3\,927\text{ N}$$

$$P_2 = f_P(XF_{r2} + YF_{a2}) = F_{r2} = 3\ 000\ \text{N}$$

(2) $L_{h1} = \dfrac{10^6}{60n}\left(\dfrac{f_tC_r}{P_1}\right)^3 = \dfrac{10^6}{60 \times 1\ 000}\left(\dfrac{1 \times 39\ 200}{3\ 927}\right)^3 = 16\ 578\ \text{h}$

$$L_{h2} = \dfrac{10^6}{60n}\left(\dfrac{f_tC_r}{P_1}\right)^3 = 37\ 183\ \text{h}$$

三、结构设计题

(1) 轴上零件要能装配与拆卸;
(2) 轴上零件的轴向和周向固定和定位可靠,传动零件上的力能传递到机座上;
(3) 各零件与孔轴间有恰当的配合;
(4) 有调整轴承游隙大小和传动零件位置(锥齿轮顶点、蜗轮中间平面)的环节;
(5) 润滑充分密封可靠;
(6) 运动部件不能被干涉;
(7) 若在轴向有多个键,尽量要成一条线布置。

图 7

2010 年硕士研究生入学考试试题 5

一、判断题

1. 机械零件的强度条件公式中,计算载荷一般接近额定载荷。 ( )
2. 当被连接件是锻件或铸件时,应在安装螺栓处加凸台或沉头座,以便容易拧紧。 ( )
3. V 带传动的效率比平带传动的效率高,所以 V 带传动应用更为广泛。 ( )
4. 在套筒滚子链中,当链节距 P 一定时,小链轮齿数 Z_1 愈少,其多边形效应愈严重。 ( )
5. 在中心距不变的情况下,提高一对齿轮接触疲劳强度的有效方法是尽量增大齿数。 ( )

6.蜗杆传动中,蜗轮法面模数和压力角为标准值。 ( )
7.直齿圆锥齿轮的模数是以大端为基础的,所以其强度计算也应以大端为基础。
 ( )
8.有一动压滑动轴承,欲提高其工作转速,应减小润滑油的黏度。 ( )
9.性能表中给出的滚动轴承效率 $\eta = 0.98 \sim 0.99$ 是指一个轴承的效率。 ( )
10.固定式刚性联轴器,适用于两轴对中不好的场合。( )

二、选择题

1.为了减轻摩擦副的表面疲劳磨损,下列措施中_____是不合理的。
　　A.增大润滑油黏度　　　　　　　　B.提高相对滑动速度
　　C.提高表面硬度　　　　　　　　　D.降低表面粗糙度。
2.受横向载荷的螺栓组连接中,当采用普通螺栓时,靠____来衡量横向载荷;用铰制孔螺栓时,靠_____来承受横向载荷。
　　A.螺杆的挤压　　B.螺纹的挤压　　C.贴合面间的摩擦力
3.平键连接平键的工作面是_____;切向键连接切向键的工作面是____。
　　A.上、下面　　B.上面　　C.下面　　D.两侧面
4.带传动中弹性滑动的大小随着有效拉力的增大而_____。随着预拉力的增大而_____。
　　A.增加　　B.减少　　C.不变
5.链传动中限制链轮的最小齿数,其目的是_____;限制链轮的最大齿数,其目的是_____。
　　A.保证链的强度　　　　　　　　B.保证链传动的平稳性
　　C.限制传动比的选择　　　　　　D.防止跳齿
6.一对圆柱齿轮啮合,通常把小齿轮的齿宽做得比大齿轮大一些,其目的是_____:
　　A.为使传动平稳　　　　　　　　B.为了提高传动效率
　　C.为了便于安装,保证接触线长
7.选择蜗杆头数 z_1 时,从提高效率来看宜选择 z_1 _____些;从制造来看,宜选择 z_1 _____些。
　　A.大　　B.小　　C.1、2 或 4　　D.无关
8.滑动轴承的相对间隙 ψ 减小,其承载能力_____,而发热量_____。
　　A.增加　　　　　　　　　　　　B.减小
　　C.不变　　　　　　　　　　　　D.可能增加也可能减小
9.在滚动轴承中,能承受较大的径向和轴向载荷的轴承是_____;适合于作轴向游动的轴承是_____。
　　A.深沟球轴承　　　　　　　　　B.角接触轴承
　　C.圆锥滚子轴承　　　　　　　　D.圆柱滚子轴承
10.为了提高轴的刚度,不宜采用的方法是_____,而对于提高轴的扭转强度效果不大的方法是_____。

A. 增大轴径　　　　B. 缩短跨距　　　　C. 用合金钢代替普通钢。

三、填空题

1. 机械在预期工作期限内由于某些原因不能_____时称为失效。如带传动_____，就是一种无损伤失效。

2. 普通平键的主要失效形式是_____，楔键的主要失效形式是_____。

3. 有一个紧螺栓连接，已知预紧力 $F_0 = 1\,200$ N，轴向工作拉力 $F = 1\,000$ N，螺栓刚度 $C_b = 200$ N/mm，被连接件刚度 $C_m = 800$ N/mm，则螺栓所受的总拉力 $F_2 =$ _____ N，残余预紧力 $F_1 =$ _____ N。

4. 在V带传动设计中，限制带速 $v < 25 \sim 30$ m/s 的目的是_____，限制包角 $\alpha \geq 120°$ 的目的是_____。

5. 链传动的_____传动比不变，_____传动比是变化的。

6. 虽然开式齿轮传动的主要失效形式是_____，但目前尚无成熟可靠的计算方法，故只对其进行_____强度计算。

7. 普通圆柱蜗杆传动的标准模数 m 和标准压力角 α 在_____上，在该平面内，蜗杆传动相当于_____啮合传动。

8. 若将滚动轴承的当量动载荷增加 1 倍，则其寿命变为原来的_____。

9. 在轴的强度计算中，计算弯矩 $M_{ca} = \sqrt{M^2 + (\alpha T)^2}$ 中的折合系数 α 随_____变化的性质而定，当扭转切应力为对称循环变应力时，$\alpha =$ _____。

10. 要使同一轴线上的两轴在主动轴传动时平稳地结合或分离，可采用_____离合器，要使从动轴可以由主动轴带动等速转动，也允许从动轴高于主动轴传动，此时可采用_____离合器连接。

四、综合分析题

1. 图1为一提升机，已知卷筒直径 $D = 200$ mm，$z_1 = 20$，$z_2 = 60$，$z_3 = 1$，$z_4 = 60$，$q = 13$，重物 $G = 20$ kN，蜗杆为右旋，蜗轮直径 $d_1 = 240$ mm，$\alpha = 20°$，结合面当量摩擦系数 $f_v = 0.060$，齿轮传动效率 $\eta_1 = 0.95$，轴承效率 $\eta_2 = 0.98$，滚筒效率 $\eta_3 = 0.95$。试求：

图1

(1) 为使 I 轴上的总轴向力等于 0,试确定齿轮 1、2 的螺旋角 β 的方向与大小。

(2) 在图中标出重物停在空中时蜗杆与蜗轮在节点 C 处受的三对分力的方向。

(3) 当重物匀速上升时,蜗杆传动效率 η_4 为多少?蜗杆传动是否自锁?

(4) 确定当重物匀速上升时电动机的转动方向(在图中标出)和功率 P。

2. 在图 2 所示零件极限应力图上,工作点 C 和 D 为斜齿轮轴上两种应力工作点。试在图中标出对应的极限应力点,并说明分别会出现什么形式的破坏?

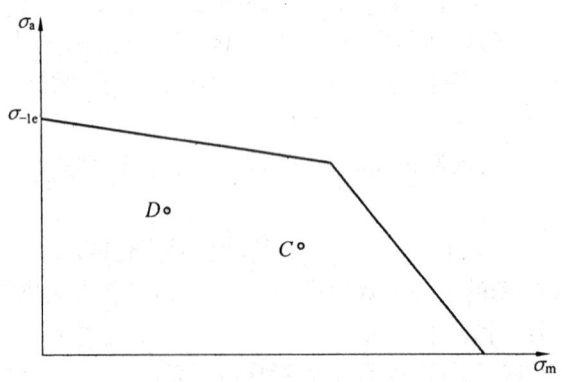

图 2

3. 图 3 所示为斜齿轮、轴、轴承组合结构图。斜齿轮用油润滑,轴承用脂润滑。试改正图中的错误,并画出正确结构图。

图 3

五、综合计算题

1. V 带传动的主动轮 $d_1 = 140$ mm, $\alpha = 170°$, $n_1 = 100$ r/min,从动轮 $d_2 = 300$ mm,采用 V 型带的截面高 $h = 10.5$ mm, $q = 0.17$ kg/m,截面积 $A \approx 140$ mm^2,传递的圆周力 $F_e = 700$ N,紧边拉力 $F_1 = 460$ N,试求:

(1) 若已知带的弹性模量 $E = 150$ N/mm^2,节面位于 $1/2h$ 处,带中各种应力值等于多少?

(2) 画出各应力沿带长的分布图,求最大应力并指明其作用点。

(3) 若滑移率 $\varepsilon = 0.04$,求出从动轮转速 n_2?

2. 已知汽缸内的工作压力 $p = 0.1$ MPa,缸盖与缸

图 4

体均为钢制,直径 $D_1 = 350$ mm、$D_2 = 250$ mm,上、下凸缘厚均为 25 mm,假设不控制预紧力,安全系数取 8.5,螺栓标准长度系列:…55,60,65,70,80,90,100…,要求残余预紧力不小于 1.5 倍工作载荷,假设螺母和垫片厚度分别为 8 mm 和 4 mm。试设计此连接。

性能等级	3.6	4.6	4.8	5.6	5.8	6.8
屈服极限 σ_s/MPa	180	240	320	300	400	480

公称直径 d/mm	16	18	20	24	24	30
螺纹小径 d_1/mm	13.835	15.294	17.294	20.752	400	26.211

	工作压力 /MPa	
	≤ 1.6	> 1.6 ~ 4
螺栓间距 t_0/mm		
	7d	4.5d

4.根据工作条件,决定在某传动轴上安装一对角接触向心球轴承。已知两个轴承的径向载荷分别为 $F_{r1} = 1\,470$ N, $F_{r2} = 2\,650$ N,外加轴向力 $F_{X1} = 1\,470$ N;轴颈直径 $d = 40$ mm,转速 $n = 5\,000$ r/min;常温下运转,载荷中等冲击,$f_P = 1.5$;试选择轴承型号,确定轴承寿命为多少小时(要求额定动载荷大于 39.2 kN)。

轴承类型	判断系数 e	$F_a/F_r > e$		$F_a/F_r \leq e$		内部轴向力计算公式
		X	Y	X	Y	
70000AC($\alpha = 25°$)	0.68	0.41	0.87	1	0	$F_a = 0.68F_r$
70000B($\alpha = 40°$)	1.14	0.35	0.57	1	0	$F_a = 1.14F_r$

图 5

2010 年硕士研究生入学考试试题 5 参考答案

一、判断题

1. × 2. × 3. × 4. √ 5. × 6. × 7. × 8. × 9. × 10. ×

二、选择题

1. B 2. C;A 3. D;A 4. A;C 5. B;D 6. C 7. A;B 8. A;A 9. C;D 10. C;B

三、填空题

1. 正常工作;打滑。

2. 两侧面受挤压被压溃;上下楔紧面被压溃。

3. 1 400;400。

4. 控制带的离心力不过大,保证带传动的有效工作拉力;避免包角太小,接触弧上产生的总摩擦力太小,容易过载打滑。

5. 平均;瞬时。

6. 齿面磨损;齿根弯曲疲劳。

7. 中间平面;齿条与齿轮。

8. $\left(\dfrac{1}{2}\right)^{\varepsilon}$

9. 扭矩;1

10. 摩擦;定向

四、综合分析题

1. (1)、(2) 如图 6 所示。

图 6

(3) $\eta_4 = (0.95 \sim 0.96) \dfrac{\tan \alpha}{\tan(\alpha + \rho')}$

$$f' = 0.060, \rho' = 3°26', q = 13, m = \dfrac{240}{60} = 4, d_1 = q \cdot m = 52 \text{ mm}$$

$$\tan \alpha = \dfrac{z_3}{q} = \dfrac{1}{13}, \alpha = 4°23'55''$$

$$\eta_4 = 0.95 \times \dfrac{\tan 4°23'55''}{\tan 7°49'55''} = \dfrac{0.076\,9 \times 0.95}{0.137} = 0.53$$

由于 $\alpha > \rho'$，所以不自锁。

(4) $P_d = G \cdot v / \eta_1 \cdot \eta_2^3 \cdot \eta_3 \cdot \eta_4 = 20\ \text{kN} \times v / 0.95 \times 0.98^3 \times 0.95 \times 0.53$

2. D 点对应的极限应力点为 n 点，其会出现疲劳破坏，极限应力为 σ_{-1}，C 点对应的极限应力点是 m 点，其会出现塑性破坏，极限应力为 σ_s。它们都是受非对称循环变应力。

3. 如图 7 所示。

图 7

① 端盖无轴，不用密封；② 缺调整垫片；③ 套筒太厚，无法拆轴承；④ 套筒同时顶齿轮与轴肩；⑤ 键槽过长；⑥ 轴肩太高，无法拆轴承；⑦ 轴径小于前端轴径，无法装轴承；⑧ 轴承盖缺间隙和密封；⑨ 联轴器顶住套筒，锥轴配合不可靠；⑩ 联轴器无轴向固定；⑪ 套筒顶在不动的端盖上，无法随轴转。

五、综合计算题

1. (1) 略。

(2) 如图 8 所示。

图 8

(3) $n_2 = n_1 \left(\dfrac{d_2}{d_1} \right) (1 - \varepsilon) = 100(140/300)(1 - 0.04) = 44.8\ \text{r/min}$

2.

(1) 初选螺栓数目 z。

因为螺栓分布圆周直径较大，为保证螺栓间距不致过大，应选用较多的螺栓。

取 $d = 20\ \text{mm}$，查表，$z = \dfrac{\pi D_1}{7d} = 7.85$，取 $z = 8$。

(2) 计算螺栓组轴向工作载荷 F。

① 螺栓组连接最大轴向载荷

$$F_Q = \frac{\pi D_2^2}{4} P = \frac{3.14 \times 250^2}{4} \times 0.1 = 4\,906.25 \text{ N}$$

② 螺栓最大轴向工作载荷

$$F = \frac{F_Q}{z} = 613.28 \text{ N}$$

(3) 计算螺栓总拉力

$$F_0 = F'' + F = 1.5F + F = 2.5 \times 613.28 = 1\,533.2 \text{ N}$$

(4) 取性能等级为 5.6,螺栓长度 $L = 80$ mm, $d = 20$ mm, $d_1 = 17.294$ mm

$$[\sigma] = \frac{\sigma_s}{S} = \frac{300}{8.5} = 35.3 \text{ MPa}$$

$$\sigma = \frac{4 \times 1.3 F_0}{\pi d_1^2} = \frac{4 \times 1.3 \times 1\,533.2}{\pi \times 17.294^2} = 8.49 \text{ MPa}$$

故安全。

3. 考虑轴向载荷较大,选用 70000B 系列轴承。

$$S_1 = 1.14 F_{r1} = 1.14 \times 1\,470 = 1\,675.8 \text{ N}$$

$$S_2 = 1.14 F_{r2} = 1.14 \times 2\,650 = 3\,021 \text{ N}$$

$$S_2 + F_{X1} = 3\,021 + 1\,470 = 4\,490 \text{ N} > S_1$$

1 轴承受压 $F_{a1} = S_2 + F_{X1} = 4\,490$ N, $F_{a2} = S_2 = 3\,021$ N

1 轴承 $F_{a1}/F_{r1} = 4\,490/1\,470 = 3.04 > e = 1.14, X = 0.35, Y = 0.57$

2 轴承 $F_{a2}/F_{r2} = 3\,021/2\,650 = 1.14 = e, X = 1, Y = 0$

$$P_1 = XF_{r1} + YF_{a1} = 0.35 \times 1\,470 + 0.57 \times 4\,490 = 3\,073.8 \text{ N}$$

$$P_2 = XF_{r2} + YF_{a2} = 1 \times 2\,650 = 2\,650 \text{ N, 1 轴承危险,按 1 轴承计算}$$

选 7308B 轴承, $C_r = 46.2$ kN, $C_0 = 30.5$ kN, $n_{\lim} = 6\,300$ r/min

$$L_h = \frac{10^6}{60n} \left(\frac{f_r}{f_p} \cdot \frac{C}{P}\right)^\varepsilon = \frac{10^6}{60 \times 5\,000} \left(\frac{1}{1.5} \cdot \frac{46.2}{3.037\,8}\right)^3 = 3\,474.2 \text{ h}$$

2011 年硕士研究生入学考试试题 1

一、选择填空题(单选题,选择你认为最佳的答案,每小题 2 分,共 30 分)

1. 高碳钢的可焊性比低碳钢_____。
   A. 好   B. 差   C. 相同

2. 外形复杂、尺寸较大、生产批量大的机件适于采用_____毛坯。
   A. 铸造   B. 锻造   C. 焊接   D. 数控加工

3. 螺纹的公称直径是指螺纹的_____。
   A. 大径 d B. 小径 d_1 C. 中径 d_2 D. 危险截面直径 d_c

4. 在只受预紧力的普通紧螺栓连接中,螺栓危险截面的应力状态为_____。
   A. 纯扭剪   B. 简单拉伸   C. 弯扭组合   D. 拉扭组合

5. 当摩擦系数与初拉力一定时,带传动在打滑前所能传递的最大有效拉力随

_____的增大而增大。
   A.小带轮上的包角　B.大带轮上的包角　C.带轮转速　　　D.带的线速度
6.V带传动设计计算若出现带的根数过多，宜采取_____予以改善。
   A.减少传递的功率　B.增大小轮直径　　C.减小小轮直径　D.减低转速
7.限制链轮最大齿数的目的是_____。
   A.降低运动不均匀性　B.限制传动比　　C.防止脱链　　D.限制传动比
8.正变位齿轮的分度圆齿厚_____标准齿轮的分度圆齿厚。
   A.小于　　　　　B.等于　　　　　C.大于　　　　　D.1.25倍
9.蜗杆头数为 z_1，模数为 m，分度圆直径为 d_1，则蜗杆直径系数 $q =$ _____。
   A.$d_1 m$　　　　B.$d_1 z_1$　　　　C.d_1/m　　　　D.d_1/z_1
10.对心曲柄滑块机构的行程速比系数一定_____。
   A.大于1　　　　B.小于1　　　　C.等于1　　　　D.小于0.5
11.单销槽轮机构槽轮的槽数需_____。
   A.等于1　　　　B.等于2　　　　C.大于或等于3　　D.大于或等于4
12.单向转动的轴，受不变的径向载荷，其所受弯曲应力的性质为_____。
   A.静应力　　　B.脉动循环应力　　C.对称循环应力　D.极限应力
13.在下列滑动轴承材料中，_____通常只用作双金属轴瓦的表层材料。
   A.铸铁　　　　B.铸造锡青铜　　　C.铝青铜　　　　D.轴承合金
14.滑动轴承轴瓦上的油沟不应开在_____。
   A.油膜承载区内　B.油膜非承载区内　C.轴瓦剖分面上
15.回转件动平衡必须在_____校正平面施加平衡质量。
   A.一个　　　　B.两个　　　　C.一个或两个

二、是非题(每小题2分，共30分，是为T，非为F)

1.构件是机械中独立制造单元。
2.刚度是指机件受载时抵抗塑性变形的能力。
3.受轴向工作载荷的紧螺栓连接残余预紧力必须大于零。
4.由于带工作时存在弹性滑动，从动带轮的实际圆周速度小于主动带轮的圆周速度。
5.链传动为啮合传动，和齿轮传动一样，理论上瞬时角速度之比为常数。
6.为保证齿轮传动瞬时角速度比 ω_1 和 ω 恒定，齿廓曲线必须采用渐开线。
7.闭式软齿面齿轮传动应以弯曲强度进行设计，以接触强度进行校核。
8.滑动轴承工作面是滑动摩擦，因此与滚动轴承相比，滑动轴承只能用于低速运转。
9.滚动轴承中保持架的作用是保持滚动体不在离心力作用下从侧面飞出去。
10.代号相同的滚动轴承，在相同的使用条件下，其寿命相同。
11.圆柱螺旋弹簧的弹簧指数(旋绕比)为弹簧中径与簧丝直径的比值。
12.水平放置的链传动其紧边应设置在上边。
13.微动装置的差动螺纹是由螺纹旋向相同、导程相差很大的两段螺纹组成。
14.为提高螺栓连接疲劳强度，可采取增大螺栓和被连接件刚度的方法。

15. 两轴线空间交错成 90°的蜗杆传动中,蜗杆和蜗轮螺旋方向应相同。

三、简答题(36分)

1.(12分)简述齿轮的主要失效形式及设计准则(注:设计准则可不列出具体的公式)。

2.(12分)简述实现机械零件静连接(提示:包括可拆连接和非可拆连接)的各种方法,并举例说明其应用。

3.(12分)简述滚动轴承的主要类型、特性及应用。

四、计算与分析题(共计18分)

1.(6分)计算图1所示机构的自由度。

2.(12分)如图2所示为指南车的工作原理图,其工作要求是:当两车轮均与水平地面作纯滚动时,不论车身在水平面内如何转弯,安装于其上的轴线垂直的指针在水平面内所指的方向始终不变。已知所有齿轮齿数相同,车轮外径与两轮间距分别为 D 和 L,设车身拐弯时转动的角速度 ω,速度瞬心点距内外侧车轮的距离分别为 R 和 $R+L$,试求:

(1) 计算内外两轮相对于车身的速度 ω_1 与 ω_2。

(2) 证明此指南车正确工作的条件为: $D = L$。

图1 机构自由度计算

图2 指南车轮系

五、分析与设计题(共计24分)

1.(12分)在图3所示铰链四杆机构中,已知 $a = 100$ mm, $b = 300$ mm, $c = 200$ mm,其中 a 为最短杆,试分析回答:

(1) 若此机构为曲柄摇杆机构,试求最长杆 d 的取值范围。

(2) 以 a 为原动件,当取 $d = 350$ mm 时,用作图法求该机构的最小传动角。

2.(12) 一对心直动滚子从动件凸轮(图4),已知凸轮 $R = 40$ mm,偏心距 $OA = 25$ mm,滚子半径 $r_1 = 10$ mm,试求:

(1) 画出理论廓线。

(2) 凸轮的基圆半径 r_0。

(3) 作图标出从动件的行程 S。
(4) 若该凸轮廓线在工作中均匀磨损了 0.5 mm，采用何措施可使从动件的运动规律不变。

图 3　铰链四杆机构　　　　图 4　对心直动滚子凸轮

六、结构设计题(12 分)

图 5 为一蜗杆轴、轴承组合设计，采用了一端固定、一端游动的方案，设计中存在多处错误和不合理结构，请在答题纸上指出该轴系的错误结构。（注：蜗杆用油润滑、轴承用脂润滑）。

图 5　蜗杆轴、轴承组合设计

2011 年硕士研究生入学考试试题 1 参考答案

一、选择填空题

1.B　2.A　3.A　4.D　5.A　6.B　7.C　9.C　12.C　13.D　14.A

二、是非题

2.F 3.T 4.T 5.F 6.F 7.F 8.F 9.F 10.F 11.T 12.T 13.F 14.F 15.T

三、简答题

1.① 齿轮传动主要失效形式有轮齿的折断、齿面疲劳点蚀、齿面磨损、齿面胶合、轮齿塑性变形。

② 对于轮齿面闭式齿轮传动,常因齿面点蚀而失效,故通常先按齿面接触疲劳强度进行设计,然后校核齿根弯曲疲劳强度。

对于硬齿面闭式齿轮传动,其齿面接触承载能力较高,故通常先按齿根弯曲疲劳强度进行设计,然后校核齿面接触疲劳强度。

对于高速重载齿轮,可能出现齿面胶合,故还需校核齿面胶合强度。

对于开式齿轮传动,其主要失效形式是齿面磨损,而且在轮齿磨薄后往往会发生轮齿折断,目前常按照齿根弯曲疲劳强度进行设计,并考虑磨损后的影响将模数适当增大。

2.可拆连接包括键连接、销连接、过盈连接和螺纹连接等;不可拆连接包括铆接、焊接、粘接等。

主要应用如下:

键连接:应用极其广泛,例如减速器齿轮和轴的连接。

销连接:较常见的一种连接方式,例如减速器上下箱体间的定位销。

过盈连接:例如轴承和轴的连接,是过盈配合的过盈连接。

螺纹连接:是应用最普遍的连接方式,例如减速器上下箱体的连接。

铆接:通过铆钉将两片或两片以上的工件连接起来,例如三环锁上的铭牌。

焊接:应用及其普遍,例如汽车车身的焊接。

粘接:例如螺栓连接的粘接防松。

(每种类型写出任意三种,并举例说明即可给满分)

3.滚动轴承类型繁多,国标中按照轴承所受载荷的方向及结构的不同进行分类。其主要类型、特性及应用如下:

调心球轴承:主要承受径向载荷,同时也能承受少量的轴向载荷;应用于受力不大,且允许有少量偏角的场合。

调心滚子轴承:能承受很大的径向载荷和少量轴向载荷,承载能力较大;适用于要求调心功能的场合。

推力调心滚子轴承:能承受很大的轴向载荷和不在的径向载荷;应用于承受较大的轴向载荷并要求调心的场合。

圆锥滚子轴承:线接触,能承受较大的径向、轴向联合载荷;通常,配对使用于承载较大的场合。

推力球轴承:只能承受轴向载荷,而且载荷作用线必须和轴线相重合,不允许有角偏差;适用于轴向载荷大、转速不高的场合。

深沟球轴承：主要承受径向载荷，同时也承受一定量的轴向载荷；主要适用于转速很高而且轴向载荷不太大时。

角接触球轴承：能同时承受径向、轴向联合载荷，公称接触角越大，轴向承载能力也越大。

圆柱滚子轴承：能承受较大的径向载荷，不能承受轴向载荷。

滚针轴承：只能承受径向载荷，承载能力大，径向尺寸很小，一般无保持架，因而滚针间有摩擦，轴承极限转速低。

（写出任意6种类型，并举例说明即可给满分）

六、结构设计题

正确结构设计如图6所示。

图6

①该轴段过长，应加弹性挡圈，固定轴承内环；②应加挡油板；③套杯有钩头，固定外环；④圆螺母应有止退垫片，应顶住轴承内环，轴上有槽；⑤应加密封圈，该处轴承盖与轴之间应有间隙；⑥应加调整垫片；⑦端盖应固定轴承外环；⑧该段轴应有阶梯，便于轴承装拆；⑨应有固定轴承外环的钩头或卡圈。

2011年硕士研究生入学考试试题2

一、选择题（每题2分，共20分）

1.一蜗杆传动，已知模数 $m=4$ mm，蜗杆齿数 $z_1=1$，蜗轮齿数 $z_2=50$，特性系数 $q=10$，则该传动中心距 a 等于 _____ mm。
  A.124　　　　　B.125　　　　　C.120　　　　　D.130　　E.140

2.某45钢轴的刚度不足，可采取 _____ 措施来提高其刚度。
  A.改用40Cr钢　　B.淬火处理　　C.增大轴径　　D.增大圆角半径

3.在各种基本类型的向心滚动轴承中 _____ 不能承受轴向载荷。
  A.调心球轴承　　B.圆柱滚子轴承　　C.调心滚子轴承　　D.深沟球轴承

4.在闭式软齿面齿轮传动中（无冲击载荷），按 _____ 设计，按 _____ 校核。
  A.齿根弯曲疲劳强度　　　　　B.齿根弯曲静强度

C.齿面接触疲劳强度　　　　　　　D.齿面接触静强度

5.下列滚动轴承密封装置中_____属于接触式密封。
　　A.毡圈密封　　B.甩油环　　C.迷宫式密封　　D.缝隙密封

6.两带轮直径一定时,减小中心距将引起_____。
　　A.带的弹性滑动加剧　　　　　　B.带传动效率降低
　　C.带工作噪声增大　　　　　　　D.小带轮上的包角减小

7.标注螺纹时_____。
　　A.右旋螺纹不必注明　　　　　　B.左旋螺纹不必注明
　　C.左、右旋螺纹都必须注明　　　D.左、右旋螺纹都不必注明

8.一对人字齿轮传动,大齿轮轴采用_____,小齿轮轴系采用_____。
　　A.两端游动安装方式　　　　　　B.两端固定安装方式
　　C.一端固定、一端游动　　　　　D.两端均双向固定

9.链传动中,限制链轮最少齿数的目的是为了_____。
　　A.减少传动的运动不均匀性和动载荷　　B.防止链节磨损后脱链
　　C.使小链轮轮齿受力均匀　　　　　　　D.防止润滑不良时轮齿加速磨损

10.一齿轮传动装置如图1所示,轮2主动,轮1与轮3从动,则轮2的齿面接触应力按_____而变化,齿根弯曲应力按_____而变化。
　　A.对称循环　　B.脉动循环　　C.不对称循环　　D.以上三种都不对

图1

二、填空题(每空1分,共23分)

1.角接触球轴承7210C的基本额定动载荷 $C_1 = 23.9$ kN,表示该轴承在23.9 kN的载荷下寿命为_____时,可靠度为_____。

2.径向滑动轴承的偏心距 e 随着载荷增大而_____,随着转速增高而_____。

3.在闭式软齿面齿轮传动中,当齿面产生疲劳点蚀时,通常首先发生在_____,其原因是该处:_____;_____;_____。

4.设计闭式软齿面齿轮传动时,齿数的选择原则是_____。

5.带传动设计时限制小带轮的直径不能太小是因为_____,V带的截面尺寸越大,则带轮的最小直径应越_____。

6.决定套筒滚子链传动承载能力的主要参数是_____;链传动的运动特性是指_____和_____。

7.键的剖面尺寸是由_____确定的,而键长是由_____确定的;

8. 在螺纹连接中,当两个被连接件之一太厚,不宜制成通孔采用普通螺栓连接时,往往可采用_____连接或_____连接。

9. 按国家标准GB/292-93规定,代号为7210C的滚动轴承类型为_____轴承,其内径为_____mm,C代表_____,其精度为_____级。

10. 紧螺栓连接按拉伸强度计算时,考虑到拉伸应力和扭转切应力复合作用,应将拉伸载荷增大至_____倍。

三、是非题(用"√"表示正确,"×"表示错误,填在题末的括号中)。(每小题2分,共20分)

1. 受静载荷作用的零件只能产生静应力,受变载荷作用的零件才能产生变应力。( )

2. 受交变横向载荷作用的普通螺栓连接,在正常工作时螺栓所受到的拉力不变。( )

3. 为了使V带的工作侧面能与V带轮轮槽的工作侧面紧紧贴合,因为V带的剖面楔角为40°,因而V带轮轮槽角也相应为40°。( )

4. 为了避免带打滑,可将带轮上与带接触的表面加工得粗糙些,以增大摩擦。( )

5. 对轮齿沿齿宽作适当的修形(鼓形齿),可以大大改善载荷沿接触线分布不均匀的现象。( )

6. 齿轮强度计算中,动载系数 K_v 是考虑工作机和原动机振动而引起的附加动载荷对齿轮强度的影响系数。( )

7. 直齿圆锥齿轮的强度计算中,通常近似地以大端分度圆处的当量圆柱齿轮代替圆锥齿轮进行强度计算。( )

8. 与齿轮传动的变位方法相类似,不仅可以对蜗杆进行变位加工,而且也可以对蜗轮进行变位加工。( )

9. 合金钢与碳素钢相比有较高的强度和较好的热处理能力,因此用合金钢制造的零件,不但可以减小尺寸,而且还可以减小断面变化处过度圆角半径和降低表面粗糙度的要求。( )

10. 调心球轴承适用于多支点轴、变曲刚度小的轴以及难于精确对中的支承。( )

四、分析题(共32分)

1.(5分) 图2为二级减速器中齿轮的两种不同布置方案,试问哪种方案为合理?为什么?

图2

2.(5分)图3为一液体润滑滑动轴承,请分析并在图中标明:(1)轴的旋转方向转向;(2)偏心距 e;(3)最小油膜厚度 $h_{\min}$;(4)油膜压力分布。

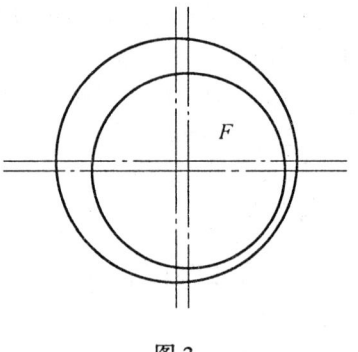

图3

3.(6分)对于一台用于长期运输的带式运输机的传动装置,试从结构、效率等方面分析下述方案(1)、(2)的特点:

(1)电动机 — 蜗杆传动 — 齿轮传动 — 工作机
(2)电动机 — 齿轮传动 — 蜗杆传动 — 工作机。

4.(6分)拧紧螺纹连接为什么要考虑防松?防松方法分为哪几种?

5.图4为一直齿圆锥齿轮 — 斜齿圆柱齿轮 — 蜗杆蜗轮三级传动。已知圆锥齿轮1为主动件,转向如图所示。试在图中标出:

(1)(2分) 各轮的转向;

(2)(4分) 欲使轴Ⅱ、轴Ⅲ上轴承所受的轴向力为最小时,斜齿圆柱齿轮和蜗杆蜗轮的旋向(要求画出并用文字标出它们的旋向);

(3)(4分) 各轮在啮合点处的诸分力(F_t、F_r、F_a)的方向。

图4

五、计算题(共 40 分)

1.(20分)图5为一铸铁支架固定在水泥地基上,受静载荷 $F = 5\,000$ N,水泥地基的许用挤压应力如 $[\sigma]_p = 1 \sim 1.2$ MPa,支架与地基间的摩擦系数 $\mu_s = 0.4$,设螺栓材料为35钢,许用应力 $[\sigma] = 81$ MPa,因是刚性连接,可取相对刚度系数 $\dfrac{C_1}{C_1 + C_2} = 0.3$,可靠性

系数取 $k_f = 1.3$,其尺寸如图所示,试计算此普通螺栓组连接螺栓直径,不需校核挤压强度。

普通螺纹基本尺寸(GB 196—81)	
d	d_1
12	10.106
14	11.835
16	13.835
13	15.296
20	17.294
24	20.752

图 5

2.(20分)一工程机械传动装置中的锥齿轮轴,采用一对30207圆锥滚子轴承(基本额定动载荷 $C_r = 54.2$ kN,基本额定静载荷 $C_{r0} = 63.5$ kN)支承,背靠背的反装(如图6所示)。已知作用于锥齿轮上的径向力 $F_R = 5\ 000$ N,轴向力 $F_A = 1\ 000$ N,其方向和作用位置如图6所示。轴的转速 $n = 1\ 450$ r/min,运转中受轻微冲击($f_P = 1.2$),常温下工作($f_t = 1$),试求:

(1) 轴承所受的径向载荷 F_{r1}、F_{r2};

(2) 轴承1、2附加轴向力 F_{S1}、F_{S2},并在图中画出其方向。

(3) 轴承所受的轴向载荷 F_{a1}、F_{a2};

(4) 轴承所受的当量动载荷 P_1、P_2。
(5) 轴承的额定寿命 L_{h1}、L_{h2}。

30207E 轴承当量动载荷的 X、Y 值（GB/T 297—94）				
$P_2/P_r \leq e$		$P_2/P_r > e$		0
$X = 1$	$Y = 0$	$X = 0.4$	$Y = 1.6$	0.37
轴承附加轴向力，$F_S = F_r/(2Y)$				

图 6

六、设计题(15 分)

试根据图 7 所示轴系部件简图，设计其装配结构图，要求考虑：
(1) 斜齿轮在轴上的定位和固定；
(2) 半联轴器在轴上的定位和固定；
(3) 轴承采用一对角接触球轴承、正装、轴系支承采用两端固定的方式。
(4) 轴承的轴向间隙可调整；
(5) 轴伸出端需要密封。

图 7

2011年硕士研究生入学考试试题2参考答案

一、选择题

1.C 2.C 3.B 4.C、A 5.A 6.D 7.A 8.B、A 9.A 10.B、B

二、填空题

1. 10^6 90%
2. 增大   减小
3. 齿面节线附近的齿根部分   齿啮合对数少；不易形成油膜；挤压使裂缝中的油挤入使裂缝扩展
4. 满足齿根弯曲疲劳强度的条件下尽可能多
5. 防止带绕过小轮时弯曲应力过大
6. 链节距   运动不均匀性   有动载荷
7. 轴径   轮毂长度
8. 螺钉   双头螺柱
9. 角接触球   50   公称接触角 $\alpha = 15°$ P0
10. 1.3

三、是非题

1.× 2.√ 3.× 4.× 5.√ 6.× 7.× 8.× 9.× 10.√

四、分析题

1. b方案合理   将齿轮布置在远离转矩输入端的位置，利用轴的弯曲和扭转变形的综合作用，使载荷分布不均匀状况得到改善。

2. 如图8所示。

图8

3. 蜗杆传动齿面相对滑动速度大,用于高速传动容易形成油膜,效率较用于低速传动时要高。而齿轮传动用于高速传动而精度不高时噪声较大。齿轮传动承载能力大,低速传动在传动比不大时,结构比较紧凑。所以,一般情况下方案2更好。

4. 在震动、冲击等情况下,螺纹副中的正压力和随着产生的摩擦力有可能在某一瞬间消失、产生相对滑动,多次重复可能使连接松脱。防松方法有摩擦防松、机械防松和永久性防松三大类。

5. 如图9所示。

图9

五、计算题

1. 横向载荷 $R = F\cos 30° = 5\,000 \times \cos 30° = 4\,330 \text{ N}$

   轴向载荷 $Q = F\sin 30° = 5\,000 \times \sin 30° = 2\,500 \text{ N}$

   倾覆力矩 $M = R \cdot L = 4\,330 \times 350 = 1\,515\,500 \text{ N·mm}$

$$F_1 = \frac{Q}{Z} = \frac{2\,500}{4} = 625 \text{ N}$$

$$F_2 = \frac{Ml}{4l^2} = \frac{1\,515\,500 \times 250}{4 \times 250^2} = 1\,515.5 \text{ N}$$

左边螺栓轴向拉力

$$F = F_1 + F_2 = 2\,140.5 \text{ N}$$

不滑动条件为

$$f(2F' - \frac{C_m}{C_B + C_m}Q) \geq k_f \cdot R$$

$$F' = 3\,955.6 \text{ N}$$

校核是否会出现间隙

$$\sigma_{pF'} = \frac{4F'}{A} = \frac{4 \times 3\,955.6}{580 \times 180} = 0.152 \text{ MPa}$$

$$\sigma_{pQ} = \frac{\dfrac{C_m}{C_B + C_m}Q}{A} = \frac{0.7 \times 2\,500}{580 \times 180} = 0.017 \text{ MPa}$$

$$\sigma_{pM} = \frac{M}{W} = \frac{15\,155\,00}{\dfrac{180 \times 580^2}{6}} = 0.15 \text{ MPa}$$

$$\sigma_{pmin} = \sigma_{pF'} - \sigma_{pQ} - \sigma_{pM} = -0.015 < 0 \text{ 会出现间隙增大 } F$$

$$F' = \frac{(0.15 + 0.017) \times 580 \times 180}{4} = 4\,358.7 \text{ N}$$

总拉力

$$F_0 = F' + \frac{C_B}{C_B + C_m}F = 4\,358.7 + 0.3 \times 2\,140.5 = 5\,000 \text{ N}$$

$$d_1 = \sqrt{\frac{4 \times 1.3F}{\pi[\sigma]}} = \sqrt{\frac{4 \times 1.3 \times 5\,000}{3.14 \times 81}} = 10.1 \text{ mm}$$

选公称直径为 12 的螺栓。

2. 如图 10 所示。

图 10

(1) $\quad F_{r1} \cdot L_1 = F_r \cdot (L_1 + L_2) - F_A \cdot \dfrac{d}{2} \quad F_{r1} = 6\,000 \text{ N}$ 向上

$\qquad F_{r1} + F_{r2} = F_R \quad F_{r2} = 1\,000 \text{ N}$ 向下

(2) $\quad F_{S1} = \dfrac{F_{r1}}{2Y} = \dfrac{6\,000}{2 \times 1.6} = 1\,875 \text{ N}$

$\qquad F_{S2} = \dfrac{F_{r2}}{2Y} = \dfrac{1\,000}{2 \times 1.6} = 312.5 \text{ N}$

(3) 因为 $F_A + F_{S1} > F_{S2}$,所以

$\qquad F_{A2} = F_A + F_{S1} = 2\,875 \text{ N}$

$\qquad F_{A1} = F_{S1} = 1\,875 \text{ N}$

(4) $\quad F_{a1}/F_{r1} = 0.312\,5 < e \quad X = 1, Y = 0, P_1 = 7\,200 \text{ N}$

$\qquad F_{a2}/F_{r2} = 2.875 > e \quad X = 0.4 \quad Y = 1.6 \quad P_2 = 6\,000 \text{ N}$

(5)
$$L_{h1} = \frac{10^6}{60n}\left(\frac{f_t \cdot C}{f_P \cdot P_1}\right)^\varepsilon = \frac{10^6}{60 \times 1450}\left(\frac{1 \times 54.2}{1.2 \times 6.25}\right)^{10/3} = 5\,233 \text{ h}$$

$$L_{h2} = \frac{10^6}{60n}\left(\frac{f_t \cdot C}{f_P \cdot P_2}\right)^\varepsilon = \frac{10^6}{60 \times 1450}\left(\frac{1 \times 54.2}{1.2 \times 6}\right)^{10/3} = 9\,609.5 \text{ h}$$

六、设计题

如图 11 所示。

图 11

2011 年硕士研究生入学考试试题 3

一、填空题(每空 1 分,共 22 分)

1. 在国家标准 GB/T 272—1993 中,滚动轴承是按轴承所受的载荷的_____及_____的不同进行分类的。

2. 在国家标准 GB/T 11544—1997 规定,按_____的不同,我国的普通 V 带分为 Y、Z、A、B、C、D、E 七种型号。

3. 在铰制孔螺栓连接中,螺栓杆部与螺栓孔之间一般都采用基_____制_____配合,这是因为需要精制的孔是由标准的铰刀铰孔而成,故而称其为铰制孔螺栓连接。

4. 受横向工作载荷的紧螺栓连接强度条件式 $\sigma_e = 4 \times 1.3 F'/(\pi d_1^2) \leq [\sigma]$ 中的 1.3 只适用于_____螺纹,对于_____螺纹,此值应为 1.2,对于_____螺纹,此值应为 1.25。

5. 对于受变载荷的螺栓连接,对其疲劳破坏主要作用的是_____。

6. B 型平键安装于_____状铣刀铣出的键槽中,常需要_____紧固。轮毂上的键槽可用_____方式加工。

7. 平带传动、V 带传动的设计准则是在_____的条件下,具有一定的疲劳强度和寿命。

8. 斜齿圆柱齿轮传动和齿根弯曲疲劳强度计算中,引入的螺旋角系数 Y_β 是一个数值_____于或等于 1.0 的系数。

9. 为便于分析、加工和测量,规定直齿锥齿轮的齿廓参数以_____端参数为标准。

10. 当齿轮传动精度要求不高(7 级以下)、齿根圆直径小于或等于齿轮轴轮齿两侧轴段直径时,只能采用_____加工齿轮轴的轮齿。

11. 闭式蜗杆传动的主要失效形式有齿面胶合、齿面点蚀、齿面磨损和齿根疲劳折断,且失效通常发生在_____的齿面上,原因是_____。

12. 蜗轮齿面接触疲劳强度计算中,在计算综合曲率半径 ρ_Σ 时,蜗杆齿节点 C 处的法截面曲率半径 ρ_1 应等于_____。

13. 蜗杆轴的强度与刚度计算中,通常把蜗杆螺旋线部分看作是以_____直径的轴段,得到经过简化后的普通阶梯轴后进行强度与刚度计算。

14. 滑动螺旋传动中,螺纹牙的剪切和弯曲破坏通常多发生在_____上。

15. 基本额定动负荷的定义中,滚动轴承基本额定寿命按转数计应为_____转。

二、简答题(每小题 4 分,共 20 分)

1. 简要说明材料硬度高低、表面粗糙度值大小、油黏度大小等因素对疲劳磨损的影响。

2. 转轴的设计主要解决的问题和内容有哪些?

3. 普通 V 带两侧面间的夹角为 40°,而国家标准规定普通 V 带轮轮槽角为 32°、34°、36°、38°,请解释规定轮槽角小于 40° 的理由。

4. 如图 1 所示,已知图(a)、(b) 均能形成流体动压润滑。图(a) 为流体动压形成原理图,图(b) 为动压径向滑动轴承示意图。要求:(1) 请在图(a) 上的 $A—A'$、$B—B'$、$C—C'$ 截面处分别画出层流流体流速 u 沿 y 方向变化曲线,并在 M 板上画出油膜压力分布曲线;(2) 请在图(b) 的轴瓦圆周上画出轴颈反受流体动压力的分布曲线。(注意:要求在答题纸上画出(a)、(b) 两图并答题)

图 1

5. 分别结合轴承工作时:(1) 转动;(2) 不转动、低速或摆动;(3) 高速转动等不同工况,说明滚动轴承的主要失效形式是什么?针对各种失效形式应进行何种计算?

三、计算题(10 分)

计算如图 2 所示的平面机构自由度,如存在复合铰链、局部自由度及虚约束,请指出。

四、计算题(15分)

如图 3 所示为龙门刨床工作台的变向机构。J、K 皆为电磁制动器,它们可分别刹住构件 H_1 和构件 3。设已知齿轮 1、2、3、3′、4、5 的齿数分别为 z_1、z_2、z_3、$z_{3'}$、z_4、z_5。要求:

(1) 求当分别刹住 H_1 和构件 3 时的传动比 i_{1H2};

(2) 根据(1)的传动比结果分析得出刹住 H_1 和刹住构件 3 时该机构分别处于何种行程状态?

五、计算题(10分)

在图 4 所示的正弦机构中,设已知曲柄 1 的长度为 l_1,曲柄 1 绕轴 A 的转动惯量为 J_1,滑块 2 和滑块 3 的质量分别为 m_2 和 m_3,设取曲柄为等效构件,要求:

(1) 试求机构的等效转动惯量 J;

(2) 又已知作用在滑块 3 上的阻力 $P_3 = Av_{c3}$(A 为一常数,单位为$(N·s)/m$),试求阻力 P_3 的等效阻力力矩 M_r。

图 2

图 3　　　　　　　　　　图 4

六、计算题(15分)

如图 5 所示六杆机构,已知 AB 为曲柄,且为原动件,摇杆 DC 的行程速比系数 $K = 1$,滑块行程 $F_1F_2 = 300$ mm,$e = 100$ mm,$x = 400$ mm,摇杆的极限位置为 DE_1 和 DE_2,$\varphi_1 = 45°$,$\varphi_2 = 90°$,$l_{EC} = l_{CD}$,且 A、D 在平行于滑道的一条水平线上,试求出该机构各杆的尺寸。

七、计算题(10分)

如图 6 所示的鼓轮因有重块 A 和 B 的关系而失去平衡。已知质量 $G_A = 4.5$ kg 和 $G_B = 2.25$ kg,其位置如图所示。今在其左端面 T' 圆周上及中间平面 T'' 的圆周表面上各加一平衡质量,使其达到完全动平衡,求该两平衡质量 G' 和 G'' 的大小和方位。

图 5

图 6

八、计算题(10 分)

在图 7 所示的偏心夹具中,已知偏心圆盘 1 的半径 $r_1 = 60$ mm,轴颈 O 的半径 $r_0 = 15$ mm,偏心距 $e = 40$ mm,轴颈的当量摩擦系数 $f_0 = 0.2$,偏心圆盘 1 与工件 2 之间的摩擦系数 $f = 0.14$,求不加 P 仍能夹紧工件时的楔紧角 α。

图 7

九、分析计算题(15 分)

有一蜗杆传动与螺旋传动联用的重物升降系统,如图 8 所示,蜗杆带动蜗轮转动,蜗轮轮毂的中部有螺纹孔(即蜗轮轮毂兼作螺母),蜗轮转动时,螺杆上下移动。蜗杆、螺杆均为右旋。已知重物上升时,螺杆的传动效率 $\eta_0 = 0.35$,蜗杆传动效率 $\eta = 0.66$。蜗杆头数 $z_1 = 1$,蜗轮齿数 $z_2 = 39$,螺旋传动的螺距 $P = 6$ mm,单线,起重量 $F_Q = 140$ kN。试分析、计算确定:

图 8

(1) 给出重物上升时蜗杆的转向、蜗杆所受圆周力、轴向力方向;

(2) 蜗杆按照使重物上升的转向转动了 1 625 圈,重物上升了多少 mm?

(3) 推动重物匀速上升时,蜗杆应传递的扭矩为多少 N·mm?(螺杆自重相对重物很小,忽略不计)

(4) 重物上升和下降时,蜗杆传动的效率是否相同,螺旋传动效率是否相同?并给出理由。

十、计算题(5 分)

现有一级标准直齿圆柱齿轮传动减速器一台,输入轴与小齿轮采用普通平键连接,轴与小齿轮轮毂配合段轴颈直径 $d = 40$ mm,该轴段长度 $l = 58$ mm,键槽长 $L = 50$ mm,小齿轮轮毂键槽深 $t_1 = 3.3$ mm。为得到比现有减速器更大的减速比,现在需要重新设计、更换齿轮。已知重新设计得到的齿轮模数 $m = 3.0$ mm,小齿轮齿顶圆直径 $d_{a1} = 69$ mm,齿根圆直径 $d_{f1} = 55.5$ mm,齿宽 $b_1 = 60$ mm,如果采用该小齿轮,试根据上述数据进行分析和计算得出该减速器的输入轴是否具有可以继续使用的可能性?

十一、结构设计题(18 分)

1.(6 分) 图 9(a)、(b) 为分别用两种螺栓连接形式将凸缘联轴器的两个半联轴器与两根轴的圆柱形轴端连接起来的部分结构,请将未画出的其余部分补全,成为完整的结构。

2.(4 分) 正确画出模锻轮坯、腹板式对称结构的大齿轮在转轴的圆柱形轴端实现轴向固定与周向固定的完整结构图(要求正确画出齿轮结构)。

3.(8 分) 已知一台闭式一级直齿圆柱齿轮减速器,其输入轴设计成小齿轮与轴一体的齿轮轴结构形式,小齿轮齿宽 64 mm,支撑该齿轮轴的轴承为一对 6209 型轴承,两轴承支点间的跨距为 130 mm,轴承润滑方式为脂润滑,外部环境清洁,工作温度小于 80°;减速器机座和机盖设计成分箱式结构,齿轮传动的中心线位于箱面内。试画出该一级直齿圆柱齿轮减速器的输入轴轴系部件结构图。

(a)   (b)

图 9

2011 年硕士研究生入学考试试题 3 参考答案

一、填空题

1. 方向   结构
2. 截面尺寸
3. 轴   过渡
4. 单线三角   矩形   梯形
5. 应力幅
6. 盘状   紧定螺钉   插销或拉销(有较大批量)
7. 保证带工作时不打滑
8. 小于
11. 蜗轮轮齿   蜗轮轮齿材料强度较蜗杆材料强度低
12. 无穷大(或 ∞)
13. 齿根圆直径
14. 螺母螺纹牙
15. 10^6

二、简答题

1. 疲劳磨损又称疲劳点蚀,材料硬度越低,接触应力越大,越容易出现点蚀;表面粗糙度较大时,容易发生疲劳点蚀;油的黏度较大时,有利于减轻疲劳。

2. 主要解决设计计算和结构设计两方面问题。
设计计算:为保证轴具有足够的承载能力,以防止断裂和过大塑性,要根据轴的工作对轴进行强度计算;对有刚度要求的轴进行刚度计算,以防止工作时产生不允许的弹性变形;对于高速运转的轴,为避免共振,还要进行振动稳定性计算。

结构设计:根据轴上零件装拆、定位和加工等结构设计要求,确定轴形状和各部分尺寸。

3. 带在带轮上弯曲时,顶部受拉,底部受压,由于截面形状的变化,使带的楔角变小,为使槽角适应这种变化,工作时带和轮槽能很好贴合,而规定轮槽角小于 40°。

4. 如图 10 所示。

图 10

5. (1) 滚动体和滚道发生疲劳点蚀,进行寿命计算。
(2) 局部塑性变形,静强度计算。
(3) 元件退火、胶合和疲劳点蚀要进行寿命计算和校核极限转速。

九、分析计算题

(1) 如图 11 所示。

图 11

(2) $H = \dfrac{1\,625}{i} \cdot p = \dfrac{1\,625}{\dfrac{z_2}{z_1}} \cdot p = \dfrac{1\,625 \times 1}{39} \times 6 = 250 \text{ mm}$

(3) 设螺纹副中径为 D_2，螺纹升角为 φ，当量摩擦角为 ρ'，螺杆线数 $n\tan\varphi = \frac{np}{\pi D_2} \Rightarrow D_2 \cdot \tan\varphi = \frac{np}{\pi}$。

升举重物时，传动效率 $\eta_0 = \frac{\tan\varphi}{\tan(\varphi+\rho')} \Rightarrow \tan(\varphi+p') = 1$，推动重物上升时，克服螺纹副的摩擦力矩为

$$T_b = \frac{D_2}{2} \cdot F_Q \cdot \tan(\varphi+\rho')$$

所以 $T_b = F_Q \frac{D_2\tan\varphi}{2\eta_0} = \frac{npF_Q}{2\pi\eta_0} = \frac{1\times 6\times 140\times 10^3}{2\times 3.14\times 0.35} = 382\,165.605\,1$

因为螺母固定在蜗轮上，所以提升重物所需扭矩

$$T_2 = T_b$$

所以

$$T_1 = \frac{T_2}{i\eta} = \frac{T_2}{\frac{Z_2}{Z_1}\cdot\eta} = \frac{T_2 Z_1}{Z_2 \eta} = \frac{382\,165.605\,1\times 1}{39\times 0.66} = 14\,847.148\,6$$

(4) 均不同

蜗杆传动效率 $\begin{cases} \eta = \frac{\tan\nu}{\tan(\gamma+\rho')} & \text{上升时}, \rho' \text{当量摩擦角} \\ \eta = \frac{\tan(\nu-\rho')}{\tan\nu} & \text{下降时} \end{cases}$

螺旋传动效率 $\begin{cases} \eta_0 = \frac{\tan\varphi}{\tan(\varphi+\rho')} & \text{上升时} \\ \eta_0 = \frac{\tan(\varphi-\rho')}{\tan\varphi} & \text{下降时} \end{cases}$

十、计算题

齿宽条件：$b_1 > l > L$ 满足

齿高条件：轮毂的底端到齿根圆的距离

$$e = \frac{df_1 - d}{2} - t_1 = \frac{55.5 - 40}{2} - 3.3 = 4.45 \text{ mm} <$$

$$2.5\,m = 2.5\times 3 = 7.5 \text{ mm}$$

齿轮键槽部分强度不够，所以原轴不可用，需重新设计。

十一、结构设计题

1. 如图 12 所示。
2. 如图 13 所示。
3. 如图 14 所示。

图 12

图 13

图 14

2011年硕士研究生入学考试试题 4

一、单项选择题（每题 3 分，共 36 分）

1. 在轴的初步设计中，轴的直径是按照_____进行初步确定的。
   A. 弯曲强度　　　B. 复合强度　　　C. 扭转强度　　　D. 轴段上零件的孔径
2. _____适用于多支点轴、弯曲刚度较小的轴以及难于精确对中的支承。
   A. 深沟球轴承　　B. 调心球轴承　　C. 推力球轴承　　D. 推力圆柱滚子轴承
3. 在机械传动中，理论上能保证瞬时传动比为常数的是_____。
   A. 带传动　　　　B. 齿轮传动　　　C. 链传动　　　　D. 摩擦轮传动

4.滑块联轴器属于_____。
   A.可移式刚性联轴器   B.固定式刚性联轴器
   C.弹性联轴器   D.万向联轴器
5.枪械中击发弹药弹簧的功能属于_____。
   A.缓冲吸振   B.储存能量   C.控制运动   D.测量力
6.与平带传动相比较,V带传动的优点是_____。
   A.传动效率高 B.承载能力大 C.带的价格便宜 D.带的寿命长
7.带传动在工作时产生弹性滑动,是由于_____。
   A.带的紧边和松边拉力不等   B.带与带轮间摩擦系数较小
   C.带不是绝对挠性体   D.带绕过带轮产生离心力
8.链传动作用在轴和轴承上的载荷比带传动小,主要是因为_____。
   A.链传动只用来传递较小的功率
   B.链速越高,传递相同的功率所需的圆周力越小
   C.链传动是齿合传动,无需大的张紧力
   D.链的质量大,离心力大
9.在蜗杆传动中,当其他条件相同时,增加蜗杆头数,则传动效率_____。
   A.降低   B.提高   C.不变   D.提高也可能降低
10.棘轮机构中采用了止回棘爪主要是为了_____。
    A.防止棘轮反转   B.对棘轮进行双向定位
    C.保证棘轮每次转过相同的角度   D.驱动棘轮转动
11.如图1是一变直径带轮。设该带轮的材料均匀,制造精确,安装正确,当它绕 $A-A$ 轴线回转时是处于_____状态。
    A.静不平衡   B.静平衡但动不平衡 C.完全不平衡   D.动平衡

图1

12.设计减速器中的轴,其一般设计步取是_____
    A.先进行结构设计,再按转矩、弯曲应力和完全系数校核
    B.按弯曲应力初算轴径,再进行结构设计,最后校核转矩和安全系数
    C.根据安全系数定出轴径和长度,再校核转矩和弯曲应力
    D.按转矩初估轴径,再进行结构设计,最后校核弯曲应力和安全系数

二、分析计算题(10)

分析图2所示机构,是否存在复合铰链、局部自由度和虚约束?如有,指出其位置。列出式子计算出机构的自由度。

图 2

三、分析计算题(10 分)

分析机构,选用适当的比例,按照图 3 所示位置绘制小型压力机的机构运动简图,并计算自由度。

小型压力机运动传递路线如下:运动由偏心轮 1 输入,分两路传递:一路由偏心轮 1 经连杆 2 和 3 传至杆件 4;另一路由齿轮 1′(和偏心轮 1 固连在一根轴上)经齿轮 6′(和凸轮 6 固连在转轴 O_2 上)、槽凸轮 6、滚子 5 传至杆件 4。两路运动经杆件 4 合成,由滑块 7 传至压头 8,使压头作上下移动,实现冲压动作。

图 3

四、简答题(15 分)

图 4 所示机构中标注箭头的构件为主动件。试回答：

(1) 该机构的名称。
(2) 该机构是由什么机构如何演化而来的？
(3) 该机构是否具有急回特性？如有，请在答题纸上作出极位夹角 θ。(尺寸直接量取)
(4) 如主动件转速恒定，从动件_____(顺，还是逆？)时针回转时，其平均角速度较大。

图 4

五、结构题(15 分)

在图 5 所示偏心凸轮机构中，用作图法确定：

(1) 作图并标出偏距圆、基圆；
(2) 从动件与凸轮从接触点 C 到接触点 D 时，该凸轮转过的转角 φ；
(3) 标出从动件与凸轮在点 D 上接触的压力角 α；
(4) 标出在点 D 接触时的从动件的位移 s。

注意：先在答题纸上按下图大概位置用一定比例作出原图，然后进行作图解答，简要说明作图步骤，保留作图痕迹。

六、计算题(15 分)

图 6 所示为某技术人员设计的传动装。1 为单头右旋蜗杆，2 为蜗轮，其齿数 $z_2 = 100$，其余各轮的齿数分别为 $z_{2'} = z_4, z_6 = z_8, z_{4'} = 80, z_5 = 20$。运动由蜗杆 1 和齿轮 5 同时输入，由齿轮 6 输出。若 $n_1 = n_5 = 1\,000$ r/min，转向如图所示，求齿轮 6 输出的运动 n_6 的大小和方向。

图 5

图 6

七、计算题(15分)

已知一对渐开线外啮合标准直齿圆柱齿轮机构,$\alpha = 20°$,$h_a^* = 1$,$m = 4$ mm,$z_1 = 18$,$z_2 = 41$。试求:

(1) 齿轮1的几何尺寸 d_1、d_{a1}、d_{b1};

(2) 两个齿轮的齿顶圆压力角 α_{a1}、α_{a2}。

(3) 标准中心距下两齿轮啮合的重合度 ε_a。

(4) 用长度比例尺 $\mu_l = 0.5$ mm/mm 画出理论啮合线 $\overline{N_1 N_2}$ 和实际啮合线 $\overline{B_2 B_1}$,要求保留作图痕迹,并标出画图过程中所用参数名称。

八、计算分析题(15分)

图7中所示为两种标准圆柱直齿齿轮传动方案,各齿轮的材料、热处理、许用应力、载荷系数和齿宽均相同。两种方案中,$n_1 = 500$ r/min,$n_2 = 500$ r/min,齿轮1和齿轮2中心距 $a = 250$ mm。方案(a)中,$m = 5$ mm;方案(b)中,$m = 4$ mm,$z_3 = 20$。计算出两种方案中各齿轮的齿数,并分析哪种方案的传动强度较差(考虑到齿轮为软齿面,只按接触疲劳强度分析)?采用哪些方法可提升其传动强度?

九、简答题(6分)

简要说明滑动轴承流体动压润滑动压油膜形成的条件?

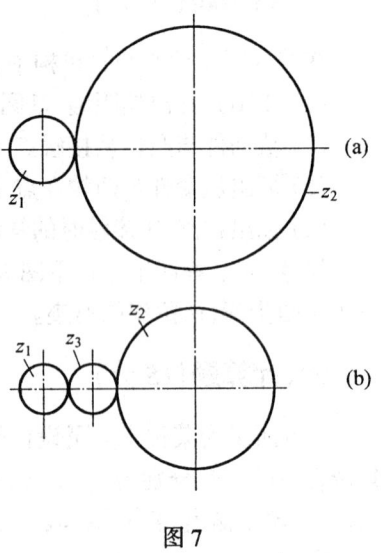

图7

十、简答题(5分)

蜗杆传动为什么要进行热平衡计算?若热平衡不合要求时,可采取哪些措施?

十一、简答题(8分)

承受横向载荷的普通螺栓连接,其预紧力是如何确定的?螺栓将受什么力?该连接的缺点是什么?可采用哪些方法克服?

2011年硕士研究生入学考试试题4参考答案

一、单项选择题

1.C 2.B 3.B 4.A 5.B 6.B 7.A 8.C 9.B 10.A 11.D 12.D

八、解 (1)方案(a) $i = \dfrac{n_1}{n_2} = \dfrac{z_2}{z_1} \Rightarrow z_1 = z_2$

$$a = \frac{m}{z}(z_1 + z_2) \Rightarrow z_1 = z_2 = 50$$

方案(b)
$$i = \frac{n_1}{n_2} = \frac{z_2}{z_1} \Rightarrow z_1 = z_2$$

$$a = \left(\frac{z_1}{2} + z_3 + \frac{z_2}{2}\right)m \Rightarrow z_1 = z_2 = 42.5$$

(2) 分析：接触疲劳强度

$$\sigma_H = Z_E Z_H Z_\varepsilon \sqrt{\frac{kf_t}{bd_1} \frac{u \pm 1}{u}}$$

其中　　Z_H——节点区域系数；

Z_E——材料弹性系数；

Z_ε——重合度系数；

k——载荷系数；

u——齿数比；

b——齿数宽；

d_1——小齿轮分度圆直径。

因为此题中各齿轮的材料热处理、许用应力、载荷系数和齿宽均相同，所以根据上式知，齿面接触应力取决于 d_1。

方案(a) 中　　　　　　　　$d_1 = mz_1 = 250$ mm

方案(b) 中　　　　　　　　$d'_1 = mz_3 = 80$ mm

又 σ_H 与 d_1 成反比，所以

$$\sigma_{H(b)} > \sigma_{H(a)}$$

即方案(a) 的齿面接触疲劳强度比方案小。所以方案(b) 的传动强度较差。

九、简答题

① 流体必须流经收敛形间隙，而且间隙倾角越大，产生的油膜压力越大；② 液体必须有足够的速度；③ 液体必须是黏性液体。

十、简答题

① 蜗杆传动效率较低，工作时发热量较大，若油温过高，使润滑油黏度降低，润滑条件恶化，导致蜗轮轮齿磨损和胶合。② 措施：合理设计箱体结构，在箱体外部铸出或焊出散热片，以增大散热面积；在蜗杆轴上装置风扇，进行人工通风，以提高散热系数；在箱体油池内装设蛇形冷却水管；采用压力喷油循环润滑。

十一、简答题

① 预紧力 $F' = \frac{k_f F_R}{f_m z}$ 其中，k_f——可靠性系数，f——接合面间的摩擦因数，m——接合面数，F_R——横向载荷；② 螺栓只受预紧力。③ 缺点：当靠摩擦力传递横向工作载荷的

螺栓连接在受冲击、振动或变载荷时,工作不可靠且需较大预紧力,因此会导致螺栓直径较大。④ 措施:采用套、键、销等各种抗剪件来承受横向载荷,螺栓只起连接作用,也可以采用铰制孔用螺栓连接。

2011年硕士研究生入学考试试题 5

一、选择判断题(每小题 2 分,共 54 分)

1. _____是运动单元体。
   A. 机构　　　　B. 构件　　　　C. 运动副　　　　D. 零件

2. 曲柄摇杆机构和凸轮机构分别属于_____机构和_____机构。
   A. 高副、低副　　B. 低副、高副　　C. 低副、低副　　D. 高副、高副

3. 刚性转子的动平衡,需要满足_____平衡。
   A. 力　　　　B. 力矩　　　　C. 力和力矩　　　　D. 质径积

4. 下列零件中,属于通用零件的有_____。
   A. 曲轴　　　　B. 吊钩　　　　C. 风扇叶片　　　　D. 齿轮

5. 在连接螺栓的下述参数中,_____与螺栓抗拉强度关系最大。
   A. 中径　　　　B. 大径　　　　C. 小径　　　　D. 牙型角

6. 周期性速度波动,速度不均匀系数 δ 表示为_____。
   A. $(\omega_{max}+\omega_{min})/2$　　　　B. $(\omega_{max}-\omega_{min})/2$
   C. $2(\omega_{max}-\omega_{min})/(\omega_m+\omega_{min})$　　D. $2(\omega_{max}+\omega_{min})/(\omega_{max}-\omega_{min})$

7. 凸轮机构中,从动件采用_____运动规律时有柔性冲击。
   A. 一次多项式　　B. 二次多项式　　C. 五次多项式　　D. 正弦加速度

8. 某铰链四杆机构,已知各杆长度按相邻次序依次为 $l_1=65, l_2=90, l_3=100, l_4=50$,若取杆 2 为机架,则该机构是_____机构。
   A. 曲柄摇杆　　B. 双曲柄　　C. 双摇杆　　D. 摆动导杆

9. 平键截面尺寸 $b\times h$ 的选取是根据_____。
   A. 传递的转矩　　B. 传递的功率　　C. 轴的直径　　D. 轮毂的长度

10. 为提高齿轮的接触强度,可采用_____的方法。
    A. 闭式传动　　　　　　　　B. 增大传动的中心距
    C. 减少齿数　　　　　　　　D. 增大模数

11. 下列平面连杆机构,其中_____有急回特征。
    A. 曲柄摇杆机构当摇杆为原动件时　　B. 回转导杆机构
    C. 对心曲柄滑块机构当滑块为原动件时
    D. 偏置曲柄滑块机构当曲柄为原动件时

12. 在 V 带传动中,使带产生最大弯曲应力的一段是_____。
    A. 带的紧力　　　　　　　B. 带的松边
    C. 绕过大带轮圆弧部分　　　D. 绕过小带轮圆弧部分

13. 在下列普通 V 带的型号中,_____截面尺寸最大。

A. Z 型　　　　　B. A 型　　　　　C. B 型　　　　　D. C 型
14. 一对外啮合标准直齿圆柱齿轮机构,若实际中心距不等于标准中心距,则下列说法中,_____是正确的。
　　　A. 这对齿轮无法正常啮合　　　　B. 两齿轮的分度圆仍与节圆重合
　　　C. 这对齿轮的传动连续性降低了　　D. 传动比减少了
15. 与带传动比较,链传动的主要特点之一是_____。
　　　A. 能缓冲吸振　　　　　　　　　B. 无打滑
　　　C. 有过载保护功能　　　　　　　D. 能保持瞬时传动比恒定
16. 传递动力时,蜗杆与蜗轮较为合理的材料组合是_____。
　　　A. 钢和铸铁　　　　　　　　　　B. 钢和钢
　　　C. 钢和青铜　　　　　　　　　　D. 钢和铝合金
17. 单级圆柱齿轮减速器的两根轴,_____。
　　　A. 均是心轴　　　　　　　　　　B. 均是转轴
　　　C. 均是传动轴　　　　　　　　　D. 高速轴是心轴,低速轴是转轴
18. 当轴向力较大时,不适合用_____来固定零件。
　　　A. 套筒　　　　B. 弹挡接圈　　　C. 圆螺母　　　　D. 轴端挡板
19. 6312 轴承的类型及内径为_____。
　　　A. 深沟球轴承,12 mm　　　　　B. 深沟球轴承,60 mm
　　　C. 角接触球轴承,60 mm　　　　D. 圆锥滚子轴承,60 mm
20. 一机械系统由三个部分并联组成,各部分的输入功率相同,效率分别为 η_1、η_2、η_3,则总效率 $\eta =$ _____。
　　　A. $\eta_1 + \eta_2 + \eta_3$　　　B. $\eta_1 \times \eta_2 \times \eta_3$　　　C. $(\eta_1 + \eta_2 + \eta_3)/3$　　　D. $\eta_1 \times \eta_2 \times \eta_3/3$

判断题(在括号中打 √ 或 ×)

21. 同一运动链取不同构件为机架,形成不同机构,运动副的性质随之改变。(　　)
22. 传动角越小,则机构的传力性能越好。(　　)
23. 渐开线齿轮任意倾斜的法向齿距,其大于都等于基圆齿距。(　　)
24. 极位夹角是指当从动件处于两极限位置时,原动件两相应位置所夹锐角。(　　)
25. 凸轮机构既能实现连续运动,也能实现间歇运动。(　　)
26. 行星轮绝对不能作为输出构件,只作为中间构件起传递运动的作用。(　　)
27. 某 V 带传递圆周力 750 N,初拉力 1 125 N,则紧边拉力为 1 500 N。(　　)

二、分析简答题(共 38 分)

1. (7 分) 计算图 1 所示机构的自由度,说明局部自由度、复合铰和虚约束。
2. (10 分) 图 2 所示凸轮机构,凸轮实际廓线是圆形。

(1) 该凸轮机构的名称是_____
_____;

(2) 画出该凸轮的理论廓线;

(3) 画出该凸轮的基圆;

(4) 画出凸轮机构在圆示位置时的压力角 α;

(5) 确定从动件的升程。

3. (9分) 已知图 3 所示轮系中各轮的齿数分别为 $z_1 = 22, z_3 = 88, z_{3'} = z_5$,计算传动比 i_{15}。

图 1

图 2

图 3

4. (12分) 如图 4 所示,用箭头标出中间轴上齿轮 2 和齿轮 3 在啮合点处的圆周力 F_t、径向力 F_r 和轴向力 F_a 的方向(箭头垂直纸面并指向纸面的用 $\otimes$ 表示,箭头垂直纸面向外的力用 $\odot$ 表示)。

图 4

三、计算题(46分)

1.(19分) 一对外啮合标准直齿圆柱齿轮机构,主动轮1逆时针回转,已知 $z_1 = 20$, $z_2 = 60, m = 25$ mm, $\alpha = 20°, h_a^* = 1$,试求:

(1) 大齿轮的分度圆半径和基圆半径;

(2) 齿轮机构的标准中心距和传动比;

(3) 取比例尺画出齿轮的实际啮合线段,量出长度,并计算重合度 ε_α。

2.(16分) 某轴由一对角接触球轴承支承(正装),已知轴向力 $F_A = 1\,000$ N,如图5所示,两轴承径向载荷分别为 $F_{r1} = 3\,000$ N, $F_{r2} = 5\,000$ N,轴的转速 $n = 1\,450$ r/min,载荷系数 $f_P = 1.2$,温度系数 $f_t = 1$,试求危险轴承的寿命。

图5

注:$C = 25.2$ kN, $F_S = 0.7 F_r$, $e = 0.68$

当 $\dfrac{F_a}{F_r} \leqslant e$ 时,$X = 1, Y = 0$

当 $\dfrac{F_a}{F_r} > e$ 时,$X = 0.41, Y = 0.87$

$$L_h = \frac{10^6}{60n}\left(\frac{f_t C}{P}\right)^\varepsilon$$

3.(11分) 在电动机驱动的剪板机中,已知作用在电动机轴上的等效阻抗力矩 M_{er} 的变化规律如图6所示,若等效驱动力矩 M_{ed} 为常量,电动机转速 $n = 960$ r/min,速度不均匀系数 $\delta = 1/20$,问应在电动机轴上安装多大转动惯量的飞轮。

$$J_F \geqslant \frac{\Delta W_{max}}{\omega_m^2 [\delta]}$$

图6

四、结构改错题

1. 图7所示为某蜗杆减速器中蜗轮轴系装配方案图,其中蜗轮用油润滑,轴承用脂润滑。为保证轴上零件得到正确的定位和固定,方便装拆,并且有良好的润滑与密封,试分别用序号 ①、②、… 指出图中结构错误,并说明错误原因。

图 7

2011 年硕士研究生入学考试试题 5 参考答案

一、选择判断题

4.D 5.C 9.C 10.A 12.A 13.D 15.B 16.C 17.B 18.D 19.B 27.√

二、分析简答题

4.

图 8

答：由图 8 可知：2 齿轮为左旋从动轮，因此圆周力为驱动力与转动方向相同，因此啮合点处齿轮 2 受圆周力垂直于纸面向里。由于是外啮合，故径向力 F_r 指向齿轮 2 的轴线方向。根据右手定则，可知其轴向力为由齿轮 2 指向齿轮 3，如图 9 所示。对于 3、4 齿轮啮合处受力，啮合点处只有径向力与圆周力，由于齿轮 3 为主动轮，故圆周力与转向相反，径向力指向 3 的轴心。

图9

三、计算题

2. 由题可知,此角接触球轴承为25°倾角,由径向力对轴承1、2产生的内部轴向力为:

$$F_{S1} = 0.7F_{r1} = 2100 \text{ N}, \quad F_{S2} = 0.7F_{r2} = 3500 \text{ N}$$

因为 $F_{S1} + F_A < F_{S2}$ 故有向左运动趋势,则轴承受轴向力为

$$F_{a1} = F_{S2} - F_A = 2500 \text{ N} \quad F_{a2} = 3500 \text{ N}$$

因为 $F_{a2} > F_{a1}, F_{r2} > F_{r1}$,故只需校核轴承2寿命。

因为 $\dfrac{F_{a2}}{F_{r2}} > e$,所以

$$F_P = 0.41 \times 5000 + 0.87 \times 3500 = 5.095 \text{ kN}$$

所以

$$L_h = \frac{10^6}{60n}\left(\frac{f_t C}{f_P \cdot F_P}\right)^{\varepsilon}$$

其中, $n = 1450 \text{ r/min}, f_t = 1, f_P = 1.2, F_P = 5.095 \text{ kN}, C = 25.2 \text{ kN}, \varepsilon = 3$,所以

$$L_h = \frac{10^6}{60 \times 1450}\left(\frac{25.2}{1.2 \times 5.095}\right)^3 = 804.8 \text{ h}$$

四、结构改错题

图1

①轴伸太长并磨盖;②缺挡油板并轴承不好拆;③加挡油板和固定挡油板的轴肩;④套筒压不紧轮毂;⑤轴承顶不靠;⑥不能有键;⑦缺密封并盖孔无隙,磨轴;⑧做阶梯轴,便于装配;⑨再做阶梯,以便定位轴端零件;⑩轴端零件磨轴承盖;⑪挡板压不住轴端零件;⑫无防松;⑬两键槽应同母线;⑭无调整垫片;⑮应区分加工、非加工面。

2012 年硕士研究生入学考试试题 1

一、填空题(每小题 1 分,共 10 分)

1. 齿轮传动设计时,硬齿面闭式传动通常先按＿＿＿＿＿＿＿设计公式确定齿轮参数,然后验算轮齿面接触疲劳强度。

2. 有一普通圆柱蜗杆传动,已知蜗杆头数 $Z_1=1$,蜗杆轮齿螺旋线方向为右旋,其分度圆柱上导程角 $\gamma = 5°42'38''$,蜗轮齿数 $Z_2 = 45$,模数 $m_t = 8$ mm,压力角 $\alpha_t = 20°$,传动中心距 $a = 220$ mm,蜗杆直径系数 $q = $＿＿＿＿＿,蜗轮螺旋角 $\beta = $＿＿＿＿＿。

3. 带传动设计中,应使小带轮直径 $d \geq d_{min}$,这是因为＿＿＿＿＿＿＿＿＿＿。

4. 滑动轴承的承载量系数 C_p 将随着偏心率 x 的增大而＿＿＿＿＿,最小油膜厚度 h_{min} 将随着偏心率 x 的增大而＿＿＿＿＿。

5. 链轮的转速越高,节距 p ＿＿＿＿＿,齿数越少,则链传动的动载荷就越大。

6. 如需在同一轴端安装一对半圆键时,应将它们布置在＿＿＿＿＿＿＿＿＿＿。

7. 角接触球轴承承受轴向载荷的能力取决于＿＿＿＿＿＿＿＿＿。

8. 单向规律性不稳定变应力的疲劳强度计算是根据＿＿＿＿＿＿＿进行计算的。

二、选择题(每小题 2 分,共 30 分)

1. 在直齿圆柱齿轮设计中,若中心距保持不变,而将模数 m 增大,则可以＿＿＿＿＿。
   A. 提高齿面接触强度 B. 提高齿轮的弯曲强度
   C. 弯曲与接触强度均可提高 D. 弯曲与接触强度均不变

2. 在润滑良好的条件下为提高蜗杆传动的啮合效率,可采用的方法为＿＿＿＿＿。
   A. 减小齿面滑动速度 v_s B. 减小蜗杆头数 Z_1
   C. 增加蜗杆头数 Z_1 D. 增大蜗杆直径系数 q

3. 套筒滚子链传动中,大链轮的齿数 Z_2 不能过大,若过大,则会造成＿＿＿＿＿。
   A. 链传动的动载荷增大 B. 传递的功率减小
   C. 容易发生"脱链"、"跳齿"现象 D. 链条上应力的循环次数增加

4. 在滑动轴承材料中,通常只用作双金属轴瓦的表层材料的是＿＿＿＿＿。
   A. 铸铁 B. 巴氏合金
   C. 铸造锡磷青铜 D. 铸造黄铜

5. 对不完全液体润滑滑动轴承,验算压强 $p \leq [p]$ 的目的是控制滑动轴承产生＿＿＿＿＿。
   A. 过度磨损 B. 点蚀
   C. 胶合 D. 压溃

6. 某滚动轴承支承应用于温度较高、跨距较大的场合,该轴系结构应该是＿＿＿＿＿。
   A. 一支点双向固定,另一端支点游动 B. 双支点各单向固定
   C. 两端游动支承 D. 浮动支承

7. 在蜗杆传动中,对于滑动速度 $v > 4$ m/s 的重要传动,蜗轮齿圈的材料常

用_____。

A. HT200 B. ZCuSn10P1
C. 45钢调质 D. 18CrMnTi 渗碳淬火

8. 已知某轴上的最大弯矩 $M = 200$ N·m，扭矩 $T = 150$ N·m，该轴为频繁双向运转启动，则计算该轴弯矩（当量弯矩）M_{ca} 约为_____ N·m。

A. 350 B. 219 C. 250 D. 205

9. 某零件的 $\sigma_s = 500$ MPa，$\sigma_{-1} = 220$ MPa，工作应力 $\sigma_m = 300$ MPa，$\sigma_a = 100$ MPa，应力满足 $r = c$ 变化，工作点位于塑性安全区，则该零件的安全系数 S 为_____。

A. 1.78 B. 5.0 C. 1.25 D. 1.67

10. 两圆柱体沿母线相压，载荷为 F 时，最大接触应力为 σ_H，若载荷增大到 $2F$ 时，最大接触应力变为_____。

A. $1.26\sigma_H$ B. $1.41\sigma_H$ C. $1.59\sigma_H$ D. $2\sigma_H$

11. 点、线接触的零件在变应力作用下最常见的失效形式为_____。

A. 磨粒磨损 B. 表面压溃
C. 疲劳点蚀 D. 塑性变形

12. 通常钢轴存在一个危险的共振区，为避免轴在共振区工作，可以采用下列哪种措施_____。

A. 改用强度更高的材料 B. 采用表面硬化处理
C. 整体淬火 D. 改变轴的直径

13. 要绘制零件极限应力的简化线图时，所必需的已知数据有_____。

A. σ_{-1} σ_0 K_σ ϕ_σ B. σ_{-1} σ_s K_σ ϕ_σ
C. σ_{-1} σ_s σ_0 K_σ D. σ_{-1} σ_s σ_0 ϕ_σ

14. 齿轮设计加工时，常对齿轮进行齿顶修缘的目的是_____。

A. 提高轮齿的弯曲强度 B. 改善轴向载荷分布不均匀
C. 减小动载系数 D. 使齿轮装配方便

15. 牙嵌式离合器的下列优点中，错误的叙述是_____。

A. 传递转矩较大 B. 结构紧凑
C. 接合时平稳，冲击较小 D. 接合比较可靠

三、简答题(30分)

1. 工程设计中，为何经常使一对软齿面啮合传动的两齿轮的齿面有一定的硬度差值？两齿轮面硬度差值在多大范围内合适？

2. 根据液体动压润滑的一维雷诺方程式：$\frac{\partial p}{\partial x} = 6\eta v(h - h_0)/h^3$，指出形成能够承载外载荷的液体动压油膜的基本条件。

3. 试简述如何提高普通螺栓连接的疲劳强度。

4. 试分析说明套筒滚子链传动时瞬时传动比不稳定的原因，在什么特殊条件下可使瞬时传动比恒定不变？

5. 一对相啮合的标准直齿圆柱齿轮传动,有关参数和许用值如表,试分析比较哪个齿轮的弯曲强度低?哪个齿轮的接触强度低?

	齿数 Z	模数 m/mm	齿宽 b/mm	Y_{Fa}	Y_{Sa}	$[\sigma]_F$/MPa	$[\sigma]_H$/MPa
小齿轮 Z_1	20	2	45	2.8	2.2	490	570
大齿轮 Z_2	50	2	40	2.4	2.3	400	470

四、结构题(15分)

如图1所示为二级斜齿圆柱齿轮减速器和一对开式锥齿轮所组成的传动系统,已知动力由轴Ⅰ输入,转动方向如图所示,试(在答题纸上重新画图解答):

(1) 为使轴Ⅱ和轴Ⅲ的轴向力尽可能小,试合理确定减速器中各斜齿轮1、2、3、4的轮齿旋向;

(2) 标出各传动件的回转方向;

(3) 分析出各对齿轮在啮合出的受力情况,画出 F_r、F_a 和 F_t 的方向。

图1

五、计算与结构题(15分)

某B型号普通V带传动,已知主动带轮基准直径 $D_1 = 180$ mm,从动带轮基准直径 $D_2 = 630$ mm,传动中心距 $a = 1\,600$ mm,主动轮转速 $n = 1\,450$ r/min,装置采用带的根数 $Z = 4$,V带与带轮表面当量摩擦系数 $f_v = 0.4$,V带的弹性模量 $E = 200$ MPa,当传递的最大功率 $P = 41.5$ kW时:

(1) 计算临近状态时,单根带工作时紧边拉力 F_1、松边拉力 F_2、带传动的有效拉力 F_{ec};

(2) 定性画出各应力沿带长方向的分布图;

(3) 分析V带的最大应力 σ_{max} 的位置。

(4) 验算带传动的包角 α。

(注:$e = 2.718$,B型V带截面尺寸参数:截面积 $A = 143$ mm²,顶宽 $b = 17$ mm,节宽 $b_p = 14.0$ mm,高度 $h = 11.0$ mm,V带楔角 $\varphi = 40°$。V带轮槽角 $\theta = 38°$,单位长度质量 $q = 0.18$ kg/mm。)

图2　　　　　　　　　　　图3

六、分析计算题(15 分)

一钢制压力容器,已知其内径 $D = 280$ mm,容器与盖子用16个 M16($d_1 = 13.835$ mm)的钢制普通螺栓连接;螺栓的许用应力$[\sigma] = 300$ MPa,为保证气密性要求,残余预紧力 $F'' = 1.4F$(F 为单个螺栓连接轴向工作载荷)。求:

(1) 若接合面处分别用铜皮石棉垫片(相对刚度为 0.8)或金属垫片(相对刚度为 0.2),则拧紧螺栓时所需的预紧力 F' 各为多少?

(2) 容器所能承受的最大单位工作应力 p 为多少?

(3) 用受力变形线图,定性说明(1)中两种情况螺栓的预紧力及疲劳强度的变化情况。

图4

七、计算题(20 分)

轴上装有一直齿锥齿轮 2 和一斜齿圆柱齿轮 3。轮 2 是从动轮(设立集中作用于 E 点)、轮 3 是主动轮(设力集中作用于 D 点)。在 A、B 两处各用一个角接触球轴承7208AC支承。转速 $n = 900$ r/min,转动方向如图5所示。设齿轮各分力的大小为:圆周力 $F_{t2} = 2\,000$ N, $F_{t3} = 4\,000$ N;径向力 $F_{r2} = 200$ N, $F_{r3} = 1\,500$ N;轴向力 $F_{a2} = 700$ N, $F_{a3} = 1\,000$ N。

(1) 试计算轴承 A 和轴承 B 的支承反力;

(2) 要求轴承寿命为 $L_h' = 11\,000$ h,试计算两轴承寿命是否足够?(取动载荷系数 $f_P = 1.2$,温度系数 $f_t = 1.0$)。

(已知7208AC轴承的 $C_r = 35.2$ kN, $C_{0r} = 24.5$ kN)

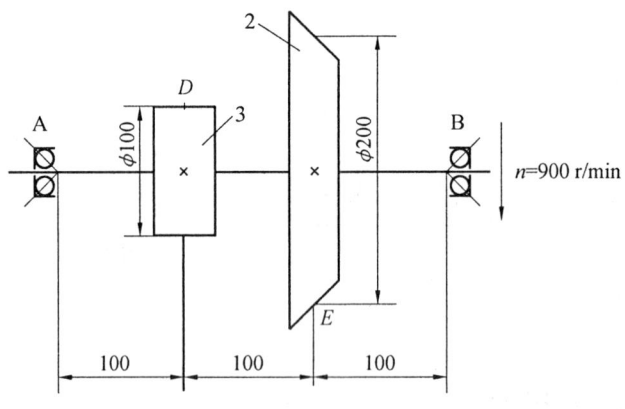

图 5

轴承类型	派生轴向力 F_d	$F_a/F_r \leq e$		$F_a/F_r > e$		判别系数 e
		X	Y	X	Y	
7208AC	$0.68 F_r$	1	0	0.41	0.87	0.68

八、结构改错题(15 分)

指出图 6 中轴系结构的 8 处错误,并简要说明其不合理的原因。(注:不考虑轴承的润滑方式,倒角和圆角忽略不计。)(在答题纸上画出对应的正确结构图,并用序号表示出改正之处,说明需要改正的理由。)

图 6

2012 年硕士研究生入学考试试题 1 参考答案

一、填空题

1. 齿根弯曲疲劳强度
2. 10　5°42′38″
3. 防止小带轮上带的弯曲应力过大
4. 增大　减小
5. 越大
6. 两键的间隔为 180°,如轮毂足够长时可安装在轴的同一条母线上
7. 接触角的大小
8. 疲劳损伤累积假说

二、选择题

1.B 2.C 3.C 4.B 5.A 6.A 7.B 8.C 9.C 10.B 11.C 12.D 13.C 14.C 15.C

三、简答题

1. 由于小齿轮受力次数比大齿轮多,为使大小齿轮接近等强度,常采用调质的小齿轮与正火的大齿轮配对,使小齿轮的齿面硬度比大齿轮的齿面硬度高 30 ~ 50 HBS。

2. 为使油膜能承载,应使 $\frac{\partial p}{\partial x} > 0$,由方程可知,必须:

① $h - h_0 > 0$,相对滑动的两表面间必须形成收敛的楔形间隙;

② $v > 0$,被油膜分开的两表面必须有足够的相对滑动速度,其运动方向必须使润滑油有大口流进,从小口流出;

③ $\eta > 0$,润滑油必须有一定的黏度,供油要充分。

3. ① 减小应力幅;

② 减小应力集中;

③ 减小或消除附加应力;

④ 采取措施使螺纹牙受力尽量均匀。

4. 由链的瞬时传动比 $i = \frac{\omega_1}{\omega_2} = \frac{d_2\cos\gamma}{d_1\cos\beta}$ 可知,由于 γ 和 β 随时间而变,所以,虽然主动轮角速度 ω_1 是常数,从动轮角速度 ω_2 却随 γ 和 β 的变化而变化,其与齿数、啮合位置等参数有关。同样瞬时传动比 i 也随时间而变,因此链传动工作状态是不平稳的。

只有当 $Z_1 = Z_2$,并且紧边链长为链节距的整数倍的特殊情况下,才能保证瞬时传动比为常数。

5. 由 $\sigma_F = \frac{KF_t}{bm} Y_F Y_s Y_\varepsilon$ 知,$\sigma_{F1} = 0.068\,4KF_t Y_\varepsilon$,$\sigma_{F2} = 0.069\,KF_t Y_\varepsilon$,$\sigma_{F1} < \sigma_{F2}$,又 $[\sigma]_{F1} > [\sigma]_{F2}$,所以齿轮 Z_2 的弯曲强度低;

因为 $\sigma_{H1} = \sigma_{H2}$,又 $[\sigma]_{H1} > [\sigma]_{H2}$,所以齿轮 Z_2 的接触强度低。

四、结构题

如图 7 所示。

五、计算与结构题

(1) $P = \frac{ZF_{ec}v}{1\,000} = \frac{ZF_{ec}}{1\,000} \frac{\pi d_1 n_1}{60 \times 1\,000}$, $F_{ec} = 759\,\text{N}$

$F_1 = F_{EC} \frac{e^{f\alpha_1}}{e^{f\alpha_1} - 1} = 1\,114\,\text{N}$

$F_2 = F_{EC} \frac{1}{e^{f\alpha_1} - 1} = 355\,\text{N}$

(2) 如图 8 所示。

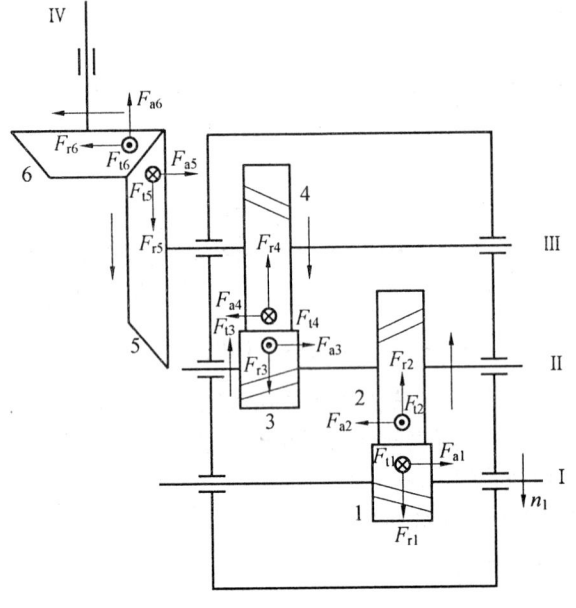

图 7

图 8

(3) 最大应力发生在紧边,带刚绕上小带轮的入口处(A 点)

(4) $\alpha_1 = 180° - \dfrac{d_{d2} - d_{d1}}{a} \times 57.3° = 180° - \dfrac{630 - 180}{1\,600} \times 57.3° = 163.9° > 120°$

$\alpha_1 = 163.9/57.3 = 2.86 \text{ rad}$

六、分析计算题

(1) 由 $\sigma_{ca} = \dfrac{1.3 F_0}{\dfrac{\pi d_1^2}{4}} \leqslant [\sigma]$ 得

$$F_0 = \dfrac{[\sigma] \pi d_1^2}{4 \times 1.3} = \dfrac{300 \times \pi \times 13.835^2}{4 \times 1.3} = 34\,674 \text{ N}$$

由 $F_0 = F + F''$ 及 $F'' = 1.4F$ 得

$$F_0 = 2.4F \qquad F = \dfrac{F_0}{2.4} = \dfrac{34\,674}{2.4} = 14\,448 \text{ N}$$

由 $F_0 = F' + \dfrac{C_b}{C_b + C_m} F$ 得

$$F' = F_0 - \dfrac{C_b}{C_b + C_m} F$$

相对刚度为 0.8 时,$F' = 34\,674 - 0.8 \times 14\,448 = 23\,115.6$ N;

相对刚度为 0.2 时,$F' = 34\,674 - 0.2 \times 14\,448 = 31\,784.4$ N。

(2) 由 $F = \dfrac{\dfrac{\pi D^2}{4} P_{\max}}{16}$ 得

$$P_{\max} = \dfrac{16 F}{\dfrac{\pi D^2}{4}} = \dfrac{16 \times 14\,448 \times 4}{\pi \times 280^2} = 3.76 \text{ MPa}$$

(3) 由图 9 可知,为了降低螺栓的受力,提高螺栓的承载能力,应使相对刚度值尽量小。

图 9

七、计算题

(1) 求 A、B 轴承的支反力。

图 10

在 YOZ 平面内

$$\sum M_A = 0$$

$$F_{rBY} \cdot 300 + F_{r2} \times 200 - F_{a2} \times 100 - F_{r3} \times 100 - F_{a3} \times 50 = 0$$

$$F_{rBY} = \frac{F_{a2} \times 100 + F_{r3} \times 100 + F_{a3} \times 50 - F_{r2} \times 200}{300} =$$

$$\frac{700 \times 100 + 1\ 500 \times 100 + 1\ 000 \times 50 - 200 \times 200}{300} = 767\ \text{N}$$

$$\sum F_r = 0$$

$$F_{rAY} = F_{r3} - F_{r2} - F_{rBY} = 1\ 500 - 200 - 767 = 533\ \text{N}$$

在 XOZ 平面内

$$\sum M_A = 0$$

$$F_{rBX} \times 300 - F_{t2} \times 200 - F_{t3} \times 100 = 0$$

$$F_{rBX} = \frac{F_{t2} \times 200 + F_{t3} \times 100}{300} = \frac{2\ 000 \times 200 + 4\ 000 \times 100}{300} = 2\ 667\ \text{N}$$

$$F_{rAX} = F_{t2} + F_{t3} - F_{rBX} = 3\ 333\ \text{N}$$

$$F_{rA} = \sqrt{F_{rAX}^2 + F_{rAY}^2} = \sqrt{3\ 333^2 + 533^2} = 3\ 375\ \text{N}$$

$$F_{rB} = \sqrt{F_{rBX}^2 + F_{rB}^2{}_Y} = \sqrt{2\ 667^2 + 767^2} = 2\ 775\ \text{N}$$

(2) 求内部轴向力和当量动载荷。

$$F_A = F_{a3} - F_{a2} = 1\ 000 - 700 = 300\ \text{N}$$

$$F_{sA} = 0.68 \times F_{rA} = 0.68 \times 3\ 375 = 2\ 295\ \text{N}$$

$$F_{sB} = 0.68 \times F_{rB} = 0.68 \times 2\ 775 = 1\ 887\ \text{N}$$

$$F_A + F_{sA} = 300 + 2\ 295 = 2\ 595\ \text{N} > F_{sB} = 1\ 887\ \text{N}$$

轴承 B 被"压紧"、轴承 A 被"放松",两轴承轴向载荷。

$$F_{aB} = F_A + F_{sA} = 2\ 595\ \text{N}$$

$$F_{aA} = F_{sA} = 2\ 295\ \text{N}$$

对 A 轴承

$$F_{aA}/F_{ra} = 2\ 295/3\ 375 = 0.68 = e, X = 1, Y = 0$$

$$P_A = F_{rA} = 3\ 375\ \text{N}$$

对 B 轴承

$$F_{aB}/F_{rB} = 2\ 595/2\ 775 = 0.93 > 0.68 = e$$

八、

图 11

①缺少调整垫片;②轴肩太高,不好拆轴承;③齿轮定位不可靠,套筒同时顶轴肩;④键结构错误,如为 B 型键则键槽长不够;⑤套筒多余;⑥轴承端盖与轴之间缺少间隙;⑦带轮左侧无轴向定位,并顶在轴承盖上,磨双方端面;⑧应做成就阶梯轴,便于装配;⑨螺钉结构错误;⑩滚动轴承内外圈剖面线方向应一致;⑪轴承盖应顶住轴承外圈,不然轴系轴向没固定住;⑫弹簧卡圈多余。

2012 年硕士研究生入学考试试题 2

一、是非题(用"√"表示正确,"×"表示错误填在题末的括号中)(每小题 1 分,共 15)

1. 只承受弯矩,而不承受扭矩的轴称为心轴。( )
2. 当其他条件完全相同时,钢制零件的表面愈粗糙,其疲劳强度愈低。( )
3. 设计外载荷是轴向变载荷的紧螺栓连接,除考虑螺栓的静强度外,还必须根据螺栓的最大应力幅来验算其疲劳强度。( )
4. 通用的闭式齿轮传动,当齿轮的圆周速度 $v \leqslant 12$ m/s 时,常采用喷油润滑。( )
5. 辗压、喷丸、渗碳、高频淬火等方法能提高零件的疲劳强度,一是由于表面硬度提高,二是由于在零件表面产生了残余压应力。( )
6. 变位蜗杆传动中,只是蜗杆改变尺寸,而蜗轮不改变尺寸。( )
7. 推荐链轮最大齿数 $z_{max} \leqslant 120$。此限制是为了保证链速的均匀性。( )
8. 滚动轴承的可靠度提高时,它的基本额定动载荷增大。( )
9. 单个圆锥滚子轴承若用预紧办法,可明显提高轴承刚度。( )
10. 对受轴向变载荷的普通螺栓连接适当增加预紧力,可以提高螺栓的抗疲劳强度。( )

11.不可拆卸连接的连接可靠性比可拆卸连接大。　　　　　　　　　　(　)

12.滚子链可实现比较平稳和无噪声工作传动。　　　　　　　　　　　(　)

13.对于通用的减速器,齿轮传动比蜗杆传动效率高,因而在设计齿轮减速器时不必考虑发热问题。　　　　　　　　　　　　　　　　　　　　　　　　　　　(　)

14.在设计减速传动时,考虑到减速装置的传动比愈小,则它的尺寸愈小,因此在选择电动机时,应尽可能选择额定转速最低的电动机,这样所设计的机器最轻,也最经济。
　　　　　　　　　　　　　　　　　　　　　　　　　　　　　　(　)

15.普通平键的定心精度低于花键的定心精度。　　　　　　　　　　　(　)

二、选择题(每空1分,共计18分)

1.对于采用常见的组合和按标准选取尺寸的平键静连接,主要失效形式是_____,动连接的主要失效形式则是_____。

　A.工作面的压溃　　B.工作面过度磨损　C.键被剪断　　　　D.键被弯断

2.同时兼有周向和轴向固定的轴毂连接有_____。

　A.平键连接　　　　B.花键连接　　　　C.半圆键连接　　　D.过盈配合连接

3.采用张紧轮调节带传动中带的张紧力时,张紧轮应压在_____边上,若考虑带有较长的寿命,张紧轮最好放于带的_____侧。

　A.松　　　　　　　B.紧　　　　　　　C.内　　　　　　　D.外

4.如图1所示,若轴径由 d 增至 $2d$,跨距和载荷不变,则轴的强度为原强度的_____倍。

　A.2　　　　　　　B.>2　　　　　　　C.<2　　　　　　　D.1(强度不变)

图1

5.某正反向回转,承受轴向力大的蜗杆轴系,当在一般速度下运转时,需选用_____支承结构,在高速运转条件下,则宜选用_____支承结构。

　A.深沟球轴承两端固定

　B.角接触球轴承两端固定

　C.双列推力球轴承与60000型构成一端固定,另一端游动

　D.一对角接触球轴承构成一端固定,另一端游动

6.机械零件由于某些原因不能_____时,称为失效。

　A.工作　　　　　　B.连续工作　　　　C.正常工作　　　　D.负载工作

7. 对齿面硬度 ≤ 350 HBS 的一对齿轮传动,选取齿面硬度时,应使_____。
   A. 小齿轮齿面硬度 < 大齿轮齿面硬度
   B. 小齿轮齿面硬度 = 大齿轮齿面硬度
   C. 小齿轮齿面硬度 > 大齿轮齿面硬度
   D. 小齿轮齿面硬度 ≤ 大齿轮齿面硬度
8. 中速旋转正常润滑的滚动轴承的主要失效形式是_____。
   A. 滚动体碎裂   B. 滚动体与滚道产生疲劳点蚀
   C. 滚道磨损   D. 滚道压坏
9. 链传动属于_____。
   A. 具有挠性拉曳元件的摩擦传动
   B. 具有挠性拉曳元件的啮合传动
   C. 具有直接接触的工作元件的摩擦传动
   D. 具有直接接触的工作元件的啮合传动
10. 在防止螺纹连接松脱的各种措施中,当承受冲击或振动载荷时,_____是无效的。
    A. 采用具有增大摩擦力的防松装置,如螺母与被连接件之间安装弹簧垫圈。
    B. 采用以机械方法来阻止回松的装置,如用六角槽形螺母与开口销。
    C. 采用人为方法(如胶或焊)将螺纹副变为不能转动。
    D. 设计时使螺纹连接具有自锁性(即使螺纹升角小于当量摩擦角)。
11. 与齿轮传动和链传动相比,带传动的主要优点是_____。
    A. 工作平稳,无噪声   B. 传动的重量轻
    C. 摩擦损失小,效率高   D. 寿命较长
12. 机床主轴箱中的变速滑移齿轮,一般应选用_____。
    A. 直齿圆柱齿轮   B. 斜齿圆柱齿轮
    C. 人字齿圆柱齿轮   D. 直齿锥齿轮
13. 下列滚动轴承密封装置中_____属于接触式密封。
    A. 毡圈密封   B. 甩油环   C. 迷宫式密封   D. 缝隙密封
14. 采用_____轴承的轴系轴向刚度高。
    A. 圆锥滚子轴承   B. 角接触球轴承($\alpha = 25°$)
    C. 深沟球轴承   D. 角接触球轴承($\alpha = 15°$)
15. 起吊重物用的手动蜗杆传动,宜采用_____的蜗杆。
    A. 单头、小导程角   B. 单头、大导程角
    C. 多头、小导程角   D. 多头、大导程角

三、填空题(每空 1 分,共计 20 分)

1. 一般来说,滚动轴承的刚度_____滑轴轴承,球轴承的刚度比滚子轴承_____,动压滑动轴承的刚度_____静压滑动轴承。
2. 适用于渗碳淬火的齿轮材料有_____,适用于表面感应淬火的齿轮材料有_____,请各举出一种常用材料(写出其牌号)。
3. 非液体摩擦滑动轴承是工作在_____摩擦状态,验算 P_v 值为了限制_____。

4. 在传动比不变的条件下,V带传动的中心距增大,则小轮的包角_____,因而带传动的承载能力_____。

5. 滚动轴承工作时,同一滚动体与内座圈接触点处的接触载荷和滚动体与外座圈接触点处的接触载荷_____等,接触应力_____等。

6. 紧螺栓连接按拉伸强度计算时,考虑到拉伸应力和扭转切应力复合作用,应将拉伸载荷增大至_____倍。

7. 角接触球轴承7210C的基本额定动载荷 C_r = 33.9 kN,表示该轴承在33.9 kN的载荷下寿命为_____ r时,可靠度为_____。

8. 链传动通常放在传动系统中的_____级。

9. 轴的强度计算主要有三种方法:
(1) _____;
(2) _____;
(3) _____。

10. 从防松工作原理来看,用弹簧垫圈属于_____防松;用止动垫圈与圆螺母配用属于_____防松措施。

四、问答题(共计12分)

1. 滑动轴承采用间歇润滑的供油装置常用的有哪些?简述该种供油方法用于何种工况轴承。(6分)

2. 与粗牙螺纹相比,细牙螺纹有什么特点?(6分)

五、结构题(共计15分)

1. 如图2所示,画出轴的转动方向(轴主动)(5分)

图2

2. 如果图3轴系结构有错误,请将正确结构图画在轴的另一侧(10分)

图3

六、综合题(共计 70 分)

1. 图 4 所示传动系统：

(1) 为使 Ⅱ 轴上的轴承所受轴向力最小，定出斜齿圆柱齿轮的螺旋线方向和蜗轮轮齿的旋向。

(2) 在图上标出各对齿轮的转向和受力方向(用三个分力表示)。(15 分)

图 4

2. 以角接触球轴承为例，在下表中画出不同安装型式，两种工作零件位置(悬伸端及两轴承间)情况下的轴系布置简图，并在简图上标出支点位置，作用力位置，支点距离，力作用点到支承的距离；分别对工作零件两种位置情况下在不同安装型式时，轴在工作零件处的刚性进行比较。(15 分)

安装型式	工作零件(作用力) 位置	
	悬伸端	两轴承间
正安装		
反安装		
刚性比较		

3. 有一单个紧螺栓连接，已知预紧力 $F' = 7\,500$ N，轴向工作载荷 $F = 6\,000$ N，螺栓刚度 $C_1 = 2\,00$ N/μm，被连接件刚度 $C_2 = 800$ N/μm，要求：

(1) 计算螺栓所受的总拉力 F_0 和剩余预紧力 F''；

(2) 为使接合面不出现缝隙，轴向工作载荷最大值 F_{max} 是多少？

(3)若要使 F_0 减小,又不增加螺栓个数,有哪些具体措施?(20分)

4.一对圆锥滚子30206轴承,安装形式如图5所示。已知轴承1、2所受径向载荷为 $F_{r1}=970\ N$,$F_{r2}=840\ N$,F_A为作用于轴上的轴向力,$F_A=237\ N$,常温且载荷平稳,轴承附加轴向力 F_S 的计算式为 $F_S=F_r/2Y$,$Y=1.7$,$e=0.36$,试计算轴承1、2的当量动载荷 P_1 和 P_2。如果已知轴的转速 $n=1\ 200\ r/min$ 轴承的预期寿命为 $L'_h=24\ 000\ h$,$\varepsilon=10/3$,问该轴承能否满足要求?(20分)

所需参数如下表。

轴承型号	$\dfrac{F_a}{F_r}>e$		$\dfrac{F_a}{F_r}\leq e$		基本额定动载荷 C/N
	X	Y	X	Y	
3206	0.4	1.7	1	0	24 800

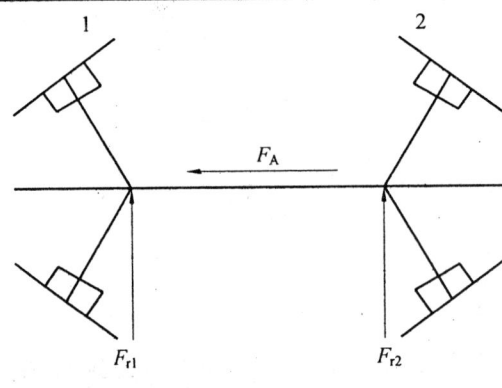

图5

2012年硕士研究生入学考试试题2参考答案

一、是非题

1.√ 2.√ 3.√ 4.× 5.√ 6.× 7.× 8.× 9.× 10.× 11.√ 12.× 13.× 14.× 15.√

二、选择题

1.A、B 2.D 3.A、C 4.B 5.C、D 6.C 7.C 8.B 9.B 10.D 11.A 12.A 13.A 14.A 15.A

三、填空题

1.低于,低,低于

2.20Cr,40Cr

3.混合,轴承的工作温升不超过许用值

4.增大,提高

5.相,不相
6.1,3
7.1×10^6,90%
8.低速
9.按扭转强度计算,按弯扭合成强度计算,按疲劳强度的安全系数校核计算
10.摩擦,机械

四、问答题

1.手工油壶注油、手提针阀油杯注油;适用于低速、轻载、间歇运转的机械。
2.细牙螺纹有螺距小、螺纹升角小、自锁性好、螺杆强度高的特点,但不耐磨,容易滑扣。

五、结构题

1.轴顺时针转动。
2.如图6所示。

图 6

六、综合题

1.(1) Ⅱ轴上的斜齿圆柱齿轮应为"左旋",蜗轮旋向应为"左旋"。
(2) 蜗轮旋转方向为"逆时针";受力方向为:圆周力水平向右,径向力指向轮心,轴向力垂直纸面向外。
蜗杆旋转方向从左往右看为"顺时针";受力方向为:圆周力垂直纸面向内,,径向力指向轮心,轴向力水平向左。
Ⅰ轴斜齿齿轮受力方向为:圆周力垂直纸面向内,径向力指向轮心,轴向力竖直向上。
Ⅱ轴斜齿齿轮旋转方向从上往下看为"顺时针";受力方向为:圆周力垂直纸面向外,

径向力指向轮心,轴向力竖直向下。

Ⅱ 轴锥齿轮旋转方向从上往下看为"顺时针";受力方向为:圆周力垂直纸面向内,径向力指向轮心,轴向力指向大端。

Ⅲ 轴锥齿轮旋转方向从左往右看为"顺时针";受力方向为:圆周力垂直纸面向外,径向力指向轮心,轴向力指向大端。

2.

安装型式	工作零件(作用力)位置	
	悬伸端	两轴承间
刚性比较	$l_2 < l_1, l_{02} < l_{01}$,轴的最大弯矩 $M_{A2} < M_{A1}$,悬伸工作端 A 点挠度 $\delta_{A2} < \delta_{A1}$,反安装刚性好	$l_2 < l_1$,轴的最大弯矩 $M_{B2} > M_{B1}$,工作件处挠度 $\delta_{B2} > \delta_{B1}$,正安装刚性好

3.(1) 计算螺栓所受的总拉力 F_0 和剩余预紧力 F'':

$$F_0 = F' + C_1/(C_1 + C_2)F = 7\,500 + 200/(200 + 800) \times 6\,000 = 8\,700 \text{ N}$$

$$F'' = F_0 - F = 8\,700 - 6\,000 = 2\,700 \text{ N}$$

(2) 为使接合面不出现缝隙,必须使 $F'' > 0$,即 $F'' = F_0 - F > 0$ $F < F_0 = 8\,700$ N,即 $F_{max} = 8\,700$ N。

(3) 使 F_0 减小的具体措施:

① 减小螺栓刚度 C_1:增大螺栓长度、减小螺栓杆直径、作成空心杆、在螺母下安装弹性元件等;

② 增大被连接件刚度 C_2:采用刚性大的垫片。

4. 如图 7 所示。

(1) $S_1 = F_{r1}/2Y = 970/2 \times 1.7 = 285$ N

$S_2 = F_{r2}/2Y = 840/2 \times 1.7 = 247$ N

(2) 判断 $S_2 + F_A = 247 + 237 = 484 > S_1 = 285$

(3) 轴承 Ⅰ 压紧,轴承 Ⅱ 放松。

$F_{a1} = S_2 + F_A = 484$ N $F_{a2} = S_2 = 247$ N

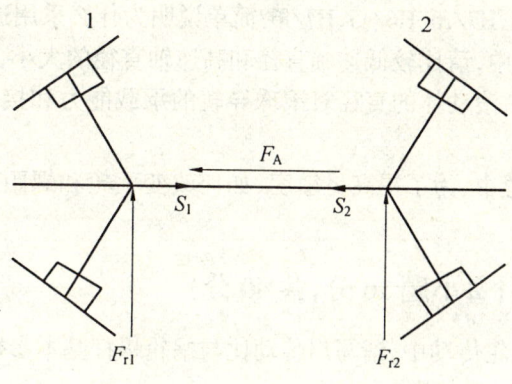

图7

(4) $\dfrac{F_{a1}}{F_{r1}} = 484/970 = 0.49 > e = 0.36, X_1 = 0.4, Y_1 = 1.7$

$\dfrac{F_{a2}}{F_{r2}} = 247/840 = 0.29 < e = 0.36, X_2 = 1, Y_2 = 0$

(5) $P_1 = X_1 F_{r1} + Y_1 F_{a2} = 0.49 \times 970 + 1.7 \times 484 = 1\,298.1\ \text{N}$

$P_2 = X_2 F_{r2} = 1 \times 840 = 840\ \text{N}$

(6) 因为 $P_1 > P_2$,取 $P = P_1 = 1\,298.1\ \text{N}$,计算轴承寿命 L_h。

$L_h = \dfrac{10^6}{60}\left(\dfrac{f_t c}{f_P P}\right)^\varepsilon$ $\varepsilon = 10/3, f_t = 1.0, f_P = 1.0, n = 1\,200\ \text{r/min}$

$L_h = \dfrac{10^6}{1\,200}\left(\dfrac{1.0 \times 24\,800}{1.0 \times 1\,298.1}\right)^{10/3} = 258\,650\ \text{h}$

因为 $L_h > L'_h = 24\,000\ \text{h}$,所以该轴承满足要求。

2012 年硕士研究生入学考试试题 3

一、简答题(每小题 5 分,共 50 分)

1. 在齿轮强度计算中,齿形系数的大小与模数、齿数、变位系数的大小分别是否有关系?如果有关,请定性分析这样的关系?

2. 单纯增大模数而不改变模数和齿数的乘积值,请问能否提高其齿面接触强度?为什么?

3. 对齿轮进行热处理时,如果采用调质处理,请问调质的两个步骤是什么?调质处理的目的是什么?

4. 在齿轮传动中,从抗点蚀的角度出发,对润滑油的黏度有什么要求?为什么有这一要求?

5. 直齿圆锥齿轮传动的强度计算时,强度计算的计算点在什么位置?此时得到的模数与直齿圆锥齿轮大端模数之间有什么关系?

6. 请问什么是弹性元件的弹性后效?如何减小弹性元件的弹性后效?

7. 在蜗轮蜗杆减速器中,蜗轮与轴的配合、蜗轮轮毂与轮缘的配合应该分别在下列配合中选取哪一个,H6/g5、H7/r6、H6/s5、H7/f6?简单说明为什么采用这些配合?

8.圆柱齿轮减速器中,请比较低速轴直径和高速轴直径的大小,为什么有这一区别?

9.滚动摩擦导轨中,滚动体的直径对滚珠导轨的承载能力和接触刚度方面有什么影响?

10.在螺旋微动装置中,为了提高灵敏度,如何改变手轮和螺距的参数?这一改变,对使用有什么影响?

二、分析、说明题(每小题10分,共40分)

1.阿基米德蜗杆蜗轮传动中,请写出传动比与蜗轮蜗杆基本参数的关系?并请简单证明这一关系?

2.一个滑动螺旋传动,如果这是自锁机构,请问其机械效率的极限值是多少?并请给予简单的证明。

3.在示数装置中,什么是视差,如何消除或减小视差对视数误差的影响?请简单画图给予说明?

4.如图1所示的圆柱蜗杆－直齿圆锥齿轮机构传动。已知输出轴上圆锥齿轮4的转向如图所示(箭头从右指向左),为使中间轴上的轴向力互相抵消一部分,求蜗杆的转向和旋向,请画出蜗轮所受到的各个力的方向?

三、计算题(共60分)

1.已知一个标准直齿圆柱齿轮的模数为5 mm,压力角为20°,齿数为18。设将直径相同的两圆棒分别放在该轮直径方向相对的齿槽中,圆棒与两侧齿廓正好切于分度圆上,求圆棒的直径、两圆棒外顶点之间的距离。

2.试计算下列平面运动链(图2)的自由度。(解题时若遇有复合铰链、局部自由度或虚约束,应明确指出。其中,偏心轮为原动件,两个滚子圆中心之间的距离等于偏心轮的直径加上滚子圆的直径。)判断平面运动链能否成为机构。若平面运动链能够成为机构,请对其进行结构分析,拆分杆组、按照顺序画出各个杆组,分析杆组的级别、机构的级别。

图1　　　　　　　　　　图2

3. 设计一个偏置曲柄滑块机构,曲柄为原动件。已知滑块的行程速度变化系数为1.5,滑块的行程为 50 mm,导路的偏距为 20 mm。请设计该曲柄滑块机构,求曲柄和连杆的长度,并计算传动角的最小值。

4. 在如图3所示的减速装置中,齿轮1固连于电动机的轴上。已知齿轮1的齿数为20,齿轮2的齿数为20,齿轮3的齿数为60,齿轮4的齿数为90,齿轮5的齿数为210,电动机的转速为 1 440 r/min,B 轴的转速的大小和方向。

图 3

2012 年硕士研究生入学考试试题 3 参考答案

一、简答题

1. 齿形系数的大小与模数无关,与齿数、变位系数有关。当齿数、变位系数增大时,则齿根增厚,齿形系数减小。

2. 否。齿面接触强度取决于齿轮直径或中心距的大小,即取决于模数和齿数的乘积。只要模数或中心距一定时,其齿面接触强度就是一定的。单纯增大模数而不改变模数和齿数的乘积值,则不能提高其齿面接触强度。

3. 调质的两个步骤是淬火加高温回火。

目的是为了获得良好的综合机械性能,即良好的强度、韧性和塑性。

4. 增大润滑油的黏度。

润滑油的黏度对于点蚀的发生是有较大影响的。如果使用低黏度的油润滑齿轮,低黏度的油流动性较好,容易渗入表面裂纹中,当受到高压的接触应力时,油在裂纹内也产生高压,从而加速了裂纹的发展和金属块的脱落,引起点蚀。高黏度的油对于渗入裂纹的作用显然没有稀油活泼,另一方面黏度高油膜厚度较大,缓和了冲击负荷,使接触部分的应力均匀化,相对降低了最大应力值,也就增强了齿面耐点蚀的能力。

5. 在强度计算时,为了简化,则以齿宽中点处的当量齿轮作为计算的依据。即假定用圆锥齿轮齿宽中点处的当量齿轮来代替该圆锥齿轮,其分度圆半径等于齿宽中点处的背锥母线长,模数等于齿宽中点处的平均模数 m_m。平均模数 m_m 和大端模数 m 的关系为 $m = m_m R/(R - 0.5b)$。

6. 弹性后效是指载荷改变后,不是立刻完成相应的变形,而是在一定时间间隔中逐渐完成的。

测量弹性元件时,一般通过选取较大的安全系数、合理地选定结构和元件的连接方法(以减小应力集中)、采用特殊合金等,以减少弹性后效。

7. 减速箱的蜗轮与轴的配合为 H7/r6。基本偏差 r 可得到过盈量不大的轻型过盈配合,常用于负荷轻、需要时可以拆卸,并有定位精度要求的定位配合。

蜗轮轮毂与轮缘的配合为 H6/s5。基本偏差 s 可得到中等过盈量的中型过盈配合,适用于中等负荷、不需拆卸的过盈配合。

8. 低速轴的直径要比高速轴的大。

忽略传动效率损失,轴的功率是相同的,而轴的功率与转速和扭矩的乘积成正比,所以转速越低,扭矩越大,而轴的强度与轴径大小有关,因此"低速轴的直径要比高速轴粗"。

9.滚动体的直径越大,越能提高滚珠导轨的承载能力和接触刚度。

10.螺旋微动装置中,为提高灵敏度,可以增大手轮或减小螺距。但手轮太大,不仅使微动装置的空间体积增大,而且由于操作不灵活反而使灵敏度降低。若螺距太小,则加工困难,使用时也易磨损。

二、分析、说明题

1.传动比

$$i = \frac{n_1}{n_2} = \frac{z_2}{z_1} = u$$

式中　　n_1——蜗杆转速;

　　　　n_2——蜗轮转速。

蜗杆传动的传动比仅与蜗杆的头数 z_1 和蜗轮的齿数 z_2 有关,而不等于分度圆直径之比。为了减少蜗轮滚刀的个数和便于滚刀的标准化,就对每一标准的模数规定了一定数量的蜗杆分度圆直径 d_1,而把分度圆直径和模数的比称为蜗杆直径系数 q,即 $q = d_1/m$。蜗杆直径和蜗杆齿数无直接关系。

2.极限值为 50%。

当升角 φ 与当量摩擦角 ρ' 符合 $\varphi \leq \rho'$ 时,螺纹副具有自锁性。当 $\varphi = \rho'$ 时,螺纹副的效率 η

$$\eta = \frac{\tan \varphi}{\tan(\varphi + \rho')} = \frac{\tan \varphi}{\tan 2\varphi} = \frac{\tan \varphi}{\frac{2\tan \varphi}{1 - \tan^2 \varphi}} = 0.5 - \frac{\tan^2 \varphi}{2} < 0.5$$

所以具有自锁性螺纹副用于滑动螺旋传动时,效率必小于 50%。

3.当指针与标尺不在同一平面的情况下,由于读数时视线不与标尺垂直而引起的误差称为视差。

图 4

为减小或消除视差常用:(1)在设计示数装置的结构时,尽量使指针靠近标尺。如在计量尺上为使尺的厚度 h 减小,常制成斜坡式(图(a))。有的仪器还采用指针和标尺在同一平面的结构(图(b))。(2)读数时,尽可能使视线沿标尺的法线方向。为此,有的仪器采用反视差结构的示数装置。例如带镜标尺(图(c))。当观察到指针与其在反射镜中的影像重合时再进行读数,便能保证视线沿标尺的法线方向。

4.蜗杆顺时针转动,右旋。

图5

蜗轮所受圆周力垂直纸面向外,所受轴向力为水平向右,径向力指向轮心。

2012年硕士研究生入学考试试题4

一、填空题(每小题2分,共20分)

1.轴承6204的内径是_____。

2.楔键的工作面是_____。

3.带传动中,带轮直径越大,带的弯曲应力就_____。

4.因为弹性联轴器具有弹性元件,所以能缓和冲击和振动,并能补偿_____间的位移偏差。

5.回转件动平衡的条件是分布在回转件不同平面内的各个质量所产生的离心惯性力系的_____。

6.渐开线直齿圆柱齿轮传动的可分性是指_____不受中心距变化的影响。

7.当机构的原动件数目_____其自由度时,该机构具有确定的运动。

8.一对直齿圆柱齿轮传动中,$Z_1 < Z_2$,主、从动轮齿根弯曲应力值分别为σ_{F1}和σ_{F2},其大小关系为_____。

9.凸轮机构中,在其他条件相同的情况下,基圆半径增大,压力角_____。

10.串联机组的总效率等于组成该机组的各机器效率的_____。

二、单选题(每小题3分,共30分)

1.普通平键长度的主要选择依据是(　　)。
  A.传递转矩的大小　　　　B.轮毂的宽度
  C.轴的直径　　　　　　　D.传递功率的大小

2.渐开线齿轮的轮廓曲线形状取决于(　　)。

A. 分度圆 B. 基圆
C. 齿根圆 D. 齿顶圆

3. 蜗杆传动比的正确表达式为( )。

A. $i = \dfrac{n_1}{n_2} = \dfrac{d_2}{d_1}$ B. $i = \dfrac{n_1}{n_2} = \dfrac{d_1}{d_2}$

C. $i = \dfrac{n_1}{n_2} = \dfrac{z_2}{z_1}$ D. $i = \dfrac{\omega_1}{\omega_2} = \dfrac{d_2}{d_1}$

4. 带传动的主要失效形式是带的( )。
A. 疲劳断裂和打滑 B. 磨损和打滑
C. 胶合和打滑 D. 磨损和疲劳断裂

5. 一对受稳定载荷作用并单向运转的齿轮传动,工作时在轮齿根部所受的弯曲应力变化特征可简化为( )。
A. 对称循环变应力 B. 脉动循环变应力
C. 不变化的静应力 D. 无规律变应力

6. 转轴在扭转切应力作用下,可能产生的失效形式是( )。
A. 疲劳弯断或过量的扭转变形 B. 疲劳弯断或过量的弯曲变形
C. 疲劳扭断或过量的弯曲变形 D. 疲劳扭断或过量的扭转变形

7. 在不完全液体润滑径向滑动轴承的设计中,限制 pv 值的主要目的是防止轴承( )。
A. 过度磨损 B. 塑性变形
C. 疲劳破坏 D. 温升过高

8. 载荷不大,多支点支承的轴系,宜选用( )
A. 深沟球轴承 B. 调心球轴承
C. 角接触球轴承 D. 圆柱滚子轴承

9. 零件的工作安全系数是( )。
A. 零件的极限应力比许用应力 B. 零件的工作应力比许用应力
C. 零件的极限应力比零件的工作应力 D. 零件的工作应力比零件的极限应力

10. 螺纹的线数为2,螺距为 p,则导程为( )。
A. $2p$ B. $4p$ C. p D. $3p$

三、问答题(共 16 分)

1. 导轨的基本要求有哪些?(至少说出5点)
2. 请回答刚性轴和挠性轴的定义?

四、计算题(总分 30 分)

1. 计算图1所示机构的自由度,若含有复合铰链、局部自由度和虚约束,请明确指出。
2. 如图2所示,某传动轴上安装一对角接触向心球轴承,两个轴承受到的径向载荷分别为 $F_{r1} = 1\,650\,\text{N}$ 和 $F_{r2} = 3\,500\,\text{N}$,外加轴向力 $F_{ae} = 1\,020\,\text{N}$,若派生轴向力 $F_d = 0.7 F_r$,

图1

试计算两个轴承实际受到的轴向载荷 F_{a1} 和 F_{a2}。

图2

3. 有一传动轴,由电机带动,已知传递的功率 $P = 10 \text{ kW}$,转速 $n = 120 \text{ r/min}$,轴的材料为45钢,$[\tau_T] = 35 \text{ MPa}$,试估算轴的直径。

五、作图分析题(共 54 分)

1. 请画出双向推力球轴承的结构简图。

2. 一台卷扬机,由电机、卷筒、减速器、联轴器和离合器构成,请画出它们的连接次序,并回答联轴器和离合器的主要功能及主要功能的区别。

3. 如图3所示,请标明未注明蜗杆或蜗轮的转向。

图3

4. 如图4所示轴系结构,按示例所示,编号指出其他错误(不少于7处)。(注:不考虑轴承的润滑方式以及图中的倒角和圆角)。

图 4

示例：① 缺少调整垫片

2012 年硕士研究生入学考试试题 4 参考答案

一、填空题

1. 20 mm

2. 上下面

3. 越小

4. 两轴轴线

8. $\sigma_{F1} > \sigma_{F2}$

二、单选题

1. B　2. B　3. C　4. A　5. B　6. D　7. D　8. B　9. C　10. A

三、简答题

1. 导向精度高、刚性好、运动轻便平稳、耐磨性好、温度变化影响小、结构工艺性好

3. 工作转速低于一阶临界转速的轴称为刚性轴，超过一阶临界转速的轴称为挠性轴。

四、计算题

2.
$$S_1 = 0.7 F_{r1} = 0.7 \times 1\,650 = 1\,155 \text{ N}$$
$$S_2 = 0.7 F_{r2} = 0.7 \times 3\,500 = 2\,450 \text{ N}$$

$S_1 + F_{ae} = 1\,155 + 1\,020 = 2\,175 \text{ N} < S_2 = 2\,450 \text{ N}$，则轴承 1 "压紧"

所以
$$F_{a1} = S_2 - F_{ae} = 2\,450 - 1\,020 = 1\,430 \text{ N}$$
$$F_{a2} = S_2 = 2\,450 \text{ N}$$

3. 轴受转矩作用时,其强度条件为

$$\tau = \frac{T}{W_T} = \frac{9.55 \times 10^6 \frac{P}{n}}{0.2\, d^3} \leq [\tau]$$

$$d \geq \sqrt[3]{\frac{9.55 \times 10^6 \frac{P}{n}}{0.2[\tau]}} = \sqrt[3]{\frac{9.55 \times 10^6 \times \frac{10}{120}}{0.2 \times 35}} = 48.4 \text{ mm}$$

五、作图分析题

1. 双向推力球轴承的结构简图如图5所示。

图 5

2. 电动机 → 联轴器 → 减速器 → 离合器 → 卷筒

联轴器和离合器都是用来实现轴与轴之间的连接,进行运动和动力的传递的。联轴器和离合器的主要区别在于:联轴器必须在机器停车后,经过拆卸才能使被连接两轴结合或分离;而离合器通常可使在工作中的两轴随时实现结合或分离。

3. 如图6所示。

图 6

4. 如图7所示。

图7

① 缺少调整垫片;② 缺少密封;③ 套筒太厚,无法拆轴承;④ 未做成阶梯轴,不易装配;⑤ 轴肩过高,齿轮无法装拆;⑥ 轴承左侧无轴向定位;⑦ 键多余;⑧ 轴承端盖与轴之间缺少间隙;⑨ 轴未剖,不应看见键的下半部;⑩ 齿轮毂孔不对,现无法加工和装配。

2013年硕士研究生入学考试试题

一、填空题(每小题2分,共20分)

1. 螺纹连接和螺旋传动的设计中螺纹工作圈数不宜超过10圈是为了_____。
2. 在水平布置的带传动中应将松边放在上侧是为了_____。
3. 普通V带传动中带的型号可根据_____和_____由选型图中选取。
4. 普通V带传动中V带两侧面的夹角与V带轮槽角二者中_____更大。
5. 斜齿圆柱齿轮传动的正确啮合条件包括_____、_____和_____。
6. 某轴与轮毂采用A型普通平键连接,键的剖面尺寸 $b \times h$ 按_____由标准中选定,键的公称长度为 L,则实际键的工作长度为_____。
7. 滚动轴承的基本代号包括_____、_____和_____三部分。
8. 滚动轴承的设计计算准则中对于转动的滚动轴承主要进行_____计算,对于不转动、极低速传动或摆动的轴承,主要进行_____计算。
9. 按照摩擦状态的分类,非液体摩擦滑动轴承一般工作在_____状态下,其主要失效形式是_____,严重时也发生胶合;非液体摩擦滑动轴承的设计准则是维持_____状态。
10. 润滑油的动力黏度单位是_____,其物理意义为_____。

二、简答题(每题5分,共25分)

1. 试根据螺纹牙型分析比较普通螺纹、矩形螺纹和梯形螺纹的自锁性能及传动效率的高低。
2. 简述普通V带传动中单根普通V带所能传递的基本额定功率 P_0 的意义及影响其数值的主要因素。

3. 如图1所示为齿轮传动布置的两种方案,已知转矩由 T_1 处输入,试分析两种方案哪种方案布置更合理,并给出理由。

图1

4. 如图2所示直齿圆柱齿轮齿根弯曲应力计算力学模型,试推导齿根弯曲疲劳强度校核计算公式,并说明公式中主要系数的物理意义。

5. 简述齿轮传动强度计算中齿宽系数对齿面接触疲劳强度和齿根弯曲疲劳强度的影响及如何选择齿宽系数。

三、计算题(8分)

作用在机构各构件上的外力如图3所示,构件1以 ω_1 的角速度逆时针方向匀速转动,考虑运动副中的摩擦,设摩擦角 $\phi = 15°$,图中虚线小圆为摩擦圆,阻力为 Q,驱动力为 P。请作图标出各构件的受力情况。

图2   图3

四、计算题(12分)

如图4所示,已知一曲柄摇杆机构的曲柄长度 $L_{AB} = 100$ mm,连杆长度 $L_{BC} = 200$ mm,

摇杆长度 $L_{CD} = 300$ mm。请确定机架长度 L_{AD} 的合理范围,使机构的传动角始终不小于 $45°$。

五、计算题(14 分)

如图 5 所示的凸轮机构,其凸轮廓线的 AB 段是以 C 为圆心的一段圆弧,凸轮以角速度 ω 匀速回转。

① 写出基圆半径 r_0 的表达式,并画出基圆;
② 在图中标出图示位置时凸轮的转角 δ(A 点为起始点)、推杆的位移 s,机构压力角 α;
③ 求图示位置时推杆的速度。

图 4   图 5

六、计算题(10 分)

一对标准渐开线直齿圆柱齿轮,正确安装(齿侧间隙为零)后,中心距为 144 mm,其齿数为 $Z_1 = 24, Z_2 = 120$,分度圆压力角 $\alpha = 20°$, $h_a^* = 1, c^* = 0.25$。试求:

① 齿轮 2 的模数 m_2 及其在分度圆上的齿厚 S_2;
② 求齿轮 1 的齿顶圆处压力角 α_{a1};
③ 如以求得它们的实际啮合长度 $B_1B_2 = 10.3$ mm,试计算该对齿轮传动的重合度;
④ 说明该对齿轮能否实现连续传动。

七、计算题(14 分)

如图 6 所示,各轮均为标准齿轮,已知各轮齿数为 $Z_1 = 18, Z_{1'} = 80, Z_3 = 36, Z_{3'} = 24, Z_4 = 70, Z_{4'} = 80, Z_5 = 50, Z_6 = 2$(旋向如图), $Z_7 = 58$,试求:
① 传动比 i_{17};

② 已知轮1的转向如图所示。请标出轮7的转向。

图6

八、计算题(12分)

如图7所示牛头刨床机构中，齿轮1安装在电机轴上，其平均转速为 $n_1 = 1\,450$ r/min；各轮的齿数分别为：$Z_1 = 20$，$Z_2 = 58$，$Z_{2'} = 25$，$Z_3 = 100$。刨床一个工作循环(AB 转一周)有工作行程与空回行程，并认为工作行程期间 AB 以其最小角速度匀速转动，空回行程期间曲柄 AB 以其最大角速度匀速转动。工作行程消耗的功率为 $P_1 = 3.677$ kW，空回行程消耗的功率为 $P_2 = 0.367\,7$ kW。空回行程对应的曲柄 AB 转角为 $\theta_2 = 120°$。若曲柄的运转不均匀系数为 $\delta = 0.05$，且认为其驱动力矩为常数，忽略机构中所有构件的质量和转动惯量。试求：

① 以齿轮3为等效构件，安装在 A 轴上飞轮的转动惯量 J_A；
② 如果把飞轮安装在电机轴 O 上，求飞轮的转动惯量 J_O；
③ 确定电机的平均功率 P_{III}。

图7

九、计算题(15分)

如图 8 所示,某轴系部件由 7210AC 型轴承支撑,轴承所受径向载荷为 $F_{r1} = 3\,000$ N,$F_{r2} = 4\,000$ N,传动件作用到轴上的轴向载荷为 $F_A = 3\,300$ N。两端轴承端盖均采用 M8 普通螺栓连接,螺纹小径 $d_1 = 6.647$,螺栓数量为 $Z = 6$,连接螺栓中心圆直径为 $D = 120$ mm,初始预紧力为 $F' = 1\,500$ N。被连接件刚度为螺栓刚度的2倍,连接螺栓的许用应力为 $[\sigma] = 100$ MPa。

① 计算分析所用连接螺栓强度是否满足要求。
② 分析说明可否将连接螺栓预紧力降为 $F' = 500$ N。
③ 计算滚动轴承1的当量动载荷。

角接触轴承内部轴向力 F_S 的计算公式

轴承类型	角接触球轴承		
	7000 ($\alpha = 15°$)	7000 型 ($\alpha = 15°$)	7000 型 ($\alpha = 15°$)
F_S	$0.4F_r$	$0.7F_r$	F_r

表 10.13 向心轴承当量动载荷的 X、Y 值

轴承类型		F_a/C_a	e	$F_a/F_r > c$		$F_a/F_r \leq c$	
				X	Y	X	Y
角接触球轴承	$\alpha = 15°$	0.015	0.39		1.47		
		0.029	0.40		1.40		
		0.058	0.43		1.30		
		0.087	0.46		1.23		
		0.12	0.47	0.44	1.19	1	0
		0.17	0.50		1.12		
		0.29	0.55		1.02		
		0.44	0.56		1.00		
		0.58	0.56		1.00		
	$\alpha = 25°$	—	0.68	0.41	0.87	1	0
	$\alpha = 40°$	—	1.14	0.35	0.57	1	0

图 8

十、结构设计题(共计 20 分)

1.(12分) 如图9所示,某传动中间轴系采用一端游动一段固定结构,已知固定端和游动端支承均采用深沟球轴承,试完成相应轴系结构设计。省略中间传动件结构。

图 9

2.(8分) 某凸缘联轴器分别采用普通螺栓和铰制孔用螺栓连接两个半联轴器,试选择螺栓类型补充完成螺栓连接处结构图(图 10)。

图 10

2013 年硕士研究生入学考试试题参考答案

一、填空题

1. 圈数过多并不能提高连接的强度
2. 增大传动包角

3. 设计功率　　小带轮转速

4. V带两侧面的夹角

5. 法面模数相等　　法面分度圆压力角相等　　螺旋角相等,方向相反(外啮合)

6. 轴的直径　　$L-b$

7. 类型代号　　尺寸系列代号　　内径代号

8. 寿命　　静强度

9. 混合摩擦　　磨损　边界摩擦

10. $Pa \cdot s$ 或 $N \cdot s/m^2$　　使长宽高各为1 m的流体顶面流层相对底面流层产生1 m/s的运动速度,所需要的外力为1 N时,流体的黏度为$1\ N \cdot s/m^2$

二、简答题

1. 普通螺纹牙型角60°,牙侧角30°;梯形螺纹牙型角30°,牙侧角15°;矩形螺纹牙型角和牙侧角均为0°。

自锁要求为螺旋升角小于当量摩擦角。$\psi \leq \arctan f' = \rho'$

当量摩擦系数为$f/\cos \beta$,则牙侧角越大,当量摩擦角越大,牙型自锁能力越高,故普通螺纹自锁性能最好,矩形螺纹自锁性能最差。

传动效率 $\eta = \tan \psi / \tan(\psi + \rho')$。牙侧角越大,传动效率越高,故矩形螺纹效率最高,梯形螺纹次之,普通螺纹传动效率最低。

2. 带既不打滑又有一定疲劳强度条件下,在载荷平稳、特定带长、传动比为1,特定抗拉体材料条件下单根V带所能传递的功率为基本额定功率。

$$P_0 = ([\sigma] - \sigma_{b1} - \sigma_c)(1 - \frac{1}{e^{f\alpha_1}})\frac{Av}{1\ 000}$$

影响主要因素包括带的型号,影响传动带的许用拉应力;

带的速度,带速增加,传递功率相应增加,但它同时影响离心应力,使实际传递功率减小,速度越高,影响越大。

带轮直径,影响弯曲应力。

3. (a) 图更合理;因为其轴的弯曲变形对轮齿影响和扭转变形的综合结果可以改善轮齿载荷分布不均匀状况,降低齿向载荷分布系数。

4. $\sigma_F = \dfrac{M}{W} = \dfrac{F_n \cos \alpha_F h_F}{\dfrac{bS_F^2}{6}} = \dfrac{F_t}{bm} \dfrac{6\left(\dfrac{h_F}{m}\right)\cos \alpha_F}{\left(\dfrac{S_F}{m}\right)^2 \cos \alpha} = \dfrac{F_t}{bm} Y_F$,再考虑到载荷系数$K$、应力修正系数$Y_S$和重合度系数$Y_\varepsilon$,得

$$\sigma_F = \frac{KF_t}{bm} Y_F Y_S Y_\varepsilon \leq [\sigma]_F$$

式中　Y_F——齿形系数,反映轮齿几何形状对齿根弯曲应力的影响;

Y_S——应力修正系数,考虑齿根过渡圆角处应力集中和其他应力对齿根弯曲应力影响;

Y_ε—— 重合度系数,考虑载荷作用位置和重合度对齿根弯曲应力影响。

$[\sigma]_F$—— 许用齿根弯曲应力(MPa)

5.齿宽系数大时,齿面接触应力减小,承载能力提高;齿根弯曲应力也减小;但齿向载荷分布系数增大,载荷分布不均匀。

齿宽系数选取与齿面软硬程度有关,硬齿面取较小值,软齿面取较大值;

齿宽系数选取与齿轮布置位置有关,对称布置时可取较大值,非对称布置取较小值,悬臂布置时齿宽系数取最小值。

九、计算题

(1) 轴承内部轴向力

$$F_{s1} = 0.7 \times F_{r1} = 0.7 \times 3\,000 = 2\,100\ \text{N},\text{方向向右}$$

$$F_{s2} = 0.7 \times F_{r2} = 0.7 \times 4\,000 = 2\,800\ \text{N},\text{方向向左}$$

轴承承受的轴向力

$$F_{a1} = F_{s1} = 2\,100\ \text{N},\ F_{a2} = F_{s1} + F_A = 2\,100 + 3\,300 = 5\,400\ \text{N}$$

左侧螺栓承受的总轴向工作载荷为 $F_1 = 2\,100$ N,右侧螺栓承受的总轴向工作载荷为 $F_2 = 5\,400$ N。按照右侧螺栓设计。

右侧螺栓承受总工作拉力

$$F_0 = F' + \frac{C_b}{C_b + C_m}\frac{F_2}{Z} = 1\,500 + \frac{1}{3} \times \frac{5\,400}{6} = 1\,800\ \text{N}$$

螺栓小径为

$$d_1 \geqslant \sqrt{\frac{4 \times 1.3 F_0}{\pi[\sigma]}}[4 \times 1.3 \times 1\,800/(3.14 \times 100)]^{1/2} = 5.46\ \text{mm}$$

故采用 M8 螺栓连接强度能够满足要求。

(2) $F'' = F' - \dfrac{C_b}{C_b + C_m} \cdot \dfrac{F_2}{Z} = 500 - \dfrac{2}{3} \times \dfrac{5\,400}{6} = -100$ N

不能将连接螺栓预紧力降到 500 N。

(3) $\quad F_{a1}/F_{r1} = 2\,100/3\,000 = 0.7 > e = 0.68$

$$P_1 = XF_{r1} + YF_{a1} = 0.41 \times 3\,000 + 0.87 \times 2\,100 = 3\,057\ \text{N}$$

十、结构设计题

1.如图 11 所示。

图 11

2. 如图 12 所示。

图 12

参 考 文 献

[1] 彭文生,杨家军,王均荣主编.机械设计与机械原理考研指南[M].武汉:华中理工大学出版社,2000.
[2] 吴宗泽,黄纯颖主编.机械设计习题集[M].3版.北京:高等教育出版社,2002.
[3] 杨昂岳主编.机械设计(典型题解析与实战模拟)[M].长沙:国防科技大学出版社,2002.
[4] 王凤礼,杜立杰主编.机械设计习题集[M].3版.北京:机械工业出版社,2002.
[5] 吕慧英主编.机械设计基础(学习与训练指导)[M].北京:清华大学出版社,2002.
[6] 王黎钦,陈铁鸣主编.机械设计[M].5版.哈尔滨:哈尔滨工业大学出版社,2010.
[7] 宋宝玉主编.机械设计基础[M].3版.哈尔滨:哈尔滨工业大学出版社,2006.
[8] GB/T 272—1993 滚动轴承代号方法.
[9] 于惠力主编.机械设计补充教材[M].大连:大连出版社,1994.
[10] 濮良贵,纪名刚主编.机械设计[M].8版.北京:高等教育出版社,2006.
[11] 彭文生,黄华梁主编.机械设计教学指南[M].北京:高等教育出版社,2003.

参考文献

[1] 王先云,王志功,李智群,等.基于双相编码的植入式神经信号传输系统[J].中国工程科学,2009.

[2] 吴开杰,李文渊.北斗卫星导航系统[J].第三届中国卫星导航学术年会,2012.

[3] 徐海洋,王立端.北斗/GPS双模授时系统的设计[J].电子技术应用,2014.

[4] 李广侠,田世伟,常江,等.卫星导航系统原理[M].北京:国防工业出版社,2012.

[5] 田坦.声纳技术[M].哈尔滨:哈尔滨工程大学出版社,2000.

[7] 朱埜.主动声纳检测信息原理[M].北京:科学出版社,2014.

[8] 田坦,刘国枝,孙大军.声纳技术[M].

[9] 汪德昭,尚尔昌.水声学[M].北京:科学出版社,1981.

[10] 李启虎.声纳信号处理引论[M].北京:海洋出版社,2004.

[11] 刘伯胜,雷家煜.水声学原理[M].哈尔滨:哈尔滨工程大学出版社,2010.